LA TRACTION ÉLECTRIQUE

À COURANT CONTINU

BIBLIOTHÈQUE DE L'INGÉNIEUR-ÉLECTRICIEN

Publiée sous la direction de L. BARBILLION

Professeur a l'Université de Grenoble, Directeur de l'Institut Polytechnique

LA
TRACTION ÉLECTRIQUE
A COURANT CONTINU

Par L. BARBILLION

Professeur a l'Université de Grenoble, Directeur de l'Institut Polytechnique

Lauréat de l'Institut (Prix Hébert et prix Plumet)

PARIS

ALBIN MICHEL, ÉDITEUR

22, RUE HUYGHENS, 22

1923

AVERTISSEMENT DE L'ÉDITEUR

Le dernier volume paru dans la Bibliothèque de l'Ingénieur-Electricien : « Traction Electrique à courants continus », sous la signature de M. L. Barbillion, sera certainement l'un des ouvrages les plus lus et les plus prisés de cette Collection.

Rappelons que, après la publication dans notre maison de son « Traité Pratique de Traction Electrique », en collaboration avec M. Griffisch, en 1901-1902, ouvrage considérable, qui constituait à l'époque le monument le plus important en matière de littérature de traction électrique, l'auteur a fait paraître dans l'*Encyclopédie Électrotechnique*, Fascicules 49 et 50, deux ouvrages consacrés à la traction électrique par courants continus et par courants alternatifs. Publiés vers 1912, ces deux fascicules, de dimensions du reste respectables, ont été enlevés très rapidement, si rapidement qu'ils ont nécessité la sortie de plusieurs éditions.

Le nouveau Traité qui paraît dans la Bibliothèque de l'Ingénieur-Electricien, conserve les parties schématiques essentielles qui avaient constitué l'un des principaux éléments de succès des ouvrages précédents. C'est cette étude de dissection, pour ainsi dire, des questions si importantes et si complexes soulevées par la traction électrique, étude qui suppose, chez l'auteur, une parfaite maîtrise du sujet, que l'on retrouvera avec plaisir dans le nouveau traité. Mais, depuis 1912, les événements ont marché. Les systèmes de traction alternative, monophasée, triphasée, ou par courant continu haute tension, se sont développés à l'extrême et une concurrence très vive s'est établie en Europe et en Amérique entre ces diverses solutions. Peu à peu, les opinions des techniciens se sont clarifiées et les gouvernements des divers Etats ont pris des décisions en matière d'électrification qui, dans chaque cas particulier, peuvent paraître justifiées, mais néanmoins soulèvent des controverses techniques intéressantes.

A côté du classique, qui ne varie guère, on trouvera dans le nouveau volume une étude détaillée des divers systèmes de traction, des projets d'électrification des divers Etats et, en outre, l'étude très complète de certains points nouveaux en matière de traction électrique, la régulation par unités multiples, l'établissement des voies de retour. les systèmes de traction utilisant l'électricité en combinaison avec d'autres agents (traction électrothermique, électrovapeur, pétroléoélectrique, etc.). Enfin, dans les derniers chapitres, un exposé critique, personnel et très détaillé, des intallations à haute tension américaines, des projets d'électrification en France et de la liaison de ces questions d'électrification avec celles de l'utilisation de nos ressources de houille blanche.

En résumé, c'est un ouvrage d'un intérêt très vif, qui sera lu, et qui sera relu, par tout Ingénieur et tout Elève d'École Technique Supérieure s'intéressant aux questions de traction.

Albin MICHEL.

PRÉFACE DE LA TROISIÈME ÉDITION

Toute étude relative à la traction électrique suppose le rappel d'un certain nombre de notions, les unes d'ordre général et constituant le capital indispensable à posséder quand on se préoccupe de traction sur voie ferrée, les autres étant plus spécialement d'ordre électrique et nécessitant une connaissance approfondie du fonctionnement des moteurs, comme des génératrices. C'est un des paradoxes les plus répandus, et aussi les plus néfastes, que celui consistant à dire que toute étude relative à la traction électrique se déduit aisément de celle faite en matière de chemin de fer, et qu'il suffit d'installer un moteur quelconque sur une voiture quelconque pour aboutir au résultat désiré. Il n'y a peut-être pas de domaine dans l'industrie moderne où il faille faire appel à des connaissances plus variées et plus approfondies à la fois, que celui de la traction électrique. L'installation des lignes aériennes, pour ne citer à côté de la voiture elle-même, qu'une des questions actuellement les plus controversées, met en jeu une foule de principes de mécanique théorique et expérimentale dont l'absence chez certains constructeurs explique, sans l'excuser, de lamentables désastres.

Les divers modes de traction électrique employés aujourd'hui : traction par courants continus, sous moyenne tension (6 à 700 volts), à haute tension (1.200 à 2.400 et 3.000 volts), enfin la traction par courants alternatifs, voire par courants redressés, ont soulevé des discussions passionnées. On s'explique fort bien, par l'intérêt présenté aujourd'hui pour les diverses sociétés de construction par le classement définitif des systèmes en tant que valeur relative, les alternatives de faveur et d'abandon qui se sont produites pour maints dispositifs, sans raisons justifiant vraiment de telles oscillations dans les préférences de la technique. — Citerons-nous le courant alternatif monophasé qui, après avoir conquis d'innombrables lignes à distribution aérienne, semble aujourd'hui en léger arrêt et quelque peu contrebattu par la traction continue à haute tension ? De même la traction à contacts superficiels, si en faveur il y a quelques années, a perdu aujourd'hui beaucoup de son intérêt, non par une diminution de l'ingéniosité des systèmes, mais par le fait d'une moindre résistance des municipalités à l'invasion du trolley ; les économies réalisées sur les sections périphériques des réseaux urbains par l'adoption de ce mode peu coûteux de distribution aérienne ont permis de concentrer de plus gros efforts sur les voies centrales, et aussi n'aperçoit-on plus guère dans les capitales de premier et de second ordre que le système aérien combiné aux caniveaux souterrains.

La traction par accumulateurs qui, il y a quelque dix ans, soulevait des questions d'importance capitale dans les services urbains de tramways, a souffert elle-même beaucoup de cette alliance du caniveau et du trolley. Elle a été peu à peu exclue des rares combinaisons à trois où on lui faisait une petite place (tramways mixtes à caniveau, trolley et accumulateurs), et il est permis de prévoir que sous réserve d'une modification radicale dans la construction des accumulateurs, la traction par automotrices recélant dans leurs flancs ce coûteux et pesant réservoir d'énergie aura bientôt vécu.

Toute autre est cependant la question de la traction automobile sur route par accumulateurs. A une époque où l'on cherche fiévreusement le carburant national, il n'est pas interdit de penser que l'exemple de l'Amérique, où plusieurs centaines de milliers de véhicules automobiles à accumulateurs circulent, nous incitera, en France, à marcher dans la même voie.

L'utilisation aux heures mortes de nos excédents d'énergie électrique, et notamment d'énergie hydroélectrique pour la recharge des accumulateurs de traction, constitue un problème intéressant au plus haut point notre industrie nationale.

Ces variations de doctrines si rapides et si importantes dans leurs effets, ces conceptions successives et contradictoires des meilleurs modes d'alimentation des tramways urbains, comme des trains de grandes lignes, donnent un rôle difficile à l'auteur de tout ouvrage, petit ou grand, sur la traction électrique. Il doit, se défiant des enthousiasmes du moment, contrôler les affirmations souvent tendancieuses des trop intéressés et, sous peine de donner le jour à une œuvre qui soit déjà vieille avant sa naissance, se limiter à l'étude des principes de la Technique générale à l'exclusion de toute documentation trop particulière. En traction électrique surtout, doit s'imposer la recherche platonicienne de l' « Idée », beaucoup plus qu'une étude successive des formes sous lesquelles elle se réalise.

BARBILLION.

TRACTION ÉLECTRIQUE
A COURANT CONTINU

PRÉLIMINAIRES

A. — DÉTERMINATION DU TRACÉ DES LIGNES. ÉTABLISSEMENT D'UN DOSSIER DE CONCESSION

A. — Tracé des lignes

Le problème à résoudre dans le tracé d'une ligne intra-urbaine de tramways ou de chemins de fer consiste à desservir entre deux points extrêmes, par la voie la plus directe et la plus économique, autant de centres de population qu'il est possible.

Mode de procéder. — On étudie sur les cartes au 1/80.000 ou 2/40.000, les différentes solutions proposées ; puis on reprend cette même étude sur le terrain. Enfin, on relève le plan détaillé de la zone où la ligne future doit passer (fig. 1).

On détermine les profils en long et les profils en travers et l'on évalue les cubes de terrassements à exécuter.

Règle de l'égalité des remblais et des déblais. — *Connaissance du sous-sol*. — On se rapproche autant que possible de l'égalité des remblais et des déblais. Il est nécessaire de faire des sondages pour connaître la nature du sous-sol, surtout important pour les grandes lignes de chemins de fer. (Pour avoir négligé cette précaution, il a fallu dépenser énormément en remblayage et consolidations pour remédier à l'affaissement du ballast, dans certains terrains particulièrement argileux et vaseux).

Étude des travaux d'art. — Vient alors l'étude des tranchées, des souterrains, des viaducs, etc.

Avant d'aller plus loin, rappelons d'abord diverses notions relatives à l'établissement d'une voie.

Rampes. — Si le tracé n'est pas imposé absolument, on recherchera le minimum de *rampe*. On admet au maximum 60 millimètres par mètre sur un parcours un peu long, et 100 millimètres pour un espace très court, avec précautions particulières pour le *verglas* et le *brouillard*. (Diminution sensible de l'adhérence dans ce cas).

Courbes. — Courbes de rayon le plus grand possible, le minimum étant fixé par l'écartement des essieux des voitures. En général, on ne doit pas descendre au-dessous de 25 à 30 mètres pour les tramways, de 100 mètres pour les chemins de fer. E étant la largeur de la voie et R le rayon de la courbe, on constate que l'accroissement d'efforts en kilogrammes par kilogramme est compris entre $0{,}25 \dfrac{E}{R}$ et $0{,}35 \dfrac{E}{R}$, suivant les divers types de matériel roulant (fonction de l'empattement).

Plan des traverses. — Une fois le tracé déterminé, on établit le plan des traverses ; il se fait généralement à l'échelle de 5 millimètres par mètre. Il doit être aussi complet que possible. On doit y indiquer :

la longueur des rues,

celle des trottoirs,

les propriétés voisines,

les noms des propriétaires,

les accidents rencontrés : ruisseaux, ponts, viaducs, bouches d'égouts, etc. (fig. 2).

Une fois le plan établi, on y trace la voie, en indiquant les positions des rails et l'encombrement du matériel. Toutes les courbes y sont indiquées avec centres et rayons. On y marque aussi les hectomètres à partir de l'origine de la voie.

Confection du plan des traverses. — Pour le *plan des traverses*, on utilisera le cadastre ou tout autre plan établi, mais il est prudent de vérifier le document précédent et de ne le consulter que pour un premier canevas.

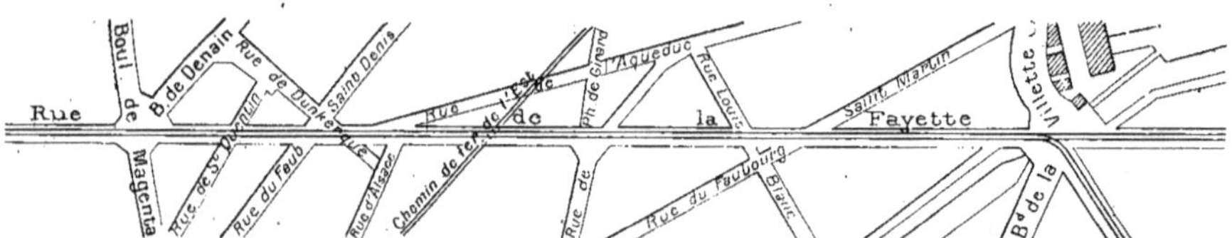

Fig. 1. — Plan général d'une ligne (partiel).

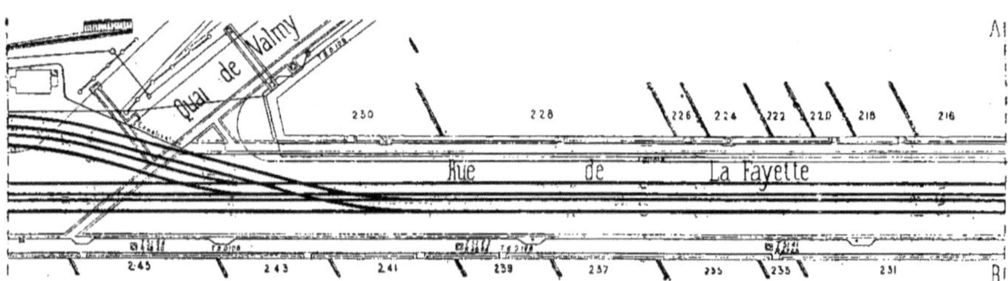

Fig. 2. — Plan des traverses.

Profil en long. — Le profil en long est établi à l'échelle de 0,0002 par mètre pour les longueurs et 0,001 pour les hauteurs. Sur ce plan, on

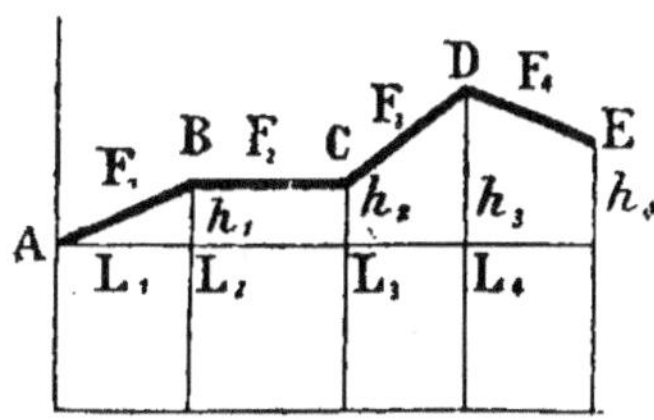

Fig. 3. — Profil en long. Détermination du travail kilogrammétrique.

indique la pente ou la *rampe* par mètre, la longueur de ces rampes ou de ces pentes, la distance de leurs extrémités à l'origine de la ligne, la

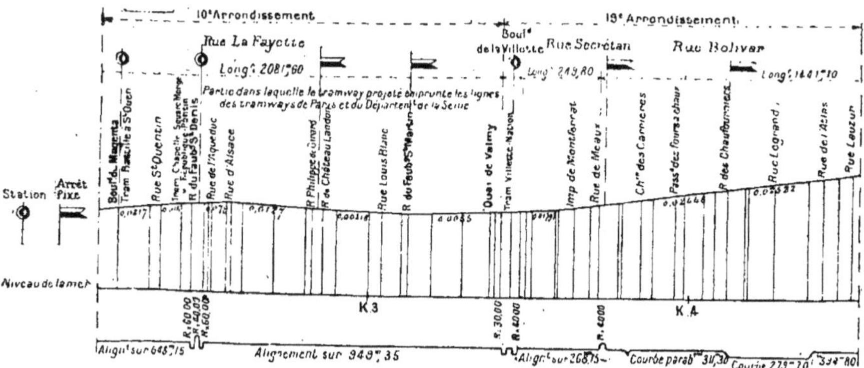

Fig. 4. — Profil en long.

position des courbes et leurs rayons, la position des croisements, leurs distances, les voies empruntées (fig. 3 et 4).

DEMANDE DE CONCESSION

Deux cas sont à considérer suivant que les lignes ont été concédées antérieurement ou non à la loi du 31 juillet 1913, qui fait autorité en la matière. En particulier, l'établissement d'un prolongement ou d'un embranchement de ces lignes est soumis aux dispositions de la même loi.

I. Régime ancien

(Loi du 13 mars 1881)

1º *Régime ancien* (antérieur à la loi du 31 juillet 1913 et régi par la loi du 13 mars 1881). En vùe d'une demande de concession, on devait se conformer aux prescriptions du décret du 13 mars 1881, complété par celui du 16 juin 1907, qu'est venu légèrement modifier celui du 7 juillet 1910. Aux termes du décret de 1881, il devait être remis, en même temps que la demande, le dossier suivant :

1º Extrait de cartes avec le tracé du parcours, au 1/80.000 ;

2º Plan général des voies publiques empruntées, au 1/10.000 ;

3º Plan dés traverses de la ligne, à l'échelle de 5 millimètres par mètre (fig. 2) ;

4º Profil en long (fig. 4) ;

5º Profil en travers indiquant l'encombrement du matériel à l'échelle de 0 m. 3 par mètre ;

6º Mémoire descriptif ;

La figure 1 donne un exemple du plan au 1/10.000 et la figure 2 un exemple de profil en travers.

Comme nous l'avons dit, le décret du 6 août 1881 a été complété et modifié par le décret du 16 juin 1907, modifié lui-même par le décret du 7 juillet 1910.

En outre des prescriptions du décret de 1881, les derniers spécifient que les projets d'exécution doivent comprendre :

1º Des profils en travers à l'échelle de 5 millimètres par mètre, relevés en nombre suffisant, principalement dans les traversées et dans les parties où les voies publiques empruntées n'ont pas la largeur normale ;

2º Le devis descriptif dans lequel sont reproduites sous forme de tableau les indications relatives aux déclivités et aux courbes déjà données sur un profil en long ;

3º Un mémoire dans lequel toutes les indications essentielles du projet sont justifiées.

Le décret du 7 juillet 1910 modifie simplement quelques indications de détails relatives notamment aux voies, rails et largeur des ornières, etc.

Mémoire descriptif. — Il doit comprendre : 1º *Une description du tracé* contenant l'indication des voies publiques suivies et la longueur des voies empruntées, ainsi que les régions desservies (communes, arrondissements), les lignes (d'omnibus, tramways, chemins de fer, etc.) rencontrées et l'indication de leurs points de rencontre ;

2° L'énoncé des dispositions particulières de la voie, parties en simples ou doubles voies, indication des garages, leurs distances de l'origine et les distances de l'un à l'autre, largeur de la voie, position des stations, plaques tournantes, etc. *Tableau* donnant, dans une première colonne, la désignation et les points extrêmes des alignements droits et des courbes de raccordement ; dans une deuxième colonne, la longueur des alignements et des courbes, puis les angles des alignements adjacents, les rayons des courbes, les longueurs des tangentes. *Un autre tableau* indique les points extrêmes des déclivités, les longueurs des pentes, les pentes par mètre, l'abaissement pour la longueur de la pente, les longueurs des rampes, les rampes par mètre, l'élévation rapportée à la rampe ;

3° Le mode d'exploitation, indiquant la vitesse maximum des voitures, le nombre des départs par jour, les points de ralentissement, etc. ;

4° L'évaluation sommaire des dépenses pour l'installation totale de la ligne, y compris le matériel et les bâtiments de l'usine ;

5° Une indication des tarifs probables qu'on se propose d'adopter.

Ce dossier ne contient donc aucune description du matériel roulant ou fixe. Il ne renferme que des documents intéressant la voie publique. Ce sont ces extraits qui sont déposés dans les mairies des communes pour être soumis à l'enquête.

En résumé, les formalités sont régies par les décrets du 13 mars 1881, du 16 juin 1907 et du 7 juillet 1910. On pourra ainsi constituer sur les bases ci-dessus le dossier nécessaire. L'évaluation des dépenses pour l'installation de la ligne ne pouvant se faire qu'une fois fixé sur l'importance et le type de matériel à employer.

II. Régime nouveau

(Loi du 31 juillet 1913)

L'établissement et l'exploitation des voies ferrées d'intérêt local sont actuellement soumis aux dispositions de la loi du 31 juillet 1913. Cette loi a été complétée par les décrets du 20 novembre et du 17 décembre 1917.

Avant-projet. — L'avant-projet doit être établi conformément au décret du 17 décembre 1917 et doit comprendre les pièces suivantes :

1o Extrait de cartes au 1/80.000e ;

2o Plan général de la ligne au 1/10.000e avec indication des voies publiques empruntées ;

3e Profil en long au 1/5.000e pour les longueurs et au 1/1.000e pour les hauteurs indiquant les déclivités du terrain où des voies publiques empruntées et de la ligne projetée ;

4o Profils en travers types au 1/50e indiquant les dimensions de la plate-forme avec le gabarit du matériel roulant ;

5e Profils en travers des parties où les traverses empruntées n'auraient pas la largeur normale ;

6o Un mémoire indiquant :

a. Nature des transports qui seront effectués ;

b. Mode d'exploitation. Arrêts ;

c. Minimum du rayon des courbes ;

d. Maximum des déclivités ;

e. Mode de traction ;

f. Maximum de la largeur du matériel roulant ;

g. Maximum de la longueur des trains ;

h. Maximum de la vitesse des trains ;

i. Minimum des trains mis en circulation ;

j. Tarif maximum des droits à percevoir ;

7. Un mémoire justifiant l'utilité de l'entreprise et comprenant l'estimation des dépenses prévues pour l'exécution de la ligne, le chiffre des recettes probables et le détail des frais annuels d'exploitation. On indiquera en outre les conditions de production ou de fourniture de la force motrice, de même que tous les engagements financiers dont il a été tenu compte et les moyens destinés à subvenir à la dépense.

L'avant-projet est adressé au Préfet qui le soumet au Conseil général. Le Ministre des Travaux publics autorise alors la mise à l'enquête.

Enquête d'utilité publique. — Le dossier à soumettre à l'enquête comprend :

1o Les pièces de l'avant-projet énumérées aux alinéas 1 à 5 complétées et modifiées suivant les décisions de l'autorité compétente ;

2° Des plans au 1/200ᵉ de chaque partie où la voie publique empruntée doit être modifiée et indiquant les propriétés bâties en bordure, les caniveaux et les trottoirs ;

3° Le mémoire indiqué sous l'alinéa 6 de l'avant-projet dûment modifié et complété par des renseignements sur les dispositions prévues pour le maintien de l'accès des chemins publics ou particuliers. On indiquera aussi la distance minimum de la voie aux façades des propriétés riveraines, ainsi que la disposition des lignes de transport et de distribution du courant électrique et le mode de support de ces lignes ;

4° Plan des emplacements des stations au 1/1.000ᵉ avec indication des voies d'accès.

Ce dossier d'enquête doit être déposé à la mairie du chef-lieu de chaque canton que la ligne doit traverser. On doit en outre déposer à la mairie de chaque commune un dossier spécial comprenant :

L'extrait de carte, le plan au 1/10.000ᵉ et le profil en long, le tout limité aux deux stations situées de part et d'autre de la commune ; le plan de l'emplacement de la station au 1/1.000ᵉ avec indication des voies d'accès ; le plan au 1/200ᵉ de chaque partie où la voie publique doit être modifiée ; une note explicative.

Cahier des charges. — Le cahier des charges doit être rédigé conformément aux prescriptions du décret du 20 novembre 1917. Il mentionne notamment :

Nature des transports ; mode de traction ; parcours de la ligne ; dates prévues pour la mise en exploitation ; toutes les pièces de l'avant-projet dûment complétées. Il donne en outre des indications sur les ouvrages d'art, l'établissement de la deuxième voie, la largeur de la voie, le gabarit du matériel roulant, le rayon inférieur des courbes, le maximum de déclivité, les gares et stations, la traversée des routes, la voie, les clôtures. Enfin, il réglemente l'exécution des travaux, l'entretien et l'exploitation de la ligne, les tarifs des droits à percevoir, les pénalités.

Le dossier d'enquête, les projets des traités à conclure ainsi que le cahier des charges sont soumis par le Préfet à l'examen du Conseil général, des ponts et chaussées et du Conseil d'État. A la suite de l'enquête, le Ministre des Travaux publics approuve les projets d'ensemble, déclare l'utilité publique des travaux et autorise leur exécution.

On voit que sous cette jurisprudence encore, les dossiers ne contiennent aucune description du matériel roulant ou fixe ; ils ne renferment que des documents intéressant la voie publique ; toutefois, en vertu de l'arrêté du 10 janvier 1918, l'Inspecteur général du contrôle des voies ferrées peut donner son avis sur le choix du type du matériel roulant.

CHAPITRE PREMIER

EFFORTS MOTEURS ET EFFORTS ADHÉRENTS

GÉNÉRALITÉS SUR LES EFFORTS MOTEURS ET LES EFFORTS ADHÉRENTS

Relation entre les efforts moteurs et les efforts adhérents

Pour mettre en route un véhicule et soutenir sa marche, il faut fournir un certain effort à la jante des roues motrices ; soit F_T l'effort qui tend à chasser le rail R, de gauche à droite dans le sens de la flèche (fig. 5). Le rail étant maintenu par ses traverses, et plus généralement par tout le système de soutien qui constitue l'infrastructure de la voie, et en vertu du principe de l'égalité de l'action et de la réaction, le véhicule va progresser, la roue tournant en sens inverse des aiguilles d'une montre dans le cas de la figure 5.

Cette faculté de rotation de la roue a cependant une limite. En effet, si F_T, effort appliqué à la jante, devient supérieur à l'effort limite de frottement de glissement correspondant à la présence des deux métaux, roue-rail (généralement bandage d'acier et rails d'acier) la roue n'est plus calée sur le rail et patine.

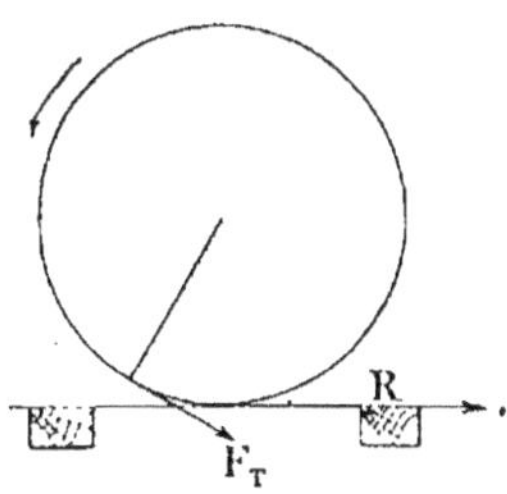

Fig. 5.
Propulsion d'un véhicule.

Appelons P le poids qui charge l'essieu. Si a est le coefficient de frottement roue-rail (ou coefficient d'adhérence), on a pour l'*effort adhérent* :

$$F_a = Pa$$

Le facteur a varie naturellement suivant les situations climatériques et avec les types de roues, de rails, etc... Dans les circonstances les plus défavorables, il peut tomber à 0,10; sa valeur moyenne étant de l'ordre de 0,25. Il en résulte que l'effort F_T à la jante (développé par le moteur, ou directement ou par l'intermédiaire d'un engrenage) doit être inférieur à F_a, sous peine de patinage. On renforce du reste artificiellement au démarrage, cette adhérence par le jeu des sablières.

On conçoit immédiatement l'avantage du report de tout le poids transporté sur les *essieux moteurs*. Tout ce poids est alors dit *poids adhérent*, ou mieux et plus logiquement, *poids concourant à l'adhérence*.

Ainsi, une automotrice électrique à deux essieux moteurs sans remorque aura un poids adhérent égal à son poids total.

D'une manière générale, l'effort moteur que l'on doit développer pour faire progresser le train peut être considéré comme approximativement proportionnel au poids P des voitures *motrices* (avec un certain coefficient de proportionnalité) et au poids R des *remorques* (avec un autre coefficient de proportionnalité, qui peut être très différent en raison des différences de structure de ces deux types de véhicules). Si l'on appelle ε la fraction du poids des motrices qui est seule *adhérente* (par exemple dans le cas des voitures à bogies à roues inégales ou des voitures à un seul essieu moteur) (1), on aura pour la condition limite d'adhérence :

$$\varepsilon P\, a \geqslant P\mu + \nu Q$$

en appelant μ et ν les coefficients de quasi-proportionnalité des efforts moteurs aux poids respectifs des motrices et des remorques, c'est-à-dire les efforts moteurs par unité de *poids-motrice* et par unité de *poids-remorque*.

Application numérique

Supposons que nous ayons affaire à un train-tramway constitué par une motrice pesant 18 tonnes en charge, attelée à une remorque en pesant 5 en charge.

Supposons que μ et ν aient respectivement pour valeurs 0,010 et 0,007 (10 kilogrammes par tonne et 7 kilogrammes par tonne, en palier et alignement droit) valeurs fréquemment rencontrées. Si les deux

---

(1) Voir pages 48 et suivantes.

essieux de la voiture motrice sont moteurs, nous aurons comme condition :

$$Pa \gtrless P \times 0,010 + Q \times 0,007$$
$$a \gtrless 0,010 + 0,0035$$
$$a \gtrless 0,0135$$

Il n'y aura aucune crainte de patinage, même si a vaut 0,10 valeur limite inférieure déjà indiquée.

Mais, si à ces efforts normaux viennent s'en ajouter d'autres trop considérables (courbes, rampes, démarrages), si le nombre des remorques et leur poids s'accroissent d'une manière abusive, enfin si une fraction seulement du poids des motrices concourt à l'adhérence, cette limite inférieure peut être atteinte. On sait qu'elle l'est très facilement dans les chemins de fer à vapeur, où les trains les plus lourds n'ont qu'une motrice, la *locomotive*, dans laquelle le poids, déjà le moins considérable possible par rapport à celui du train, n'est même pas tout entier adhérent. Malgré la liaison réalisée par bielles des roues de grand diamètre (locomotives à essieux couplés), les charges supportées par les bogies *porteurs* de tête et les essieux des tenders ne peuvent entrer dans la constitution du poids adhérent.

Le grand avantage de la traction électrique réside dans la localisation possible des équipements moteurs dans un plus ou moins grand nombre de voitures du train, ce qui permet en somme de proportionner les unités motrices au poids du train et de faire par suite travailler ces unités dans les meilleures conditions de rendement.

Classification des différentes résistances intervenant dans la constitution des efforts de traction

Forme générale de ces efforts résistants. — Nous venons de voir que pour mettre un véhicule en mouvement sur une voie de fer, il faut vaincre un certain nombre de résistances dont l'ensemble déterminera l'effort de traction.

On donne généralement une forme approchée à ces efforts, en supposant qu'ils sont, comme nous l'avons dit, proportionnels au poids des voitures motrices d'une part, et au poids des remorques d'autre part. On peut remarquer que, dans les conditions toutes spéciales d'une ligne en alignement droit et en palier, parcourue par un train sous vitesse constante, l'effort nécessaire F_T développé à la jante de la roue motrice pour faire progresser le train aura pour valeur :

$$F_T = P\mu + Q\nu$$

P, poids de la motrice ;

Q, poids des remorques ;

μ, ν efforts respectifs en kilogrammes par kilogramme ou en tonnes par tonne nécessaires pour faire progresser la motrice ou les remorques.

Signalons également une certaine résistance A, due au refoulement de la colonne d'air chassée et divisée par la surface de front du train. A, n'est pas proportionnel au poids du train, mais proportionnel, ou à peu près, à la surface de front de ce train.

Ces résistances constituent ce que l'on peut appeler des résistances *permanentes*.

Le train peut, en outre, avoir à surmonter des résistances *spéciales* ou *accidentelles* dues aux rampes, aux courbes, à l'action du vent venant s'opposer à la marche du train (vent en proue) ou tendant à le renverser (vent latéral).

Enfin, si le train doit partir du repos ou accélérer sa vitesse, il faudra demander au moteur un effort ou un couple supplémentaire de *démarrage* (cet effort, par exemple, mesuré à la jante est égal à $m\gamma$ ou $\dfrac{P+Q}{g}\gamma$, γ étant l'accélération adoptée pour ce démarrage, $m = \dfrac{P+Q}{g}$ la masse du train à ébranler et à mettre en vitesse).

On pourra enfin noter que la voie présentera en certains points des résistances supplémentaires, dénivellations des rails, aiguilles, bifurcations, etc., sur l'influence desquelles il est bien difficile de nous étendre.

ÉTUDE DES DIVERS EFFORTS RÉSISTANTS

A. — Résistances permanentes autres que celles dues à l'air

La progression du véhicule suppose la rotation de la fusée de l'essieu dans le coussinet destiné à le supporter, d'où première source de pertes de puissance, et le roulement de la roue sur le rail, deuxième source de pertes.

Frottement des fusées sur les coussinets

R étant le rayon de la roue, r celui de la fusée, f_1 le coefficient de frottement du coussinet sur la fusée (alliages semi-plastiques dans le coussinet pour réduire f_1 à la valeur moyenne $\dfrac{1}{70}$), on a évidemment, pour l'effort de frottement correspondant :

$$F_1 = \frac{r}{R}\, f_1$$

la roue développant $2\pi R$ mètres quand le point d'application de l'effort de frottement développe $2\pi r$ mètres. Or $\dfrac{r}{R}$ vaut $\dfrac{1}{11}$. D'où $F_1 = \dfrac{1}{770}$, c'est-à-dire 1,4 à 1,5 kgs par tonne.

Frottement de roulement de la roue sur le rail

Il est presque toujours négligeable (1), les diverses expériences faites lui assignant une valeur constamment inférieure à $0,5 \times 10^{-3}$. — Cette

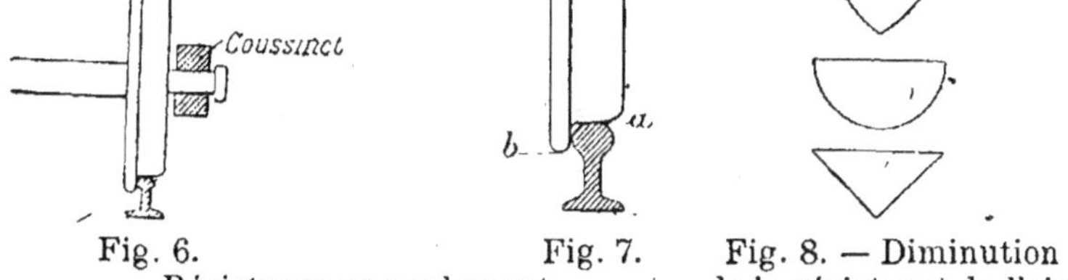

Fig. 6.   Fig. 7.   Fig. 8. — Diminution
Résistance au roulement.   de la résistance de l'air.

source de pertes est donc incomparablement plus faible que la précédente.

B. — Résistance de l'air

On a essayé les formules les plus complexes pour tenir compte de cette résistance qui, aux basses vitesses, ne joue évidemment pas un rôle considérable, mais constitue, pour les vitesses élevées des trains actuels et celles escomptées beaucoup plus grandes des trains électriques de l'avenir, une perte de puissance très importante.

---

(1) Sauf dans le cas de roues usées, offrant des *plats* qui se traduisent par des martèlements de la voie.

Jusqu'à 60 kilomètres-heure, la résistance R due à l'air peut être considérée comme donnée par la formule :

$$R = 0,1 \ V^2 S$$

S, surface de front du train en mètres carrés ;

V, vitesse linéaire en mètres par seconde, valant $\dfrac{1}{3,6}$ V kilomètres-heure, ou encore approximativement 0,28 V kilomètres-heure.

On peut, au delà de 60 kilomètres-heure, adopter, à peu près jusqu'à 75 kilomètres-heure, la formule :

$$R' = K \ (V - a)$$

avec V en mètres par seconde et :

$$a = 5$$
$$K = 2,3$$

Les deux formules se raccordent à peu près pour la vitesse de 65 kilomètres-heure.

Nous examinerons plus loin les conditions spéciales dans lesquelles se présente la résistance des trains aux très grandes vitesses.

Pour diminuer l'influence de cette résistance rencontrée par la surface de front des véhicules de tête, on a donné à ceux-ci des formes diverses (fig. 8), telles que dans les calculs où intervient ladite surface, même projetée sur un plan vertical perpendiculaire au grand axe du train, on puisse affecter les formules des coefficients d'affaiblissements suivants indiqués comme valables par la pratique :

Proues en forme d'angle dièdre isocèle, hauteur 3/4 de la base :   0,40
    —   de demi-cylindre   0,40
    —   d'ogive, hauteur égale à la base.   0,50

Résistance de l'air aux très grandes vitesses

Les essais effectués ayant en vue la détermination de la résistance de l'air aux très grandes vitesses sont relativement peu nombreux. Nous aurons l'occasion de reparler de cette question lors de notre étude de l'application de la traction électrique aux trains rapides.

Signalons cependant, dès maintenant, les intéressantes déterminations faites lors des essais de traction à grande vitesse de Berlin-Zossen à Marienfeld, en 1901, par Siemens et l'A. E. G. Les courbes suivantes résument quelques-uns des résultats obtenus, malheureusement avec l'emploi de manèges.

On notera sur la figure 9 la signification des courbes :

I. — F calculé en kilogrammes d'après la formule $F = 0,12248\ v^2$;
II. — F mesuré en kg. pour une surface plane de 1 mètre carré ;
III. — Puissance utile pour une surface parabolique ;
IV. — F mesuré en kg. pour une surface parabolique de $0,69^{m2}$;
F = Effort en kg. par mètre carré.

On peut espérer tirer, d'ici quelques années, des renseignements utiles des expériences actuellement faites dans les laboratoires aérotechniques pour la fixation de la résistance de l'air dans des conditions

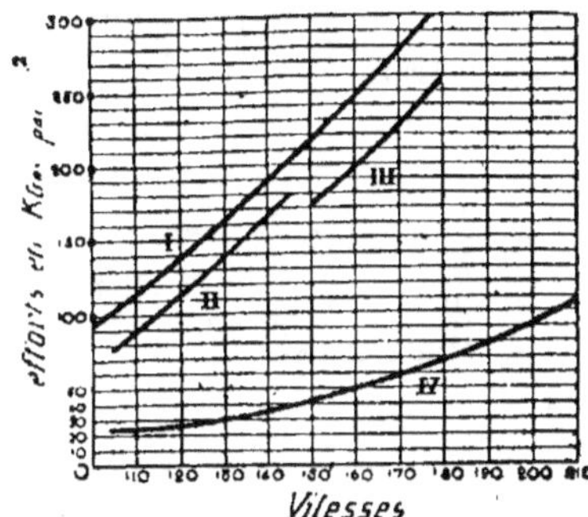

Fig. 9. — Résistance de l'air aux grandes vitesses (Essais de Berlin-Zossen)

déterminées. On ne doit du reste pas attacher une importance exagérée, en ce qui concerne la traction, aux résultats obtenus aujourd'hui dans le domaine de l'aviation, en raison des différences de nature de ces deux problèmes.

C. — Formules empiriques donnant les résistances permanentes globales à la traction

Les chemins de fer emploient, pour la détermination des efforts de traction, des formules empiriques, généralement simples mettant en évidence le poids entraîné P, la vitesse V et la surface de front du train S, de telle sorte qu'elles peuvent s'écrire sous la forme générale :

$$R = F(P,\ V,\ S).$$

Certaines de ces formules sont données avec des indications insuffisantes, qui limitent nécessairement leur emploi.

Toutes ont été établies dans des conditions déterminées avec un matériel déterminé (essieux sur trucs rigides, bogies, etc.), et ne doivent être appliquées qu'avec la plus extrême prudence à des cas ne se rapprochant pas immédiatement de ceux correspondant à l'expérience faite.

Formules de résistances proposées pour les chemins de fer. — Signalons, en particulier, que la question relative à l'appréciation exacte de l'économie apportée par l'emploi des bogies dans les efforts de traction n'est pas encore pleinement élucidée.

Les seules formules proposées jusqu'à ces derniers temps, pour les chemins de fer, étaient relatives aux trains traînés par des locomotives à vapeur. Nous avons, dans un ouvrage précédent, joint à celles-ci quelques formules relatives aux trains électriques (1).

Représentons par V la vitesse en kilomètres par heure, par R la résistance totale du train et de la locomotive par tonne, par R′ la résistance du train, par R″ celle de la locomotive. Soient de même L le poids de la locomotive, T celui du train, P = (T + L) celui du train et de la locomotive, les quantités étant exprimées en tonnes. Les formules les plus usuelles sont les suivantes :

Quelques formules relatives aux trains à vapeur

FORMULES DE LA COMPAGNIE DE L'EST

Trains de marchandises (12 à 32 kilomètres à l'heure),

$$\text{Graissage à l'huile} \quad R = 1,65 + 0,05\ V$$
$$\text{Graissage à la graisse} \quad R = 2,30 + 0,05\ V$$

Trains de voyageurs.

$$(32 \text{ à } 50 \text{ kmh.}) \quad R = 1,80 + 0,08\ V + \frac{0,009\ SV^2}{P}$$

$$(50 \text{ à } 65 \text{ kmh.}) \quad R = 1,80 + 0,08\ V + \frac{0,006\ SV^2}{P}$$

$$(70 \text{ à } 80 \text{ kmh }) \quad R = 1,80 + 0,14\ V + \frac{0,004\ SV^2}{P}$$

---

(1) *Traité pratique de traction électrique* (Bernard-Geisler, éditeur à Paris, Albin Michel, successeur.

Ces formules donnent des chiffres trop forts. Elles ont été modifiées et remplacées souvent par les suivantes :

Autres formules de la Compagnie de l'Est français. — Soit A la surface de front du train en mètres carrés :

$$R = (1,65 + 0,05 \ V) \ (T + L) \text{ pour des vitesses de 12-32 kmh.}$$
$$R = (1,80 + 0,08 \ V) \ (T + L) + 0,009 \ AV^2 \ . \ . \ . \ . \ 32\text{-}50 \quad —$$
$$R = (1,80 + 0,10 \ V) \ (T + L) + 0,006 \ AV^2 \ . \ . \ . \ . \ 50\text{-}65 \quad —$$
$$R = (1,80 + 0,14 \ V) \ (T + L) + 0,004 \ AV^2 \ . \ . \ . \ . \ 65\text{-}80 \quad —$$

Formule de la Compagnie d'Orléans

$$R = 150 + \frac{V^2}{1100}$$

Assez exacte, déterminée par Polonceau dans ses expériences de 1857-1866.

Formule de Finck (Autriche)

Conditions favorables. — (Bonne ligne, graissage à l'huile) ;

$$R = 2,5 + 0,001 \ V^2.$$

Conditions défavorables. — (Faibles rayons de courbe, graissage à la graisse) :

$$R = 3,75 + 0,0015 \ V^2.$$

A propos de ce que nous disions tout à l'heure, signalons que le matériel à bogies semble donner une moyenne de résistance inférieure de 20 à 30 p. 100 de celle du matériel ordinaire aux grandes vitesses. Cette différence disparaît quand on ne dépasse pas 15 kilomètres à l'heure. Elle est du reste essentiellement liée au bon entretien des bogies.

Formules propres aux chemins de fer et tramways électriques

a) *Formule de Lundie.* — Expériences faites sur le Métropolitain de Chicago, motrices à réduction par engrenage :

$$R = 1,8 + 6,3 \ V \left(0,2 + \frac{14}{35 + P} \cdot \right)$$

b) *Formule de Balch-Blood.* — Déduite des mêmes essais :

$$R = 3 + 0{,}15\,V + 0{,}20\,\frac{V^2}{P}$$

formule modifiée après expériences complémentaires :

$$R = 4 + 0{,}15\,V + 0{,}30\,\frac{V^{1,8}}{P}$$

Données pratiques sur la constitution d'un avant-projet. — Quelqu'intéressantes que soient les formules précédentes, il convient cependant, dans un avant-projet, de ne pas s'écarter des données pratiques suivantes qui permettent de calculer rapidement les puissances nécessaires avec une exactitude le plus souvent suffisante.

a) *Tramways.* — Soit une résistance due à l'air de 1 kilogramme par tonne à la vitesse de 10 à 15 kilomètres à l'heure. On pourra prendre, pour résistances globales à la traction *par tonne*, les chiffres suivants :

NATURE DES RAILS	RÉSISTANCES MOYENNES A LA TRACTION EN KILOGRAMMES PAR TONNE	
	Remorques	Automotrices
Rails Vignole..............	3 à 5 kg.	7 à 9 kg.
Rails à gradins	5 à 7 —	7 à 10 —
Rails Marsillon............	6 à 8 —	10 à 12 —
Rails Broca................	8 à 10 —	12 à 14 —
		et même 20 kg.

On remarquera que ces coefficients sont beaucoup accrus dans les *mines* et même sur les voies de *chemins de fer industriels*, généralement mal entretenues et défectueuses (admettre au moins 30 kilogrammes par tonne). On doublera au moins aussi, dans le cas des chemins de fer à crémaillère, les chiffres trouvés dans le cas de la traction ordinaire.

b) *Chemins de fer*. — Pour les chemins de fer à voie normale, les véhicules appartenant également aux types usuels, on prendra, suivant les vitesses adoptées :

20 à 30 Km.h.	2,92 kilogrammes par tonne.		
30 à 40 —	3,17	—	—
40 à 50 —	3,50	—	—
50 à 60	3,91	—	—
60 à 70 —	4,36	—	—
70 à 80 —	4,92	—	—
80 à 90 —	5,47	—	—
90 à 100 —	6,30	—	—

D. — Résistances accidentelles

En outre d'un certain nombre de résistances, souvent importantes et nocives, constituées par les aiguilles, les dénivellations des voies, etc., difficiles à évaluer, nous avons à faire gravir au train des *rampes* et à lui faire affronter des *courbes*.

RAMPES

On sait que le poids P d'une voiture en rampe peut se décomposer en deux composantes, savoir : P cos α, qui appuie normalement la voiture sur le rail, et P sin α qui tend à la faire descendre et que l'on doit compenser par un effort moteur supplémentaire juste égal et opposé.

Au moins pour les chemins de fer, α est petit et l'on peut (jusqu'à 10 degrés) admettre que le poids P et la composante P cos α, qu'il faudrait introduire au lieu de P dans l'effort général de traction, ne diffèrent pas sensiblement l'un de l'autre. De même, l'effort supplémentaire se représente par :

$$P\alpha = P \sin \alpha = P \operatorname{tg} \alpha = Pi$$

i, rampe en mètres par mètre ou millimètres par millimètre. Pour les tramways, ces simplifications trigonométriques doivent faire l'objet de certaines réserves intuitives. On admettra, pour simplifier, qu'une rampe de *i* millimètres par mètre introduit un effort résistant et nécessite un effort moteur supplémentaire de *i* kilogrammes par tonne.

En pente, on récolte au contraire un effort supplémentaire P*i*, qui vient s'ajouter à celui développé par l'équipement.

COURBES

Cette résistance supplémentaire tient à plusieurs causes, presque toutes liées à des phénomènes de coincement dont le véhicule est le siège.

Solidarité des roues. — Les roues d'un même essieu sont solidaires. Donc, en courbe, le centre de gravité G de la voiture (fig. 10 et 11) décrivant un arc α de longueur égale à 1 mètre, ($1^m = \alpha$), la roue a décrira l'arc :

$$1\left(1 + \frac{E}{2\rho}\right) = 1 + \frac{E}{2\rho}$$

et la roue a', l'arc :

$$1 - \frac{E}{2\rho}$$

La différence des chemins parcourus par les deux roues sera :

$$2\frac{E}{2\rho} = \frac{E}{\rho}.$$

Comme elles sont solidaires, la roue extérieure aura par conséquent roulé normalement, pendant que la roue intérieure accomplissait en sens inverse du mouvement général (développement 1 mètre) un parcours $\frac{E}{\rho}$ en glissant sur le rail.

Si f_1 est le coefficient de frottement de glissement (ban-

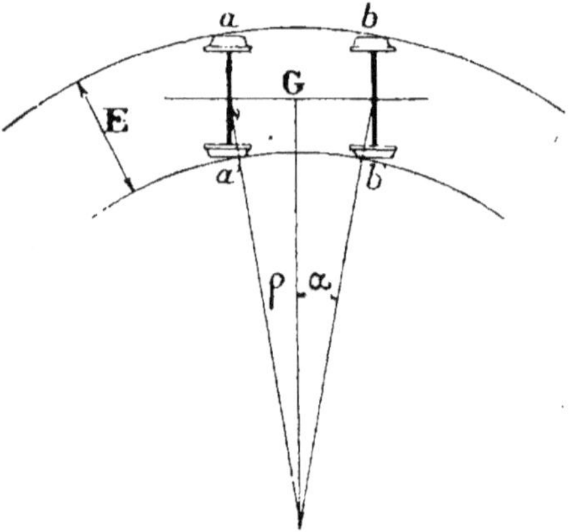

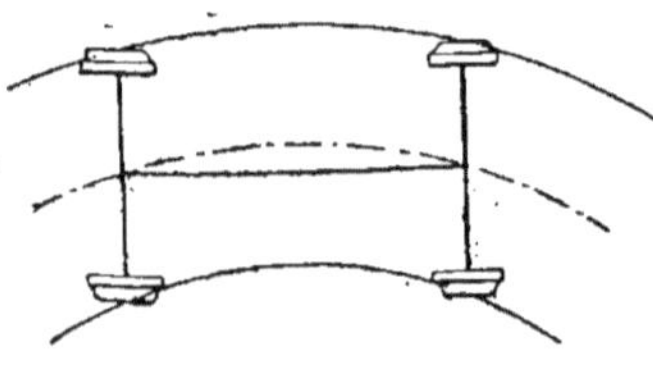

Fig. 10.
Effet du passage en courbe.

Fig. 11.—Solidarité des roues et des essieux.
Effort supplémentaire en courbe.

dage roue sur rail, c'est-à-dire *acier* sur *acier* relativement polis), le poids chargeant les roues a' et b' animées de ce mouvement complémentaire de glissement étant $\frac{P}{2}$, il viendra :

$$\frac{P}{2} f_1 \frac{E}{\rho} = F_1$$

comme valeur de l'effort complémentaire de traction qu'il faut fournir puisque les jantes se déplacent de 1 mètre pendant ce temps. Ou enfin, par tonne, l'effort :

$$\frac{E}{2\rho} f_1.$$

Solidarité et parallélisme des essieux. — Les essieux sont également solidaires, au moins dans les types de matériel dépourvus de liaisons déformables entre les deux essieux. On conçoit que [cette solidarité aura pour effet d'établir un contact nouveau entre la roue et le rail par le boudin (roue) et le mentonnet (partie latérale, légèrement saillante, de la tête du rail).

On démontre (nous l'admettrons pour ne pas compliquer les choses) que les boudins des roues intérieures décrivent, en glissant contre les rails, un espace complémentaire :

$$\frac{\sqrt{E^2 + L^2}}{\rho}$$

L désignant l'empattement tel que le poids qui les charge étant $\frac{P}{2}$, il en résulte, pour 1 mètre développé par les jantes, un travail numériquement égal à :

$$\frac{\sqrt{E^2 + L^2}}{2\rho} f_2 P$$

le facteur f_2 étant le coefficient de frottement de glissement boudin-roue contre rail (partie latérale). Or, f_2 peut être différent de f_1, car les circonstances climatériques, l'état de propreté relative à la voie, peuvent avoir sur f_2 des conséquences différentes de celles qu'elle ont sur f_1.

Prenons, pour simplifier

$$f = f_1 = f_2 = 0{,}20$$

chiffre fréquemment adopté. Il vient, pour l'effort total complémentaire par tonne nécessaire :

$$F_1 = \frac{E + \sqrt{E^2 + L^2}}{2\rho} f = \Delta R$$

$$\frac{0{,}20}{2\rho} E \left(1 + \sqrt{1 + \frac{L^2}{E^2}} \right) f = \Delta R.$$

D'où :

$$\text{pour} \quad \begin{cases} L = 1^m,40 \\ E = 1^m,00 \end{cases}$$

$$\Delta R = 0,10 \, \frac{E}{\rho} \left(1 + \sqrt{3}\right) = 0,27 \, \frac{E}{\rho}.$$

Le facteur $\frac{E}{\rho}$ varie de 0,25 à 0,35 suivant les valeurs du terme $\frac{L}{E}$; il croît donc avec l'empattement des voitures et décroît avec la largeur de la voie.

Cette remarque est fondamentale. — La considération de l'accroissement des efforts de traction en courbe et la nécessité de ne pas en développer d'excessifs imposent le plus souvent la limite de l'empattement L pour une voie de largeur donnée (1)

Remarque. — Les Compagnies de chemins de fer utilisent souvent des formules pratiques pour le calcul des résistances supplémentaires en courbe, formules où interviennent la vitesse et le rayon, avec des coefficients numériques. Ces formules sont essentiellement applicables aux seuls types de matériel pour lesquels ont été effectués les essais utilisés pour l'établissement de ces formules. Nous n'insisterons donc pas sur ce sujet.

Signalons cependant l'emploi de quelques formules approchées fort simples pour l'évaluation des efforts de traction dans les chemins de fer.

Effort de traction. — On admet généralement, en Europe comme en Amérique un effort de 6 kilos par tonne remorquée au démarrage et, à partir de 16 kilomètres par heure, on utilise par exemple les formules suivantes :

Etat Prussien :

$$R = 2,5 + \frac{V^2}{2.500}$$

R kgs par tonne ;
V kms par heure.

Etat Italien :

$$R = 2,5 + \frac{V^2}{2.000}$$

---

(1) L varie généralement de 1 m. 80 à 4 m. 50 pour la voie de 1 mètre. (Voir page 49.)

On ajoute généralement 20 à 25 p. 100 pour tenir compte du facteur poids de la locomotive. On a ainsi l'effort à la jante.

En courbe, l'État Italien utilise la formule :

$$R = \frac{800}{\rho}$$

ρ rayon de courbure en mètres.

La résistance due au déplacement dans l'air peut être calculée également par la formule :

$$R_a = 0,006\ SV^2$$

S surface de la locomotive en m² au maître-couple :

V vitesse en km.-h.

EFFET DU VENT

Le vent peut lui-même exercer une action très importante dans certains cas. Un vent soufflant en rafale peut développer 100 kilogrammes de pression par mètre carré, ce vent ayant une vitesse de 50 mètres à la seconde.

Si la voiture motrice du train a le vent opposant en proue ou en tête, les véhicules ayant des surfaces de front de 5 à 8 mètres carrés, l'effort ainsi développé peut atteindre 500 à 800 kilogrammes. Il sera relativement énorme pour un tramway, mais pour un train lourd (400 tonnes), il correspondra au plus à une résistance supplémentaire de 2 kilogrammes par tonne (1).

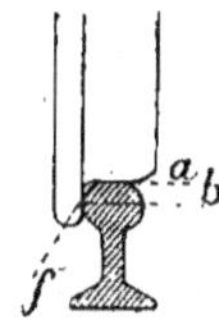

Fig. 12.
Effet
du vent.

Si le vent est latéral, il semble qu'il ait un effet moins grave et que, tendant à renverser le train autour de la base constituée par les rails situés du côté où le vent tend à chasser le véhicule, ce vent n'ait pas de sérieux inconvénients. En réalité, le résultat est toujours une augmentation très sensible de l'effort moteur. Nous allons le démontrer.

Si S est la surface latérale du véhicule en mètres carrés (par exemple 8 mètres de long sur 2m.50 de haut, soit S = 20 mètres carrés) l'effort latéral du vent sera de 100 × 20 = 2.000 kilogrammes. Il va appuyer les boudins contre les rails. Soit la distance ab (du mentonnet à la table

---

(1) Les trains rapides et express de la Cie P.-L.-M. éprouvent parfois d'importants retards du fait du mistral soufflant dans les plaines de La Crau.

du rail (fig. 12) = 0m.02. Nous aurons un couple résistant égal à 2.000 kilogrammes × 0m.02 × f,

f coefficient de frottement déjà considéré (soit ici $f = 0,25$).

La roue ayant un rayon de 0m.50 et le point a jouant le rôle de centre instantané de rotation, on peut écrire, vu l'égalité des couples moteur et résistant :

$$2.000 \times 0,02 \times 0,25 = X \times 0^{m},50$$

X, étant l'effort moteur supplémentaire à fournir à l'essieu. Donc :

$$X = 2.000 \times 0,25 \times \frac{0,02}{0,50} = 20 \text{ kgs.}$$

Pour une voiture de 13 tonnes, cela représente à peu près 1 kgr. 5 par tonne.

Cet effort sera évidemment, dans le cas d'un train, proportionnel au nombre de véhicules. En conséquence, son influence pourra être aussi grave pour un train long et lourd (par exemple, 400 tonnes, longueur 250 mètres) que celle de l'effort dû au vent en tête.

Résultats pratiques relatifs
aux résistances supplémentaires en courbes

Les valeurs des résistances spéciales dues aux courbes, tirées d'expériences faites, il y a déjà une trentaine d'années, sur les chemins de fer de l'Est, à Noisy-le-Sec, sont résumées dans le tableau suivant :

CHEMINS DE FER A VOIE NORMALE

RAYONS DES COURBES	RÉSISTANCES
Rayons au-dessus de 1.000 mètres	négligeables
Rayons de 1.000 —	0 kg. 75 par tonne
— 900 —	0 kg. 8 —
— 800	0 kg. 9 —
— 700 —	1 kg. 1 —
— 600	1 kg. 3 —
— 500	1 kg. 5 —
— 400 —	2 kg. —
— 300	3 kg. —
— 250 —	4 kg. —
— 200 —	5 kg. —
— 150 —	6 kg. 5 —

Il y a lieu de remarquer que, au fur et à mesure que la largeur de la voie diminue, la résistance due aux courbes diminue également, toutes choses égales d'ailleurs.

Tramways. — Pour les tramways, on peut utiliser les chiffres suivants (voiture à 2 essieux ayant environ 2 mètres d'empattement) :

RAYON DE COURBURE	VOIE DE 1 MÈTRE	VOIE DE 1^{m},44
100 mètres	4	5,70
80 —	5	7,20
60 —	6,6	9,50
40 —	10	14,3
30 —	13	19
20 —	20	28
15 —	26	38
10 —	40	57

GÉNÉRALITÉS SUR LA DÉTERMINATION EXPÉRIMENTALE DES EFFORTS DE TRACTION

Détermination expérimentale des efforts de traction

Le mode d'évaluation numérique que nous avons donné ci-dessus ne peut suffire s'il n'est sanctionné par l'expérience, et c'est à ce contrôle et à cette justification que tendent une série d'opérations faites sous le nom de « Mesures expérimentales des efforts de traction ».

Les locomotives à vapeur, ou autres, sont généralement essayées aux ateliers sous la forme suivante :

On les attelle avec interposition de ressorts à un crochet scellé à poste fixe et, par l'intermédiaire

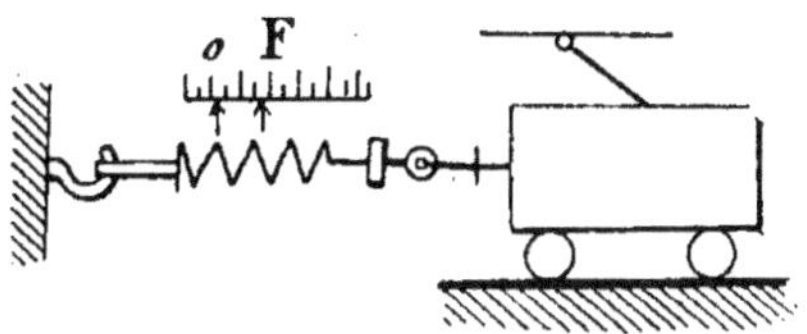

Fig. 13. — Essai au crochet d'une locomotive ou d'une motrice électrique.

d'un dynamomètre convenable, on détermine *les efforts au crochet développés pour chaque régime d'admission* (fig. 13).

Les chiffres ainsi obtenus ne correspondent évidemment pas, vu les conditions spéciales de l'expérience, à des efforts de traction en marche normale, puisque la locomotive ne se déplace, pour ainsi dire, pas ; ce ne sont pas non plus des efforts au démarrage, puisque le système se

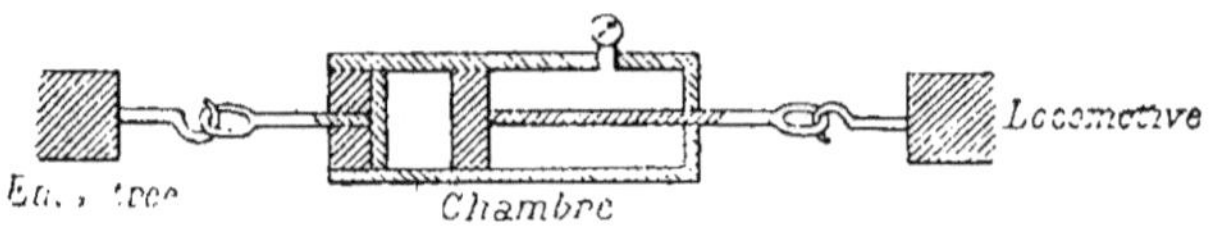

Fig. 14. — Frein manométrique.

déplace un peu. Néanmoins, on peut en déduire des valeurs probables de l'effort développé aux barres d'attelage des locomotives ou des motrices.

Les dynamomètres employés sont du type à ressort (difficulté d'exécution pour les grands efforts) ou mieux du type manométrique. Les

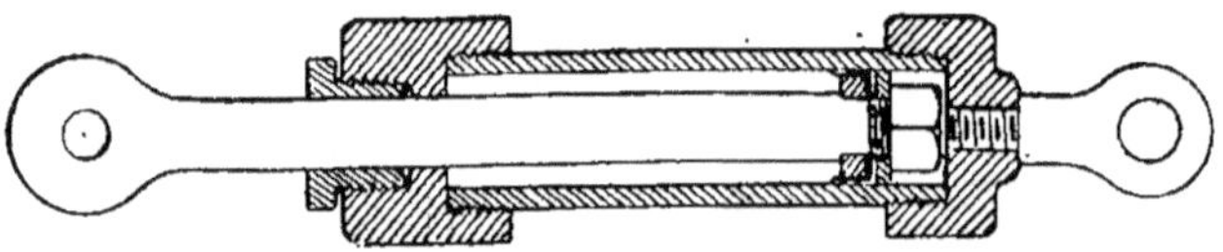

Fig. 15. — Dynamomètre à chambre manométrique.

dynamomètres de ce dernier type comportent un piston se déplaçant dans une chambre et y comprimant un liquide ; les pressions sont lues au moyen d'un manomètre monté sur le cylindre (fig. 14 et 15).

Efforts de traction comparés en Amérique et en Europe. — Les efforts de traction sont beaucoup plus considérables en Amérique qu'en Europe et par suite qu'en France. On admet en France, avec un coefficient de sécurité 3, des efforts de 35 tonnes à la rupture et quand les attelages seront modifiés et renforcés de 55 tonnes. En Amérique, l'effort de rupture est de 135 tonnes.

En pratique, avec le coefficient 3, on peut compter sur 12 à 18 tonnes au crochet d'attelage européen (chiffre dépassé en Suisse cependant), 45 tonnes au crochet américain.

Il en résulte que le poids des trains de marchandises est très considérable outre-Atlantique ; 1.000 tonnes, 2.000 et même 4.000 avec emploi du frein continu. Naturellement on utilise à cet effet des locomotives à vapeur articulées, types Mallet ou Mikado, beaucoup plus puissantes que les nôtres, et les nouvelles unités électriques adoptées se rapprochent de ces types.

Détermination des efforts de traction en marche

Si l'on se reporte à ce qui a été dit plus haut, on verra que l'effort de traction total se répartit en deux :

1° Efforts de traction appliqués aux jantes des roues motrices ;

2° Efforts de traction appliqués aux jantes des roues des remorques.

Ceux-ci sont transmis par l'intermédiaire des attelages de la voiture motrice au restant du train.

On peut donc considérer la locomotive comme développant un effort de traction propre, correspondant à sa remorque, et un effort de traction-train, correspondant à l'entraînement des autres véhicules.

Si l'on ramène les efforts, ou mieux les couples correspondants, à l'arbre moteur définitif idéal, qui coïncide avec l'essieu, on voit qu'il faut multiplier ce couple moteur utile par l'inverse du rendement des engrenages et par l'inverse du rendement du moteur, pour avoir le couple absorbé théorique, c'est-à-dire le couple tel que son produit par la vitesse angulaire du moteur constitue la puissance empruntée à l'usine génératrice.

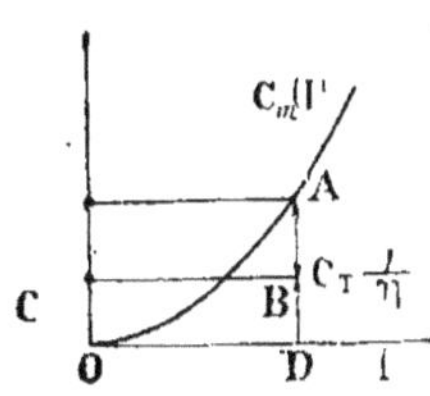

Fig. 16. — Fixation des efforts de traction.

Soit η ce rendement total. Considérons la caractéristique électro-mécanique de couple d'un moteur série fonctionnant sous tension constante, cas très général. Si l'on connaît, par détermination directe, le couple C, utile, correspondant à la remorque du train, locomotive exceptée, et si on lit l'intensité absorbée par la voiture, on aura facilement par différence le couple utile correspondant à la propulsion de la locomotive considérée comme un train isolé (fig. 16).

$$C_L = C_m\,\eta - C_T$$

Reste donc à déterminer la valeur expérimentale des efforts de traction développés à la barre d'attelage de la locomotive ou de la motrice. Cette lecture peut être faite concurremment avec celle de l'intensité, d'où les deux courbes $I\,(t)$ et $F\,(t)$.

On arrive à ce résultat par l'emploi des dynamomètres de traction et plus généralement d'appareils dont nous allons dire quelques mots, qu'on installe à poste fixe sur des wagons d'expérience dénommés *Fourgons dynamométriques* (fig. 17). En principe, ces dynamomètres de traction se rapprochent plus ou moins de celui de Poncelet, classique en mécanique appliquée, et qui comprend essentiellement les organes suivants : deux ressorts parallèles portant chacun, vers son milieu, un style (fig. 18). Une bande de papier se déplace d'un mouvement uniforme devant ces styles qui, lorsque les deux ressorts attelés l'un à la locomotive, l'autre au train, ne subissent aucun effort, tracent en coïncidence deux lignes superposées. Dès qu'un effort sensible est produit, les ressorts et les styles s'écartent, l'une des lignes fonctionne comme ligne de zéro,

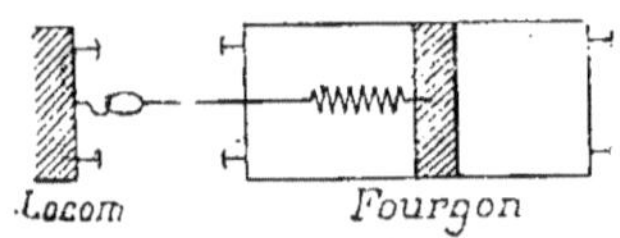

Fig. 17.

Fourgon dynamométrique.

l'autre donne des ordonnées, par rapport à la première plus ou moins proportionnelles aux efforts développés. La courbe du dynamomètre de Poncelet, ou de ses succédanés, représente donc le tracé des

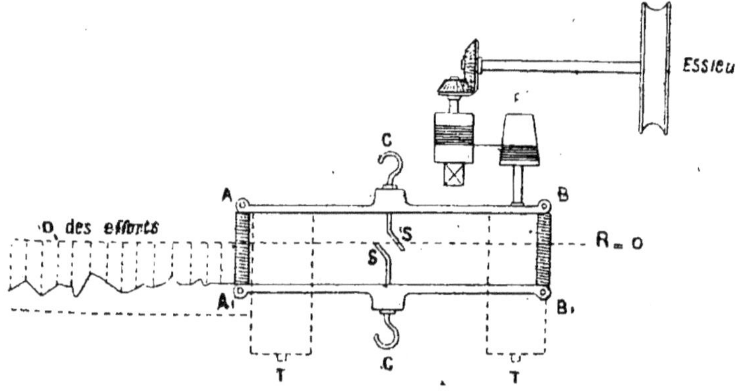

Fig. 18. — Dynamomètre de traction de Poncelet.

efforts F_T en fonction du temps (F_T effort de traction correspondant au train seul).

Elle ne permet pas d'accéder directement à la notion de travail kilogrammétrique fourni, sauf dans le cas d'une vitesse de déplacement régulière (proportionnalité des temps aux espaces parcourus).

On a cherché à modifier cette disposition et à obtenir une courbe des efforts en fonctions des espaces parcourus, l'intégrale de cette courbe permettant d'accéder directement au travail fourni. A cet effet, on dispose entre la locomotive et le train un dynamomètre avec style enregistreur ; la bande de papier se déplace avec une vitesse proportionnelle à celle de l'essieu, donc aux espaces parcourus. Il suffit d'établir une réduction convenable, dont le principe est intuitif, entre le tambour sur lequel s'enroule la bande, et l'essieu intéressé.

On peut aussi totaliser directement les travaux fournis aux jantes en utilisant le dispositif suivant :

Entre la locomotive et la barre d'attelage du fourgon dynamométrique on installe encore un dynamomètre ; un plateau tourne avec une vitesse proportionnelle à celle de la voiture ; en un point déterminé du ressort ou de l'organe mobile du dynamomètre, est suspendu un autre système articulé constitué par deux ressorts de rappel r pressant une molette, par action sur son axe, contre la surface du plateau (fig. 19). Normalement, lorsqu'aucun effort n'est fourni, les choses sont disposées de telle sorte que le plan médian de la molette passe par le centre du plateau. A un effort F fourni à la barre d'attelage correspond donc une

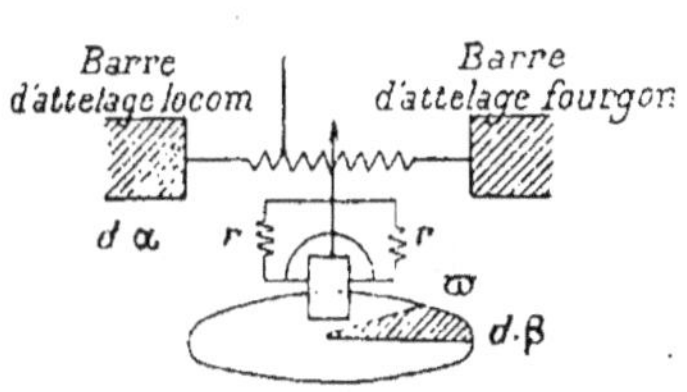

Fig. 19. — Détermination des travaux fournis aux jantes.

élongation du système porte-molette. Le point de cette molette en contact avec le plateau possédera à la fois deux vitesses tangentielles : celle du point considéré comme appartenant à la molette, et celle de ce même point considéré comme appartenant au plateau ; les arcs parcourus dans un temps très petit étant égaux, il en résulte l'équation :

$$r\,d\alpha = x\,d\beta.$$

Par suite, en intégrant cette expression, on verra, aisément, que le nombre de tours de la petite molette, qu'il est facile de reporter sur un enregistreur ou un totalisateur de tours, représentera, avec une constante convenable, le travail kilogrammétrique fourni.

On peut également enregistrer la vitesse du véhicule ; pour cela, on utilisera un appareil consistant en une vis animée d'un mouvement de vitesse proportionnelle à celle de l'essieu : sur cette vis est montée une molette susceptible de se déplacer en tournant le long de la vis dont elle constitue l'écrou.

Cette molette peut rouler, d'autre part, sur un plateau animé d'une vitesse constante, vitesse obtenue au moyen d'un régulateur que nous allons décrire ci-après, empruntant sa puissance et son mouvement à l'essieu, les mouvements d'horlogerie étant tout à fait incapables d'assurer un tel service.

La molette se déplacera donc sur la vis jusqu'au moment où les vitesses qu'elle reçoit de cette vis et du plateau sur lequel elle presse, seront égales et directement opposées (fig. 20). Donc, x étant l'élongation du centre de la molette, par rapport au centre du plateau, r le rayon de cette molette, Ω la vitesse angulaire constante du plateau et ω celle de la vis, proportionnelle à celle de l'essieu,
on voit que l'on pourra écrire, au moment où la molette est au repos :

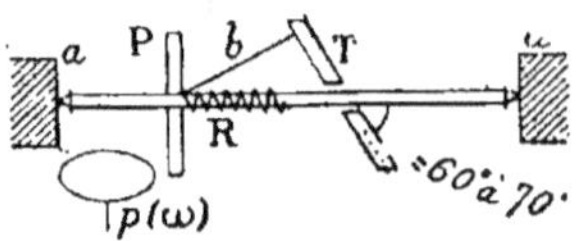

Fig. 20.
Régulateur de vitesse.

$$r\omega = x\Omega \text{ d'où } x = \omega \left(\frac{r}{\Omega} \right) = k\omega$$

L'élongation x est donc proportionnelle à la vitesse angulaire de l'essieu. Un style adjoint à la molette tracera sur un papier se déplaçant avec une vitesse constante empruntée par exemple à l'axe du plateau, une courbe dont les ordonnées seront proportionnelles aux vitesses du véhicule aux divers instants.

Régulateurs de vitesse employés

Ces régulateurs consistent essentiellement dans le dispositif suivant : un arbre aa' tourne avec une vitesse qu'il s'agit de maintenir constante à 1 ou 2 p. 100 près (fig. 20) ; à cet effet, un plateau p commandé par l'essieu, donc animé d'une vitesse proportionnelle à celle de la voiture, vient porter, par sa surface latérale, contre un autre plateau P monté sur l'arbre aa' ; P est appuyé contre p par un ressort R. Sur l'arbre aa' est disposé un tore élastique creux T faisant normalement avec aa', un angle différent de 90° et qui est relié par une biellette b au plateau P ; ce plateau peut donc glisser le long de l'arbre aa'. Si le tore vient à se redresser (cette éventualité se produit en cas de hausse de la vitesse communiquée par p par rapport à la vitesse à maintenir constante), le tore T se redresse sous l'influence de l'excès de la force centrifuge et le contact cesse entre P et p ; la vitesse de $a\,a'$ diminue et ainsi de suite, jusqu'à un nouveau contact. Avec deux ou, au maximum, trois arbres analogues à $a\,a'$ se commandant l'un par l'autre, on arrive à avoir une vitesse de marche qui ne diffère pas de plus de 1 à 2 p. 100 de la vitesse constante désirée.

DÉTERMINATION DES EFFORTS COMPLÉMENTAIRES
DUS AUX DÉNIVELLATIONS DE LA VOIE

On peut calculer, au moins théoriquement, les effets dus à la dénivellation existant, toujours plus ou moins importante, entre les tronçons jointifs d'une voie de traction. On vérifiera aisément qu'une différence de hauteur de 1 centimètre correspond à l'anéantissement d'un travail de 10 kilogrammètres pour une tonne. Celle-ci, supposée lancée à la vitesse de V kilomètres à l'heure, aborde l'obstacle avec une énergie cinétique facile à établir, et qui lui permet de gravir le ressaut qui lui est opposé.

Il en résulte immédiatement, lorsque la voiture doit passer d'un rail plus bas à un rail plus haut, un effet de martellement des rails et, dans l'hypothèse contraire, un effet d'écrasement des roues qui se traduisent par la naissance de plats plus ou moins nombreux relatifs à cette dénivellation. Les compagnies de chemins de fer actuelles emploient des appareils détecteurs permettant de mettre en évidence, sous la forme la plus saisissante, ces effets essentiellement néfastes.

Ces appareils sont soit des détecteurs *linéaires* (ou de déplacement de rails, de châssis par rapport aux essieux, etc..., en général de toutes pièces à étudier par rapport aux pièces solidaires de l'axe du tambour enregistreur), soit des détecteurs *balistiques*, c'est-à-dire destinés à enregistrer les chocs ou les secousses.

L'explorateur ou pièce dont le déplacement est lié au déplacement ou à la quantité de mouvement à mesurer est relié par une transmission à un enregistreur (type Marey ordinaire). La transmission de l'explorateur (tambour à membrane plus ou moins comprimée suivant l'effet étudié) au récepteur agissant sur le style est le plus souvent pneumatique.

L'explorateur balistique comprend essentiellement des pendules pouvant, sous l'influence d'une secousse plus ou moins forte, s'écarter plus ou moins de leur position d'équilibre et retomber en frappant plus ou moins fort sur des membranes transmettant la compression à un système identique au précédent. Un ressort tend à rappeler les tambours vers les membranes.

Choix des efforts de traction

Nous venons d'étudier les diverses résistances que l'équipement moteur rencontrerait dans la progression en régime du véhicule. — Ces efforts sont encore modifiés dans les périodes de démarrage ou de freinage, et plus généralement dans celles de modifications de vitesse. Etudions chacune de ces périodes au point de vue spécial de l'influence qu'elles possèdent sur le fonctionnement du moteur et la puissance qu'il absorbe.

I. — *Période de démarrage*. — Le train partant du repos consomme pour acquérir la vitesse V, l'énergie cinétique $W = \frac{1}{2} MV^2$, M étant la masse du train. Si V est exprimée en kilomètres par heure (V en kilomètres par heure vaut $\frac{1}{3,6}$ V en mètres par seconde), l'énergie en kilogrammètres nécessaire à la mise en vitesse d'une tonne $\left(\frac{1.000}{9,81} \right)$ à la vitesse de V kilomètres par heure sera :

$$W = \frac{1}{2} \frac{1.000}{9,81} \frac{V^2}{(3,6)^2}$$

ou environ :

$$W = \frac{1}{2} 100 \frac{V^2}{12} = \sim 4 V^2 \ (1)$$

Il faut donc fournir au train, amené à la vitesse V en partant du repos, un nombre de kilogrammètres égal à quatre fois le carré de cette vitesse. On accroît généralement le chiffre ci-dessus de $\frac{1}{10}$ pour tenir compte de ce fait que les essieux tournent dans leurs boîtes à graisse, outre la translation générale à laquelle ils participent. Ils possèdent donc une inertie de rotation supplémentaire que le moteur leur a également communiquée. Or, l'on peut admettre que les essieux représentent le $\frac{1}{5}$ du poids du train, que leur rayon de giration est de $\frac{2R}{3}$, R étant le rayon des roues ; d'où enfin, environ, un accroissement d'énergie cinétique égal à $\frac{1}{10}$ du chiffre de tout à l'heure.

---

(1) Le symbole $\sim$ signifiant approximativement.

L'énergie nécessaire au démarrage sera donc donnée par la formule pratique :

$$W^2 = 4,4\ V^2\ (Km/heure).$$

On remarquera également que cette énergie est calculée à la jante. Il faudrait encore théoriquement l'amplifier dans le rapport du rendement moyen du moteur et des transmissions. On verra plus loin, par la considération des caractéristiques du moteur, combien l'évaluation de ce rendement moyen est difficile.

Mode pratique de réalisation du démarrage. — Il semble donc, d'après ce qui précède, que le meilleur mode de réalisation du démarrage consiste à appliquer un excès de couple moteur constant jusqu'à ce que la vitesse V soit atteinte. Un tel couple moteur serait constant si l'on maintenait constant aussi, par le jeu d'une régulation, le courant absorbé. Mais le couple résistant est toujours plus ou moins fonction de la vitesse, de telle sorte que la loi escomptée du mouvement uniformément accéléré, donc d'un démarrage à accélération constante, est toujours plus ou moins différente des résultats trouvés en pratique.

Soit donc V la vitesse à atteindre, C_r le couple résistant moyen pendant le démarrage, C_m le couple moteur constant ou moyen appliqué, ΔC_m leur différence. Nous aurons les formules :

$$\Delta C_m = C_m - C_r$$

soit :

$$\Delta F_m = F_m - F_r$$

F_m et F_r, efforts moteur et résistant appliqués à la jante.

On a :

$$\begin{cases} F_m = \dfrac{C_m}{R} \\[2mm] F_r = \dfrac{C_r}{R} \end{cases}$$

R rayon des roues.

Il vient évidemment :

$$(1) \qquad\qquad \Delta F_m = M\gamma = F_{\text{démarrage}}$$

$F_{\text{démarrage}}$, effort supplémentaire affecté à la mise en vitesse. D'où γ, accélération réalisée, quand on connaît la masse M du train à entraîner. D'ailleurs :

$$(2) \qquad\qquad V = \gamma T$$

d'où T, temps du démarrage, ou mieux de la mise en vitesse, et enfin :

$$(3) \qquad L = \frac{1}{2}\,\gamma\,T^2$$

ce qui nous donne L, longueur sur laquelle s'effectue la mise en vitesse.

Ainsi, on doit, pour définir un démarrage, donner soit l'accélération choisie, soit l'effort moteur de démarrage appliqué. On adopte généralement $F_d = 40$ à 50 kilogrammes par tonne. On est limité dans le sens d'une plus grande accélération par la consommation d'énergie à la station centrale, par le bien-être des voyageurs, par le souci de ménager les trucs, notamment leurs parties électriques, les transmissions de toute nature qui se déforment au départ, le *moteur démarrant avant le train*.

Remarquons que si $F_d = 40$ à 50 kilogrammes par tonne, ou $\gamma = 0$ m. 40 à 0 m. 50 par seconde par seconde caractérise un démarrage rapide — on pourrait, au moins dans la plupart des cas, adopter des valeurs de F_d beaucoup plus grandes, par exemple 150 à 200 kilogrammes par tonne. Mais ce sont là, nous le répétons, des efforts applicables seulement dans des conditions exceptionnellement favorables et l'on ne dépasse pas les chiffres ci-dessus (40 à 50 kilogrammes par tonne).

On remarquera enfin que la représentation graphique des accroissements de vitesse en fonction du temps et celle des intensités absorbées (théoriquement droite inclinée sur l'abscisse-temps pour la première et parallèle aux abscisses pour la seconde) sont assez différentes en pratique des formes précédentes relatives au mouvement uniformément accéléré. La vitesse croît suivant une courbe qui finit par devenir tangente à la vitesse de régime (parallèle aux abscisses). L'intensité décroît également plus ou moins vite depuis l'instant initial du démarrage.

Espace nécessaire au démarrage. — Connaissant la vitesse V à réaliser et l'accélération γ à employer on peut aisément, comme nous l'avons dit, calculer la longueur L nécessaire à la mise en vitesse par la formule :

$$L = \frac{1}{2}\,\frac{M\,V^2}{F_d}\,;$$

avec une accélération de 0 m. 44 par seconde, si l'on prend comme plus haut $W = 4,4\ V^2$, il vient aisément :

$$L = 0,1\ V^2$$

On voit en particulier, que pour réaliser, sous l'accélération ci-dessus, la vitesse de 20 kilomètres-heure, il faut un espace de 40 mètres, et une longueur de 1.000 mètres pour l'acquisition d'une vitesse de 100 kilomètres à l'heure.

II. — *Période de marche en régime.* — La voiture étant lancée à la vitesse V, les conditions de régime électrique du moteur sont généralement imposées par le profil de la voie et les caractères du parcours entre deux arrêts consécutifs. Il peut arriver que la distance séparant ceux-ci soit assez courte pour que la *vitesse de régime* ne soit même pas atteinte, en d'autres termes qu'on coupe le courant avant que le lancer résultant du démarrage ait permis d'acquérir le maximum de vitesse (métropolitains ou tramways urbains à arrêts très fréquents). On concevra aisément l'importance du choix du meilleur mode de démarrage dans une telle exploitation. L'extrême lenteur du démarrage des trains à vapeur et à air comprimé a rendu inutilisables (après l'apparition de l'électricité) ces modes de traction sur les lignes à accélération rapide.

III. — *Période de freinage.* — On sait que le freinage, au moins par voie mécanique, est obtenu par le serrage des sabots sur les bandages des roues, serrage donnant naissance à un effort de frottement tangentiel Φ donné par le produit :

$$\Phi = F_F \, f$$

F_F effort *normal* de freinage appuyant le sabot sur la roue. Dans le cas où le sabot serait appuyé par un effort *oblique*, il faudrait prendre la composante normale (ou radiale, c'est-à-dire passant par le centre de la roue) de cet effort.

L'application de cet effort F_F , joint à celui qui subsiste de la roue sur le rail, produit une consommation de travail supplémentaire telle que le plus souvent celui afférent à Φ (ou à F_F) est seul à considérer, celui correspondant à la permanence du roulement du train étant négligeable devant le précédent.

L'énergie cinétique que possède le train au moment où l'on supprime l'arrivée de l'agent moteur et où l'on applique les freins, est consommée par le travail résistant des efforts Φ et F_r (roulement) sur l'espace L' donné par :

$$W = \frac{1}{2} M V^2 = (F_r + \Phi) \, L'.$$

le point d'application de l'effort Φ se déplaçant aussi, sur la roue, de l'espace L'.

Sans freinage, l'espace L correspondant à l'arrêt aurait été donné par la formule :

$$W = \frac{1}{2} M V^2 = F_r L.$$

On voit qu'il aurait été au premier dans le rapport :

$$\frac{L}{L'} = \frac{F_r + \Phi}{F_r} = 1 + \frac{\Phi}{F_r}$$

Or, comme nous le verrons plus complètement dans l'étude du freinage, on applique aux sabots des efforts F, souvent égaux, pour l'ensemble du train, à la moitié ou au tiers du poids de la voiture motrice. Si f est le coefficient de frottement sabot-roue (souvent 0,20) on voit que l'effort Φ sera, pour $F_F = \frac{P}{2}$, égal à $\frac{P}{10} = 0,1$ P. Il sera donc beaucoup plus fort que F_r qui ne dépassera pas 8 à 12 kilogrammes par tonne, soit $F_r = 0,012$ P au maximum. D'où la justification de ce qui précède, à savoir que les calculs de freinage ne tiennent généralement pas compte du travail résistant dû au roulement du train.

On peut donc admettre, qu'au moins en ce qui concerne les hypothèses numériques ci-dessus, le train s'arrêtera avec ses freins mécaniques sur un espace dix fois plus court que sous l'effet du seul ralentissement spontané.

Limite de l'effort de freinage. — On est, au point de vue du freinage, comme à celui du démarrage, limité par la question de l'adhérence. Pour que le freinage existe, il faut que la roue continue à se déplacer par rapport au sabot, donc à rouler, et qu'elle ne soit pas immobilisée par lui. Un freinage trop brusque et trop énergique aurait donc pour effet de solidariser la roue avec le truc par l'intermédiaire du sabot. Un patinage (glissement de la roue sur le rail souvent très lubrifié par la pluie ou très poli) pourrait donc amener le train en vitesse sur l'obstacle qu'on voulait justement lui faire éviter d'aborder.

Ainsi donc, si le produit $\Phi = F_F f$ est plus grand que le produit Pa, P poids adhérent, a coefficient d'adhérence, la roue ne mordra plus sur le rail et le bloquage des roues sera réalisé, éventualité dont nous venons de signaler le caractère fâcheux. Le freinage devra donc être énergique, mais surtout progressif et rationnel et toujours basé sur les conditions d'adhérence données ci-dessus. Aussi la valeur prise tout à l'heure comme exemple de $\Phi = 10\,F_{R}$ constitue-t-elle une limite déjà raisonnable des efforts de freinage à adopter. Des freins différents de ceux dits à sabots permettent de réaliser des arrêts plus rapides encore, combinés ou non avec les premiers types de freins. Nous les étudierons ultérieurement.

L'effort retardateur dû au sabot étant supposé constant, au moins en première approximation, et pris égal à sa valeur moyenne, la baisse de vitesse en fonction du temps dans la période de freinage sera encore représentable par une droite faisant avec l'axe des temps un angle d'autant plus grand que l'effort Φ sera plus grand (mouvement uniformément retardé). En pratique, cette droite deviendra une courbe d'autant plus vite tangente à l'axe des temps que l'effort Φ sera plus grand par rapport à F_{R} .

CHAPITRE II

VOIES

GÉNÉRALITÉS SUR LES VOIES EMPLOYÉES EN TRACTION

Abstraction provisoirement faite des voies employées en chemins de fer, voies pour lesquelles le lecteur voudra bien se reporter aux ouvrages spéciaux, et, en particulier, au nôtre :* *Traité pratique de Traction Electrique* (Albin Michel, éditeur, à Paris), on utilise dans

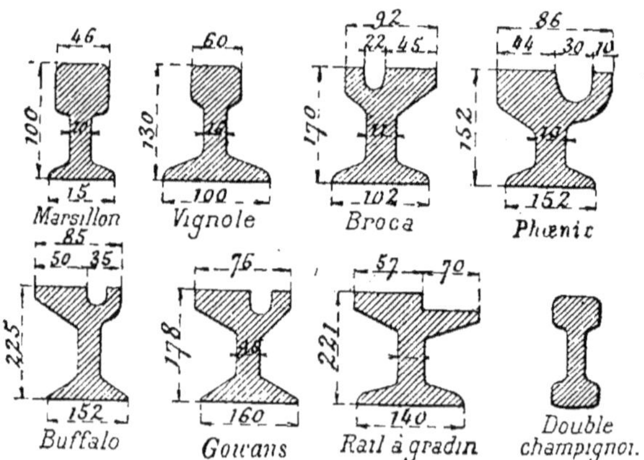

[Fig. 21. — Voies diverses employées en traction électrique.

la traction urbaine, suburbaine et interurbaine, un certain nombre de voies dont on trouvera sur la figure 21, les caractéristiques principales.

Les chemins de fer utilisent les rails Vignole (fig. 24) posés sur traverses, avec tirefonds dont les têtes viennent appuyer sur les bords du patin. Les rails à double champignon sont maintenus dans des coussinets, tirefonnés eux-mêmes sur les traverses au moyen de cales élastiques chassées au maillet, dans un sens tel que la circulation des voitures produise un excès de serrage automatique (fig. 25).

Les voies des tramways sont des types Marsillon, Broca, Phœnix (Allemagne et Amérique), ou enfin constituées, suivant les parties du parcours par des combinaisons de ces divers rails.

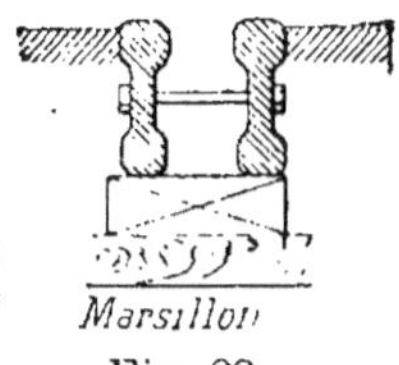

Fig. 22.
Voie Marsillon.

Voie Marsillon. — Formée par un rail et un contre-rail montés au moyen de coussinets sur des traverses ; écartement de voie maintenu par cales placées au droit des boulons servant à l'assemblage de l'ensemble (fig. 22 et 23). — Rail et contre-rail de même profil. Rail pesant 17,500 kilos au mètre courant, hauteur 110 millimètres, longueur 46 millimètres, largeur du patin 35 millimètres, épaisseur de l'âme 10 millimètres. Rails établis par tronçons de 8 à 10 mètres,

Fig. 23. — Rail et contre-rail Marsillon.

traverses espacées de 0 m. 80 à 1 mètre ; espacement réduit à 0 m. 50 en courbe, sur voie de 1 m. 44 d'écartement. On emploie des traverses en chêne de 2 mètres de longueur ayant 0 m. 16 à 0 m. 12 d'équarrissage. — Poids de ces traverses : environ 35 kilogrammes.

Inconvénient : affaiblissement du contre-rail. Avantage : retournement possible, augmentation de la longueur de l'ornière en courbe (de 0 m. 029 en droit à 0 m. 035 en courbe .

Possibilité d'inclinaison en courbe des voies.

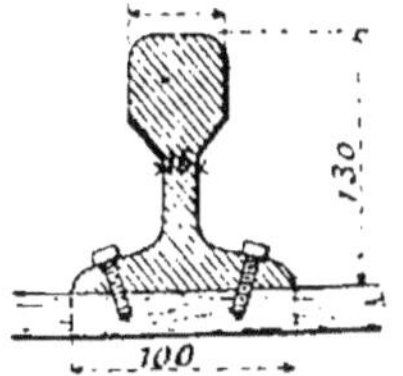

Fig. 24.
Voie Vignole.

Fig. 25. — Voie avec rails à double champignon.

Voie Broca. — Rail à gorge de profil spécial posé sur couche de sable ou mieux de béton (fig. 21). Écartement maintenu par des entretoises de fer, boulonnées à chacun des rails. Écartement variant de 2 à 3 mètres suivant le type de rails. Rails assemblés entre eux au moyen d'éclisses en fer.

Modèle le plus usité : 44 kilogrammes au mètre courant ; hauteur

Fig. 26. — Voie Broca. Pavage en bois.

Fig. 27. — Voie Broca. Pavage en pierre.

170 millimètres, largeur au sommet : 12 millimètres, âme d'épaisseur 11 millimètres, patin de 102 millimètres de largeur (fig. 26 et 27).

Voie Phœnix. — Grande analogie avec le précédent, profil du rail un peu différent. Accroissement de la longueur du patin.

La Belgique et l'Allemagne l'emploient fréquemment (fig. 21).

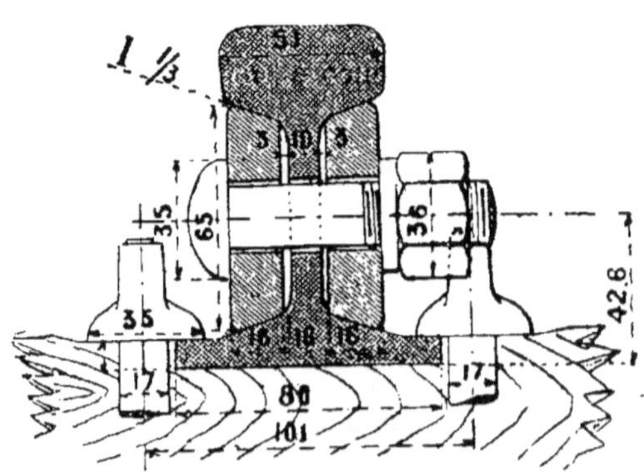

Fig. 28. — Voie Vignole sur traverses en bois.

Voie Vignole. — En accotement (chemins de fer) ; se pose au moyen de tirefonds dont les têtes viennent appuyer sur les bases du patin.

Poids de 36 kilogrammes au mètre courant (fig. 21 et 28). Très souvent, un rail de 20 à 25 kilogrammes suffit pour les tramways.

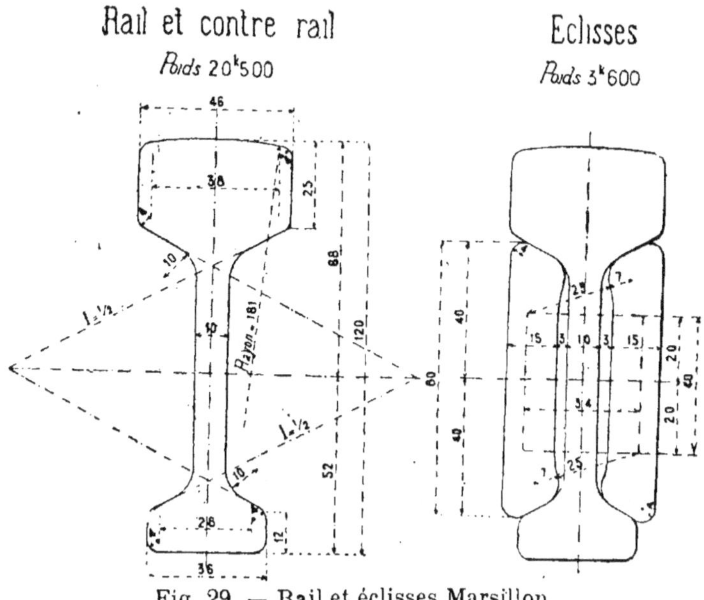

Fig. 29. — Rail et éclisses Marsillon.

Voie avec rails à double champignon. — Montée sur traverses et maintenue au moyen de coussinets.

Rails sur longrines. — Il y a encore en France quelques lignes avec voies posées sur longrines.

Systèmes étrangers. — Les plus connus sont le Buffalo-Rail, le

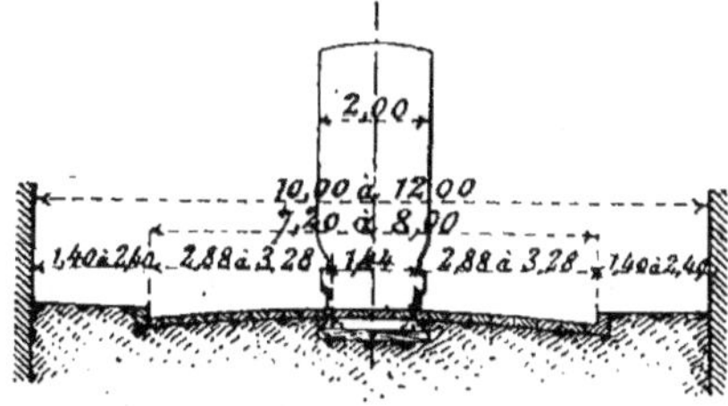

Fig. 30. — Installation d'une voie sur une chaussée.

Gowans-American, les rails-poutres très fréquemment employés dans l'Amérique du Nord (fig. 21 et 31).

Choix d'un type de voie. — Ce choix dépend essentiellement des voitures employées et surtout, en traction urbaine, des voitures étrangères (camions, omnibus, etc.), qui circulent sur la ligne.

A Paris, on emploie un rail de 40 kilogrammes au moins au mètre. La voie doit être posée sur une aire de béton.

L'intérieur des voies et une zone en bordure de 70 centimètres sont généralement pavés en pierre. Sinon, on ménage une saignée plus ou

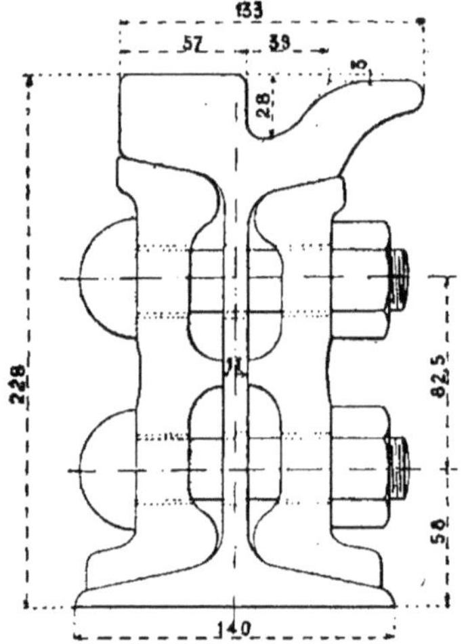

Fig. 31. — Rail à gorge (New-York).

moins large entre le bord des rails et la chaussée pavée en bois. On évite le contact des pavés de bois, qui foisonnent par le fait de l'humidité qu'ils concentrent et exercent une poussée irrésistible qui déformerait la voie (fig. 26 et 27).

Mode d'établissement des voies en courbe

Sous l'influence de la vitesse acquise, les voitures circulant en courbe tendent à s'échapper suivant la tangente à cette courbe (tendance combattue par la forme même de la voie) et aussi à se renverser sous l'influence d'une résultante R, due à la force centrifuge $m\,\omega^2\rho$, (m étant la masse de la voiture, ω la vitesse angulaire du véhicule, ρ le rayon de la courbe) et au poids mg (fig. 32).

Si cette résultante vient à tomber en dehors des appuis constitués par les rails, la voiture verse. Aussi doit-on surélever la voie du côté extérieur au centre de la courbe, et la différence de cote des plans supérieurs des rails intérieur et extérieur, constitue ce qu'on appelle le *devers* de la voie. Cette disposition a en outre l'avantage, les roues des véhicules étant légèrement coniques, de laisser rectangulaires l'un

Fig. 32. — Effet de la force centrifuge en courbe.

Fig. 33.

Fig. 34.

Établissement des voies en courbe.

par rapport à l'autre l'axe du profil des rails et le plan tangent de la jante. Les devers varient de $\frac{1}{10}$ à $\frac{1}{20}$; on peut surélever le rail extérieur en faisant appel à des coussinets spéciaux ou en entaillant convenablement les traverses. Les devers se calculent par les deux formules, h étant le devers :

$$h = \frac{0{,}0118 \text{ V}^2 \text{ km/h.}}{\rho \text{ mètres.}}$$

$$h = \frac{\text{V}}{\rho}.$$

La deuxième est plus particulièrement applicable aux trains à grande vitesse (fig. 33 et 34).

En ce qui concerne le raccordement des alignements droits aux portions curvilignes de la voie, il doit s'effectuer suivant des courbes dont la théorie donne le mode d'établissement et que même, le plus souvent, on remplace par des figures approchées en prenant surtout pour objectif la suppression des jarrets.

Dans le cas des tramways urbains, où la vitesse est trop peu considérable pour motiver des devers importants, on fait souvent abstraction de ces règles d'établissement, mais elles subsistent tout entières dans le cas de la traction suburbaine ou interurbaine à vitesse accélérée.

Rayons des courbes. — Ces rayons, qui peuvent tomber à 50 mètres dans des conditions spéciales, pour les chemins de fer proprement dits,

sont généralement supérieurs à 150 mètres. Ils descendent parfois
à 100 ou 80 mètres. Dans le cas des tramways, les rayons s'abaissent
à 15 mètres, mais l'usure de la voie est rapide et les grincements des
véhicules assourdissants.

Déclivités

Les déclivités maxima, admises sur les chemins de fer, ne dépassent
guère 10 millimètres par mètre, sauf portions courtes ou particulièrement favorables en ce qui concerne les conditions d'adhérence.
Cependant la ligne de Grenoble à la Mure, à traction électrique et qui
doit être incessamment prolongée jusqu'à Gap, possède une rampe
continue de 0 m. 0275 par mètre, qui n'est interrompue que par les
paliers des stations.

Il existe pour les chemins de fer même sans crémaillère, de nombreuses exceptions : la ligne Le Fayet-Saint-Gervais à Chamonix est
une des plus intéressantes, avec des rampes de 90 millimètres par mètre ;
mais l'adhérence y est très renforcée par des artifices qui seront étudiés
un peu plus loin.

Quant aux tramways, on atteint jusqu'à 100, 110 et même 120 millimètres par mètre.

Des essais déjà anciens, faits par Siemens, ont montré qu'on pouvait
surmonter sûrement, sans préparation spéciale, des rampes de 13 p. 100 ;
ces essais sont heureusement restés à l'état de paradoxes théoriques,
et les limites fixées ci-dessus doivent être observées pour raison de
sécurité.

Voies de traverses et voies de bifurcations

On trouvera dans les ouvrages techniques de spécialités tous les renseignements nécessaires relatifs aux traversées de voies et bifurcations (1). Rappelons-en seulement ci-dessous les principes essentiels.

Un changement normal comporte une voie droite de laquelle se
détache un embranchement ou une bifurcation. Les angles de croi-

(1) En particulier, dans notre *Traité pratique de Traction électrique*,
Geisler, éditeur, Albin Michel, successeur, à Paris.

sement des rails sont variables, au moins pour les tramways, entre 6°
et 20° ; les pièces servant à exécuter les croisements sont dénommées

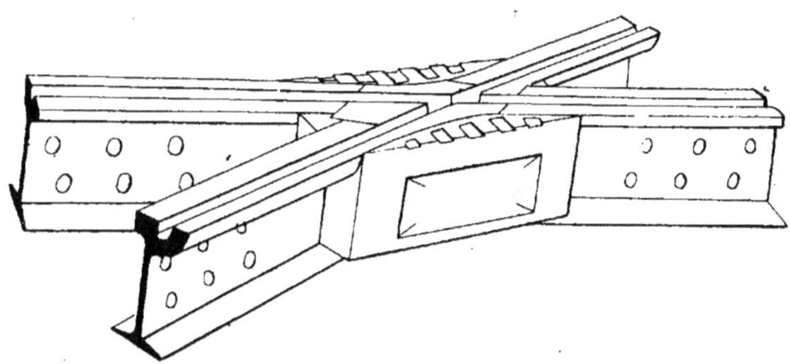

Fig. 35. — Croisement de voies en rails assemblés par un moulage de fonte.

cœurs. Elles peuvent être en acier coulé, plus rarement en fonte, assemblées par éclisses et présentant l'aspect de la figure 35.

Les traversées de voies s'effectuent sous des angles quelconques (de 8
à 90°), à l'aide de pièces spéciales dites *cœurs de croisements*. Les voies

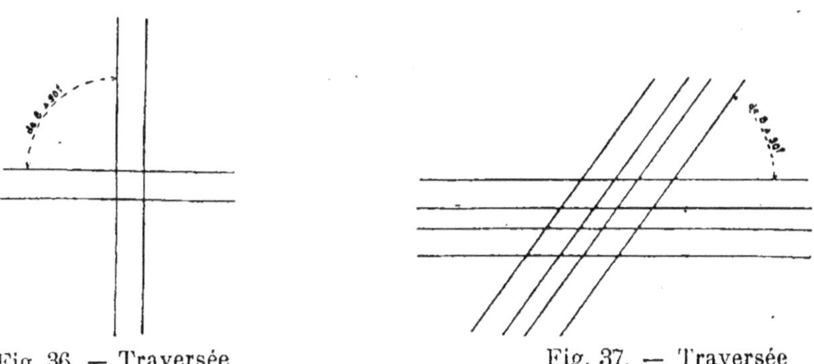

Fig. 36. — Traversée   Fig. 37. — Traversée
de voie simple.   de voie double.

parallèles se croisant, la figure géométrique réalisée par l'ensemble
des voies s'appelle traverse en 8 ou en bretelles. A signaler encore les
traverses en *jonction simple à droite,* en *jonction simple à gauche* ou en
jonction double (fig. 36 et 37).

CHAPITRE III

MATÉRIEL ROULANT

GÉNÉRALITÉS SUR LES VOITURES A ESSIEUX PARALLÈLES ET VOITURES A BOGIES

Les matériels roulants utilisés en traction électrique présentent naturellement des différences très importantes, suivant que la ligne se

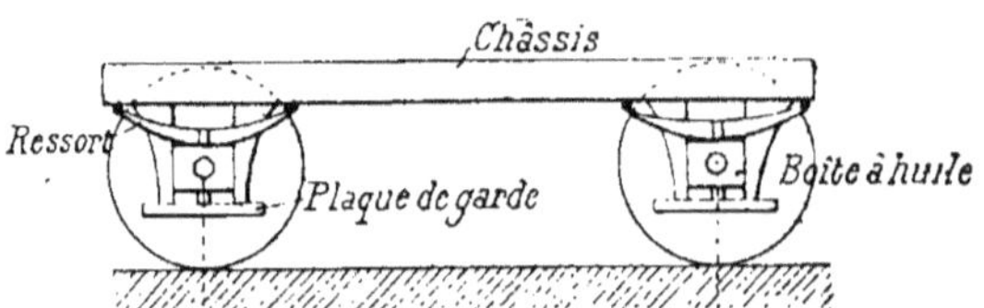

Fig. 38. — Châssis-truc.

rapproche, comme exploitation, du type « chemin de fer » ou du type « tramway léger ».

Les services urbains ou suburbains sont généralement assurés, dans les villes de moyenne importance, par des voitures d'une contenance

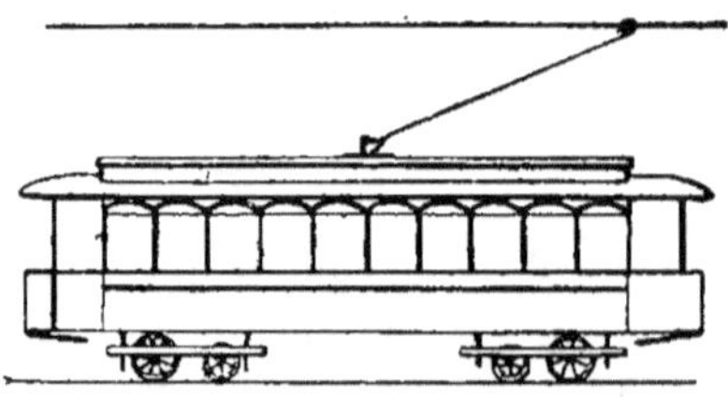

Fig. 39. — Automotrice à bogies.

de 20 à 35 places, à deux essieux parallèles avec remorques ou non ; au contraire, les voitures lourdes et longues à grand empattement de roues

sont toujours montées sur bogies. Le passage en courbe, surtout de
faibles rayons comme en maintes villes ou sur beaucoup de routes, est

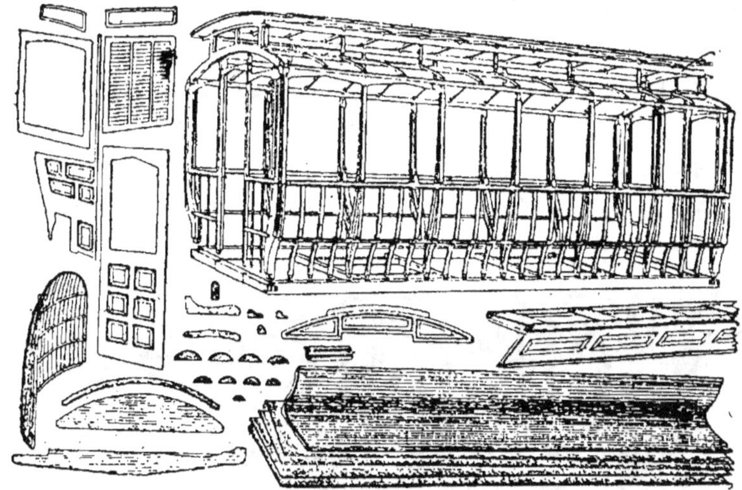

Fig. 40. — Caisse d'une voiture. Eléments et mode de montage.

beaucoup facilité par l'emploi de ces bogies qui constituent en somme,
l'un en tête et l'autre en queue, des châssis de dimensions réduites sur

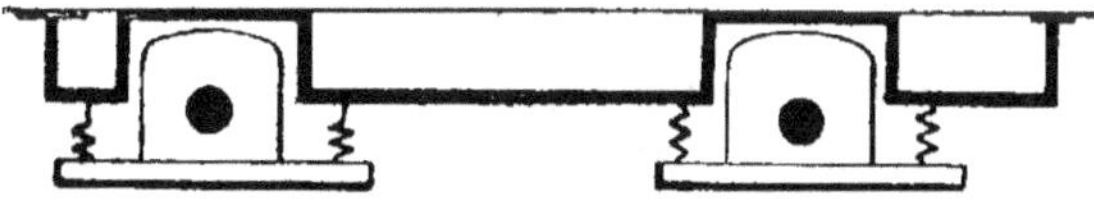

Fig. 41. — Schéma du truc d'une voiture automotrice à suspension simple.

lesquels s'articulent, par cheville ouvrière, les caisses de dimensions
importantes, utilisées dans ce type de matériel (fig. 38 à 41).

VOITURES A ESSIEUX RIGIDES (1)

Les voitures à essieux parallèles peuvent être divisées en plusieurs
catégories.

---

(1) Cette appellation est consacrée par l'usage, mais incorrecte. On
devrait lui substituer celle de voitures à trucs ou châssis rigides.

a. — **Voitures à deux essieux**

La classe la plus nombreuse comprend les voitures à 2 essieux dont les empattements varient entre les limites suivantes :

Voie de 0^m 60, empattement de. . . . .   1 mètre à 1^m 50.
—   1 mètre,   —   . . . .   1^m 80   à 4^m 50.
—   1^m 40 (normale), empattement de. . .   1^m 80   à 9 mètres.

Les deux essieux d'une telle voiture sont chacun pourvus de deux roues calées à la presse et se terminent sur les bords par des parties soigneusement alésées, dénommées « fusées », qui tournent dans les

Fig. 42. — Truc de voiture à deux essieux. Société Alsacienne de constructions mécaniques.

coussinets pourvus d'alliages plastiques et, pour diminuer l'échauffement et l'usure, d'un graissage abondant. L'ensemble du dispositif fixe dans lequel tourne la fusée est dénommé « boîte à graisse », ou « boîte

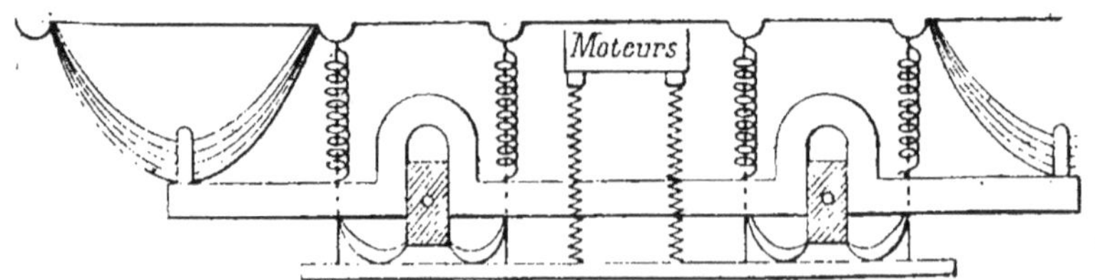

Fig. 43. — Suspension double d'automotrice.

à huile » suivant le mode de lubrification adopté. Sur ces boîtes à graisse, ou au moins solidairement avec elles, est monté un premier système de ressorts. Ces ressorts supportent un ensemble métallique dénommé

4

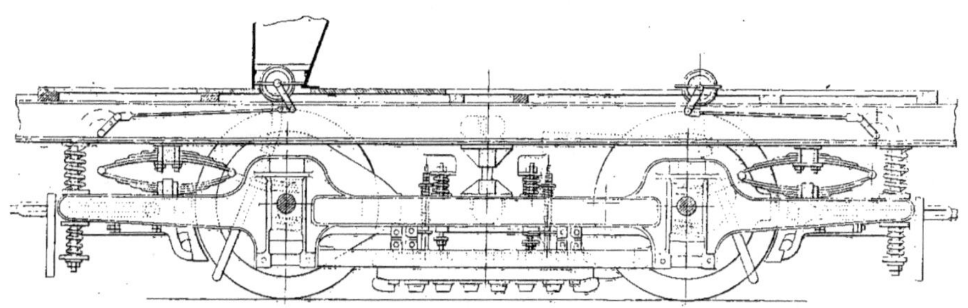

Fig. 44,

Châssis truc d'une voiture Thomson-Houston de la Société Grenobloise de Tramways Electriques, ligne de Grenoble à Seyssins.

châssis, constitué au moins par deux cornières latérales appelées *longerons*, entretoisées de loin en loin, et garnies à leurs extrémités, de *traverses*, constituant par conséquent, avec les longerons, une figure de forme rectangulaire. Sur ce châssis est boulonnée la caisse, en bois spéciaux ou en tôle, et pour les détails de construction de laquelle nous renverrons le lecteur aux ouvrages spéciaux cités plus haut (fig. 42 à 45).

Il existe donc au moins un intermédiaire élastique entre les boîtes à graisse, dont la situation, par rapport au plan des rails, est commandée par celle de l'essieu, et de la caisse où se trouvent les voyageurs et qui doit, par conséquent, ne supporter que de la manière la plus atténuée

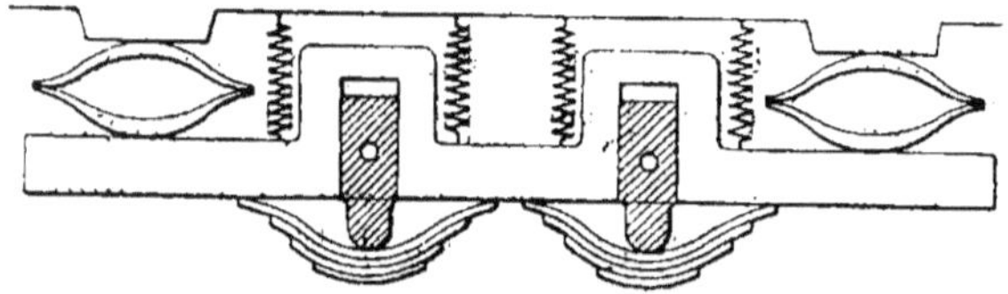

Fig. 45. — Suspension double d'automotrice.

possible, les chocs provenant des dénivellations de la voie et du martellement de l'essieu sur les rails.

Cette suspension dite *suspension simple*, d'abord employée en traction a semblé insuffisante, les réactions des inégalités de la voie sur les essieux étant ressenties trop vivement par les voyageurs. On a donc institué les *trucs* ou *châssis* à suspension double, dans lesquels un deuxième intermédiaire élastique existe entre les longerons et la caisse, que cet intermédiaire soit fixé dans le truc entre deux pièces indéformables, entre les longerons par exemple et une cornière supérieure, ou bien qu'il soit disposé entre la partie supérieure du châssis et des fers plats sur lesquels est boulonnée la caisse. Citons dans cet ordre d'idées les trucs du système « Brill » et ceux de la Société Alsacienne de constructions mécaniques (fig. 42).

Le châssis-truc et la caisse des voitures à traction électrique ont reçu, durant ces dernières années, de grands perfectionnements. Le luxe et le confort, toujours si mesurés au début de l'application d'un procédé, sont aujourd'hui la règle en matière de traction électrique européenne et américaine. Les bogies et les caisses des auto-motrices électriques ne sont guère aujourd'hui moins différentes à cet égard des véhicules primitifs que les wagons de nos rapides des premiers convois à vapeur.

Abstraction faite des véhicules à accumulateurs dont les poids morts, toujours considérables, nécessitent des trucs particulièrement résistants, les automotrices urbaines et interurbaines sont aujourd'hui assises sur des trucs résistants et légers établis en matériaux de choix. Les trucs des voitures automotrices ont pris actuellement une physionomie propre à peu près définitive, tandis que ceux des locomotives s'en différencient nettement, évoluant encore et se rapprochant de plus en plus des trucs de locomotives à vapeur (fig. 43, 44 et 45).

b. — Voitures à trois essieux

Ces voitures circulent assez nombreuses sur les voies de chemins de fer, mais elles sont peu employées en traction électrique. L'essieu du milieu (Est, P.-L.-M., chemins de fer allemands, etc.), doit être pourvu d'un certain jeu par rapport aux plaques de garde pour permettre à la voiture de circuler assez aisément dans les courbes. Une difficulté grave naît de la nécessité d'une bonne répartition des poids entre les trois essieux porteurs.

L'empattement en voie large va jusqu'à 10 m. 50 ; mais alors l'essieu du milieu est presque toujours pourvu d'un dispositif permettant un important déplacement latéral en courbe. L'emploi de quatre essieux parallèles et rigides ne se rencontre que dans un petit nombre de véhicules locomoteurs [locomotives électriques du New-York Central].

c — Voitures ayant plus de trois essieux

On cite des voitures automotrices à quatre essieux, en Amérique notamment, mais elles n'ont pas un extrême intérêt. Il n'en est pas de même des locomotives.

Les puissantes locomotives électriques modernes ont toujours plus de deux essieux, trois, quatre, cinq ou six, certaines grosses unités européennes ou américaines possédant ce dernier nombre de paires de roues. Néanmoins, depuis quelques années, on constate une tendance à un retour vers les trucs Bissel et analogues. Les jeux latéraux des essieux extrêmes sont compliqués à réaliser. Dans certaines locomotives (Simplon), l'essieu médian (il y a trois essieux moteurs) possède un jeu latéral. D'autres dispositifs sont à l'ordre du jour [par exemple, bogies articulés Helmholtz-Krautz de la locomotive A.E.G. du Loetschberg dont nous dirons plus loin quelques mots].

Les voitures à essieux multiples font le plus souvent appel à des dis-

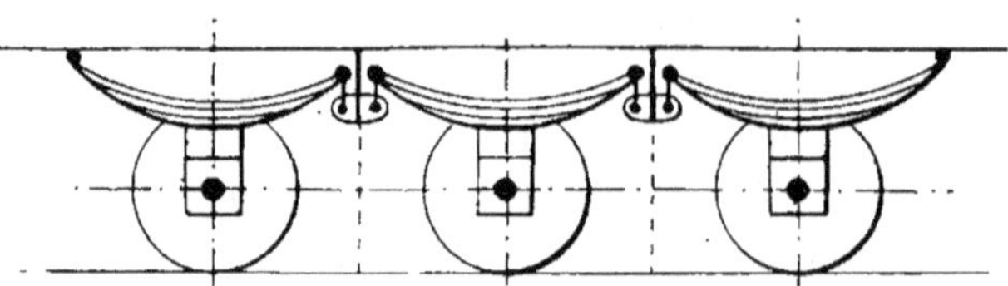

Fig. 46. — Voitures à essieux multiples. Balanciers de suspension.

positions spéciales, balanciers d'équilibre ou de suspension, pour répartir convenablement les poids entre les divers essieux. Ces dispositions s'appliquent même à certaines voitures à deux essieux, dites à trucks déformables (fig. 46 et 47).

VOITURES A BOGIES

Réservées comme nous l'avons dit, aux grands empattements plus particulièrement aux voitures relativement longues par rapport aux rayons des courbes qu'elles sont appelées à utiliser (fig. 48).

Sur la question de l'emploi des bogies, les idées des ingénieurs de traction ont évolué aussi largement. Le bogie était assez mal vu au début de l'exploitation électrique : on lui reprochait de provoquer des difficultés d'entretien plus considérables, de ne laisser libre, pour les moteurs, qu'un emplacement restreint, enfin même pour deux bogies pourvus d'unités motrices en égal nombre, de produire des dissymétries dans les consommations des deux moitiés de l'équipement.

Certains ont même préconisé l'abandon de l'adhérence totale et le report de toute la puissance motrice sur l'un des bogies, l'autre étant simplement porteur. Telles sont certaines voitures des lignes de pénétration des anciens Tramways Sud de Paris. Quelques inconvénients sont, paraît-il, nés sur certains réseaux de la marche avec bogies moteurs à l'arrière, ces voitures n'étant plus symétriques et réversibles qu'en apparence. Cette pratique se justifie par l'économie apportée en concentrant la puissance totale du véhicule sur un nombre de moteurs plus petit.

Les bogies ne s'emploient que pour des voitures d'un poids supérieur à 10 ou 12 tonnes ; ce sont de véritables trucs ou châssis de dimensions réduites, à 1, 2, 3 et même 4 essieux.

Généralement les bogies sont à deux essieux, tous deux moteurs, pour porter l'adhérence au maximum ; les roues sont alors égales (fig. 48).

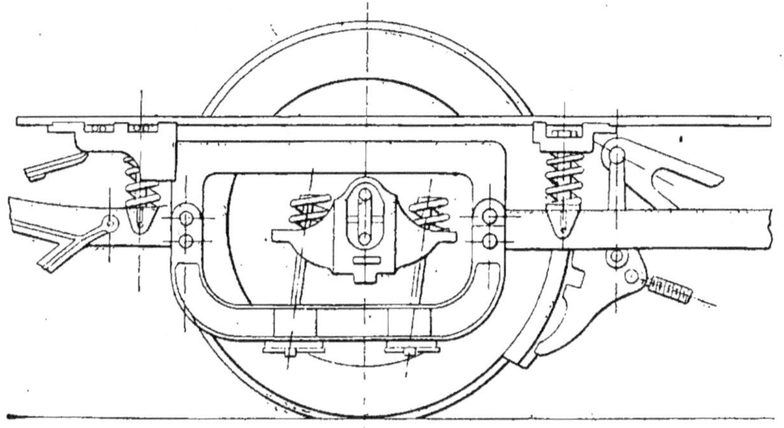

Fig. 47. — Truc déformable pour voiture à deux essieux.

Cependant, un certain nombre de voitures, notamment les lourds tramways à accumulateurs, avec batteries logées sous la caisse vers le

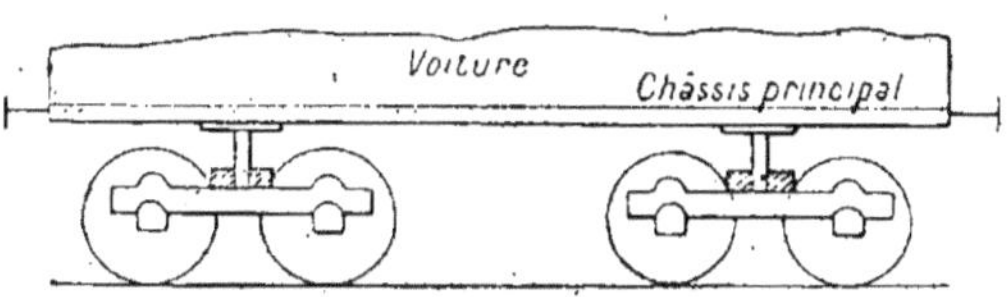

Fig. 48. — Voiture à bogies.

centre de la voiture, emploient des bogies à roues inégales. Les petites roues sont porteuses, les grandes motrices ; en rapprochant de ces dernières le centre de gravité des moteurs, on peut augmenter l'adhérence dans des proportions considérables, 0,85 par exemple (fig. 49).

Dans certains types, les bogies comportent naturellement au moins une suspension élastique — entre les boîtes à huile et les longerons.

Dans les voitures à bogies, la double suspension présente souvent la forme spéciale dite à traverse danseuse. Sur un premier châssis suspendu par rapport aux boîtes à graisse, repose élastiquement un second châssis, souvent réduit à une traverse, qui sert de support à l'articulation de la caisse par rapport aux bogies (cheville ouvrière, chemin de glissement pour des patins portés par la caisse). Une nouvelle souplesse latérale est

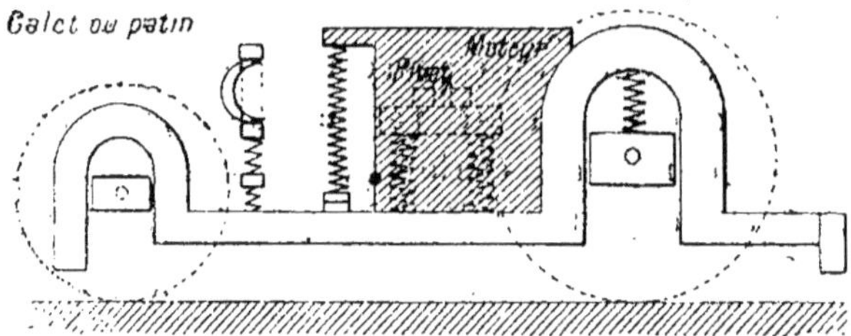

Fig. 49. — Bogie d'automotrice et son moteur.

ainsi fournie à cette caisse, souplesse particulièrement appréciable dans les entrées en courbe aux grandes vitesses (fig. 50).

La disposition précédente est employée très avantageusement. Depuis quelques années, tous les trucs à bogies s'inspirent aujourd'hui de cette nécessité de permettre une inclinaison convenable au véhicule lors d'une entrée en courbe. Les bogies des grandes automotrices se rapprochent beaucoup du type chemin de fer.

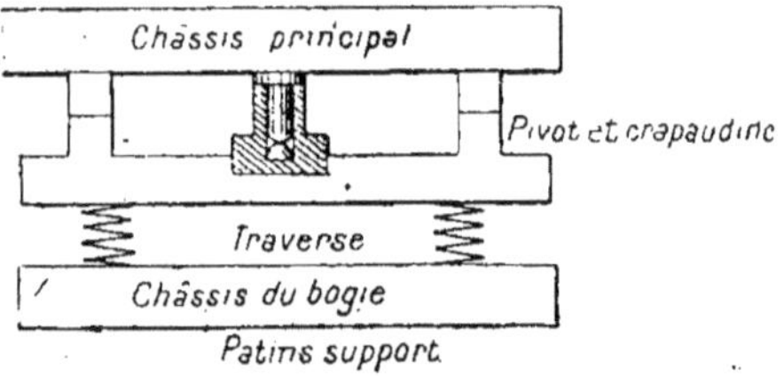

Fig. 50. — Bogie avec traverse danseuse.

Les bogies à trois essieux n'offrent rien de particulier, sauf la disposition générale adoptée lorsqu'on les utilise, consistant en le choix des deux essieux moteurs sur trois essieux extrêmes, par exemple ceux des trains d'essai à grande vitesse (chemins de fer de Berlin-Zossen à Marienfeld).

Les bogies offrent des empattements variant avec le nombre des essieux dans les limites suivantes :

	2 ESSIEUX	3 ESSIEUX	4 ESSIEUX
Voie de 0m 60.	0m 80 à 2m 20	»	»
— 1 mètre . . .	1m 20 à 2m	»	»
— 1m 44.	1m 60 à 2m 70	2m 40 à 3m 50	3m 50 à 4m 60

LOCOMOTIVES A MOTEURS MULTIPLES ET LOCOMOTIVES A GROS MOTEURS

Les premières locomotives électriques ont été, en grande partie, établies sur le type des automotrices avec moteurs logés très bas, mal suspendus. On a reconnu à peu près partout que le poids important d'un équipement placé trop bas détériore la voie d'une façon excessive. La tendance actuelle consiste à utiliser le châssis pour disposer le ou les

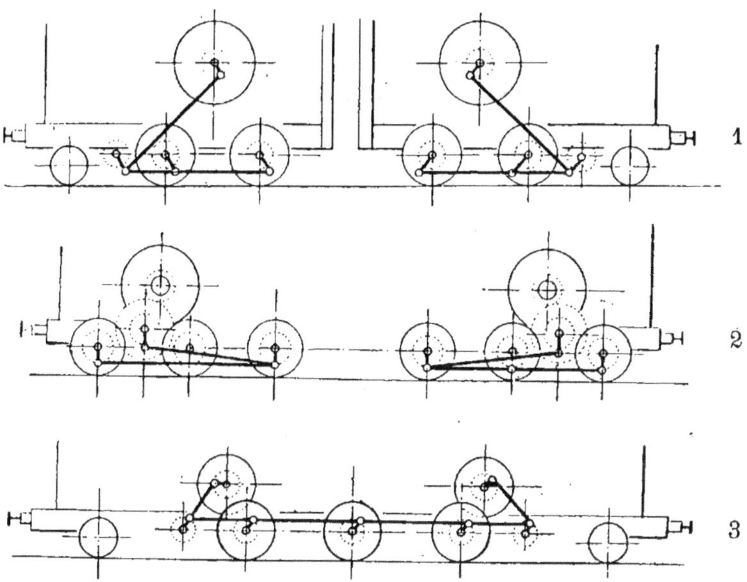

Fig. 51. — Trucs de locomotives modernes.

1. Locomotives Lœtschberg A.E.G. et Oerlikon premier type.
3. Locomotive A.E.G. du Midi.

moteurs le plus haut possible, avec commande des essieux par bielle voire même par arbres intermédiaires, lorsque les réductions de vitesse l'exigent. Les moteurs électriques sont ainsi beaucoup plus accessibles. On emploie un nombre de moteurs plus petits, les unités étant plus importantes ; le rendement est meilleur et aussi moindre le coût d'établissement. Le centre de gravité de la locomotive est ainsi très surélevé.

Les locomotives de montagne de plusieurs lignes suisses ont fait depuis longtemps appel aux moteurs uniques ou conjugués, attaquant par double réduction, vu leur faible vitesse, la roue dentée d'un engrenage simple ou double commandant la crémaillère ou les essieux. On constate aujourd'hui même dans les unités puissantes (2 000 HP et plus) un retour très net vers cette disposition. Les premières locomotives électriques, surtout celles à courant continu, où la puissance est toujours limitée par la faiblesse relative de la tension, diffèrent à peine comme truc des automotrices, par exemple sur les lignes de Baltimore-Ohio, de Paris-Austerlitz quai Orsay, de Paris-Versailles (chemin de fer de l'Etat).

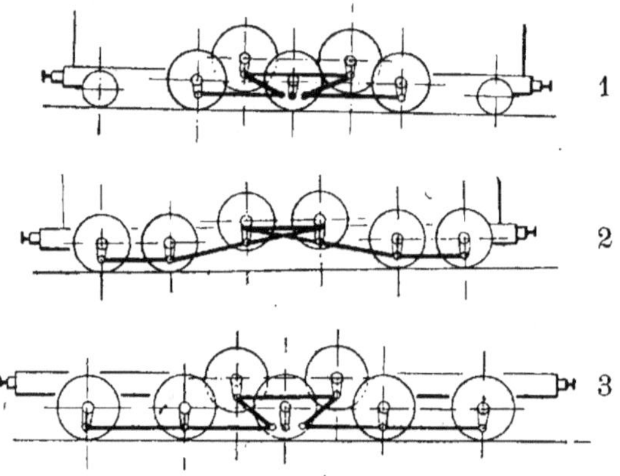

Fig. 52. — Trucs de locomotives modernes.

1 et 2. Simplon (Brown-Boveri) et 3 Giovi, Westinghouse).

Enfin la ligne électrifiée du New-York Central elle-même a fait appel à des locomotives avec moteurs surbaissés, et, à peine différents de ceux d'une automotrice très puissante.

Des difficultés dues au patinage des essieux, difficultés surtout graves avec les équipements monophasés, avec ceux à courant continu haute tension, et avec la régulation par unités multiples, ont amené les constructeurs à apporter moins de confiance dans la répartition automatique des charges entre les divers moteurs. A cette préoccupation s'est jointe celle, déjà signalée, d'élever le centre de gravité des locomotives. Aussi les nouvelles locomotives se rapprochent beaucoup des types primitifs et classiques de Brown-Boveri et d'Oerlikon (Berthoud Thoune par exemple). Les locomotives de la Valteline du premier type (1901) marquent à cet effet une date en matière de traction électrique, celle du retour aux essieux couplés avec moteurs individuels ; — celles du deuxième (1903) accusent encore cette tendance ainsi que les installations des tunnels du Simplon et du Giovi, en conservant le couplage d'essieux et le combinant avec le choix de moteurs puissants et moins nombreux. Ce matériel comporte un certain nombre de dispositions mécaniques des plus intéressantes sur lesquelles nous ne pouvons malheureusement nous étendre (fig. 51 et 52).

Cette analogie avec les locomotives thermiques se complète par le choix caractéristique, ces dernières années, de locomotives électriques articulées et formées de deux moitiés accolées comme celles en usage sur les lignes à vapeur (systèmes Mallet et analogues).

LOCOMOTIVES A MOTEURS LENTS OU A MOTEURS RAPIDES

La question du choix des *moteurs rapides* ou des *moteurs lents*, donc de l'interposition ou non d'engrenages, même avec transmission par bielles et manivelles, est encore discutée. Des arguments sérieux sont donnés de part et d'autre, et il ne semble pas que la question de poids intervienne beaucoup, car l'accroissement de charge pour l'équipement provenant des engrenages compense à peu près l'économie réalisée sur les dimensions des moteurs.

En matière de traction comme en toute autre, les installations les plus instructives sont évidemment celles où des matériels différents, établis par des firmes différentes, sont appelés à assurer des services identiques.

Dans cet ordre d'idées nous citerons l'installation monophasée de Spiez-Frütigen (1) (Loestchberg) et les essais de traction monophasée sur les chemins de fer du Midi.

-----

(1) La ligne de Spiez-Frütigen d'abord seule en exploitation, a environ 22 km, une rampe moyenne de 11,17 mm p. 100 et des courbes dont la longueur développée atteint 40 p. 100 du parcours total : rayons minimum 300 m, réduits à 150 dans les stations. La ligne comprend un certain nombre d'ouvrages d'art importants. Rails d'acier de 12 m de 42 kg au mètre courant. La ligne aérienne est du type caténaire simple avec fils auxiliaires, système Siemens-Schuckert. Dans les évitements on fait emploi de la suspension simple.

Distribution à 15000 volts-15 périodes. Remorque de trains de 310 tonnes

Essais en exploitation sur le tronçon Spiez-Frütigen. — Outre les automotrices Siemens-Schuckert destinées à un service local, deux locomotives 121 Oerlikon et 101 A.E.G. ont effectué des essais en exploitation des plus intéressants (novembre 1910, mai 1911). Les deux locomotives différaient à la fois par leur conception électrique et par leur constitution mécanique.

Locomotive Oerlikon du Lœtschberg (fig. 51-2 et 54). — Deux bogies à trois essieux et une caisse en tôle en une seule partie avec deux postes de commande. Essieux commandés par deux moteurs avec renvoi par bielle et manivelle et engrenage intermédiaire. Bogies constitués par des châssis découpés d'une seule tôle à entretoises transversales ; le châssis de chaque bogie est supporté par les essieux avec l'intermédiaire de ressorts à feuilles ; emploi de balanciers compensateurs au-dessus des essieux intérieurs.

Les deux moteurs et leurs trains d'engrenages sont fixés sans aucune suspension aux châssis des bogies. Des plaques en fonte d'acier portent les paliers du moteur et des roues d'engrenages, de sorte que les trains de réduction font partie intégrante des moteurs.

Le moteur pour chaque bogie peut être démonté par le haut, l'arbre et la roue dentée par le bas. Cet arbre placé à 265 mm au-dessus des essieux-moteurs actionne, par l'intermédiaire d'une manivelle et d'une bielle de 2 m. 70 de long, les trois essieux couplés au moyen de bielles.

La caisse en une seule partie repose sur chaque bogie par deux patins, deux supports articulés à ressorts répartissent pour chaque bogie le poids de la caisse sur les différents essieux. Les pivots des bogies qui sont pourvus d'un guidage élastique dans tous les sens sont réunis par les moteurs. On a disposé sur ce longeron toutes les parties lourdes de l'équipement telles que le transformateur et les machines auxiliaires, tandis que la caisse proprement dite est d'une construction aussi légère que possible. Distance des deux pivots 5 m. 20 ; écartement des essieux

---

utiles sur rampes de 27 p. 100 et de trains de 500 tonnes sur rampes de 15,5 p. 100 à la même vitesse.

Accélération au démarrage 0,05 m./sec/sec. Il en résulte une puissance de 2 000 HP aux jantes et un effort de traction de 10 000 kg au crochet pouvant être porté à 13 000 pour le démarrage en rampe. Vitesse maxima 70 km à l'heure ; charge maxima par essieu 15 tonnes.

extrêmes 10 m. 70, longueur totale de la locomotive entre les tampons 15 m. 02. Poids de la locomotive 86 tonnes.

Locomotive A.E.G du Lœtschberg (fig. 51-1). — De conception mécanique très différente. La charge maxima de 12 t. imposée par essieu par le cahier des charges a permis d'employer des essieux porteurs en tête et en queue.

La locomotive comporte encore deux unités accouplées, suivant le mode locomotive-tender, avec possibilité de déplacement vertical et latéral.

En raison de la vitesse assez élevée et de la charge de l'essieu porteur (13 t.), on a renoncé aux trucs radiaux Adam ou Bissel pour adopter le bogie Helmholtz-Krautz. Ce bogie solidarise le dernier essieu couplé avec l'essieu porteur. Afin d'éviter certains inconvénients constatés sur le type de 1888 (Chemins de fer Bavarois) de ce modèle de bogie (usures inégales des bandages), des modifications sérieuses y ont été apportées ; des paliers de butée ont été montés sur le châssis principal, des ressorts de rappel pressent le timon, ainsi que l'essieu porteur, contre ces paliers.

Pour adoucir l'attaque des courbes, le pivot peut se déplacer latéralement à partir de sa position moyenne, de 15 mm par rapport au châssis, il est rappelé par les ressorts visés plus haut. L'essieu couplé, qui a ses paliers sur le châssis principal, peut se déplacer aussi de 2×20 mm. Le jeu latéral des essieux couplés extrêmes a nécessité l'agencement d'un pivot vertical sur la bielle d'accouplement et d'un tourillon sphérique sur l'essieu couplé. Pour raison d'uniformité, on a aussi donné un tourillon sphérique à l'essieu fixé dans ses paliers. Toujours par moitié de locomotive, un moteur 800 HP·actionne ces deux essieux-moteurs par bielle, manivelle et faux arbre intermédiaire. Moteur disposé au-dessus du châssis dans une cabine où se trouve également le compresseur d'air et les organes accessoires ; une autre cabine accolée à la précédente contient les appareils de manœuvre. Les transformateurs extérieurs en tête et en queue sont supportés par les essieux extrêmes. Poids total 93 t, dont 68 adhérentes.

En dehors de toute considération relative aux essais électriques, les essais faits ont démontré une supériorité certaine au point de vue du roulement, surtout aux hautes vitesses, des bogies articulés du type précédent sur le châssis quasi-rigide de la locomotive Oerlikon. Malgré la charge élevée des essieux-moteurs, l'inscription dans les courbes est excellente. Néanmoins, des difficultés sont nées du mode de support des paliers des moteurs fixés au châssis, ainsi que ceux de l'arbre de commande des bielles dans la locomotive A. E. G. ; des échauffements anormaux ont été relevés. Cette différence avec la locomotive Oerlikon peut s'expliquer, comme le remarque justement l'ingénieur Thormann, par un manque de rigidité relative du châssis, toujours plus déformable que les paliers venus de fonte avec le moteur d'Oerlikon.

Données générales sur la construction du truc et des essieux

Le truc doit être le plus léger possible avec le maximum de rigidité et d'adhérence et ne donner lieu qu'à des déformations passagères, les moindres évidemment, notamment sous l'action des freins. L'étanchéité

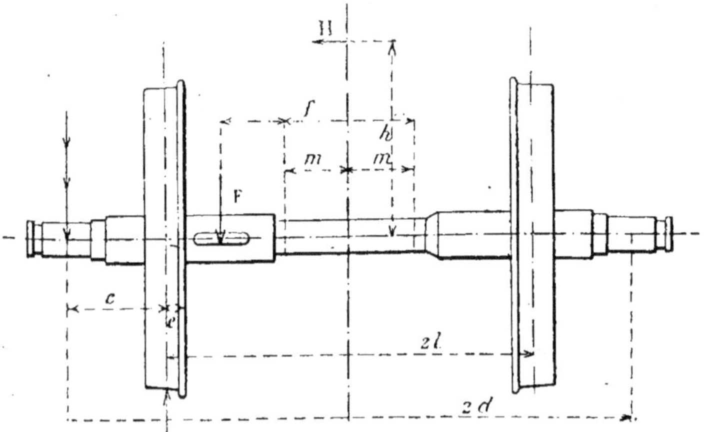

Fig. 53. — Essieu monté de voiture automotrice. Eléments de base du calcul d'un essieu de voiture électrique.

absolue des coussinets à graissage mécanique est également exigible ; la disposition des ressorts doit être telle que les balancements dans le sens du grand axe de la voiture sont réduits au minimum. Les bogies doivent être à centre de gravité le plus bas possible ; on remarquera, également, la nécessité de la présence, entre les voitures, d'attelages particulièrement élastiques, de manière à éviter dans les arrêts brusques les contre-coups d'un véhicule à l'autre.

D'une manière générale, on calculera très largement les pièces mécaniques constituant les trucs, de manière à ce qu'aucune d'elles ne développe une résistance à la flexion supérieure à 2 kilogrammes par millimètre carré pour le fer ou pour l'acier laminé.

Les essieux devront faire l'objet d'un calcul des plus minutieux; on n'oubliera pas qu'ils sont presque toujours choisis trop faibles et qu'un grand nombre de lignes de tramways voient leur exploitation entravée par des ruptures permanentes d'essieux. Ces essieux seront généralement constitués en acier fondu au creuset ou en acier Martin; il faut exiger 50 à 55 kilogrammes à la rupture, par millimètre carré de section, 20 p. 100 d'allongement mesuré après rupture sur une éprouvette de 200 millimètres de long, 30 à 35 de diminution de section à l'allongement jusqu'à la rupture. Il est relativement facile de calculer les

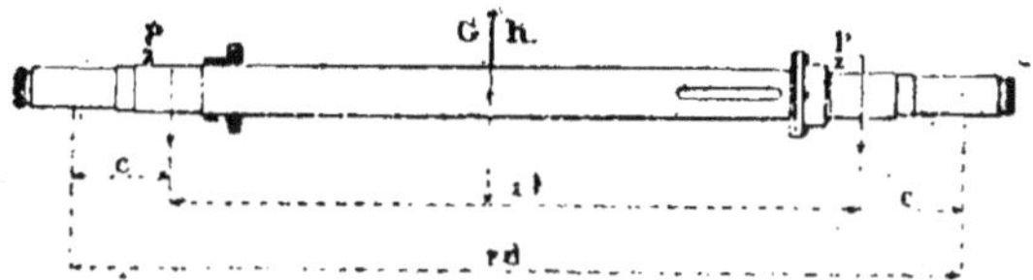

Fig. 53 *bis*. — Essieu de voiture automotrice.

essieux pour résister aux diverses charges fixes qui leur incombent : poids de la voiture, des moteurs, des voyageurs, etc., mais le problème devient plus difficile si l'on tient compte des charges variables introduites par les dénivellations de la voie, les rayons des courbes, etc. Pour tenir compte de ces divers éléments, on admet généralement, en traction, l'existence d'un effort horizontal et perpendiculaire aux voies appliqué au centre de gravité de la voiture et égal aux quatre dixièmes du poids de la voiture elle-même (fig. 53 et 53 *bis*).

Les tendances actuelles en matière de construction des locomotives électriques

Abstraction faite du choix du système à employer qui semble devoir être fixé dans un délai assez bref, l'une des plus grosses difficultés rencontrées en matière de traction électrique, surtout pour les trains lourds, c'est à dire pour une traction tout à fait comparable à celle qu'on réclame des systèmes à vapeur, réside dans les flottements ayant actuellement cours en matière de choix de dispositifs mécaniques les meilleurs pour les locomotives.

Les adversaires de la traction électrique se raillent volontiers de l'indécision qui règne actuellement dans les esprits. Ils rapprochent les locomotives à courant continu des chemins de fer américains, tout à fait analogues à des automotrices gigantesques, des locomotives monophasées ou triphasées des chemins de fer français, suisses et italiens, locomotives dans lesquelles l'analogie de transmissions mécaniques par bielles et manivelles avec les dispositifs employés sur les locomotives à vapeur est évidente. Il est bien certain que la doctrine est encore un peu floue à cet égard et il est même possible que deux grandes catégories de locomotives très différentes au point de vue mécanique prennent définitivement naissance : les locomotives à courant continu, du type automotrices élargies, et les locomotives alternatives du type thermique.

Actuellement, toutes les locomotives en usage, en traction électrique, se ramènent à trois types : celles à engrenages, celles sans engrenages (que les Américains appellent Gearless) et enfin les locomotives à bielles, avec ou sans interposition d'engrenages dans la transmission.

La *transmission par engrenages* offre des avantages, car elle permet une certaine indépendance des vitesses de régime du moteur par rapport aux vitesses de l'essieu ; elle introduit par contre une diminution de rendement et, par ce fait (généralement le moteur est suspendu par le nez), elle provoque des effets de martelage sur les voies et de désorganisation dans les châssis. Le centre de gravité des moteurs est trop bas et, en outre, leur entretien est difficile. On peut obvier aux poussées latérales, qui se produisent entre les roues et les rails, par l'interposition de ressorts élastiques entre la jante et le moyeu de l'engrenage. Ces ressorts sont d'autant plus utiles qu'ils servent en même temps à équilibrer les efforts dans les deux moteurs attaquant un même essieu, dans le cas où une locomotive a une puissance assez forte pour nécessiter une paire de moteurs montés ainsi de chaque côté de l'essieu.

Cette disposition du dédoublement des moteurs est avantageuse au point de vue mécanique, nous venons de le dire, et aussi parce qu'elle permet de subdiviser la tension sur les deux moteurs, chacun des collecteurs ne travaillant ainsi que pour la moitié de cette tension générale.

L'*accouplement direct* (sans engrenage, ou Gearless) est très ancien, soit qu'il ait été utilisé sans intermédiaire élastique entre l'arbre creux de l'induit et les rais de la roue, soit au contraire que cet induit soit claveté directement sur l'essieu. Cette vieille tendance, puisqu'on l'a remarquée déjà sur les locomotive du N. Y. N. H. R. Rd. (1), il y a une trentaine d'années, a réapparu sur les nouvelles locomotives G. E. Co., de la ligne des Montagnes Rocheuses. Les induits sont chaussés directement sur les essieux ; ils se déplacent entre les pièces polaires plates ou offrant une tendance à l'aplatissement, de manière à pouvoir suivre les dénivellations de la voie. En outre, tous les inducteurs sont en série au point de vue magnétique, comme au point de vue électrique, tous les induits sont en série au point de vue électrique. Quant aux locomotives à bielles, elles reproduisent donc les dispositifs adoptés sur les machines à vapeur. Elles offrent le grand avantage de rendre presque indépendants les nombres respectifs des moteurs et des essieux moteurs. La plupart du temps, elles comportent deux moteurs très puissants, généralement un par bogie, installés sur un châssis spécial avec centre de gravité très haut et facilement accessible. Ils attaquent, par bielles obliques ou par engrenages, de faux essieux attaquant eux-mêmes les essieux moteurs par des bielles d'accouplement horizontales. D'autres fois, l'attaque de ces essieux moteurs par deux bielles triangulaires s'effectue de chaque côté (une bielle) de la locomotive. Les deux variantes ne sont pas exemptes d'inconvénients Deux ingénieurs du P.-L.-M. qui ont été mêlés de près aux récentes études d'électrification des chemins de fer français, MM. Japiot et Ferrand s'expriment ainsi (2) :

« D'une part, le faux essieu étant fixé sur le châssis suspendu, tandis que les ressorts de suspension sont intercalés entre ce châssis et l'essieu moteur, les oscillations du châssis sur ces ressorts font naître, dans les courtes bielles horizontales de liaison, des efforts parasites très importants ; aussi l'entretien des coussinets des paliers du faux essieu est-il très délicat. Rien de semblable ne se produit dans les bielles motrices des locomotives à vapeur, à cause de l'interposition, entre ces bielles et le châssis, de l'organe élastique constitué par le cylindre à vapeur. Il y a là une différence essentielle qu'il ne faut pas perdre de vue : on ne

---

(1) New-York, New-Haven, Rail-Road.
(2) Voir *Génie Civil*, mars 1921.

pourrait échapper à cette difficulté qu'en intercalant, sur les bielles motrices des locomotives électriques, un organe élastique jouant, à cet égard, le même rôle que le cylindre des locomotives à vapeur (1).

« D'autre part, les déformations du châssis pendant la marche, ainsi que les moindres inexactitudes de construction ou de montage, introduisent, dans les bielles obliques et dans les paliers du moteur et du faux essieu, des efforts parasites importants ».

On utilise généralement en Europe une bielle triangulaire solidarisant les deux moteurs de la locomotive et attaquant directement l'essieu moteur médian lorsqu'il est accouplé avec les autres essieux, au nombre de deux ou de quatre par des bielles horizontales, exemple : les chemins de fer suisses du Simplon, certains chemins de fer italiens. Dans d'autres cas, on installe la bielle triangulaire sur deux faux essieux que les moteurs attaquent par engrenages élastiques (machines monophasées du Lœtschberg, machines monophasées du Midi-Français).

Le principal défaut de la bielle triangulaire est d'établir, par son côté supérieur, une liaison invariable entre deux axes fixés rigidement sur le même châssis, ce qui exige un ajustage parfait et demeurant tel en service (Voir certaines locomotives du Simplon, Brown-Boveri, et certaines autres des chemins de fer fédéraux suisses du type Oerlikon).

Les deux figures 54 et 54 *bis* représentent les dispositifs schématiques de deux types de locomotives depuis un certain temps déjà en service sur la ligne du Lœtschberg et dus à la Société Oerlikon. On constatera que, bien que ces deux locomotives appartiennent à la catégorie des voitures motrices utilisant les mêmes dispositifs de transmission de l'effort moteur que les locomotives thermiques, elles diffèrent essentiellement l'une de l'autre : la première (fig. 54) est la locomotive déjà décrite page 59 et représentée figure 51-2. Elle est constituée par deux unités motrices identiques, accouplées et articulées, la deuxième, au contraire (fig. 54 *bis*), est une locomotive simple, c'est-à-dire concentrant sur un même châssis tous ses organes moteurs.

---

(1) Un système de transmission répondant à ce programme a été imaginé par M. Auvert, ingénieur principal du matériel aux Chemins de fer P.-L.-M. ; un modèle construit à échelle réduite dans les ateliers du P.-L.-M. a donné des résultats fort intéressants.

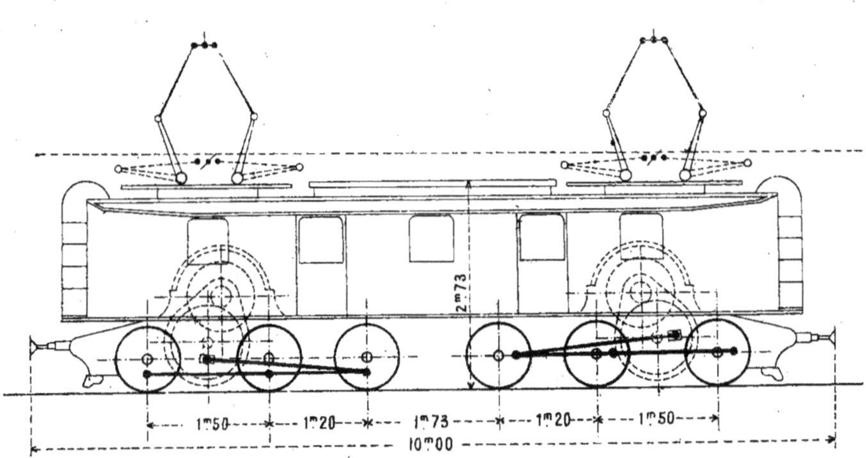

Fig. 54. — Premier type de locomotive Oerlikon du Lœtschberg.

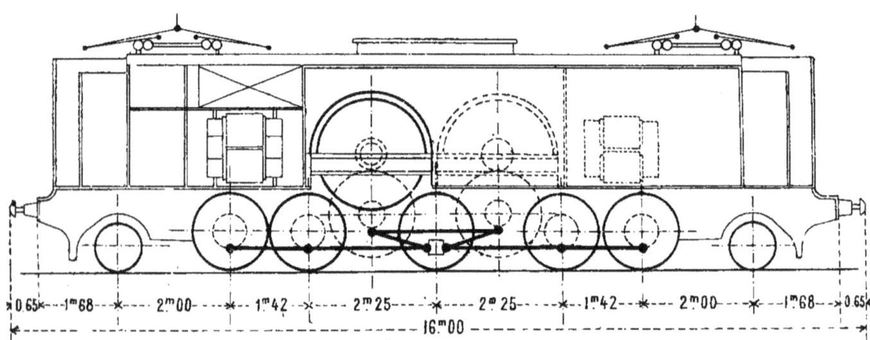

Fig. 54 *bis*. — Deuxième type de locomotive Oerlikon du Lœtschberg.

La première locomotive développe 2.000 chevaux, chaque bogie portant un moteur de 1.000 chevaux à grande vitesse, avec réduction par engrenage, l'arbre de ces trains d'engrenage attaquant par bielles obliques l'essieu moteur intérieur, relié aux deux autres par des bielles d'accouplement.

La deuxième locomotive comporte cinq essieux moteurs, avec deux moteurs à grande vitesse de 1.250 chevaux chacun, attaquant par engrenage à doubles chevrons deux faux essieux placés sur les verticales respectives des axes des moteurs.

Le mouvement est transmis à partir des faux essieux à l'essieu central par une bielle triangulaire à glissière verticale, et aux autres essieux par des bielles d'accouplement.

CHAPITRE IV

MOTEURS DE TRACTION

PUISSANCE — CONSTRUCTION

I. — Fixation des caractéristiques du choix de ces moteurs ; définition de la puissance d'un moteur de traction.

Nous avons vu, dans un chapitre précédent, que le tracé de la courbe des efforts de traction pouvait s'effectuer (*a priori* ou expérimentalement) soit en fonction des espaces parcourus, soit en fonction du temps. L'intégrale de la première courbe donnait le travail kilogrammétrique à la jante correspondant à un parcours AB ou à un parcours BA.

La deuxième courbe, si l'on s'adresse à des moteurs électriques série, non saturés — ce qui est le cas général — représente, à un facteur près, la courbe des carrés des intensités absorbées par le moteur en fonction des temps.

On sait que la racine carrée de la moyenne de ces ordonnées représente la valeur efficace du courant qui parcourt les enroulements. On est donc amené, par la conception de ces courants efficaces liés immédiatement à l'échauffement du moteur, à définir, comme l'ont proposé les Américains et avec juste raison, la puissance d'un moteur de traction, d'une manière tout à fait différente de celle d'un moteur stationnaire. On définit, comme on le sait assez généralement, puissance absorbée par un moteur fixe, celle qu'il consomme en fournissant un travail régulier et telle que, au bout d'une période de dix heures, la température de ses enroulements ait atteint une valeur de 40° en excès sur la température ambiante.

Au contraire, on définit puissance américaine d'un moteur de traction le produit, par la tension aux bornes, de l'intensité continue (la valeur efficace de tout à l'heure) qu'il peut supporter sans que, au bout d'une heure, sa température se soit élevée de plus de 75° par rapport à l'ambiance.

Les comparaisons faites sur un grand nombre de moteurs, en ce qui concerne l'évaluation des puissances, démontrent qu'un moteur de traction calibré suivant le mode américain à 250 HP par exemple, ne développerait qu'une puissance stationnaire de 100 HP environ, à l'essai de dix heures. Bien entendu, le mode américain d'évaluation des puissances ne constitue qu'une première base pour un avant-projet. C'est l'étude du profil en long, et après détermination des travaux à la jante, qui permet seule de fixer, d'après les circonstances locales, la puissance du moteur.

On tiendra compte, dans les avant-projets, de ces deux faits très importants, à savoir :

1° Que le travail évalué à la jante et que les efforts correspondants doivent être multipliés par l'inverse du rendement des engrenages, rendement moyen, cela va sans dire (soit 0,85 pour ne pas avoir de mécompte).

. 2° Que la puissance absorbée par le moteur est celle qui est développée à la jante, multipliée par le produit des inverses des rendements des engrenages et du moteur — soit, si l'on adopte 0,85 pour chacun par prudence, un rendement, de la prise de courant au rail, de 0,75. On notera enfin que l'expérience devra indiquer, par comparaison avec des installations analogues, le poids du moteur, de l'équipement, des régulateurs, de la câblerie, etc..., à installer sur une voiture déterminée. Puisqu'on ne connaît pas *a priori* la puissance du moteur, par prudence on augmentera donc de 15 à 20 p. 100 le poids de la voiture pour tenir compte de ces divers éléments. Signalons, pour terminer, que le poids par HP des moteurs de traction varie de 50 à 60 kilos pour la puissance mesurée suivant le mode stationnaire et de 15 à 20 kilos pour la puissance américaine (essai d'une heure).

On admettait jusqu'à ces dernières années que le poids des moteurs à courant continu (puissance horaire), variait de 800 à 4.500 kgs pour des puissances de 25 à 400 HP et des vitesses de 300 à 400 tours.

Ces poids ont beaucoup diminué par l'intervention des pôles de commutation, comme on le voit par le tableau ci-dessous (1) :

MODÈLE	PUISSANCE HORAIRE HP	TOURS PAR MINUTE	POIDS DU MOTEUR ET ENGRENAGE	HAUTEUR DE LA CARCASSE EN MM.
1 ancien . . .	39,5	560	1.125 kgs	687
2 — . . .	54	580	1.210 —	699
1 nouveau . .	38,5	595	910 —	588
2 — . .	52	535	1.150 —	595

Le tableau ci-après donne des poids de moteurs de traction rapportés à la puissance.

POIDS DES MOTEURS DE TRACTION RAPPORTÉS A LA PUISSANCE

PUISSANCE		VITESSE	POIDS
10 he ures continues	américaines 1 heure	en tours par minute	en kilogrammes
10	25 chevaux	700	800
20	50 —	650	1.500
40	100 —	600	2.000
60	150 —	550	2.500
80	200 —	500	3.000
100	250 —	450	3.500
120	300 —	400	4.000
150	375 —	400	4.500

II. — Caractères électriques spéciaux des moteurs de traction

Les moteurs de traction sont nécessairement caractérisés par le faible encombrement dont on dispose pour les établir (imposé par le diamètre des roues, 0,80 à 1 mètre). Il est nécessaire de laisser au moins 8 à

---

(1) On pourra trouver page 82, figure 69 *bis*, gabarits comparés de ces moteurs avec ou sous pôles de commutation.

10 centimètres entre le plan tangent inférieur à la carcasse et le sol de la
voie. On ne pourrait non plus, au moins dans le cas des tramways, et
sous peine de porter à une hauteur excessive le plancher de la voiture,

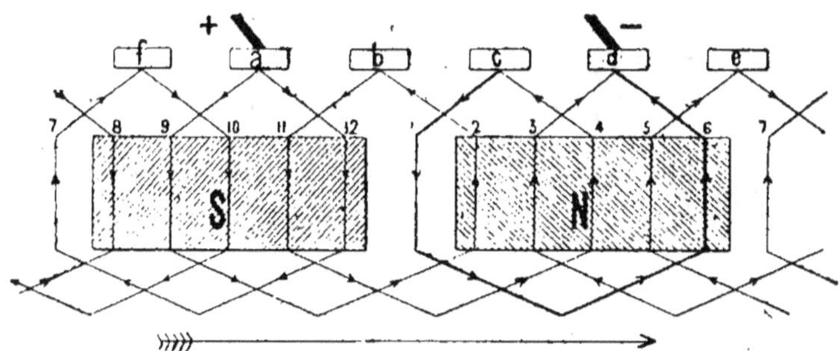

Fig. 55. — Enroulement tambour bipolaire de moteur de traction
(abandonné).

donc de créer des marches d'accès en trop grand nombre, surélever le
truc du véhicule, de manière à donner un peu plus d'aisance au moteur;
cette facilité est par contre acquise dans le cas des locomotives.

Les carcasses de moteur de traction doivent être fermées sur elles-
mêmes, aussi hermétiquement que possible (type cuirassé) avec ména-

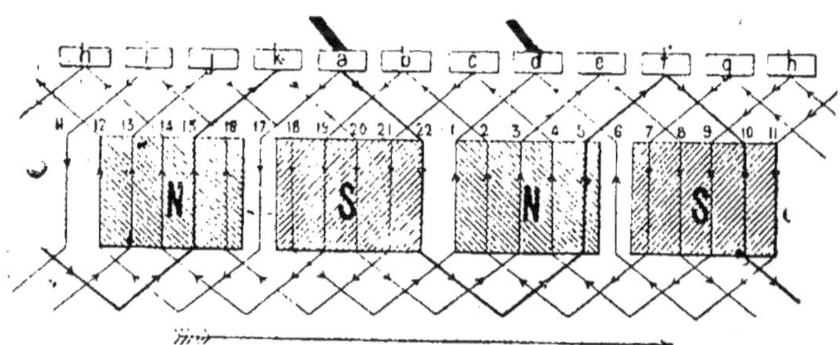

Fig. 56. — Enroulement tambour quadripolaire ondulé de moteur
de traction.

gement de trappes pour accès aux balais en cours de marche et nettoyage
éventuel du collecteur.

Les organes de transmission doivent également être renfermés dans
des carters qui, le plus souvent hermétiques, permettent un barbottage
complet.

Les pignons sont généralement en acier forgé, les roues d'engrenages en acier coulé.

Les moteurs de traction possèdent, outre les caractères généraux des

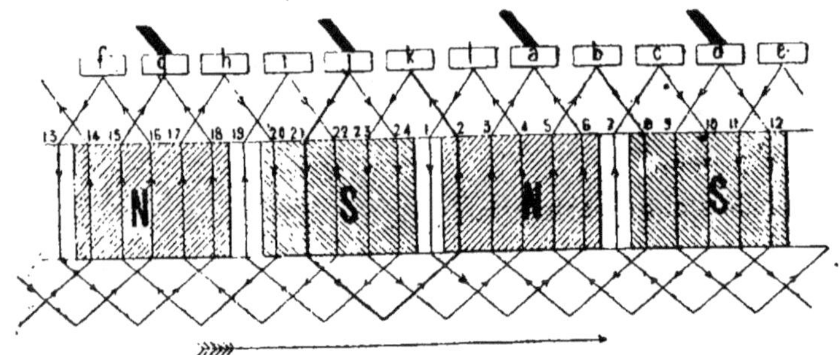

Fig. 57. — Enroulement tambour quadripolaire imbriqué de moteur de traction.

moteurs à courant continu, des dispositions spéciales, ci-dessous résumées.

Mode d'enroulement. — Ces enroulements sont toujours extrêmement simples et des types donnés dans les schémas ci-dessus (fig. 55 à 57). En effet, la question de robustesse et de simplicité de construction est primordiale.

L'inducteur des premiers moteurs de traction était naturellement bipolaire et ces moteurs tournaient par conséquent trop vite. Très rapidement, l'on a introduit les types quadripolaires, soit avec deux pôles saillants et deux pôles conséquents, soit avec tous les pôles saillants. Les enroulements en anneau du début ont fait place également aux enroulements en tambour.

Nous n'entrerons pas ici dans le détail des essais à faire subir aux moteurs de traction ; on les trouvera dans notre *Traité pratique de Traction électrique* (1), et dans notre *Cours municipal d'électricité industrielle. Courants continus*, XXVIII° Leçon, page 397 et suivantes (2).

Signalons, cependant, que la fourniture des moteurs de traction s'effectuant généralement par série, les méthodes les plus employées d'es-

---

(1) Bernard-Geisler, éditeur, et Albin Michel, successeur, à Paris.

(2) Et, enfin, dans le fascicule n° 47 de l'Encyclopédie Electrotechnique. *Essais des machines à courant continu*, M. Ferroux.

sais dans les ateliers sont celles qui consistent à éprouver les moteurs par paire, l'un débitant sur l'autre.

Outre les particularités visées plus haut, les moteurs de traction sont caractérisés par les dispositions spéciales suivantes intéressant :

1º La forme de la carcasse ;

2º Le système inducteur ;

3º Le système induit ;

4º Le collecteur ;

5º Les balais et les porte-balais.

Perfectionnements très nombreux depuis vingt ans, en cette matière peut-être plus qu'en toute autre, emploi de matériaux de première qualité, pour les fontes, les pignons, les bobinages imprégnés et les coussinets.

1º *Carcasse.* — Au début de la traction électrique, on a installé les moteurs sur la caisse (essais Raffard 1881) ; un intermédiaire élastique, au moins (chaîne Galle, par exemple), transmettait la motricité aux roues. La suspension plus ou moins directe du moteur aux essieux, a

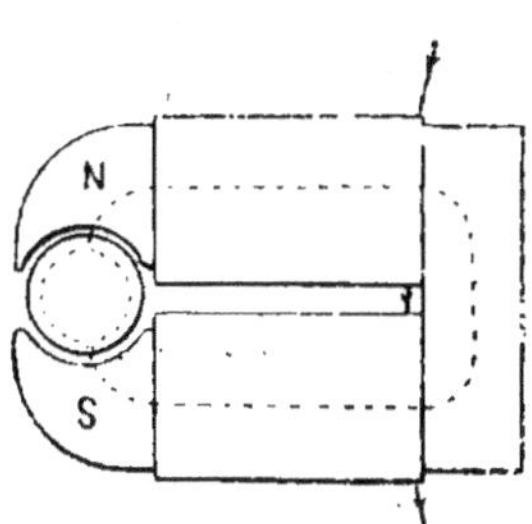

Fig. 58. — Ancienne carcasse bipolaire de moteur de traction.

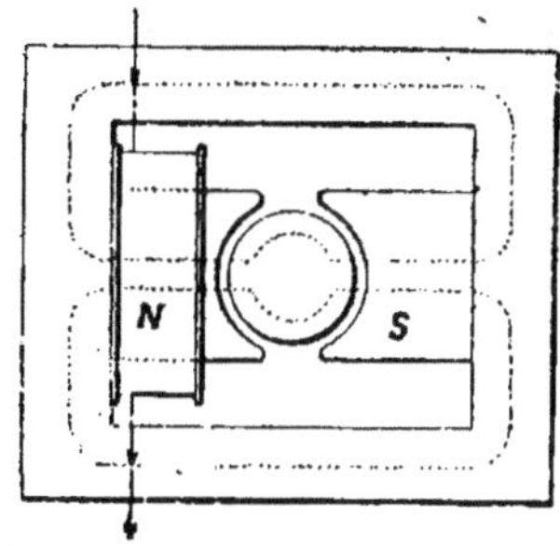

Fig. 59. — Carcasse de moteur type Manchester.

d'abord nécessité l'emploi de carters de tôle rapportés et boulonnés, puis, en raison de la défectuosité des joints ainsi obtenus, la recherche d'une forme la plus hermétique possible pour la carcasse.

Les figures 58 à 61 donnent quelques types caractéristiques.

Certains chemins de fer ont même employé les moteurs hexapolaires à pôles saillants ou à pôles conséquents. La carcasse est toujours en acier coulé, doué de hautes propriétés magnétiques.

Une des difficultés les plus graves dans la détermination d'un type de moteur de traction réside dans le choix d'un plan d'ouverture de cette carcasse pour accès à l'induit, visite et nettoyage intérieurs. L'emploi des pôles conséquents permettait l'ouverture de cette carcasse suivant un plan axial passant par le milieu de ces pôles, mais on a parfois ainsi créé de telles dissymétries magnétiques (les deux moitiés rapprochées

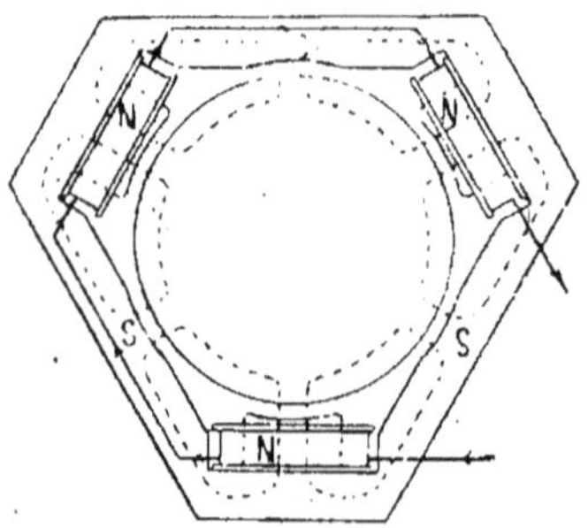

Fig. 60. — Carcasse hexapolaire à trois pôles conséquents de moteur de traction.

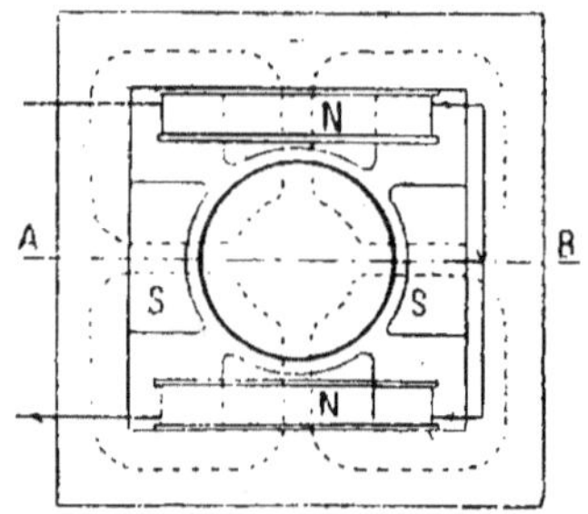

Fig. 61. — Carcasse tétrapolaire à deux pôles conséquents pour moteur de traction.

des pôles conséquents, chevauchant l'une par rapport à l'autre), qu'on a renoncé à ce dispositif. L'ouverture se fait le plus souvent, en plan diagonal.

Tous les types de carcasses, les plus anormaux comme les plus simples, tendent aujourd'hui à être remplacés par la forme quasi-cylindrique avec paliers boucliers à plateaux portés sur les flasques. On a ainsi évité toutes les difficultés liées au mode de recherche du meilleur plan.

Les moteurs de traction à accouplement direct embrassant étroitement l'essieu ont nécessairement des formes de carcasse beaucoup plus simples que celles des moteurs à action indirecte, dans lesquels la carcasse affecte plus ou moins le rôle et l'allure d'un carter.

2° *Inducteur*. — Les pôles inducteurs sont rapportés et constitués par des tôles feuilletées et serrées par des boulons perpendiculaires au feuilletage et assemblées sur les noyaux inducteurs par des boulons perpendiculaires aux précédents (fig. 62 et 63).

On emploie aujourd'hui exclusivement des conducteurs méplats ou plats, rubans de cuivre mince, isolés à la micanite ou au papier, montés

sur des carcasses résistantes, de laiton par exemple, évidemment siège
de courants de Foucault, mais donnant satisfaction au point de vue

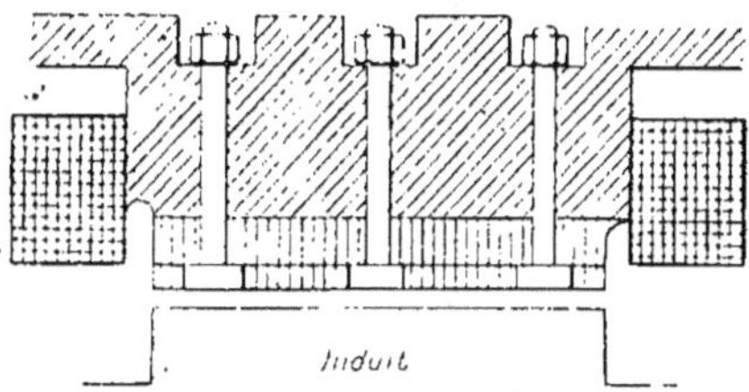

Fig. 62. — Inducteur d'un moteur de traction.

mécanique. Les conducteurs ronds montés sur les anciens inducteurs
glissaient les uns sur les autres sous l'effet de la trépidation de la voiture, et de ce fait les bobines se désorganisaient très
vite.

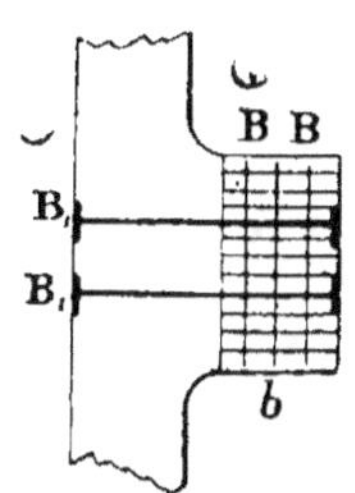

Fig. 63. — Pièce polaire rapportée d'un moteur de traction.

Intensité de courant : 1 ampère par millimètre
carré pour les moteurs puissants, 1,25 ampère pour
les moteurs de traction moyens. Elévation de tempé-
nature admise ; 50° au-dessus de l'ambiance.

On verra plus loin que les voitures d'anciens tramways étaient parfois pourvues du système de régulation Sprague, par modification de nombre des spires
inductrices. Ce système nécessitait des régulateurs
ou coupleurs de dimensions importantes, aux connexions compliquées ; on a renoncé complètement à
ce mode, de telle sorte que l'inducteur d'un moteur parvient seulement
par ses deux extrémités aux plots du coupleur.

Usinage de la carcasse. — Le dressage de la carcasse d'ordinaire en
deux moitiés se fait par rabotage ou fraisage.

Le fraisage est opéré avec un excès de coupe de 0,002 mm. aux droits
des flasques. Pour éviter des entrefers nuisibles aux points de juxtapo-
sition des deux moitiés, trous de boulons percés dans les deux moitiés
de la carcasse par une perceuse à forets multiples ; les trous ont 8/10 de
mm. de plus que le diamètre des boulons, les faces sont soigneusement
planées. *Pôles* usinés et rapportés en réservant la place exacte des
bobines de champ.

3° *Induit*. — Les anneaux Gramme du début ont été rapidement aban-
donnés et remplacés (c'étaient des induits lisses, simplement frettés)
par des tambours, caractérisés par une subdivision plus grande des
bobines, par un plus grand nombre de lames au collecteur et par l'adoption des bobines de forme, qui a permis de réduire au minimum la
main-d'œuvre correspondant à la réparation d'un induit (un induit de
moteur quadripolaire nécessite un débobinage de 1/4 seulement de la
périphérie pour remplacement d'une section brûlée).

Les tôles d'induit ne présentent aucun caractère particulier ; elles sont
isolées par oxydation ou par interposition de papier, avec réduction

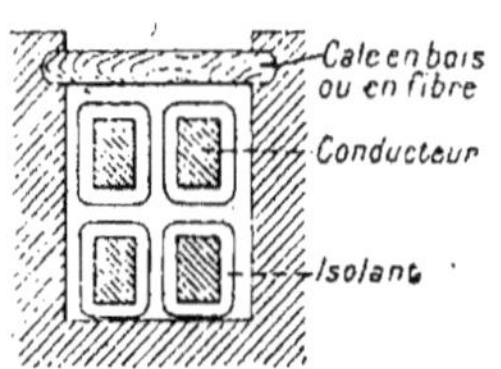

Fig. 64. — Encoche d'induit
de moteur de traction.

Fig. 65. — Encoche garnie de l'induit
d'un moteur de traction.

de 1/10 environ, de la section utile du noyau dans ce dernier cas ; les
dents peu nombreuses de l'induit renferment 2, 4 ou 6 conducteurs
méplats, maintenus grâce à une cale de bois ou de fibre, chassée dans
la rainure ou l'ouverture précédant l'isthme des tôles (fig. 64 et 65).

Les moteurs de traction ont toujours des entrefers relativement grands,
4 ou 5 millimètres au minimum, en vertu de la nécessité où l'on est
d'éviter la production, par usure des coussinets, de tout contact entre
l'induit et l'inducteur.

L'obligation, qui s'impose également, de ne pas changer, quand on
passe d'un sens de marche à l'autre, le calage des balais, invite les
constructeurs à supprimer pratiquement toute réaction d'induit en donnant à l'isthme des tôles des largeurs au moins égales à une fois et demie
celle de l'entrefer. Il en résulte évidemment une diminution du nombre
des dents, une moins bonne utilisation de la matière, et ces raisons
cumulées font qu'on ne peut guère escompter plus de 0,85 à 0,88 de
rendement moyen pour ces moteurs.

On s'efforcera, en particulier, d'observer la règle générale donnée
dans tous les traités de construction électromécanique, de ne pas dis-

poser dans les mêmes encoches des conducteurs appartenant à deux bobines commutées simultanément. Densité de courant : 1,75 à 2,40 ampères par millimètre carré, suivant la puissance. Excès maximum de température : 50°.

Les puissances de plus en plus considérables localisées sur les moteurs de traction, logés en somme sous des trucs peu élevés par rapport au sol, pour raison de confort des voyageurs, ont amené les constructeurs à donner aux carcasses et aux paliers des moteurs des formes de plus en plus ramassées. Les paliers pouvant même entrer à l'intérieur du moteur, la ventilation est donc mauvaise et la lubrification doit être particulièrement soignée.

Il convient, comme justification des remarques qui précèdent, de noter qu'on accède au plancher des voitures, soit par une, soit par deux marches au maximum, ce qui, au moins dans le cas des tramways urbains, donne à peine, en tenant compte d'une hauteur de sécurité à prévoir entre le sol et le plan inférieur tangent à la carcasse, une hauteur de 60 à 80 centimètres pour l'établissement des moteurs.

Croisillons d'armature. — Cette pièce destinée à recevoir l'armature est en acier ou en fonte malléable, la flasque extrême est venue d'une pièce avec le reste, une bague filetée maintient le paquet de tôles.

Le croisillon reçoit diverses rainures de clavetage, les unes intérieures, pour le montage sur l'arbre, les autres extérieures pour l'empilage des tôles.

Le croisillon est alésé extérieurement avec un excès de 0,1 mm. en vue de l'empilage des tôles ; cet empilage s'effectue sous pression hydraulique de 30 à 60 tonnes.

Arbre. — Il est entré à la presse dans le croisillon avec une pression de 30 tonnes pour un moteur de 30 HP.

4° *Collecteur.* — Le collecteur ne présente comme particularités qu'une extrême robustesse et des dispositions de protection spéciale contre l'humidité, les poussières et les matières étrangères qui peuvent être entraînées par les tourbillons d'air provoqués par le déplacement du véhicule. Les lames présentent une section trapézoïdale, assemblées et isolées au mica entre elles, et aux extrémités par des pièces de forme en micanite coulées ou embouties.

3° *Balais et porte-balais.* — Les premiers moteurs de traction ont donné naissance à maintes difficultés du fait du contact imparfait des balais.

C'est, en effet, une des questions les plus délicates, soulevées en traction. Des vibrations malheureusement synchrones et synpériodiques de celles du châssis, se produisaient souvent avec les balais supportés par

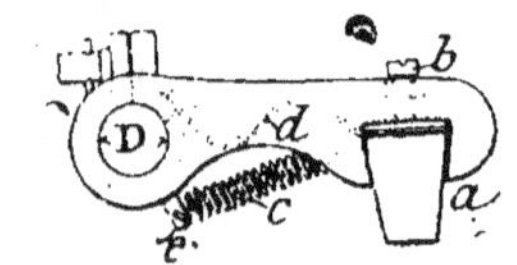

Fig. 66. — Balai de moteur
de traction.

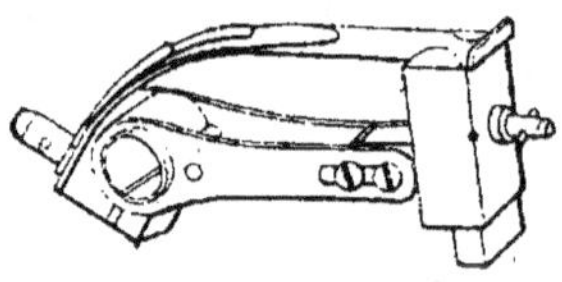

Fig. 67. — Balai de moteur
de traction.

des tiges trop minces et trop longues. A certains moments, les balais quittaient donc les lames et des arcs nocifs détérioraient rapidement les collecteurs. Les porte-balais actuels comprennent au contraire une gaine de cuivre contenant le charbon, qu'un ressort presse contre le collecteur. L'inertie est ainsi réduite au minimum, c'est celle du seul charbon mobile ; une connexion souple transmet le courant au charbon sans utiliser le passage par la gaine (fig. 66 et 67).

MOTEURS DE TRACTION THOMSON-HOUSTON A POLES
DE COMMUTATION

Nous avons donné, plus haut, les caractères principaux des moteurs de traction. Les avantages récoltés en traction alternative avec l'emploi des pôles de commutation et de compensation, ont amené les constructeurs à introduire ce perfectionnement dans les moteurs à courant continu ; tel est le dernier moteur T.-H. 219 de la Cie Thomson-Houston (fig. 68). Les pôles de commutation (1) sont destinés, comme on sait, à la fois à supprimer la réaction d'induit, toujours à craindre dans les moteurs dont les balais doivent rester fixes, et, bien que leur nom ne le

____

(1) Ainsi conçus, ce sont à la fois des pôles de *commutation* et de *compensation.*

spécifie explicitement, à créer dans la ligne neutre primitive un champ utile à la commutation. On sait que ce champ doit engendrer dans les spires en court-circuit, et dans lesquelles le courant doit être renversé, une force électro-motrice croissante de sens opposé à la force électro-motrice de self-induction, celle-ci croissant également avec l'intensité du courant et avec la vitesse de rotation ; cette nouvelle force électro-motrice, dite de commutation, doit donc varier suivant la même loi que la force électromotrice de self-induction.

L'adjonction de ces pôles s'est traduite par la suppression à peu près complète des étincelles et la surcharge du moteur n'est ainsi plus limitée par la condition d'une bonne commutation, mais seulement par la condition d'échauffement

Fig. 68. — Carcasse du moteur T. H 219 à pôles de commutation.

ment et par des considérations d'ordre mécanique. D'autres avantages résultent du choix de ces pôles : possibilité de réduire l'échauffement du fer de l'induit en le saturant moins, puisque la self-induction de la spire sous balais est corrigée, donc amélioration du rendement par réduction de la saturation.

A citer, dans le même ordre d'idées, une diminution de l'usure des lames et des balais et la suppression des coups de feu au collecteur, toujours à craindre. Il en résulte également la possibilité de faire varier dans des limites beaucoup plus larges, le réglage par modification du champ inducteur, d'où l'obtention d'une plus grande échelle dans les vitesses économiques.

Les moteurs de ce type ont une carcasse magnétique en une seule pièce et qui présente, sur les côtés, des ouvertures circulaires par lesquelles on introduit l'induit ; les paliers de ces induits sont solidaires d'un bouclier qui ferme les ouvertures ; les pièces polaires principales et les pôles de commutation sont boulonnés sur la carcasse, ceux-ci placés exactement entre les pôles principaux.

Bobines d'excitation. — On sait que les bobines sont toujours très
exposées à subir des chocs et des trépidations provenant de la voie; elles
sont ici constituées par des fils dont l'isolement, à base d'amiante, est
capable de supporter sans détérioration les plus fortes surcharges d'intensité. Les bobines sont recouvertes par plusieurs épaisseurs de ruban
de coton, puis imprégnées sous pression par un vernis isolant qui

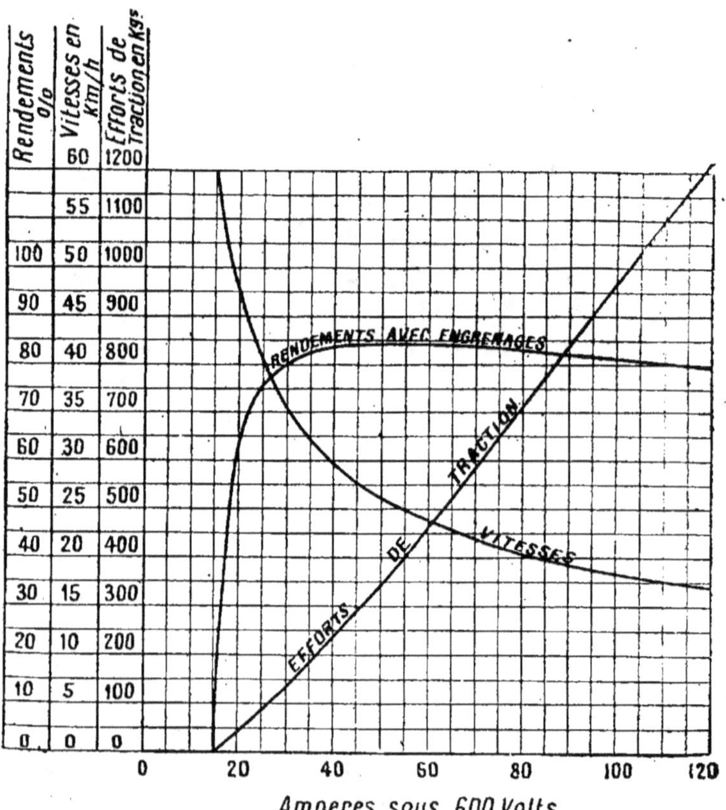

Fig 69. — Caractéristiques du moteur T. H. 249 à pôles de commutation.

pénètre entre les fils et rend impossible tout grippement de ceux-ci
entre eux; de nouvelles couches de ruban et de toile sont encore ajoutées comme protection mécanique.

Les pôles de commutation sont massifs, à l'inverse des pôles principaux.

Paliers et coussinets. — Les coussinets des paliers de l'induit sont en bronze d'une seule pièce, tournés extérieurement pour assurer un centrage parfait.

Ils sont garnis de métal anti-friction pour réduire le frottement et l'usure ; du reste, par sécurité, l'épaisseur de l'anti-friction est moindre que celle de l'entrefer.

Dans presque tous ces moteurs, des déflecteurs, solidaires de l'arbre, reçoivent l'huile qui coule des paliers et la rejettent, par la force centrifuge, dans les gouttières qui la ramènent à un réservoir spécial muni d'un bouchon de vidange.

Les paliers, par l'intermédiaire desquels le moteur repose sur l'essieu, sont généralement rapportés sur la carcasse ; ils sont garnis de coussi-

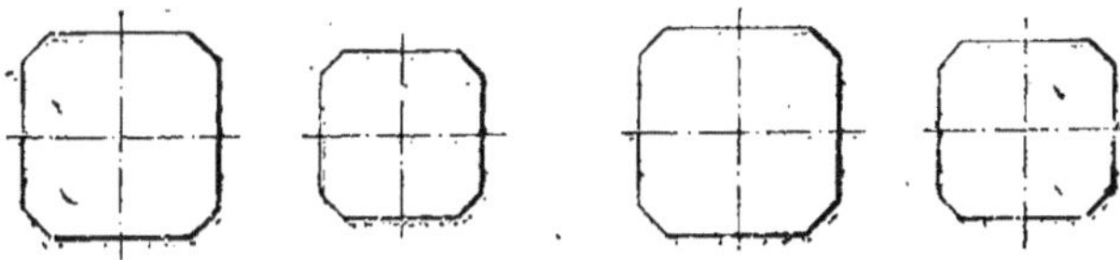

Fig. 69 *bis*.

Comparaison des gabarits respectifs de moteurs sans pôles et avec pôles de commutation.

A gauche, dimensions de moteurs de 39,5 HP, 38,5 HP, sans pôles de commutation.

A droite, dimensions de moteurs de 51 HP et 52 HP, avec pôles de commutation.

nets en deux pièces de bronze au plomb, sans anti-friction ou parfois en fonte malléable avec anti-friction.

Les coussinets de l'induit, comme ceux qui reposent sur l'essieu, sont généralement graissés à l'huile, celle-ci imbibant des déchets de laine qui garnissent les paliers.

Carter en fonte malléable ou parfois en aluminium (métal qui se répand de plus en plus pour cet usage).

Le carter est généralement fixé en trois points sur le moteur, boulonné d'une part sur deux oreilles venues de fonte avec la carcasse au-dessus ou au-dessous de l'essieu et tenu, d'autre part, par une vis sur le couvercle porte-palier. La suspension des moteurs est presque toujours du type par le nez, à peu près seule conservée aujourd'hui.

Les types de ces moteurs à pôles auxiliaires appliqués au Nord-Sud (Paris) développent une puissance de 130 HP sous 600 volts au régime d'une heure.

De même type, mais de puissance plus réduite, sont les 26 moteurs T. H. 219, du tramway de Grenoble à Villard-de-Lans — (voie de 1 mètre) dont on trouvera figure 69 les caractéristiques.

Les schémas de la figure 69 *bis* renseigneront en particulier d'une manière saisissante sur l'économie apportée par les pôles de commutation.

SPÉCIFICATION ÉLECTRIQUE DU MOTEUR
TH-219 pour 750 volts

Induit :

Nombre d'encoches : 33 ;

Profondeur en mm.: 39,8, largeur, 16 ;

Sections par encoche : 5, spires par section : 3 ;

Fil en quantité: 2 ronds de 21/10 nu ; isolé 2 couches de coton 25/10 ;

Poids du fil induit : 38 kilogrammes ;

Résistance à 20° : 0,307, et à 75° : 0,370.

Collecteur :

Diamètre extérieur en mm.: 340 ;

Nombre de lames : 165, isolement entre lames 7/10 de mm.

Pôles principaux :

4 pôles série ;

Fil rond de 55/10 nu ; isolé 1 couche coton ;

Spires par bobine : 84,5 ;

Poids du fil pour 4 bobines : 64 kilogrammes ;

Résistance à 20° : 0,227, et à 75° : 0,273.

Pôles supplémentaires :

4 pôles supplémentaires ;

Fil rond de 55/10 nu ; isolé 1 couche coton ;

Spires par bobine : 71,5 ;

Poids du fil pour 4 bobines : 38 kilogrammes ;

Résistance à 20° : 0,127, et à 75° : 0,153 ;

Rapport d'engrenages : 73/15 = 4,86.

SPÉCIFICATION ÉLECTRIQUE DU MOTEUR
GE. 58 pour 500 volts

Induit :

Nombre d'encoches : 33 ;

Profondeur en mm. : 38,3, largeur : 13,9 ;

Sections par encoche : 3, spires par section : 3 ;

Fil en quantité : 1 de 33/10 isolé 2 couches coton 37/10 ;

Résistance à 20° : 0,207, et à 75° : 0,249.

Collecteur :

Nombre de lames : 99.

Pôles principaux :

4 pôles série ;

Fil de 56/10 isolé 1 couche amiante, 1 couche coton 61/10 ;

Spires par bobine : 144,5 ;

Poids du fil pour 4 bobines : 110 kilogrammes ;

Résistance à 20° : 0,356, et à 75° : 0,428.

MOTEURS DE TRACTION DE 175 HP DU MÉTROPOLITAIN DE PARIS
TYPE T-VIIIᵃ DE LA SOCIÉTÉ DE JEUMONT

Nous étudierons enfin plus longuement ce moteur dont la tenue est particulièrement remarquable.

La carcasse de ce moteur, en acier coulé, est en une pièce. Elle a la forme d'un prisme à section carrée, légèrement rétréci au droit du collecteur. Une trappe, munie d'un couvercle entièrement démontable, donne accès à la partie supérieure de ce dernier et permet même pendant la marche, une visite facile des porte-balais, ainsi que le remplacement des blocs de charbon (fig. A et B planche I).

La carcasse porte quatre pôles en tôles d'acier découpées à l'étampe, assemblées et maintenues au moyen de rivets, serrés entre deux pièces en acier coulé. Une grosse clavette centrale sert à la fixation des noyaux polaires à l'intérieur de la carcasse. A cet effet, de fortes vis traversent celle dernière et viennent se fixer dans la clavette. Les quatre bobines inductrices sont constituées par des rubans de cuivre rouge, enroulés à plat et isolés à l'amiante. Elles sont soigneusement serrées et fortement isolées de façon à former un tout compact, incapable de prendre du jeu sous l'influence des vibrations et des chocs. Elles sont maintenues en place par des plateaux en bronze reposant sur les épanouissements polaires. Ces bobines sont, de plus, calées par des ressorts en tôles d'acier ondulées, placées entre elles et la carcasse. Les quatre bobines sont identiques et reliées en tension. Une disposition spéciale des brides permet d'éviter tout croisement de câbles dans les connexions entre bobines diverses.

Les pôles de commutation sont également constitués par des bandes de cuivre rouge enroulées sur champ et isolées entre elles à l'amiante.

Elles sont très fortement serrées et isolées pour permettre le logement de ces tôles dans l'intervalle interpolaire.

Le corps de l'induit est composé de tôles de fer doux de haute perméabilité magnétique et à faible coefficient d'hystérésis. Ces tôles ont 0,5 mm. d'épaisseur et sont isolées les unes des autres par du papier parcheminé, très fin, collé sur l'une des faces. Elles sont empilées sur l'arbre et forment trois paquets compacts serrés entre deux plateaux en acier, servant également à supporter les parties extrêmes de l'enroulement ; le tout est claveté sur l'arbre.

Entre deux paquets consécutifs, de même qu'à chaque extrémité du corps de l'induit, est ménagé un canal de ventilation, permettant l'aspiration de l'air à la partie intérieure de l'induit et son refoulement vers l'extérieur sous l'effet de la force centrifuge. Cette circulation d'air est rendue possible par des trous ménagés au voisinage de l'arbre dans les tôles, dans les plateaux de serrage et dans le tambour du collecteur. L'air refroidit en passant la partie intérieure du collecteur, la masse de l'induit et les bobines inductrices contre lesquelles il est refoulé ; il vient alors en contact avec la paroi intérieure de la carcasse à laquelle il cède une partie de sa chaleur, pénètre à nouveau dans l'induit, et ainsi de suite.

Les tôles portent des encoches ouvertes, contenant un enroulement en tambour constitué par des barres massives de cuivre de haute conductibilité. Ces barres sont pliées sur gabarit de façon à ne présenter aucune soudure du côté opposé au collecteur. Les éléments consécutifs de l'enroulement sont tous identiques ; ils sont isolés d avance et logés dans les encoches dans lesquelles ils sont maintenus rigidement par de fortes frettes en fil d'acier très résistant.

Le collecteur est composé de lames de cuivre électrolytique étirées, assemblées et isolées entre elles par du mica tendre. Du côté de l'enroulement, les lames sont prolongées jusqu'à hauteur des barres de l'induit de façon à éviter toute ailette de connexion. A chaque lame du collecteur viennent donc se souder directement les extrémités des sections de l'enroulement. Il n'y a qu'une seule spire par section. Les différentes lames du collecteur sont maintenues serrées au moyen d'un écrou entre deux emmanchements coniques séparés de ces lames par des chapeaux en micanite. Le tambour du collecteur en acier coulé est claveté sur l'arbre ; il est muni d'ouvertures pour le libre passage de l'air.

Les porte-balais sont au nombre de deux. Ils comportent chacun quatre blocs en charbon graphitique calés dans la position neutre. La surface de contact des charbons est telle qu'il ne se produise ni échauffement exagéré du collecteur, ni étincelles nuisibles.

Le porte-balais se compose de deux parties distinctes en laiton ; l'une est fixée directement à la carcasse au moyen de deux boulons et en est soigneusement isolée au mica, l'autre est guidée sur la première au moyen d'une glissière et assujettie par trois goujons. C'est cette dernière qui porte les charbons, ainsi que les ressorts et leviers servant à les appuyer sur la surface du collecteur. La glissière a pour but de permettre de rapprocher, à volonté, cette deuxième partie du collecteur au fur et à mesure de l'usure de celui-ci.

Le câblage intérieur du moteur est disposé de façon à laisser l'accès du collecteur et des porte-balais entièrement libre. Les câbles de sortie traversent la carcasse dans des trous garnis de tubulures en fibre, auxquelles sont fixés les tubes flexibles en acier qui entourent les câbles.

Les paliers en acier coulé sont rapportés à la carcasse, sur laquelle ils sont centrés et fixés au moyen.de quatre fortes vis goupillées. Ils portent des coussinets en bronze, garnis intérieurement d'une légère épaisseur de métal antifriction ou bronze au plomb non régulé. Le corps du palier est creux et présente deux chambres distinctes, qui communiquent avec l'extérieur par une porte de visite située à la partie supérieure. Ces chambres correspondent à des ouvertures pratiquées dans les coussinets. Dans l'une, la plus volumineuse, est placée de la laine fortement imbibée d'huile, tandis que l'autre reçoit de la graisse consistante. Cette dernière, ainsi que la laine, sont directement en contact avec le tourillon. En général, la laine suffit à elle seule pour garantir un bon graissage. Si toutefois, pour une raison quelconque, le coussinet venait à s'échauffer par trop, la graisse consistante commencerait à fondre et entrerait immédiatement en jeu pour contribuer à un graissage énergique. L'huile et la graisse ayant servi passent, après avoir été projetées par le chasse-huile, dans une troisième cavité du palier, située à la partie inférieure et présentant un déversoir et un trou de vidange.

Les coussinets sont largement dimensionnés et aucune usure appréciable des portées de l'arbre n'est à craindre. Les paliers portent également ment des trous fermés par des tampons, permettant la visite de l'entrefer. L'accès de l'huile ou de la graisse sur le collecteur ou les enroulements est empêché, d'une façon absolue, par des chasse-huile doubles mis à chaud sur l'arbre et éprouvés au pétrole.

Les pignons sont en acier forgé dur et les roues d'engrenages en acier coulé. Les pignons comportent chacun vingt-trois dents et les roues soixante-quatre ; les dentures sont taillées à la fraise.

Le pignon est claveté à l'extrémité de l'arbre du moteur sur une partie conique et est retenu par une rondelle et un écrou. La roue d'engrenage est en deux parties assemblées par huit boulons.

Les paliers d'essieu, en deux pièces, sont en acier coulé. Une moitié vient de fonte avec la carcasse du moteur, tandis que l'autre est rapportée et fixée par des boulons. Cette dernière partie présente une chambre correspondant à une ouverture dans le coussinet et destinée à recevoir la laine imbibée d'huile. Les coussinets d'essieu sont en bronze et présentent une large surface d'appui.

L'adjonction dans les moteurs récents de pôles de commutation permet d'obtenir un fonctionnement dans les étincelles jusqu'à un régime de 75 p. 100 de surcharge. L'usure et l'entretien du collecteur sont notablement diminués et l'échauffement de ce dernier est considérablement réduit.

CHAPITRE V

LIAISON DES MOTEURS A L'ESSIEU — SUSPENSION

TRANSMISSION DU MOUVEMENT A L'ESSIEU

Nous avons déjà fait remarquer que la très grande vitesse des moteurs électriques ne permettait pas de les accoupler directement à l'essieu, sauf cependant dans le cas particulier de trains roulant à grande vitesse.

En effet, on sait que pour une alimentation sous tension moyenne de 5 à 600 volts, la vitesse des moteurs adoptés ne peut descendre au-dessous d'une certaine limite, en vertu de l'égalité approchée :

$$U = \frac{p}{p_1} \, Nn\Phi_p \, 10^{-8} \tag{1}$$

égalité dans laquelle le flux Φ_p s'échappant d'un pôle, le nombre de conducteurs n, le nombre de paires de pôles p, et le nombre p_1 de paires de circuits dérivés sur l'induit, le plus souvent égal à 2, les conducteurs d'induit étant presque toujours nécessairement en série, ne peuvent descendre au-dessous d'une limite déterminée.

Sauf pour des trains circulant à des vitesses de 70 à 100 kilomètres à l'heure, et hors le cas de moteurs très spéciaux, dans l'étude desquels nous n'entrerons pas, on est forcé de disposer au moins une réduction de vitesse entre l'arbre du moteur et l'essieu. Les anciens tramways, pour lesquels on ne savait pas encore construire de moteurs suffisamment lents, nécessitaient deux réductions, par conséquent un arbre intermédiaire recevant sur sa roue dentée le mouvement de l'arbre moteur et transmettant par le pignon la motricité à l'essieu.

Nous distinguerons donc, abstraction faite de toute considération historique et en nous en tenant aux seuls dispositifs encore en usage aujourd'hui, deux cas généraux :

1º Commande directe de l'essieu par le moteur ; 2º commande indirecte de l'essieu par ce même moteur.

1º Catégorie. — Transmission directe du couple moteur à l'essieu

L'idée la plus simple qui se présente à l'esprit est de caler directement les roues sur l'arbre du moteur et de transformer ainsi cet arbre en un véritable essieu (fig. 70). Malheureusement, l'expérience démontre que, eu égard au poids déjà relativement considérable de l'essieu (dans les fortes motrices électriques le poids des essieux montés entre quelquefois pour 10 tonnes) des efforts très importants s'exercent à l'intérieur des châssis (efforts qui peuvent dépasser dix fois — on le démontre par des appareils enregistreurs — le poids des dits essieux). En admettant même qu'on supporte la carcasse du moteur électrique en le reliant plus ou

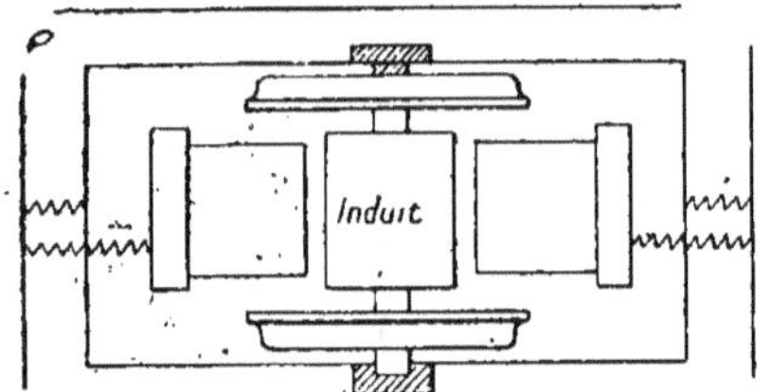

Fig. 70, — Moteur à action directe. Schéma de la suspension.

moins élastiquement à un point du châssis, l'induit seul constituerait déjà un appoint important et très nocif, en ce qui concerne les chocs développés sur la voie et répercutés sur la voiture (fig. 70).

Il peut sembler étrange qu'on puisse ainsi extérioriser l'induit par rapport à la carcasse. Cependant, comme nous le verrons plus loin, la chose est possible dans certains cas. En général, il faut donc d'abord rendre solidaires la carcasse et l'induit, en faisant tourillonner cette carcasse, comme dans un moteur ordinaire, sur l'arbre de l'induit ; mais alors, on aurait à craindre des ruptures et une désorganisation du moteur, l'induit participant au mouvement de l'essieu, et l'inducteur en somme, grâce à ses paliers, suivant plus ou

Fig. 71. — Entraînement de l'essieu par un induit monté sur un arbre creux.

moins les indications de situation de cet induit. Il importe donc, pour réduire cette fâcheuse éventualité au minimum de nocivité, d'essayer de suspendre complètement le moteur, tout en lui permettant de communiquer son mouvement à l'essieu par un intermédiaire suffisamment souple. Cette solution est celle dite de l'*arbre creux* (fig. 71 à 73), évidemment préférable à d'autres peu nombreuses, et que nous ne citerons que pour mémoire, qui réalisent la disposition visée plus haut. Citons en particulier celle adoptée sur le chemin de fer du *New-York Central* (fig. 74), où l'induit est solidaire de l'essieu et se déplace par rapport à des pièces polaires non concentriques à cet induit, mais à peu près plates, la carcasse du moteur étant reliée élastiquement au truc (1).

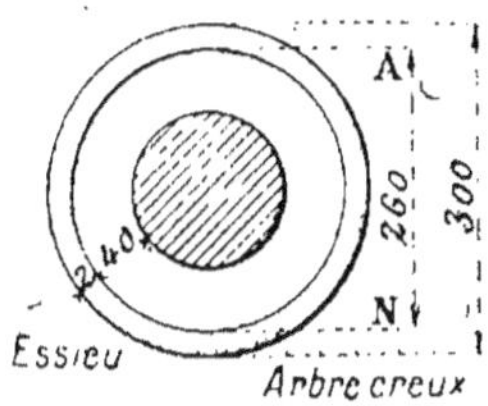

Fig. 72. — Dimensions respectives des arbres creux, des essieux et des jeux.

Imaginons un arbre creux sur lequel est monté un induit, avec un jeu suffisant intérieur avec l'essieu, cet arbre creux ayant un diamètre extérieur de 300 millimètres, et une épaisseur de 20 millimètres (fig. 72). A l'intérieur est situé l'essieu, d'un diamètre de 180 millimètres (pour fixer les idées). Le jeu latéral n'est donc que de 40 millimètres. L'arbre creux se termine, soit par un plateau d'accouplement, soit par des rais (fig. 75 à 77). En tout cas, ce dispositif terminal comporte des ergots, qu'on réunit à des ergots correspondants montés sur les rais de la roue, par des intermédiaires élastiques (fig. 73), ressorts spiraux par exemple (fig. 76).

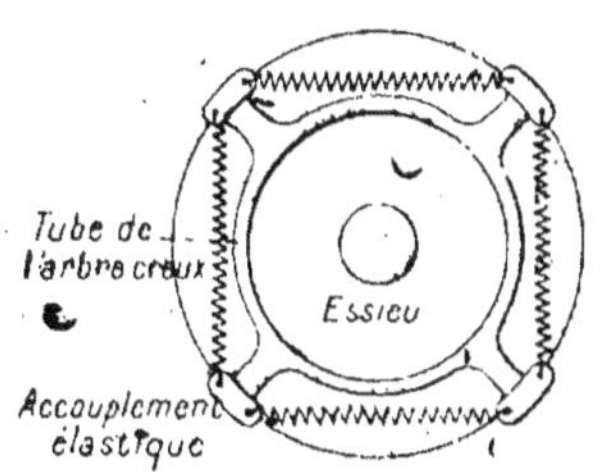

Fig. 73. — Entraînement élastique de l'essieu par un moteur à action directe.

Il est facile de concevoir le fonctionnement du dispositif. L'essieu pourra prendre, suivant les dénivellations de la voie, des positions non

---

(1) Le châssis des locomotives du New-York Central RW, comporte six essieux dont 2 porteurs extrêmes, et 4 essieux moteurs intermédiaires. Les 4 moteurs électriques sont en *série*, non seulement au point de vue *électrique*, mais aussi au point de vue *magnétique*. Le même flux parcourt les circuits inducteurs.

parallèles à celles de l'arbre creux, et le large jeu prévu de 4 centimètres peut supprimer toute inquiétude relative à un contact des deux organes.

Comme inconvénient de ce dispositif, qui tend à se répandre de plus en plus, citons la difficulté de réparation ; pour déchausser un essieu, il

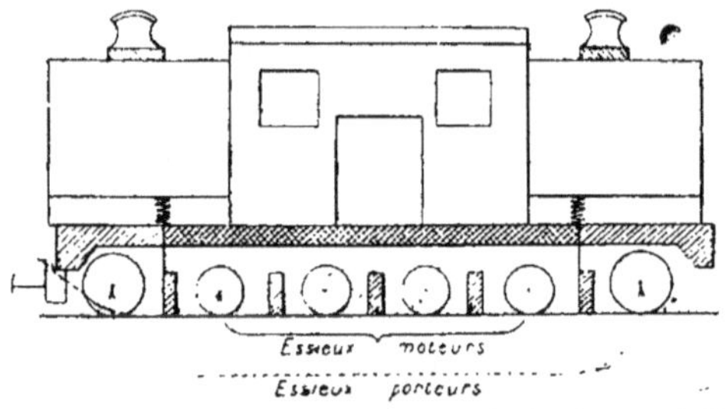

Fig. 74. — Locomotive du New-York Central R. W.

faut extraire une roue calée à la presse, et il en résulte une extrême complication. Enfin, signalons la perte d'énergie excessive provenant du frottement (pour des vitesses de l'essieu atteignant quelquefois 100 kilo-

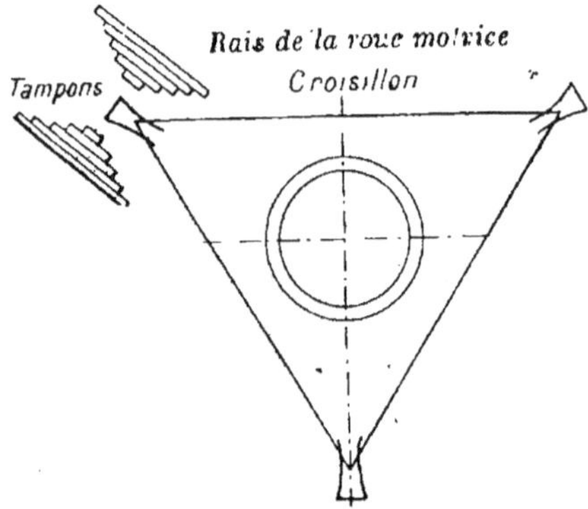

Fig. 75. — Entraînement élastique de l'essieu par le moteur.

mètres par heure) de l'arbre creux sur son palier. Dans l'exemple précédent, cet arbre creux aurait une vitesse de 8 à 9 mètres par seconde, suivant le diamètre des roues. On vérifiera aisément que ce frottement constitue une source importante d'abaissement du rendement général.

Cette transmission par arbre creux a mis quelques années à s'imposer en Amérique, alors qu'elle avait déjà donné toute sa mesure en Europe. Deux de ses applications les plus récentes présentent un intérêt réel, à savoir la transmission adoptée sur les locomotives N. Y. N. H. (Westinghouse) et celle choisie par la Société A. C. E. N. E. (Jeumont) pour sa locomotive d'essai des chemins de fer du Midi (fig. 78 et 79).

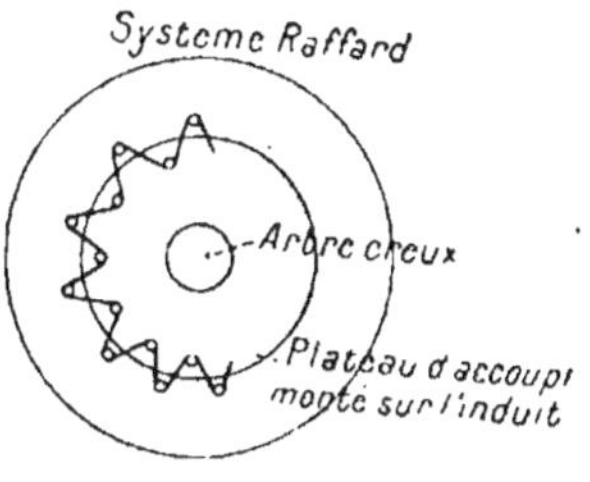

Fig. 76.
Ressort d'accouplement
du moteur
à l'essieu.

a) *Transmission Westinghouse du New-York-New-Haven* (*N. Y. N. H.*). — Ces locomotives comportent quatre essieux formant deux bogies ; chaque essieu est entraîné par un moteur de 250 HP. L'arbre creux de l'induit présente un plateau d'accouplement terminé par 7 ergots ou manetons d'entraînement pénétrant chacun dans une cavité cylindrique pratiquée dans les rais de la roue. Entre la surface dorsale du maneton et l'intérieur du logement sont placés des ressorts en hélice excentrés créant un jeu vertical. L'arbre creux peut donc recevoir, par rapport à l'essieu, un déplacement relatif de 3 centimètres, très suffisant par rapport aux déformations de la locomotive entraînées par les dénivellations de la voie. A remarquer que ces moteurs sont suspendus, non au châssis truc général, mais à un petit châssis spécial en acier supporté par les boîtes à graisse et

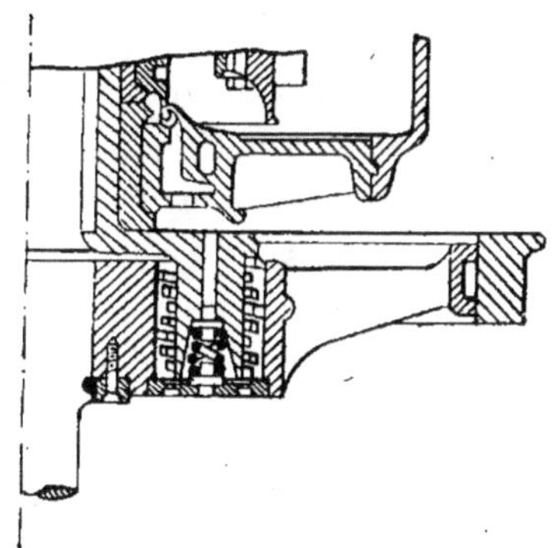

Fig. 77. — Entraînement élastique de l'essieu par le moteur.

Fig. 78. — Transmission N.Y.N.H. (Westinghouse).

indépendant du truc proprement dit. La suspension du moteur est à la fois élastique et totale par l'intermédiaire de l'essieu.

b) *Transmission A. C. E. N. E. (Ateliers de Constructions Electriques du Nord et de l'Est) de la locomotive des chemins de fer du Midi*. — Cette locomotive monophasée comporte, comme on sait, trois essieux moteurs et deux porteurs extrêmes. Chaque essieu moteur est commandé par un moteur de 800 HP à engrenages, la roue dentée étant elle-même montée sur un arbre creux concentrique à l'essieu et qui entraîne élastiquement les roues. Les moteurs sont ainsi installés aux droits des essieux et assez haut par rapport à ceux-ci. Rapport des engrenages à doubles chevrons $\frac{1}{2,72}$ (fig. 79).

La transmission adoptée est un véritable Cardan. L'arbre creux se termine par un plateau d'accouplement dans lequel peuvent s'orienter, suivant divers plans verticaux, une première paire de tourillons. Un

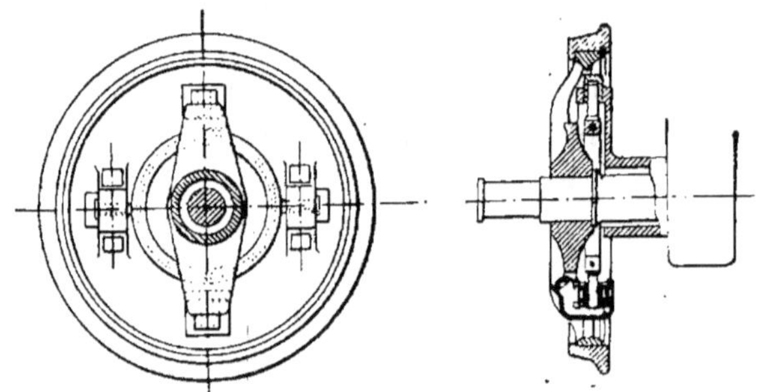

Fig. 79. — Transmission par arbre creux A.C.E.N.E. (Jeumont).

collier solidaire de cette paire de tourillons peut se déplacer autour d'une même horizontale, par l'intermédiaire de deux autres tourillons montés dans des logements ou boîtes installés sur les moyeux, du reste très larges, des roues. Ces boîtes supportent cette deuxième paire de tourillons par des ressorts (d'où l'élasticité verticale); elles peuvent elles-mêmes se déplacer parallèlement à l'essieu, (d'où le jeu latéral nécessaire).

Suspension de moteurs sans réduction. — Les moteurs à *accouplement direct* peuvent être suspendus sans difficulté par intermédiaire élastique au châssis, les boîtes à graisse montent et descendent le long de leurs plaques de garde en suivant les dénivellations de la voie et l'induit avec son arbre creux peut, dans de certaines limites, s'incliner convenablement par rapport à l'essieu. Le moteur forme un tout, suspendu élastiquement au châssis par sa carcasse et dans ses paliers, tourillonne l'arbre creux de l'induit. Cette disposition est la plus fréquemment adoptée (chemins de fer de l'Ouest-Etat français).

2° Catégorie. — Moteurs à réductions de vitesse

Les arbres de ces moteurs sont généralement pourvus d'un pignon ayant de 12 à 16 dents et commandant une roue dentée en comportant 60 à 80 (celle-ci montée sur l'essieu moteur).

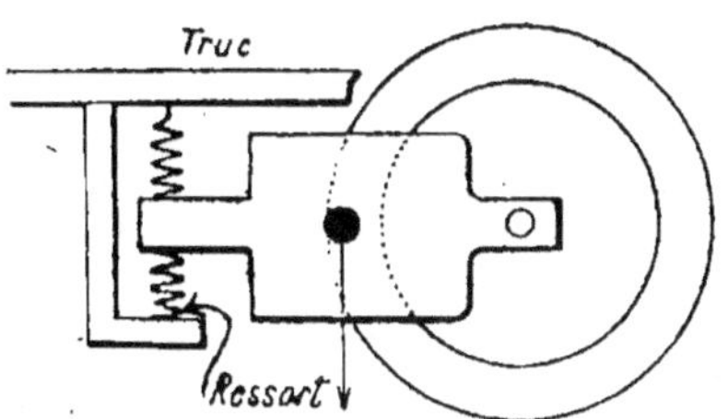

Fig. 80. — Suspension par le nez.

Le problème cinématique qui se pose, dans ce cas, consiste à faire décrire à l'arbre du moteur un certain cylindre dont l'axe coïncide avec celui de l'essieu. Cette disposition rend donc possible une suspension élastique du moteur, par exemple par rapport au châssis, la carcasse du moteur reposant d'autre part, par l'intermédiaire de colliers à graisseurs, sur l'essieu (fig. 80 à 94).

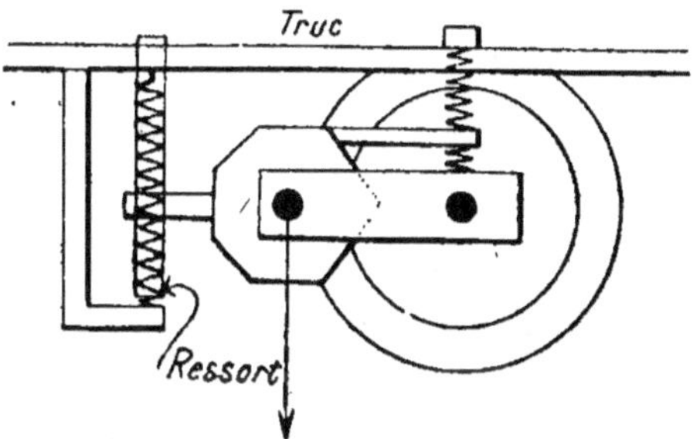

Fig. 81. — Suspension Walker.

Les pignons sont généralement établis en acier taillé ; ils coûtaient avant la guerre environ 16 francs, les roues dentées, reviennent à

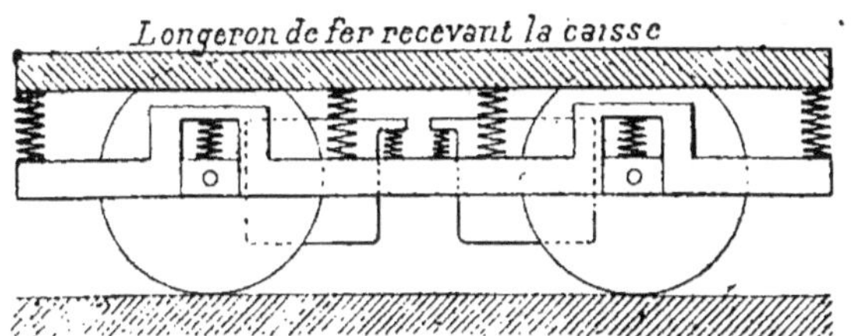

Fig. 82. — Châssis-truc à deux essieux. Suspension des moteurs
par le nez.

45 francs. On peut compter que le pignon d'une voiture faisant 120 à 130 kilomètres par jour dure neuf mois, alors qu'une roue d'acier peut

durer trois ans. On a essayé un très grand nombre de dispositifs pour ces transmissions du moteur à l'essieu et aussi la constitution d'engrenages en bronze d'aluminium, en cuir vert (fig. 83), en fer, en bois et enfin en acier. Aux engrenages ordinaires, on substitue quelquefois, notam-

Fig. 83. — Engrenage en cuir vert.

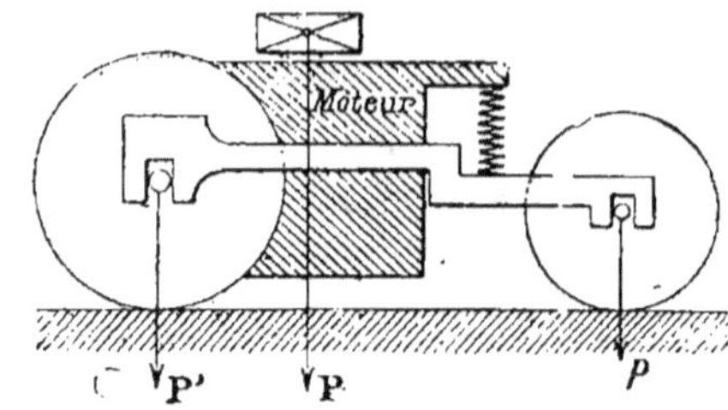

Fig. 84. — Bogies à roues inégales. Suspension du moteur. Répartition des poids.

ment en France, des engrenages *hélicoïdaux* ou des *engrenages à chevrons*. Les uns et les autres ont des partisans et des détracteurs.

La suspension la plus employée pour les moteurs est celle dite *par le nez* (1) (fig. 80 et 90). Elle consiste essentiellement dans l'addition d'une

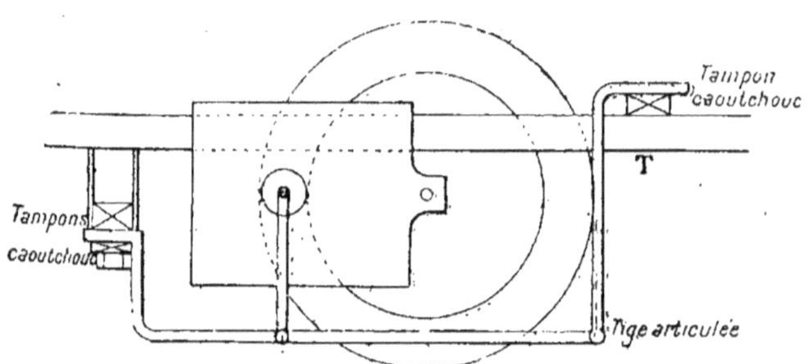

Fig. 85. — Suspension par barres latérales inférieures.

patte, ou d'un bec, ou d'un nez venu de fonte avec la carcasse, bec dans lequel s'engage un boulon relié au châssis. Ce boulon sert de guide à un ressort fixé *au nez* de la carcasse et d'autre part, à un point du truc. La suspension par le nez, très économique, ne réalise malheureusement

---

(1) « By nose » en anglo-américain.

pas le programme de l'élimination de l'influence du moteur, en ce qui concerne les réactions de l'essieu. En effet, une fraction variable du poids du moteur repose par les colliers sur ces essieux, et il en résulte une aggravation des effets de martellement signalés plus haut.

Une autre disposition, employée également, est celle dite *par barres latérales* (fig. 85 et 86). Un système articulé repose, par des intermé-

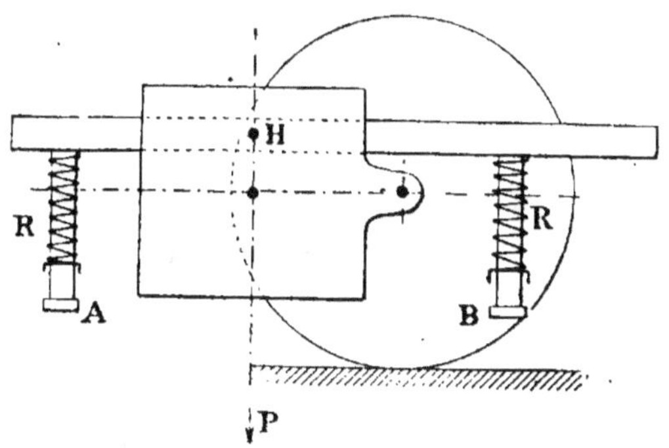

Fig. 86. — Suspension par barres latérales supérieures.

diaires élastiques, sur le truc. Il supporte vers son milieu, par l'intermédiaire d'une bielle, le poids du moteur ; cette bielle verticale passant par le centre de gravité de celui-ci, le moteur est donc complètement

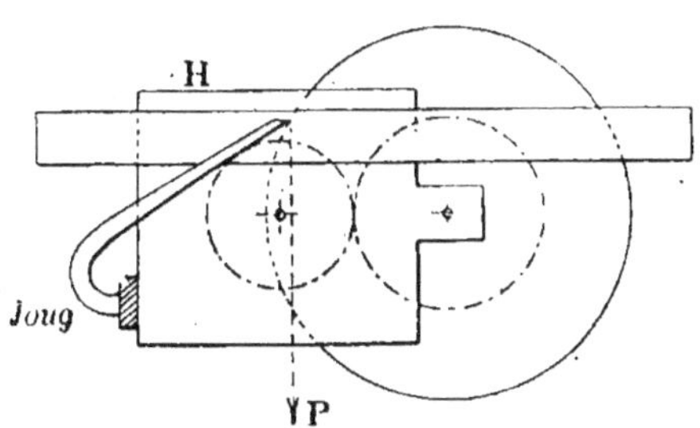

Fig. 87. — Suspension par joug.

suspendu. La disposition des barres peut être supérieure ou inférieure ; le principe utilisé est identique dans les deux cas (fig. 92 et 93).

Citons en outre la suspension *par joug* (fig. 87 et 91), consistant en l'addition au truc d'une barre plus ou moins résistante, relativement élastique, reliée au truc à peu près dans le plan vertical du centre de gravité du moteur et venant soutenir la carcasse du côté opposé à

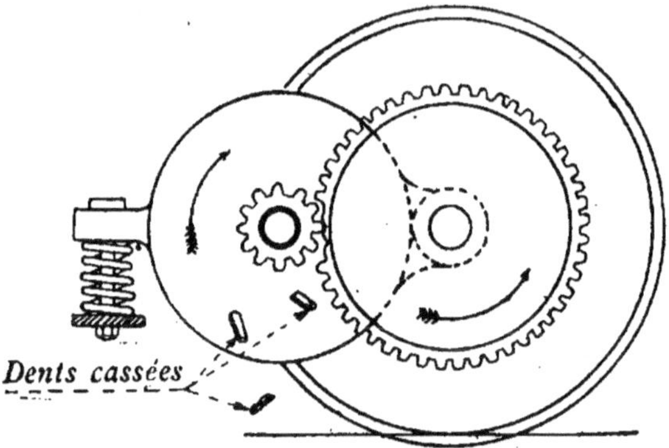

Fig. 88. — Possibilité de rupture d'engrenages dans un démarrage brusque avec suspension ordinaire.

l'essieu. La suspension *à joug* ou *en berceau* présente de grands avantages, mais la barre de suspension (ou le *joug*) doit être établie dans

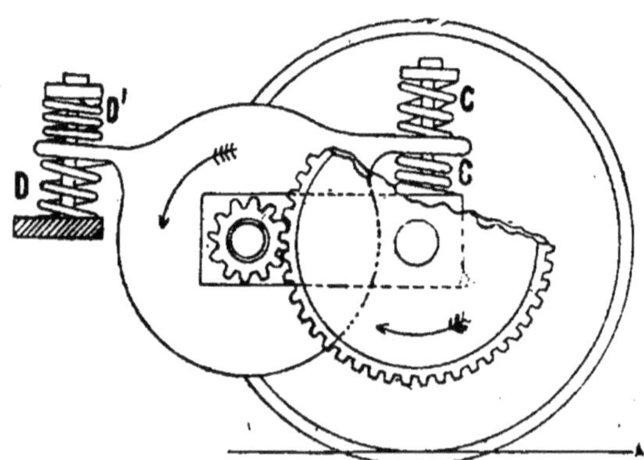

Fig. 89. — Déformation de la suspension Walker au démarrage.

des conditions toutes spéciales de robustesse, eu égard au travail complexe qu'elle a à fournir. Citons aussi la suspension à cadre (fig. 94).

Citons, en dernier lieu, la suspension « Walker » (fig. 81 et 89) très en faveur, il y a quelques années, et qui tend à disparaître à cause de sa cherté. Le moteur est supporté d'une part, par l'intermédiaire de ressorts reposant sur des pièces solidaires de l'essieu, d'autre part, par un

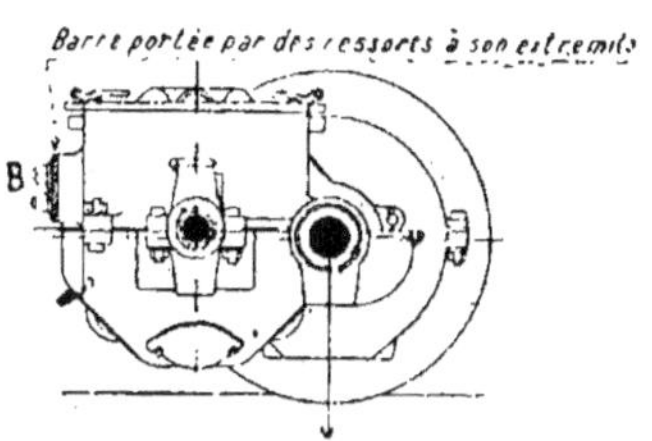

Fig. 90. — Suspension par le nez
(variante).

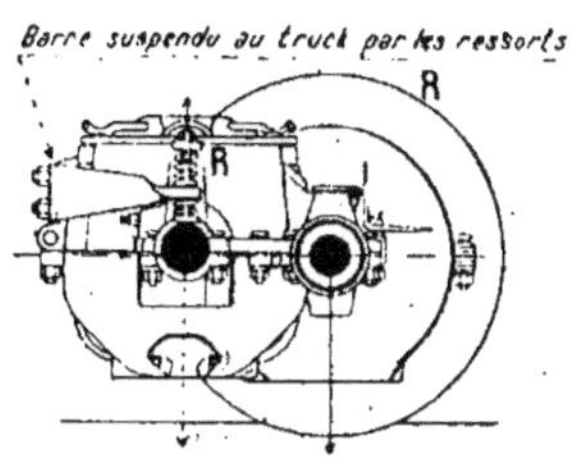

Fig. 91. — Suspension par cadre
ou par joug.

autre jeu de ressorts. Elle joue le rôle d'une double suspension par le nez. Le principe du parallélisme, ou de la conservation d'une distance

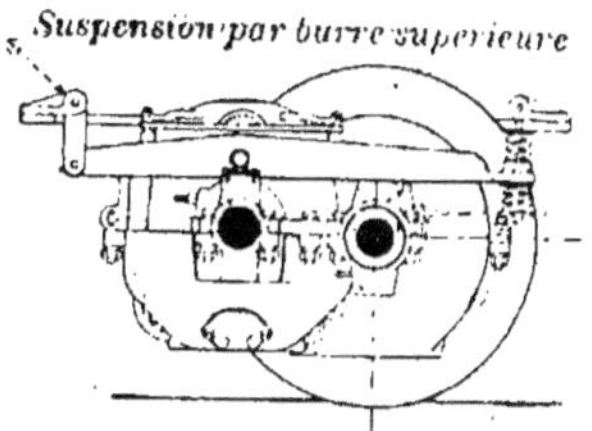

Fig. 92. — Suspension par barres
latérales supérieures.

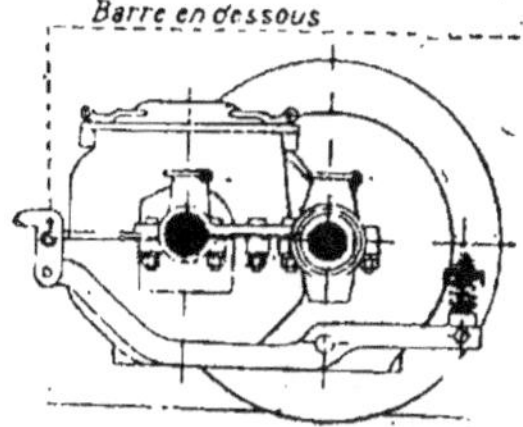

Fig. 93. — Suspension par barres
latérales inférieures.

constante des axes du moteur et de l'essieu, est assuré par l'emploi de deux brides reliant cet arbre moteur à l'essieu (fig. 88).

Outre ces systèmes, très employés en traction urbaine et subur-

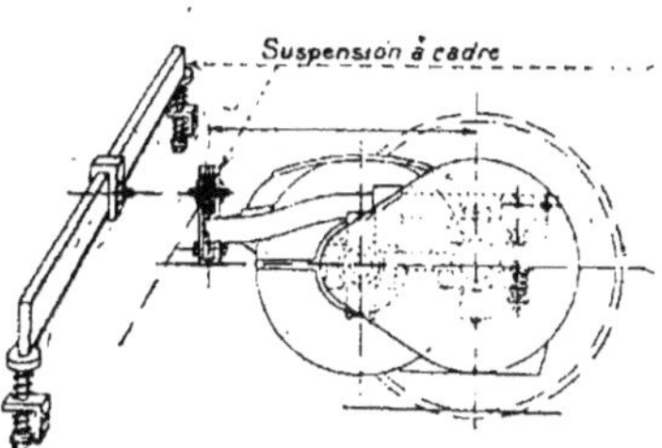

Fig. 94. — Suspension à cadre.

baine, nous pouvons citer l'application aux moteurs à réduction de vitesse des mêmes principes de transmission de l'effort que nous avons étudiés dans le cas des moteurs à accouplement direct ; par exemple, l'emploi de l'*arbre creux*, en usage sur le Chemin de fer du Fayet-Saint-Gervais à Chamonix. Le moteur a son grand axe confondu avec celui de

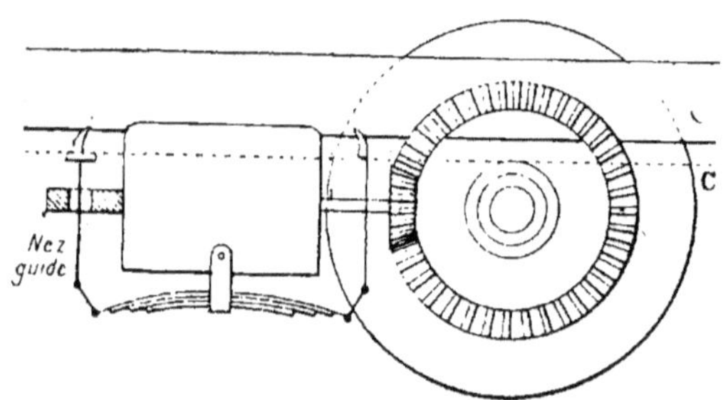

Fig. 95. — Transmission par engrenage conique.
Moteur entièrement suspendu.

la voiture ; il commande par engrenage conique un arbre creux concentrique à l'essieu (fig. 95 et suivantes). L'entraînement de l'essieu par l'arbre creux s'effectue au moyen d'un plateau d'accouplement et avec

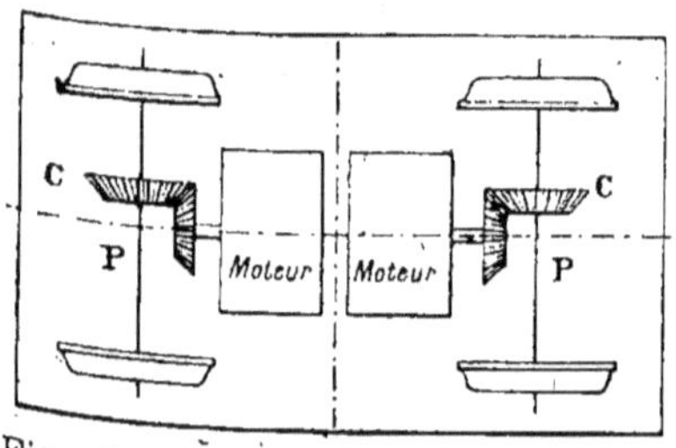

Fig. 96. — Equipement à deux moteurs. Transmission par engrenage conique.

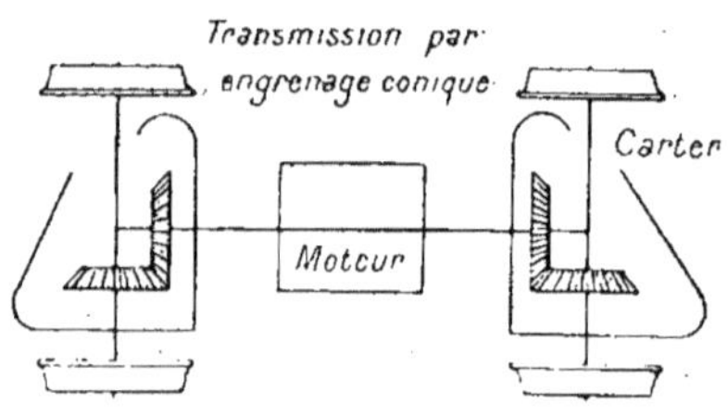

Fig. 97. — Equipement à un moteur. Transmission par engrenage conique.

des ergots qui sont reliés par un intermédiaire élastique à ceux des rais de la roue.

A signaler également l'emploi des transmissions par *vis sans fin* (tramways de Marseille, de Gênes, etc.), autorisant l'emploi de moteurs à vitesse élevée, puisqu'une vis sans fin permet d'effectuer des réductions de vitesse de $\frac{1}{20}$ avec des rendements qui, lorsqu'elle est bien comprise et bien entretenue, ne sont pas inférieurs au rendement moyen des engrenages (0,85 à 0,95).

Citons également, comme types de moteurs à simple réduction de vitesse, un certain nombre d'équipements de chemins de fer et, principalement, parmi les premières applications, ceux des chemins de fer de montagne suisses à courants alternatifs, dans lesquels le moteur est

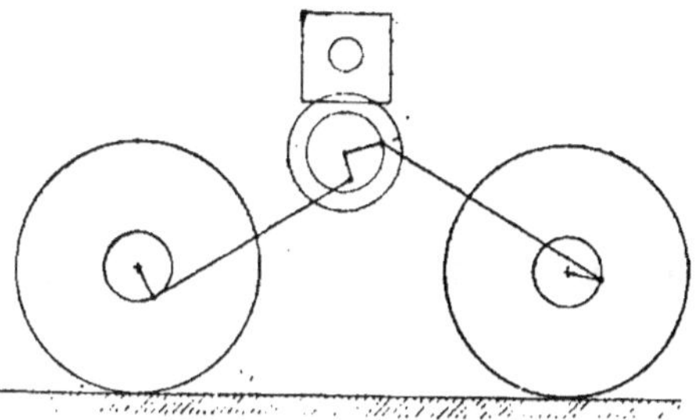

Fig. 98. — Transmission par bielle et manivelle (moteur unique).

installé sur la locomotive et non sous le truc, et commande, par l'intermédiaire de bielles et de manivelles, les essieux. (Chemins de fer de Berthoud-Thoune) (fig. 98).

Même disposition sur les chemins de fer de La Valteline (1) dans lesquels deux moteurs triphasés montés sur le truc de la locomotive commandent par bielles et manivelles trois essieux.

---

(1) Ligne Lecco-Colico-Sondrio équipée en 1901-1902 par la maison Ganz, de Budapest, courants alternatifs triphasés, 3.000 volts, 15 périodes.

CHAPITRE VI

RÉGULATION DES MOTEURS (MOTRICES ISOLÉES)

GÉNÉRALITÉS SUR LA RÉGULATION

Les moteurs de traction sont nécessairement alimentés sous différence de potentiel à peu près constante, en raison de la présence simultanée sur la ligne d'un certain nombre de trains ou de véhicules. Si les trains à mouvoir étaient uniques, la meilleure solution consisterait évidemment, à alimenter la voiture sous différence de potentiel variable, par

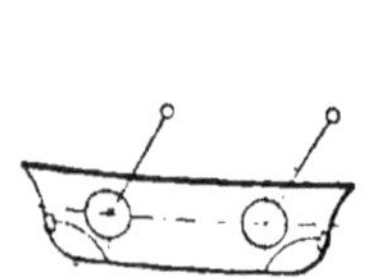

Fig. 99. — Controller
(vue d'en haut).

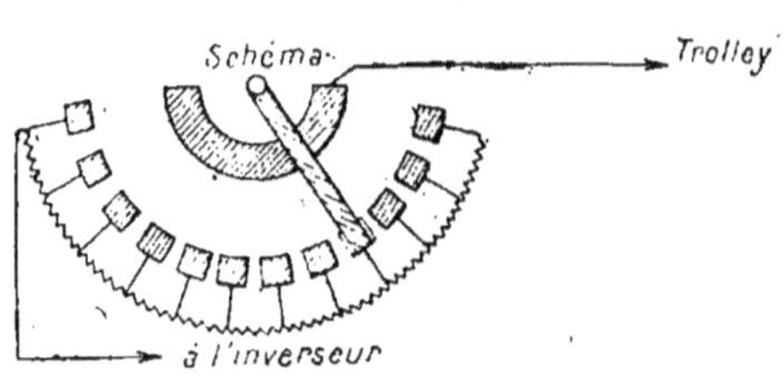

Fig. 100.
Controller rhéostatique.

exemple en disposant à l'usine génératrice un groupe-dévolteur en série avec la génératrice principale, dévolteur dont le rôle serait d'abaisser la tension lors des démarrages, c'est-à-dire pour les fortes valeurs de l'intensité. Alors que dans la distribution à tension constante, on consomme lors de ces démarrages une quantité d'énergie importante, et en pure perte, dans les rhéostats destinés à ne laisser subsister aux bornes des moteurs qu'une tension réduite, on pourrait au contraire, dans le mode d'alimentation à tension variable, se rapprocher, autant qu'on le voudrait, d'une marche à puissance constante de la station centrale.

Nous signalerons du reste que, dans certains systèmes, modernes, et du reste compliqués, de traction, ce dévoltage s'y effectue, en même temps que la transformation des courants, sur les voitures elles-mêmes.

Ce sont cependant là des cas particuliers sur lesquels nous n'insisterons pas. Le cou-

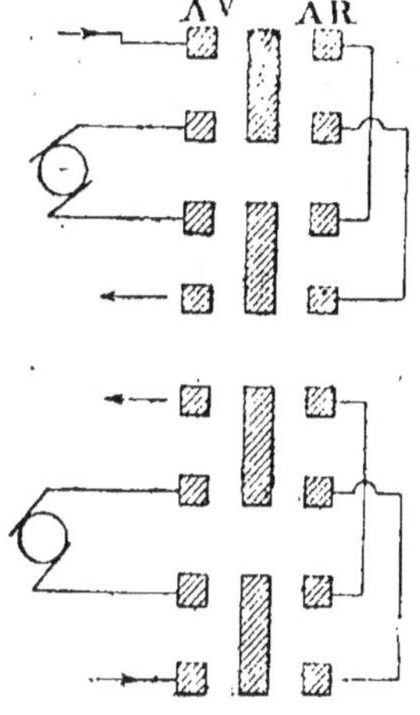

Fig. 101. – Inverseur d'un équipement de traction.

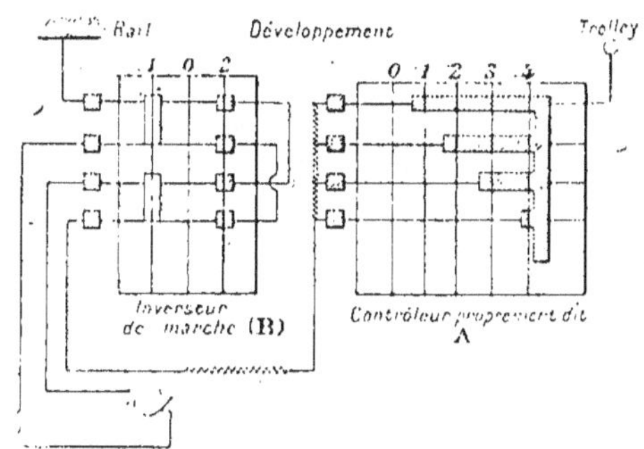

Fig. 102. — Controller rhéostatique et inverseur pour équipement à un moteur. Connexions.

rant capté par la prise, qu'elle soit aérienne (trolley,) à fleur de sol (sabot de contact frottant sur troisième rail), ou souterraine (caniveau), parvient aux moteurs par l'intermédiaire, abstraction faite d'interrupteurs de sécurité et de parafoudres, du *coupleur* ou *régulateur* (1) (fig. 99 et suivantes).

Les organes de ce régulateur comprennent essentiellement : un tambour ou deux tambours pourvus de contacts en laiton et susceptibles de recevoir, par l'intermédiaire de manivelles confiées au wattman, des mouvements de rotation au cours desquels les contacts des tambours viennent porter contre d'autres contacts fixes, ou brosses, montés sur l'enveloppe de ces tambours.

Les contrôleurs modernes, ou coupleurs, comprennent, concentrés

____

(1) Ou *contrôleur* (de controller), ou *combinateur* (automobiles), ou appareil de mise en marche.

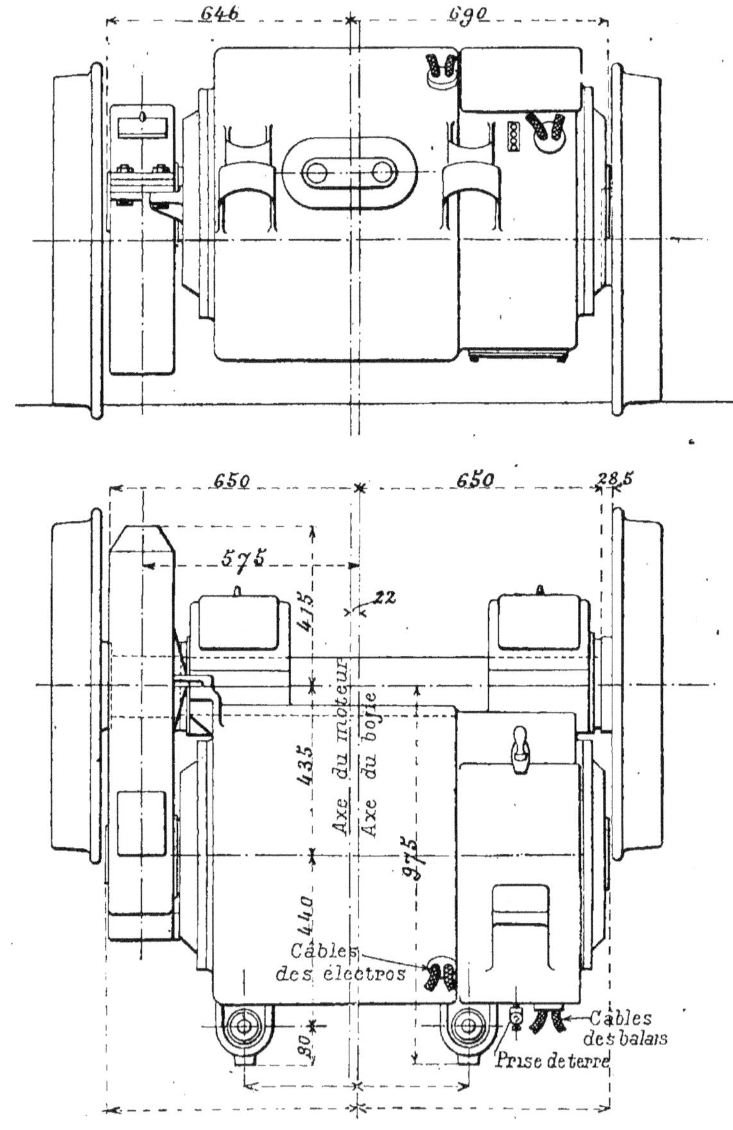

MOTEUR TVIII^a 175 HP. — JEUMONT.

PLANCHE I.

FIG. A.

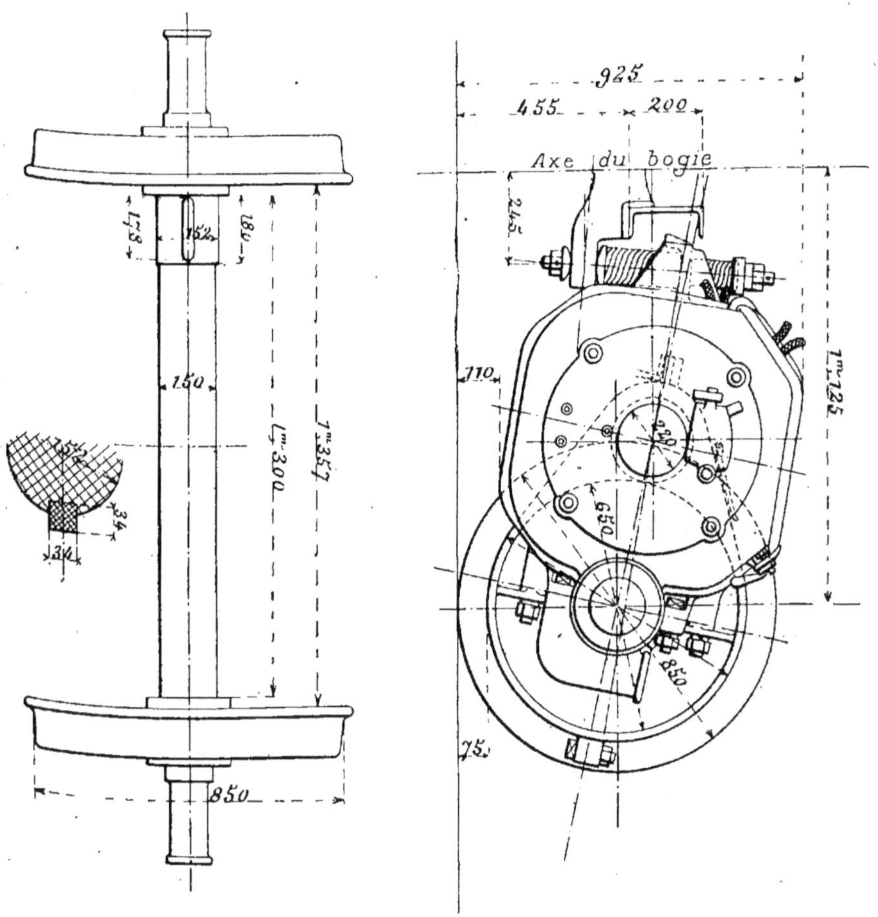

MOTEUR TVIII^a 175 HP. — JEUMONT.

FIG. B.   PLANCHE I.

dans le même coffre, un tambour de régulation et un tambour d'inversion de marche. Les figures 101 et 102 donnent le schéma des connexions correspondantes. Les extrémités libres des induits de moteurs, celles des inducteurs, les extrémités des résistances de réglage aboutissent suivant des modes et des combinaisons à déterminer dans chaque cas, aux brosses fixes de l'enveloppe. Les contacts mobiles des tambours viennent

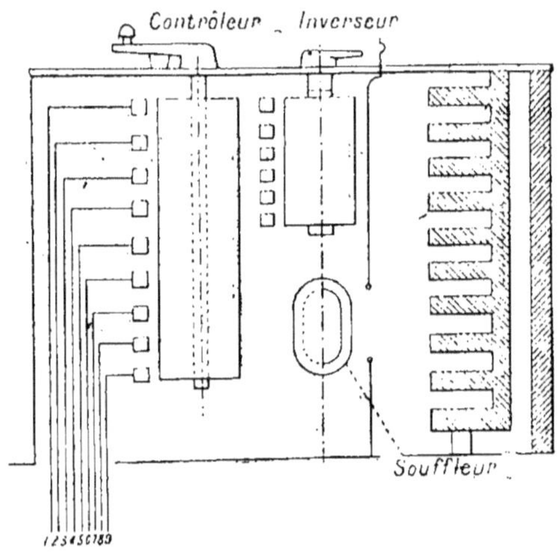

Fig. 103. — Controller rhéostatique et inverseur pour équipement à un moteur. Dispositions générales

jeter des ponts métalliques convenables entre les contacts fixes, donc établissent les liaisons voulues entre les moteurs, les résistances et la ligne. Des ressorts de rappel énergiques empêchent que les contrôleurs ne s'arrêtent dans des positions intermédiaires. En outre, on enclanche la manette (ou le tambour) d'inversion de marche avec la manette (ou le tambour) de régulation, de manière à empêcher une inversion intempestive du sens de marche. Grâce à ce verrouillage, pour changer le sens de marche, il faut d'abord couper le circuit général, et cette inversion n'est possible qu'après insertion préalable des *résistances*, disposition indispensable surtout pour les positions de marche arrière (fig. 103 à 108).

Les dispositions de contrôleurs varient naturellement à l'infini. Dans certains coupleurs de la Société Alsacienne, le tambour auxiliaire ne servait qu'à l'insertion des résistances ; un enclenchement avec le tambour principal introduisait ces résistances pour chaque changement de régime.

Dans les anciens contrôleurs de tramways, l'inverseur formait un ensemble distinct du contrôleur proprement dit; le mode de connexion était du reste identique.

Signalons enfin la présence, dans tous les contrôleurs modernes, d'un souffleur électromagnétique (fig. 103) constitué essentiellement de la façon suivante :

Une bobine excitatrice, montée sur un prolongement intérieur de l'enveloppe en métal magnétique, est parcourue par le courant à couper.

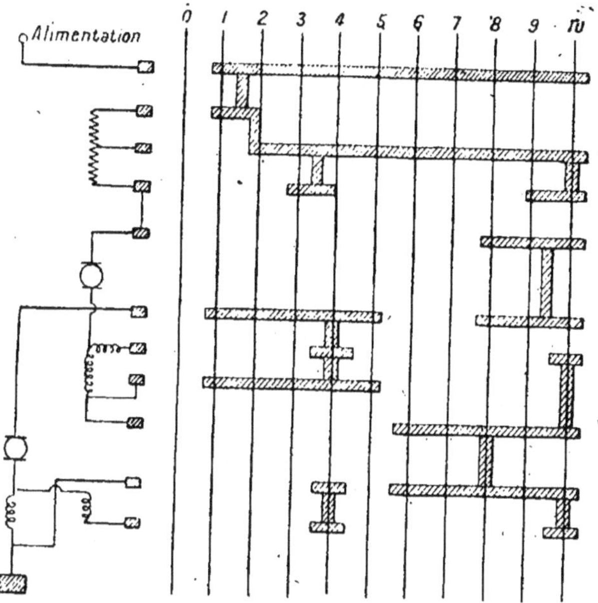

Fig. 104. — Controller de traction pour deux moteurs (série parallèle).

La partie de l'enveloppe du contrôleur, non accolée à la tôle de devant de la voiture, est montée sur charnières ; sa surface intérieure est divisée en cloisons isolées à l'amiante, mais de nature magnétique telle qu'elles constituent des dérivations du flux créé par la bobine du souffleur à l'intérieur du contrôleur. Ces flux auxiliaires sont dirigés de telle sorte qu'ils tendent à rompre par allongement les arcs qui naissent entre les contacts mobiles des tambours et les contacts fixes de l'enveloppe.

Les contrôleurs modernes sont établis pour deux ou quatre moteurs, suivant l'importance de l'équipement électrique qu'ils desservent. Les liaisons du moteur à son régulateur sont effectuées par câbles isolés qui doivent être montés avec un soin extrême, la mauvaise installation du câblage constituant une source presque certaine d'incendie des véhi-

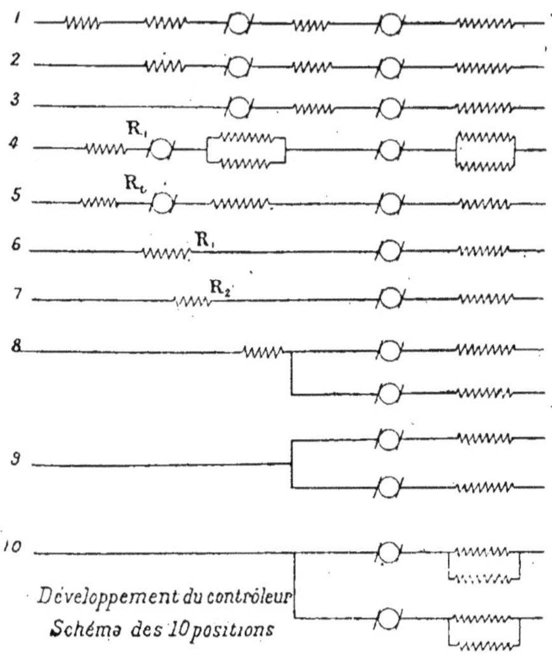

Fig. 105. — Controller de traction série parallèle.
Schéma des positions successives.

cules. (Éviter les passages dans les tôles à angles vifs, les trépidations de la voiture dénudant très rapidement les isolants dans ce cas).

MODES DE RÉGULATION ADOPTÉS
POUR LES VOITURES MOTRICES ISOLÉES

La théorie enseigne que l'on peut, pour une même intensité absorbée sous tension constante, ou ce qui revient parfois au même, mais pas toujours (1), pour un même couple résistant, obtenir des vitesses différentes de la voiture en agissant sur les éléments suivants, savoir : tension aux bornes et flux inducteur.

---

(1) La question de la régulation des moteurs de traction est très complexe. On se reportera à ce sujet avec avantage à notre Cours Municipal d'Electricité Industrielle. Geisler, éditeur, à Paris, Albin Michel, successeur.

1° Action sur la tension effective aux bornes du moteur

Ce procédé consiste, en pratique, à insérer des résistances entre la prise et les moteurs. Ce mode de régulation est dit « rhéostatique » ; il a, à côté d'une grande simplicité qui l'a fait maintenir sur beaucoup

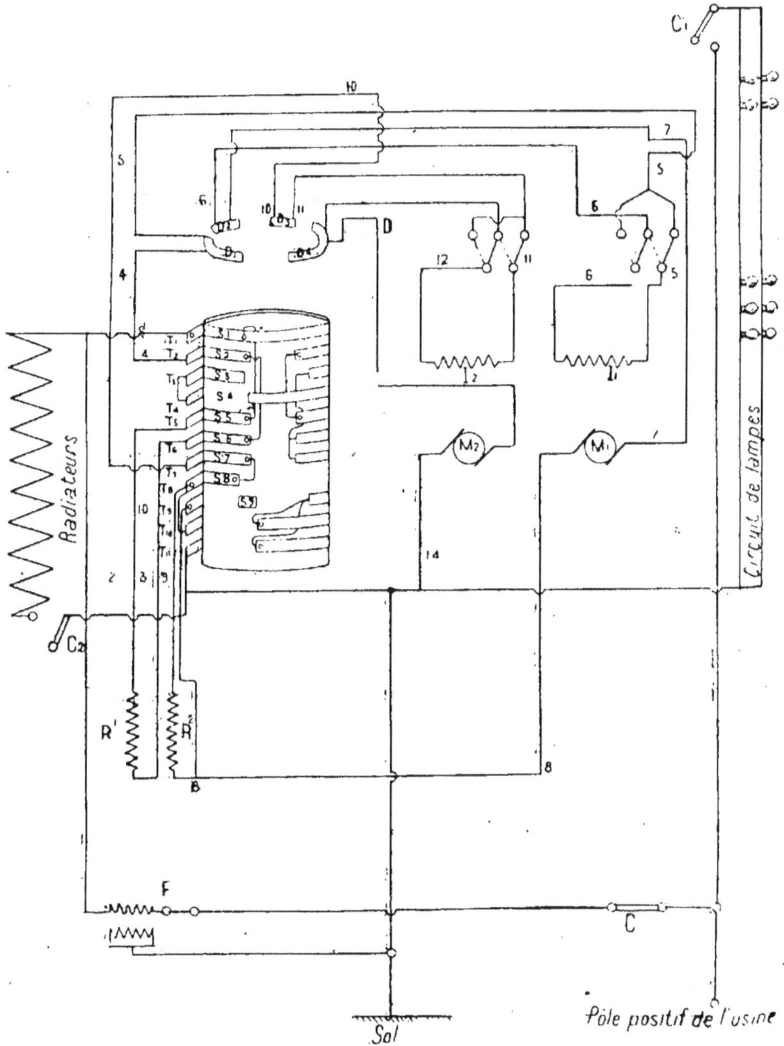

Fig. 106. — Constitution générale des circuits d'une voiture isolée à deux moteurs.

de voitures à moteur unique, l'inconvénient de consommer une très grande quantité d'énergie, comme on s'en rend compte aisément par le graphique suivant (fig. 107 à 110).

Sur cette figure, la courbe inférieure I représente l'accroissement des vitesses en fonction du temps, dans un démarrage (supposé effectué à

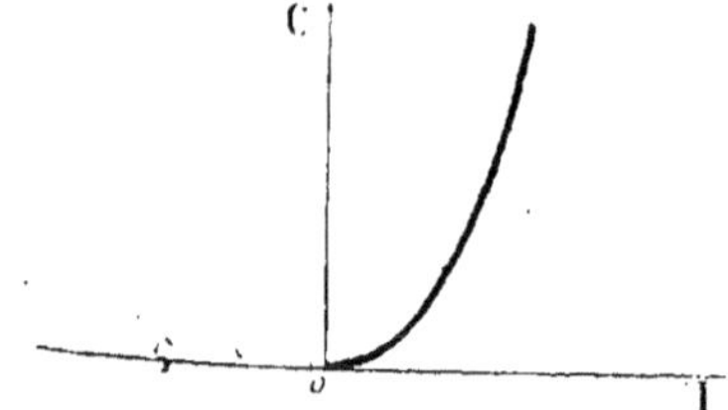

Fig. 107. — Caractéristique électromécanique de couple d'un moteur série.

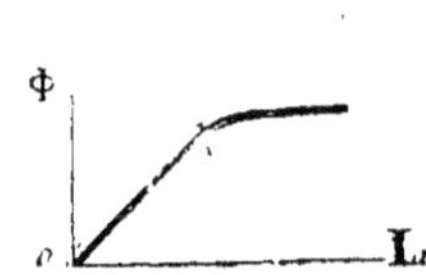

Fig. 108. — Courbe d'aimantation d'un moteur série.

intensité constante), la courbe supérieure II représente la tension effective aux bornes du moteur. Cette courbe ne diffère de la précédente, ou

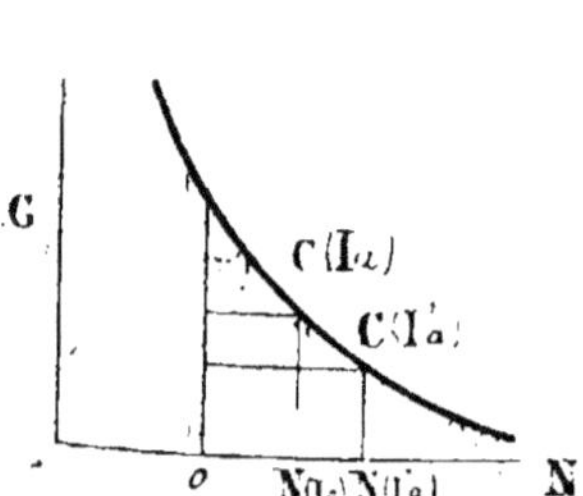

Fig 109. — Caractéristique mécanique d'un moteur série de traction.

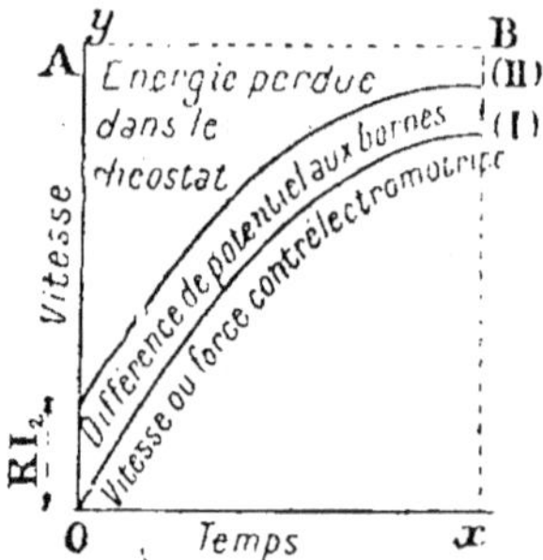

Fig. 110. — Démarrage à courant constant. Repré-sentation graphique.

ce qui revient au même, de la courbe des forces contre-électromotrices du moteur, que par une quantité constante RI.

Si on suppose le démarrage effectué à courant constant, l'aire comprise entre AB et la courbe supérieure représente l'énergie perdue dans les résistances.

En somme, avec la régulation purement rhéostatique, il n'existe qu'une seule position de marche, réellement économique ; c'est celle correspondant à l'absence de toutes les résistances.

2° **Action sur le flux inducteur**

Cette solution est très utilisée aujourd'hui. Elle permet, dans le cas très général des moteurs série, en shuntant par exemple l'inducteur

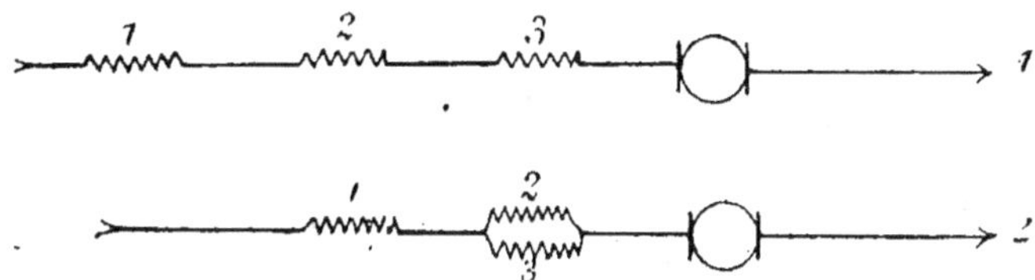

Fig. 111. — Couplages Sprague divers des inducteurs d'un moteur de traction série. Phase des basses vitesses.

dans le rapport 1/2, d'avoir, pour une même intensité d'armature, des vitesses qui ne sont pas nécessairement doubles des précédentes, mais

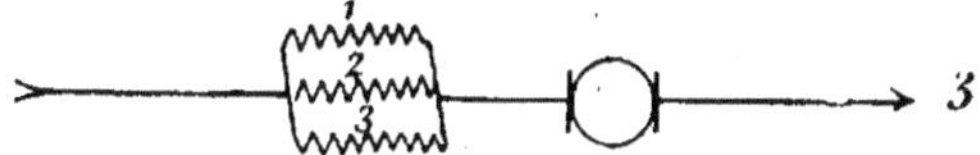

Fig. 112. — Régulation Sprague par modification du couplage inducteur. Marche à pleine vitesse.

qui peuvent aisément se trouver, en cherchant sur la caractéristique à vide le rapport des ordonnées correspondant à deux courants d'excitation I_a, courant d'armature, et $\frac{1}{2}\,I_a$, courant dans l'inducteur shunté (fig. 108). Si l'on travaille dans la première région de la courbe du magnétisme, les vitesses, dans le second cas, sont à peu près doubles de celles correspondant au premier. Le mode de régulation par shuntage est très employé aujourd'hui. On est limité dans cette voie par l'apparition d'étincelles au collecteur, donc par la difficulté de commutation aux balais, phénomène évidemment dû à l'affaiblissement du champ

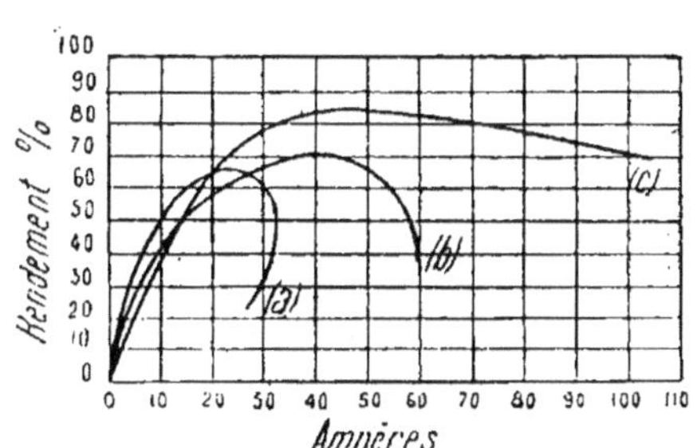

Fig. 113. — Courbes de rendement d'un moteur série avec divers shuntages d'inducteurs.

inducteur, pour une même intensité d'armature, donc pour une même réaction d'induit.

Dans le même ordre d'idées, l'ingénieur américain Sprague, l'un des novateurs les plus remarquables en matière de traction électrique, avait proposé de diviser en trois groupes les spires inductrices. En appelant respectivement 1, 2, 3 chacun des tiers du système inducteur, on peut réaliser, d'après le système Sprague et pour une même intensité d'armature, trois vitesses différentes :

1° 1, 2 et 3 en série ;

2° 1 en série avec 2 et 3 en parallèle (vitesse double) ;

3° 1, 2 et 3 en parallèle (vitesse triple).

Il est facile de voir que les nombres d'ampères-tours correspondants, dans chaque cas sont dans les rapports : 1, 2 et 3, toujours pour un même courant d'induit (fig. 111, 112).

3° Modification des vitesses par couplages différents des moteurs de traction, pour les équipements en comportant au moins deux.

Ces dispositifs, connus sous le nom de couplage *série-parallèle*, consistent essentiellement, dans le cas de basses vitesses de régime, à coupler, par le jeu du régulateur, les deux moteurs en série, avec insertion,

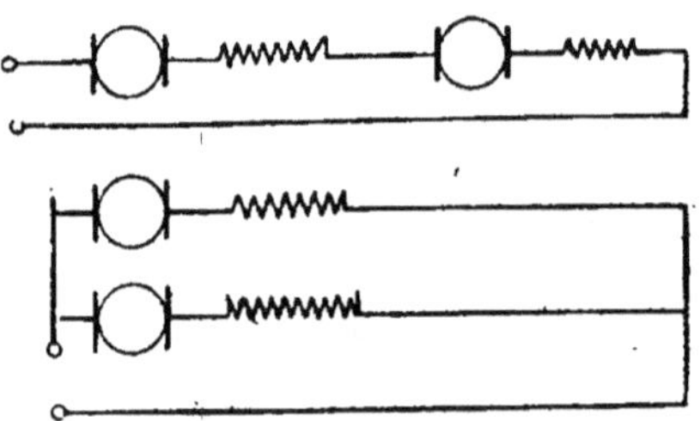

Fig. 114. — Couplage série-parallèle de deux moteurs.

aux temps convenables, des résistances. Les hautes vitesses, au contraire, sont obtenues en couplant en parallèle les mêmes moteurs (fig. 114). Cette disposition revient en somme dans le premier cas à marcher, pour chaque moteur, sous une différence de potentiel de 250 volts, si la tension du réseau est de 500 volts, et, dans le second cas, de soumettre chacun des deux moteurs à la tension complète de ce réseau.

Naturellement, le mode *série-parallèle* présentera l'avantage de faire

réaliser à l'équipement deux vitesses de régime économiques, sans résistances, alors que la régulation rhéostatique n'en offre qu'une.

On combine, dans les régulateurs modernes, le mode *série-parallèle*
avec l'insertion des résistances et le shuntage des inducteurs.

Les figures 104 et 105 représentent le développement d'un contrôleur
Thomson-Houston avec schéma des dix positions successives utilisées.

On remarquera qu'elles comportent à la fin de la marche série et à la
fin de la marche parallèle, deux positions avec shuntage d'inducteurs.

**Effets produits sur les vitesses de marche d'un véhicule par une action
sur le flux inducteur, par l'insertion d'un rhéostat et par le couplage
série-parallèle.**

On sait, et nous renverrons le lecteur sur ce point aux traités spéciaux (1), que le mode de fonctionnement d'un moteur électrique série,
(c'est le seul que nous considérerons comme étant le plus employé en

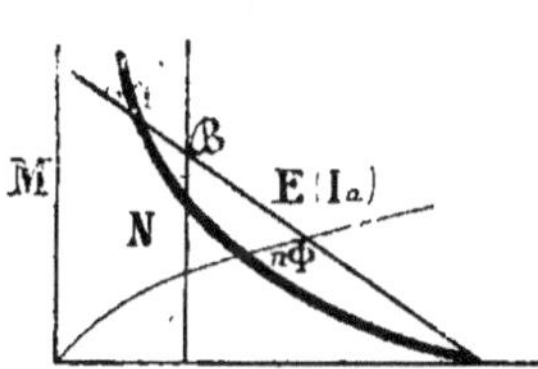

Fig. 115. — Construction d'une
caractéristique électromécanique de vitesse de moteur série.

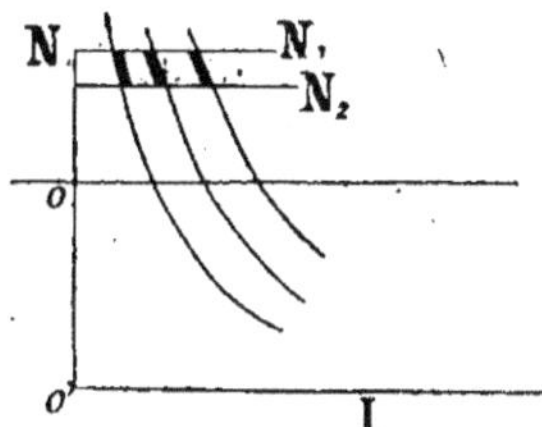

Fig. 116. — Marche à vitesse constante
d'un moteur série par emprunt de portions de caractéristiques de vitesse.

traction), peut se représenter de la manière la plus simple, au moyen de
trois courbes donnant respectivement :

1° Le couple moteur à l'arbre en fonction du courant d'armature ;

2° La vitesse en fonction de ce même courant ; .

3° Le couple en fonction de la vitesse.

Ces deux premières courbes sont dites « caractéristiques électro-méca-
niques », en raison du caractère mixte, couple et courant, vitesse et

---

(1) En particulier, à notre Cours municipal d'Electricité Industrielle,
tome I, Courants continus, XXIV° leçon, page 343 et suivantes, etc.

intensité, de leurs variables. La troisième, qui permet de comparer les qualités du moteur électrique à celles d'un moteur à pétrole, à vapeur, ou à eau, est dite « caractéristique mécanique ». Elle s'obtient graphiquement par élimination de la variable — courant entre les deux premières.

La forme des caractéristiques d'un moteur série travaillant sous tension constante est donnée pour chacune des courbes par les schémas des figures 107, 109, 115 et 116.

Les caractéristiques électromagnétiques de vitesse peuvent être considérées comme fournies par le quotient d'une ordonnée proportionnelle à la force contre-électromotrice, par une ordonnée proportionnelle au flux, le courant d'armature étant généralement, dans le cas du moteur série, le même que le courant d'excitation (fig. 115). Les

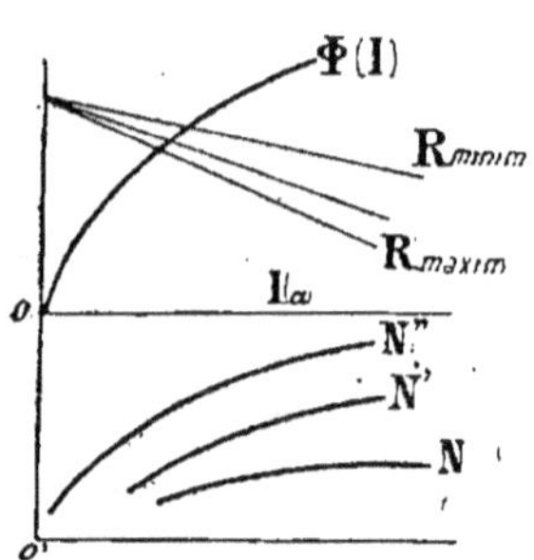

Fig. 117. — Caractéristiques électromécaniques d'un moteur série réglé par insertion de résistances sur l'induit.

paramètres dont dépendent les caractéristiques électromécaniques de vitesse sont la tension aux bornes, la résistance d'armature, (y compris, s'il y a lieu, celle du rhéostat de réglage et, en tout cas, celle de l'enroulement inducteur) et enfin, ce qu'on peut appeler le coefficient de shuntage de l'inducteur, à savoir le rapport du courant inducteur au courant d'armature. Dans le cas d'un inducteur non shunté, ce rapport est évidemment égal à 1.

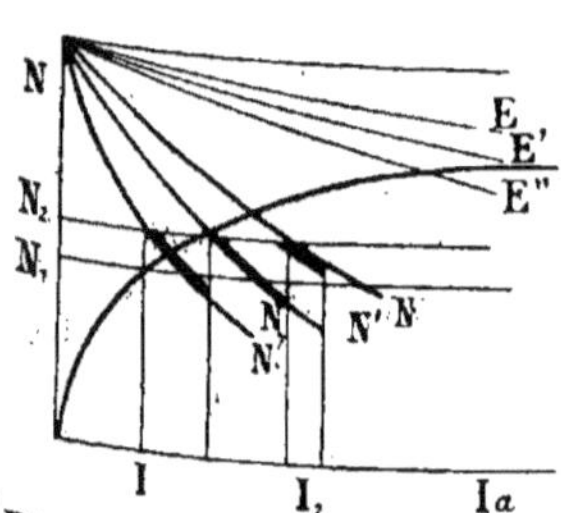

Fig. 118. — Moteur série. Emploi pour la marche à vitesse constante de caractéristiques électromécaniques de vitesse obtenues par insertion de résistances sur l'induit.

On voit immédiatement d'après ce qui précède, que si l'on abaisse la tension aux bornes, les vitesses à vide, ou celles réalisées dans les environs de ce régime idéal, seront à peu près dans le rapport des tensions appliquées. De même, si l'on shunte l'inducteur à moitié, pour fixer les idées, l'ordonnée flux sera dans ce cas donnée par le point de la courbe d'aimantation correspondant à un courant inducteur moitié moindre que dans le cas d'un inducteur non shunté. Si, en particulier, on laisse le moteur travailler exclusivement dans la première région de la courbe de magnétisme, les vitesses seront doubles pour un même courant d'armature, avec l'inducteur shunté à moitié, de ce qu'il serait pour un inducteur non shunté ; on en concluera donc forcément, par voie théorique, à l'existence de ces deux faits qu'indique l'expérience, à savoir :

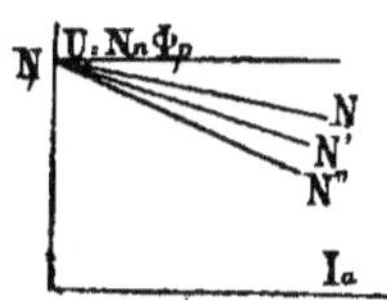

Fig. 119. — Caractéristiques électromécaniques diverses de moteur shunt obtenues par insertion de résistances sur l'induit.

1º Que la vitesse d'un moteur, toutes choses égales, est à peu près proportionnelle à la tension aux bornes.

2º Que la vitesse d'un moteur série non saturé varie à peu près en raison inverse du shuntage des inducteurs ; il en résulte immédiatement que, dans le cas du couplage série-parallèle, précédemment examiné, le couplage série correspondra à des caractéristiques élec-

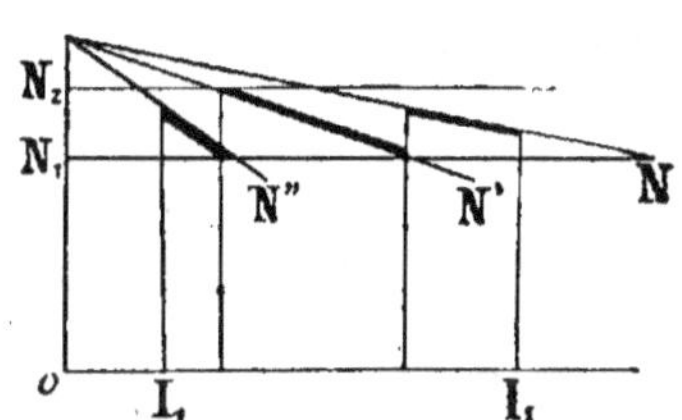

Fig. 120. — Emploi pour la marche à vitesse constante de caractéristiques électromécaniques de vitesse d'un moteur shunt avec insertion de résistances sur l'induit.

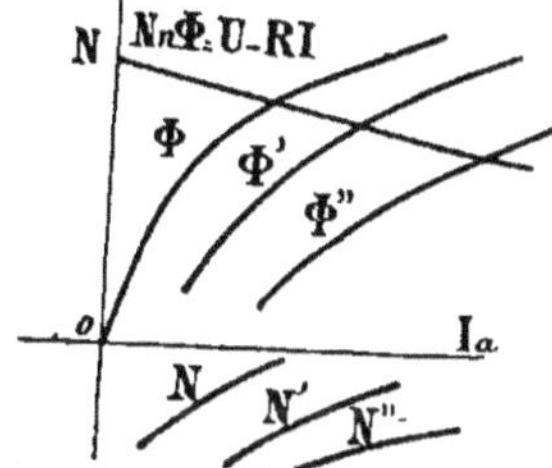

Fig. 121. — Caractéristiques électromécaniques de vitesse d'un moteur série obtenues par shuntage des flux inducteurs.

tromécaniques de vitesse environ deux fois plus basses, pour une même tension, que le couplage parallèle, d'où les deux positions de régime

Fig. 122. — Connexions en série des inducteurs dans le système Sprague.

et les deux vitesses économiques de marche sans résistances déjà signalées.

Enfin, on remarquera que l'insertion de résistances de démarrage ou de passage se traduit toujours par un abaissement de la droite représentative des forces contre-électromotrices (fig. 117 à 120), ce faisceau de

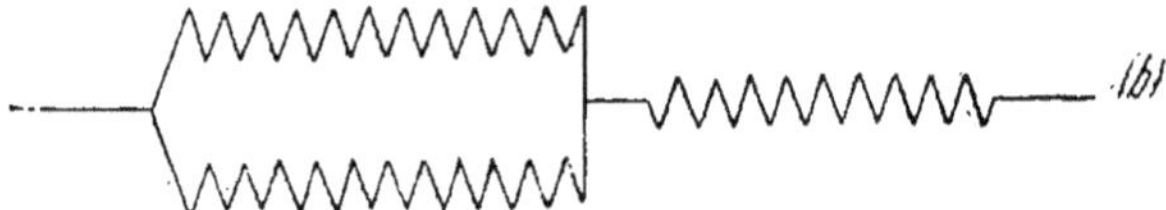

Fig. 123. — Connexions mixtes des inducteurs dans le système Sprague.

droites, correspondant aux résistances différentes, passant néanmoins par le même point fictif (ordonnée à l'origine).

Les flux ne dépendant que des courants d'armature, on aura facile-

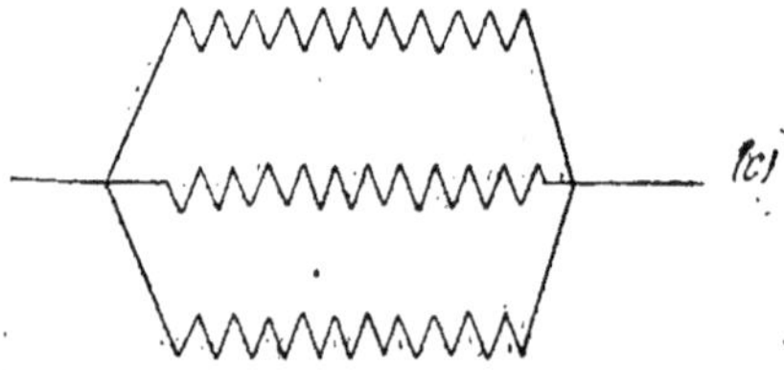

Fig. 124. — Connexions des inducteurs en parallèle
dans le système Sprague.

ment le quotient vitesse dans chaque cas et l'on remarquera que les vitesses baissent lorsque les résistances insérées croissent. Du reste, ce

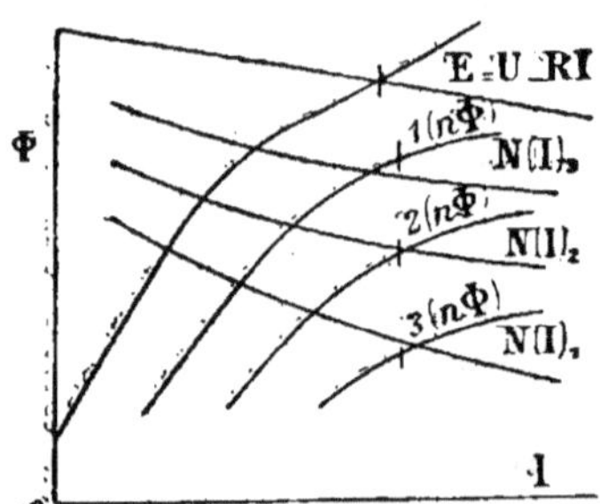

Fig. 125. — Caractéristiques de vitesse d'un moteur série
avec modification des couplages d'inducteurs.

fait n'est pas pour surprendre, puisque l'insertion de ces résistances revient, en somme, à faire fonctionner l'induit sous des tensions variables, décroissant lorsque la charge croît. En ce qui concerne la régulation par shuntage d'inducteur (1) (fig. 121 à 127), on devra noter

---

(1) Ou modification des couplages d'inducteurs (Sprague).

qu'on est toujours limité dans ce sens par l'apparition d'étincelles aux balais, lorsque le shuntage est poussé à l'extrême. En effet, pour un

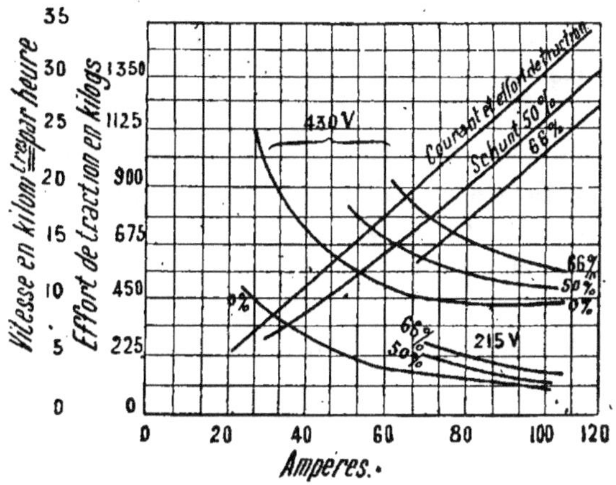

Fig. 123. — Caractéristiques d'un moteur série de traction
avec shuntage d'inducteurs.

même courant d'armature, on peut admettre que la réaction d'induit est fixe. Le flux inducteur ne cessant de décroître en importance relative,

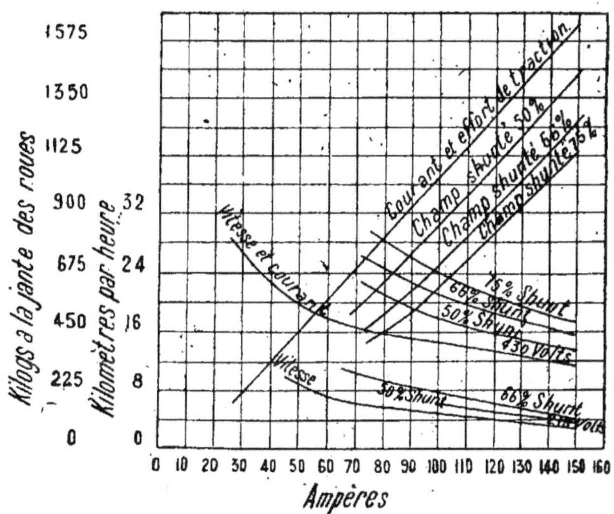

Fig. 127. — Caractéristiques diverses d'un moteur série de traction
avec divers shuntages d'inducteurs.

par rapport aux flux d'armature, la commutation deviendra plus ou moins rapidement impossible.

En résumé, le processus de la marche adoptée sera, dans le cas d'un équipement aux combinaisons les plus multiples possibles, le suivant :

1° Démarrage avec résistances graduées ;

2° Marche en série sans résistances ;

3° Shuntage éventuel d'inducteurs dans la marche en série ;

4° Marche en parallèle avec résistances de passage graduées ;

5° Marche en parallèle sans résistances ;

6° Shuntage d'inducteurs.

Choix du mode de démarrage

Le choix des instants les plus favorables au passage d'une combinaison à une autre est uniquement fixé par des considérations d'intensités absorbées. Pour mieux le comprendre, considérons les courbes électromécaniques de couple et de vitesse en fonction de l'intensité, dans le cas du moteur série ; elles ont l'aspect donné par les figures 107 et 128.

Au cas où l'inducteur serait shunté dans un certain rapport, la courbe de couple obtenue, pour un même courant d'armature, serait évidemment plus basse, et, en tout cas, aussi facile à construire, [substitution de la pseudo-courbe $\Phi'_p (I_a)$ à la vraie courbe d'aimantation $\Phi_p (I_e)$].

Imaginons que nous voulions partir du repos. Nous insérerons des résistances en quantité suffisante pour que le courant ne prenne pas une valeur excessive, tout en permettant la création du couple de démarrage (fig. 128 et 129).

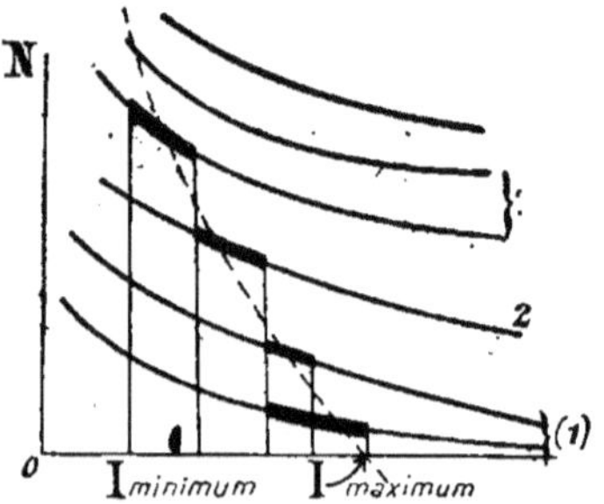

Fig. 128. — Mode de mise en vitesse d'un équipement à deux moteurs avec couplage série parallèle.

Lorsque la voiture démarre, la vitesse monte, le point figuratif se déplace sur la caractéristique, depuis le point initial sur l'axe des abscisses jusqu'à celui où l'on juge bon de modifier la répartition des résistances ; l'intensité, en effet, baisse, le couple baisse et l'on pourrait évidemment prolonger cette situation, la force contre-électromotrice croissant en même temps que la vitesse; mais le démarrage serait évidemment beaucoup trop long. Il y a donc intérêt à continuer à fournir

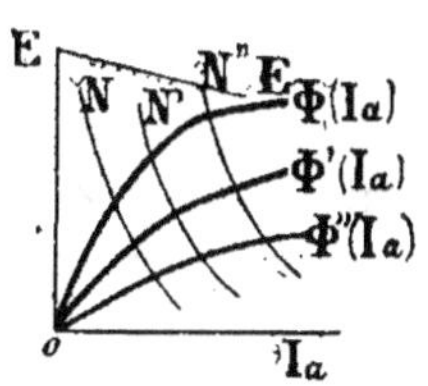

Fig. 129. — Diverses caractéristiques de vitesse obtenues dans un moteur série par shuntage d'inducteur.

un effort ou un couple moteur sensiblement supérieur au couple résistant, donc capable, tout en remorquant le train, d'assurer à celui-ci un couple d'accélération angulaire convenable. On s'astreint en pratique, en somme, à démarrer sous une intensité, sinon constante, du moins comprise entre deux limites plus ou moins rapprochées, l'intersection de la caractéristique électromécanique de vitesse avec l'ordonnée d'intensité minima donnant un point qui, transporté sur une horizontale, en détermine un autre à l'intersection de l'ordonnée d'intensité maxima. Par ce second point passe une nouvelle caractéristique qu'on utilisera dans les mêmes conditions, jusqu'à réalisation du courant minimum (1).

On remarquera, en se reportant à la caractéristique de couple, que, sauf dans le cas alors quasi-invraisemblable de shuntage d'inducteur, démarrer à intensité constante revient, en somme, à démarrer à couple constant.

Nous avons donné, dans la première partie de cette étude, les valeurs à ne pas dépasser pour l'accélération, valeurs liées au confort indispensable à assurer aux voyageurs.

On remarquera, à propos de la caractéristique mécanique du moteur série, à quel point la vitesse varie en fonction du couple ; cette variation, généralement caractéristique des moteurs électriques, est beaucoup plus restreinte dans le cas de moteurs thermiques ; cependant, le couple utile d'une turbine hydraulique présente, en fonction de la vitesse, et pour une admission donnée (paramètre jouant le même rôle que la tension aux bornes dans le cas d'un moteur électrique) des variations aussi comprises dans de très larges limites.

---

(1) C'est ce qui justifie le démarrage à courant quasi-constant indiqué comme le meilleur aux wattmen lorsque les équipements sont pourvus d'ampèremètres.

Matériel complémentaire d'un équipement de tramway

Citons encore, pour cet équipement, en dehors des parafoudres et des interrupteurs de sécurité :

1° Un interrupteur généralement disposé sur le plafond de la cabine de manœuvre, destiné à permettre au wattman de couper le courant, en cas d'urgence, ou d'incendie dans son contrôleur ou ses moteurs notamment ;

2° Des résistances de réglage ou de shuntage d'inducteur.

Ces résistances sont souvent établies soit en bandes métalliques de nickeline, de ferro-nickel, ou d'un autre alliage résistant, soit au moyen de segments de fonte, ceux-là plus cassants.

Montées sur isolateurs, ces installations doivent être extrêmement soignées, de manière à éviter des courts-circuits qui, même partiels, peuvent entraîner, on le comprendra aisément, la destruction des moteurs.

Dans le même ordre d'idées, on emploie, depuis quelques années, des lames de tôle spéciales en zigzags isolées à la micanite et montées de manière à pouvoir chauffer au rouge sans inconvénient. Ces rubans de tôle ont 25 millimètres sur 0,5 mm. (fig. 130).

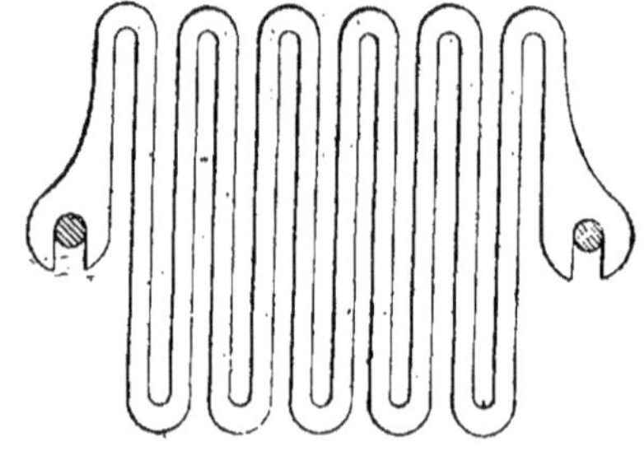

Fig. 130. — Résistance de démarrage et de réglage.

On a proposé, souvent, d'installer les résistances de réglage sous les banquettes, de manière à permettre de concourir au chauffage des voitures (Siemens et Halske) ; mais en été, il convient alors d'adopter une ventilation spéciale pour effectuer l'évacuation de l'excès de calorique.

On notera une tendance, dans les voitures à très grande vitesse, tendance calquée sur la pratique des automobiles, à disposer les résistances en tête de la voiture ou le long des parois (excellente ventilation). Cette pratique a été adoptée par Siemens et Halske sur la voiture à grande vitesse des essais de Berlin-Zossen. On dispose même ces résistances sur les toits des véhicules si ceux-ci sont particulièrement encombrés (chemin de fer de Grenoble au Villard-de-Lans).

CHAPITRE VII

RÉGULATION DES MOTEURS (UNITÉS MULTIPLES)

SYSTÈMES DE RÉGULATION EMPLOYÉS POUR LES TRAINS COMPRENANT PLUSIEURS VOITURES MOTRICES

Nous avons eu déjà l'occasion de signaler que l'avantage, certainement le plus capital, du mode électrique de traction des convois lourds résidait dans la possibilité de proportionner le poids moteur, donc le poids adhérent, au poids total, possibilité qui est, comme on s'en doute,

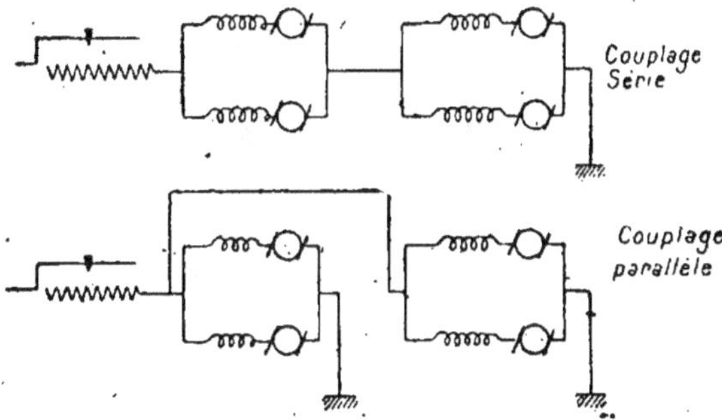

Fig. 131. — Système de régulation par unités doubles Thomson-Houston.

refusée au mode d'exploitation par la vapeur, ou par quelque autre agent thermique ou pneumatique. C'est avec cette augmentation des motrices, et la répartition de celles-ci en divers points du train, qu'on a pu affronter sans crémaillère, avec des convois électriques, des rampes qui semblaient impossibles à franchir. Cependant, la condition primordiale d'établissement d'un tel système réside dans la possibilité de laisser au mécanicien de la motrice de tête le soin d'effectuer, à distance, les couplages et connexions nécessaires sur les divers équipements moteurs ;

c'est là un problème délicat et tout à fait à l'ordre du jour en matière de traction électrique.

1º Cas de la régulation des deux motrices

Dans le cas où le train ne comporte que deux unités motrices, le problème est très simple. Citons, par exemple, la solution par unités doubles Thomson-Houston (fig. 131).

Il consiste, les deux voitures extrêmes étant identiques, à prévoir sur chacune d'elles un régulateur et des résistances de démarrage et de réglage de capacité suffisante pour permettre à l'une des voitures, par ce régulateur et ces résistances, de contrôler et de régler la marche de la deuxième, le régulateur et les résistances de cette deuxième voiture étant mis hors circuit. On voit que, avec un seul câble de forte section, jeté entre les deux unités motrices et par le jeu du régulateur de la voiture de tête, on peut, sur chacun des équipements (deux moteurs normalement couplés en parallèle) faire toutes les connexions qui seraient réalisables sur une voiture unique comportant, non pas deux, mais quatre moteurs. Ce système, et un certain nombre d'autres qui en dérivent, ont été adoptés sur le Métropolitain de Paris, à l'origine de l'exploitation. Malheureusement, la nécessité de faire circuler, lorsqu'on dispose les motrices respectivement à chaque extrémité du train, un câble de forte section dans les voitures remorquées intermédiaires, constitue une sujétion importante. Un accident très grave a indiqué qu'il fallait à tout prix accoler les deux unités motrices et supprimer cette pratique. Un des principaux avantages de la traction par unités multiples, à savoir la possibilité de changer de marche sans déformer les rames, disparaît de ce chef (1).

2º Régulation d'un train comprenant un nombre quelconque d'unités motrices

Un train ainsi constitué peut rendre, il est inutile d'insister davantage sur cette question, de grands services dans une exploitation, d'abord par son caractère de mobilité et de faculté d'adaptation aux besoins de la clientèle, et, en outre, en raison de la possibilité qu'il offre de fractionner un train long, lors d'une bifurcation de la voie principale, en

____

(1) Ces avantages subsistent néanmoins dans le cas de terminus pourvus de boucles.

plusieurs groupes de voitures, pourvus chacun de son unité motrice et desservant des lignes secondaires prenant naissance à cette bifurcation. Les systèmes de traction par *unités multiples*, suivant l'appellation américaine qui leur a été appliquée (1), sont très nombreux. Les uns sont de nature purement électrique, d'autres, au contraire, font appel, dans des proportions variables, à des modes d'action pneumatiques combinés à des transmissions électriques. Nous dirons d'abord quelques mots des systèmes primitifs.

La commande par unités multiples soulève, en réalité, deux sortes de problèmes :

1º Des problèmes électriques ou de schémas, généralement résolus aux prix de dispositions en apparence compliquées, mais au fond très simples, quand on a su franchir les premiers degrés initiatiques qui défendent les brevets contre les curiosités des profanes ;

2º Des problèmes d'exploitation, d'ordre dynamique et cinématique, qui ne peuvent être guère solutionnés que par des soins extrêmes apportés à l'entretien et au réglage des unités composantes.

La régulation par unités multiples suppose simplement, au point de vue électrique, la possibilité de commande, par un agent placé en un point quelconque du train, des divers équipements moteurs. Cette commande a été réalisée par divers procédés, dont nous allons rappeler brièvement les principaux, ou du moins, ceux ayant justifié leur valeur par une longue et sérieuse pratique.

En ce qui concerne les problèmes d'ordre mécanique, dont nous venons de signaler l'existence, on peut dire qu'ils tiennent tous dans un seul, à savoir une répartition convenable et permanente des puissances motrices, donc de la puissance absorbée, entre les diverses unités du train. Ce problème est certainement le plus difficile à résoudre. En effet, le wattman, placé sur la voiture de tête, n'est pas renseigné sur l'état électrique des voitures motrices rangées derrière lui. Nous verrons, par exemple, que tous les perfectionnements d'ordre électrique apportés à la régulation par unités multiples ont consisté à établir entre la voiture de tête et une motrice du train ce lien sensoriel qui manquait dans certains types primitifs de ces systèmes.

On pourrait croire ces considérations de peu d'importance et admettre

______

(1) « Unit multiple system » en anglo-américain.

qu'une compensation doive aisément s'établir entre les diverses puissances motrices du train, chaque unité réglant sa consommation de puissance d'après la vitesse moyenne du convoi. Cette compensation existe en régime permanent de vitesse, mais on sait à quel point cette hypothèse est peu justifiée en traction métropolitaine, où les démarrages sont fréquents et les profils accidentés ; les vitesses de régime des moteurs n'y sont jamais atteintes (ou presque). Ce mode de traction peut se représenter assez fidèlement comme une série de bonds des convois entre les stations successives.

On ignore trop souvent les difficultés auxquelles on se heurte de ce chef. Pour passer du simple au composé et en vertu du principe scientifique qui veut qu'on étudie tout phénomène complexe en faisant varier individuellement, quand on le peut, chacun des facteurs qui le déterminent, nous énoncerons d'abord quelques points capitaux dans l'étude de la régulation.

Répartition différente des puissances dans les divers équipements. — Il est rare que dans les voitures à deux essieux moteurs, les équipements correspondant à chacune des moitiés soient très différents en tant qu'âge, usure, etc. Néanmoins il peut arriver que les deux moteurs aient des entrefers non identiques (cas d'un moteur très usé et d'un moteur très neuf), que les engrenages, de même, soient dans des états d'usure différents, enfin que les bandages des roues soient également en des états différents de vétusté. Si les moteurs n'ont pas le même entrefer (la différence peut atteindre 1 millimètre entre un moteur très neuf et un moteur très vieux, pour un entrefer total de quelques millimètres), il est facile de voir que lorsque les moteurs sont couplés en série, c'est le moteur à entrefer le plus faible qui absorbera le plus de puissance, car le courant est le même pour les deux et la tension aux bornes de ce moteur est plus faible que celle qui existe aux bornes de l'autre ; les moteurs sont naturellement supposés tourner à la même vitesse. Au contraire lorsque les moteurs sont couplés en parallèle, c'est le moteur à plus grand entrefer qui absorbe le plus de puissance et qui en restitue davantage par conséquent. En effet, les tensions aux bornes sont les mêmes, les vitesses aussi, donc aux chutes de tension ohmiques près, les f. c. é. m. le sont aussi et par conséquent les flux. C'est donc le moteur à plus grand entrefer qui absorbera le plus de courant, puisqu'il devra pour un même flux posséder un plus grand nombre d'ampères-tours. Ces déséquilibres entre les charges des deux moteurs prennent souvent une importance beaucoup plus grande que l'on se l'imagine en général. Il nous a été donné de constater qu'ils s'élevaient sur un équipement particulièrement défectueux à 1/6 de la puissance totale de chaque moteur.

De même, les états d'usure différents des engrenages, pour des moteurs par ailleurs identiques, se traduisent souvent par des variations de rendement très sensibles et bien connues des exploitants.

Enfin, avec des roues de dimensions moyennes (0 m, 85 de diamètre par exemple), l'usure des bandages, généralement poussée le plus loin possible, dans une bonne exploitation, peut abaisser le diamètre à 0 m, 82. Il en résulte encore, pour une même vitesse linéaire d'une paire de roues neuves et d'une paire de roues usées, des variations de vitesse angulaire très sensibles pour les moteurs, de telle sorte que les puissances et courants absorbés par chacun d'eux sont assez nettement dissemblables.

Une source de gêne non moins appréciable est celle provenant des patinages d'essieux. Il arrive parfois, dans une voiture à essieux parallèles, que l'un d'eux patine en raison de mauvaises conditions d'adhérence, conditions purement locales du reste, tandis que l'autre tourne à basse vitesse et assure le démarrage de la voiture. On peut se rendre compte, lorsque les moteurs sont en série, que le patinage est particulièrement grave. Si le moteur qui tourne en charge absorbe un courant déterminé, généralement intense puisque ce moteur doit fournir à lui seul le couple total, le moteur qui patine, parcouru par ce même courant, tourne à une vitesse considérable et simplement limitée par l'augmentation du couple de perte, y compris la partie adhérente aux engrenages, couple de perte qui croît d'ailleurs rapidement avec la vitesse. En pratique, c'est aux bornes du moteur qui patine que s'applique la plus grande partie de la tension, quelques volts à peine subsistant aux bornes de l'autre. Deux moteurs non accouplés mécaniquement et destinés à fonctionner en série sans points neutres devront donc être prévus en toute prudence pour résister, au moins provisoirement, à la tension totale. Dans le cas de moteurs couplés en parallèle, le patinage est évidemment beaucoup moins grave, puisque chacun d'eux fonctionne sous la même tension aux bornes et que le courant absorbé par le moteur qui patine n'est plus le courant général de démarrage.

Les considérations précédentes, qui n'ont pas une importance trop considérable dans le cas de la traction par voitures à *régulation unitaire*, en prennent une beaucoup plus grande avec la régulation par *unités multiples*. La composition des trains doit alors être la plus homogène possible. On doit s'efforcer (l'expérience en démontre la nécessité) d'associer les voitures dont les moteurs sont de même constitution et les bandages à peu près du même âge. Il est en effet à remarquer que, dans la régulation par unités multiples, chaque unité joue en somme à la fois le rôle de locomotive et de remorque. Elle fournit, lorsque les moteurs sont parcourus par un courant déterminé, un couple tel qu'additionné à tous ceux fournis par les autres motrices il représente le couple résistant total. Même en régime de vitesse acquise, les puissances absorbées par chacune des motrices ne sont pas les mêmes ; les états électriques des moteurs caractérisés par les courants qu'ils absorbent, sont généralement différents, bien que les trains marchent, nous le répétons, à une vitesse déterminée.

Ces inégalités sont encore beaucoup plus graves dans les périodes de démarrage où l'on fait le plus souvent appel à l'accélération automatique, chacune des voitures réglant elle-même, par ses systèmes propres, l'insertion et la suppression de ses résistances. Ces manœuvres automatiques de démarrage et de variation dans les couplages sont toujours en pratique subordonnées à la valeur de l'intensité dans les moteurs de chaque équipement. C'est l'intervention de relais d'intensité ou d'accélération qui provoque tous les changements de connexion, abstraction faite des indications générales (couplage série, couplage parallèle) qui sont indiqués par le wattman. Par conséquent, certaines voitures effectueront avant les autres les couplages sus-visés, si leurs moteurs sont parcourus par des courants plus intenses. De ces dissymétries dans les équipements résultent des coups de tampons et ces mouvements d'accordéon, si justement redoutés des ingénieurs qui s'occupent de traction par unités multiples.

Divers modes de réalisation de la régulation par unités multiples. — La régulation, effectuée d'après les bases étudiées ci-dessus, peut être réalisée par voie de commande mécanique, pneumatique, électrique ou électro-pneumatique.

Commande mécanique. — Au début, et lorsque le problème ne se posait que pour des trains composés de deux motrices, Siemens a proposé une commande par tringles et leviers, avec dispositifs généraux analogues à ceux employés dans les chemins de fer pour les manœuvres d'aiguilles. Ce procédé ne s'est pas développé en raison de difficultés évidentes.

Commande pneumatique. — La commande pneumatique a été essayée avec succès et elle est encore en usage sur la ligne du Fayet-Saint-Gervais à Chamonix.

Elle consiste essentiellement dans le choix d'un équipement de manœuvre à peu près analogue à celui employé pour les freins à air et à l'envoi, par le wattman, d'air comprimé sous des pressions variables dans des servo-moteurs entraînant directement des contrôleurs unitaires.

Commande électrique et électro-pneumatique. — Enfin les modes électriques ou électro-pneumatiques ont été employés sous les formes les plus diverses ; ils le sont encore et peuvent être adaptés soit à la commande d'équipements isolés sur chaque voiture du type série-parallèle, par exemple, soit à la mise en œuvre de relais destinés à effectuer toutes les combinaisons nécessaires (contacteurs).

Systèmes électriques de régulation par unités multiples. — Avant d'étudier ces systèmes sous leur forme la plus générale, rappelons les solutions particulières du problème dites par unités doubles, données depuis un certain nombre d'années, solutions intéressantes surtout quand les règles de l'exploitation permettent de conserver une motrice en tête et une en queue (terminus en boucle, conservation des rames).

Le système de régulation par unités doubles a été employé sous diverses formes ; il constitue une solution intermédiaire entre la régulation unitaire et la régulation multiple. Dans les types primitifs (1893 Docks de Liverpool, Métropolitain de Budapest, Ligne du Champ-de-Mars aux Invalides de l'Exposition de 1900), deux motrices l'une en tête, l'autre en queue, étaient réunies électriquement par un paquet de câbles traversant le train. Les connexions étaient analogues à celles d'un équipement à quatre moteurs. Inconvénients : nombre trop grand de conducteurs trop lourds, puisque parcourus par le courant de traction. Ensuite Siemens et Halske (Métropolitain surélevé de Berlin) ont proposé de relier les deux voitures par un seul câble qui pût être branché soit au pôle négatif de l'équipement double de la première voiture (couplage série), soit au pôle positif de cet équipement (couplage parallèle). Le pôle négatif du deuxième équipement étant toujours au sol, les résistances et le contrôleur de chacune des voitures sont de capacité double de celles qui sont nécessaires pour chacune d'elles. Marche AR effectuée avec la voiture de tête seule; un électro ouvre le courant du circuit des moteurs sur la deuxième voiture dans cette marche AR, pour éviter le fonctionnement de ces moteurs en générateurs. On a pu faire participer la seconde voiture à la marche AR, en adjoignant au câble général deux câbles à faible section commandant des inverseurs sur chacune des motrices (Claret-Wuillemier, G.E.Cⁱᵉ).

Classification des systèmes électriques proprement dits

Parmi ces systèmes, il convient de distinguer deux catégories principales savoir :

1° Celles dans lesquelles, à l'exemple de Sprague, on s'est efforcé de conserver intacts les caractères unitaires des voitures destinées à figurer dans un même train à unités multiples. On laisse donc à chaque voiture son contrôleur, son inverseur, etc.., les organes en question étant commandés automatiquement.;

2° Celles dans lesquelles les connexions des équipements sont au moment favorable, réalisées au moyen d'électros spéciaux installés sur les voitures, dits *contacteurs*, et commandés par le wattman de tête grâce à l'envoi d'un courant convenable dans ces électros.

Du premier genre, on peut donner comme prototype chronologique et signalétique le système de Sprague. Au second, appartiennent divers systèmes G.E.Cⁱᵉ et Thomson-Houston.

Enfin, il existe des dispositions mixtes, faisant appel à la fois au système de commande Sprague et à la régulation par contacteurs ; le Métropolitain de Paris et la Compagnie des chemins de fer de l'Ouest, aujourd'hui Administration des chemins de fer de l'État français, ont en particulier fait appel, dans de larges limites, à la concurrence pour l'organisation de leurs trains à unités multiples, et cette multiplicité des systèmes a constitué pour les ingénieurs de traction un excellent élément d'informations.

I. SYSTÈME SPRAGUE

Système Sprague primitif de régulation par unités-multiples. — Le système de régulation Sprague consiste essentiellement dans les dispositifs suivants. Appliqué depuis très longtemps en Amérique, il semble avoir eu surtout pour but, d'après son inventeur même, de transformer, en convoi à unités multiples. un ensemble de voitures motrices pourvues d'équipements à régulation isolée du type ordinaire.

Les équipements du type Sprague primitif comportent (fig. 132 et suivantes) :

1º Des *circuits de traction* avec deux moteurs, contrôleur, résistances de démarrage et de réglage, etc.., circuits tout à fait analogues à ceux qui existent s ur une voiture à régulation isolée.

2º Des *circuits de relais* ou de *commande locale*, créés dans la voiture, depuis la prise de courant jusqu'aux roues ; ces circuits de relais sont

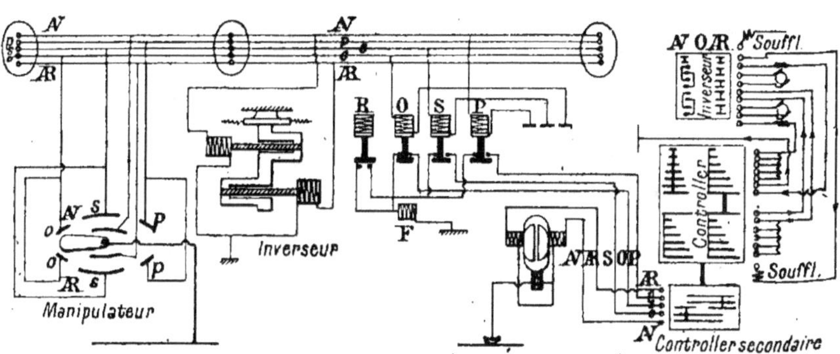

Fig. 132. — Régulation Sprague. — Dispositions primitives.

destinés à fermer ou à ouvrir des contacts correspondant à des mouvements convenables du régulateur-controller de l'équipement ;

3º Un *circuit de contrôle* régnant tout le long du train et placé sous la main du wattman installé dans la voiture de tête. Les sections du *circuit de contrôle* (cinq fils) sont très faibles, celles des *circuits de relais* plus fortes, enfin celles des *circuits de traction*, identiques à celles des équipements ordinaires.

Sur chaque voiture, un tableau de relais au nombre de trois : l'un servant à la marche sans courant, l'autre à la marche en série, le troisième à la marche en parallèle des moteurs de chaque équipement. Chacun de ces électros est commandé par un fil du circuit de contrôle. En outre, un *inverseur* monté sur chaque voiture est commandé par deux électros à succion et rappelé par ressort dans sa position neutre ;

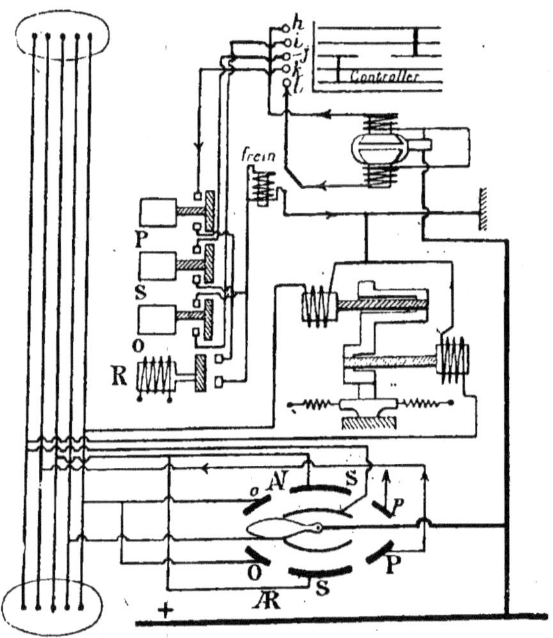

Fig. 133. — Système de régulation Sprague. Manipulateur, circuit de commande et de relais.

l'un des électros correspond à la position de l'inverseur pour la marche AV, l'autre à la position de l'inverseur pour la marche AR. L'un ou l'autre des électros est excité par un fil du circuit de contrôle AV ou AR.

Le wattman de tête lance au moyen du pont métallique, constitué par la manette d'un petit contrôleur appelé *manipulateur*, le courant d'abord sur l'un des fils AV ou AR, puis sur celui des électros O,S,P, qui correspond au sens de marche désiré. Comme suite au mouvement esquissé par le wattman, l'inverseur prend, par exemple, la position AV et l'électro S, pour fixer les idées, est excité. Toutes les voitures motrices du train doivent donc effectuer d'elles-mêmes le couplage *moteurs en série*. Elles y arrivent de la manière suivante :

Sur l'arbre du contrôleur ordinaire, est monté un deuxième controller, *controller secondaire* ou *auxiliaire*, dont le rôle est le suivant : par ses connexions intérieures, il peut établir des communications métalliques entre certains plots fixes AV, AR, O, P, S ; les plots extrêmes sont en

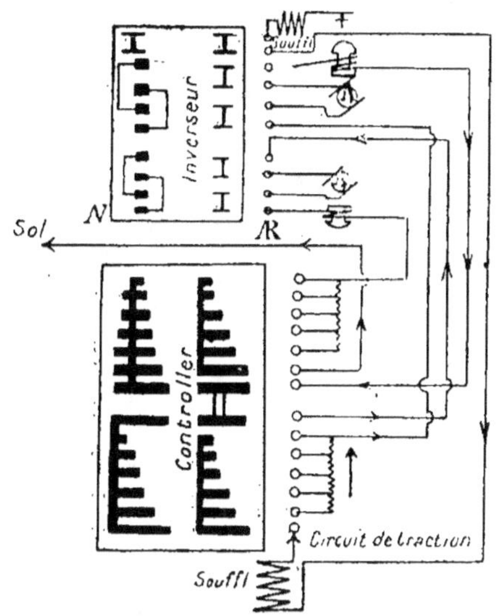

Fig. 134. — Système de régulation Sprague pour unités multiples.
Controller principal de vitesse.

communication avec l'une ou l'autre des bobines inductrices du servo-moteur de contrôleur à deux sens de marche (1).

Le courant de commande local provient du pôle positif, traverse l'induit et parcourrait, si les deux circuits étaient fermés, les deux inducteurs du servo-moteur, en gagnant les plots extrêmes du contrôleur secondaire. Mais là un seul sens de courant est possible : c'est celui correspondant à la marche AV puisque le plot correspondant à la marche AR ne porte sur aucun contact métallique. Le circuit marche AV du contrôleur sera donc fermé, si le courant issu d'un plot intermédiaire (S dans notre manœuvre) peut arriver au sol par le fait de la mise en jeu de l'électro S. Ainsi

---

(1) **Voir la** communication de **M. de Traz.** *Société des Electriciens,* **mars 1903.**

le contrôleur tournera d'une manière continue tant que sera sauvegardée cette continuité de circuit. Dès qu'il sera arrivé au point précis où le

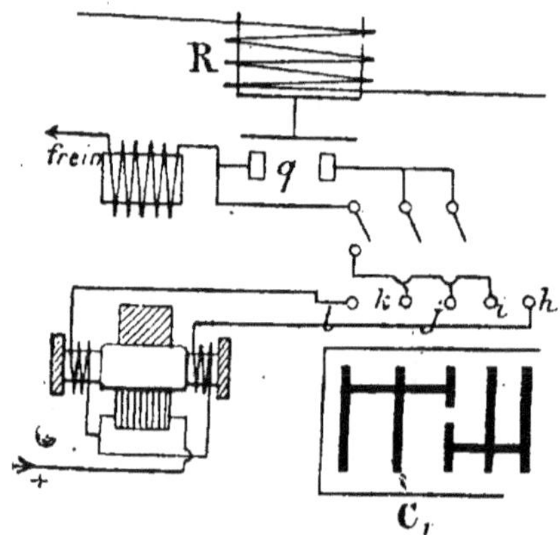

Fig. 135. — Système de régulation Sprague.
Circuits du controller secondaire.

courant est rompu, il s'arrête brusquement. En effet, ce contrôleur pourrait tendre à continuer son mouvement en vertu de son inertie. Pour y

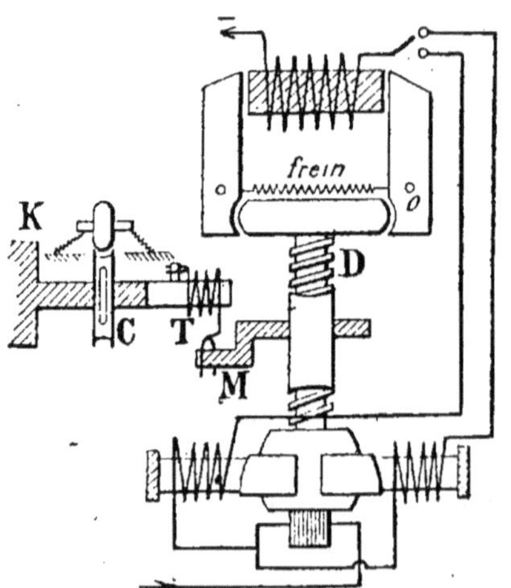

Fig. 136. — Système de régulation Sprague.
Servo-moteur de controller. Frein magnétique.

parer et pour éviter son arrêt dans des situations fausses et intermédiaires, un frein à mâchoire, en temps normal prohibé par le passage du courant de controller secondaire dans une bobine de frein, déclanche et vient enserrer une poulie montée sur l'arbre du servo-moteur. Celui-ci est extrêmement robuste et puissant, de telle sorte que le freinage est pour ainsi dire instantané.

Fig. 137. — Système de régulation Sprague. Commande mécanique du controller.

En résumé, si le dispositif Sprague ne comportait que les organes précédents, le controller secondaire, solidaire du contrôleur principal, procéderait avec brutalité, couplerait par exemple en série avec suppression rapide des résistances. De même pour le passage en parallèle. On se heurterait à de très grandes difficultés en raison de la hâte plus ou moins grande avec laquelle les diverses unités motrices assureraient le mouvement de leurs controllers respectifs. Sprague a établi le lien sensoriel dont nous avons signalé la nécessité, sous la forme d'un relai *automatique d'intensité*, monté sur chaque voiture, dont la bobine est parcourue par le courant du moteur et qui vient à fonctionner dès que ce courant est exagéré, en coupant pour un temps, c'est-à-dire jusqu'à ce que l'intensité soit devenue moins considérable, la manœuvre du controller tendant à la suppression des résistances. C'est ce souci

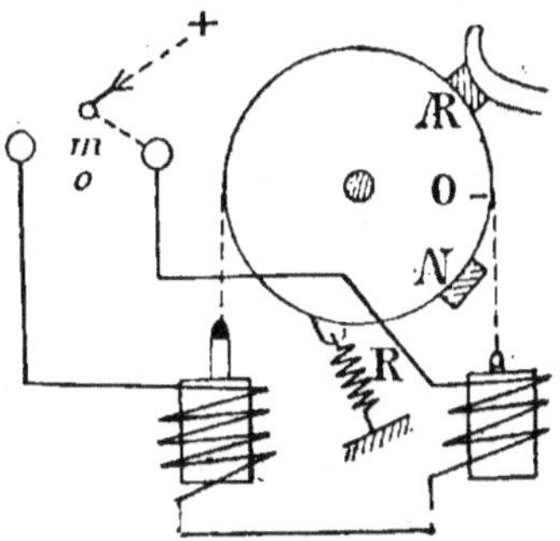

Fig. 138. — Système de régulation Sprague. Commande de l'inverseur.

de l'état électrique des diverses voitures du train qui a constitué depuis Sprague, la préoccupation dominante des ingénieurs en matière de régulation par unités multiples. Les systèmes primitifs par contacteurs de la G.E.C°, ne comportaient pas ce lien, et il a dû être introduit dans les dispositions actuelles.

II. SYSTÈMES THOMSON ET DÉRIVÉS

Système à régulation par unités multiples de la Thomson-Houston et de la G.E.C°. — Systèmes mixtes Sprague-Thomson-Houston. — Le système primitif de ces firmes, pour la régulation par unités multiples comprenait essentiellement les dispositions suivantes : chaque voiture comportait un tableau d'électros placé au flanc de celle-ci et un contrôleur principal de manœuvre avec mise hors circuit de ceux des voitures suivantes, c'est-à-dire, des voitures dépourvues de wattman, ce contrôleur principal, du type série-parallèle, servant uniquement à l'émission des courants de faible intensité affectés à la commande des électros (fig. 139). Ces électros dits *contacteurs*, de modèle puissant, puisqu'ils doivent

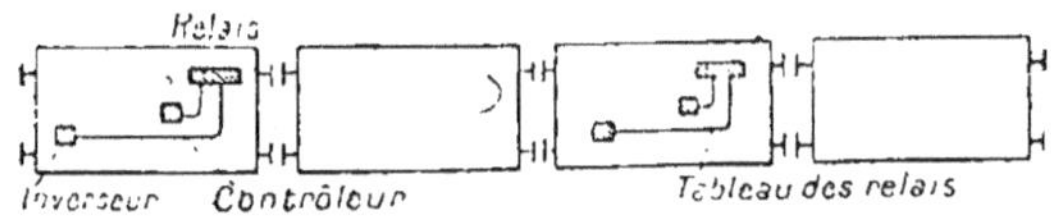

Fig. 139. — Système de régulation par contacteurs (unités multiples).

commander les couplages de circuits de traction, sont alimentés par des câbles circulant le long du train, de section nécessairement plus grande que dans le cas du système Sprague. C'est là une infériorité.

Les électros se partagent en deux classes : ceux tels que A, B, C de la figure 141 qui servent au groupement proprement dit des moteurs ; les électros des types 1, 2, 3, 4 et 5 qui correspondent aux insertions de résistances sur l'équipement. Imaginons que le wattman de la voiture de tête qui a à sa disposition un *tableau de relais* sur lequel il peut envoyer les courants convenables, veuille marcher avec le maximum de résistance sur l'ensemble des motrices du train avec le groupement en série des moteurs ; s'il doit insérer toutes les résistances, il excitera par son tableau de relais les électros n° 1 et 2, en même temps

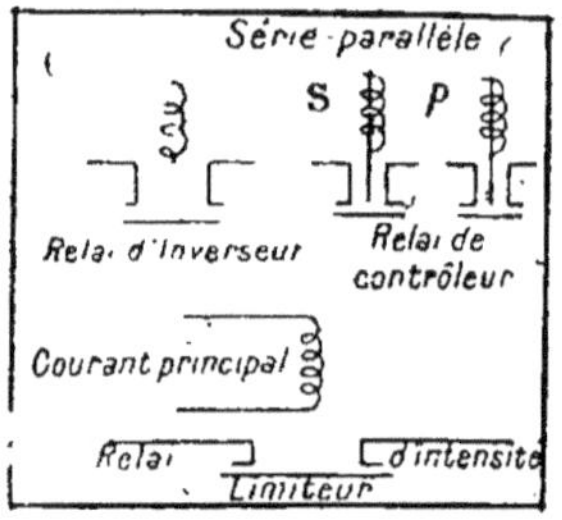

Fig. 140. — Schéma du système de régulation par contacteurs.

que l'électro A qui correspond au couplage en série ; B et C restent élevés ; la suppression progressive des résistances s'obtient, comme on le voit sur le schéma, par les excitations successives des autres électros 3, 4 et 5.

Le système Sprague, comme le système par contacteurs, ont été employés concurremment sur les chemins de fer de l'Ouest français, (lignes de banlieue), et sur le métropolitain de Paris ; ils ont subi du reste, l'un et l'autre, des modifications de détail et ont donné lieu à des combinaisons mutuelles dans l'étude desquelles nous n'entrerons pas pour l'instant.

Sur chaque voiture, un inverseur est commandé également par un électro avec bobine de soufflage magnétique. Dans les premiers dispositifs manquait le lien sensoriel dont nous avons parlé, entre les moteurs de chaque voiture et le wattman de tête. Plus tard apparaissent des relais d'intensité, couplés en parallèle de manière à ce que tous puissent rester bloqués lorsque le courant dans chaque voiture reste

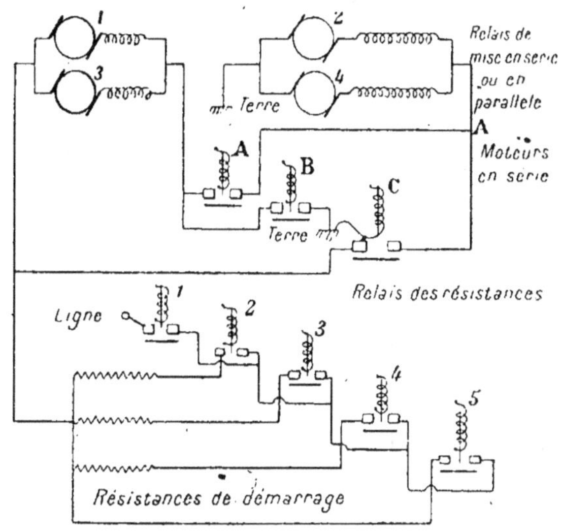

Fig. 141. — Système de régulation par unités multiples à contacteurs (G.E.Cᵒ).

inférieur à une certaine limite, mais à ce qu'un seul courant excessif puisse faire agir des bobines de frein, tendant à arrêter dans sa course le contrôleur principal, ou manipulateur (suivant l'appellation de *Sprague*),

Le système de traction par unités multiples a été appliqué, sous sa forme originale, en 1900-1901, sur le chemin de fer du Manhattan (N.-Y), et sur la Compagnie des chemins de fer d'Orléans. Les relais sont des électros à succion particulièrement robustes. Comme ils doivent ouvrir et fermer des circuits à courants intenses, ils ont des bobines de soufflage et des cornes; l'inverseur n'a pas de position intermédiaire. Il est enclanché et verrouillé électriquement; l'inter-communication comprend deux fils pour l'inverseur, sept fils pour les relais ; le schéma simplifié de l'installation est donné ci-contre (fig. 142).

Depuis 1903-1904, les perfectionnements apportés aux systèmes EG..Co et Thomson-Houston sont incessants. En même temps apparais-

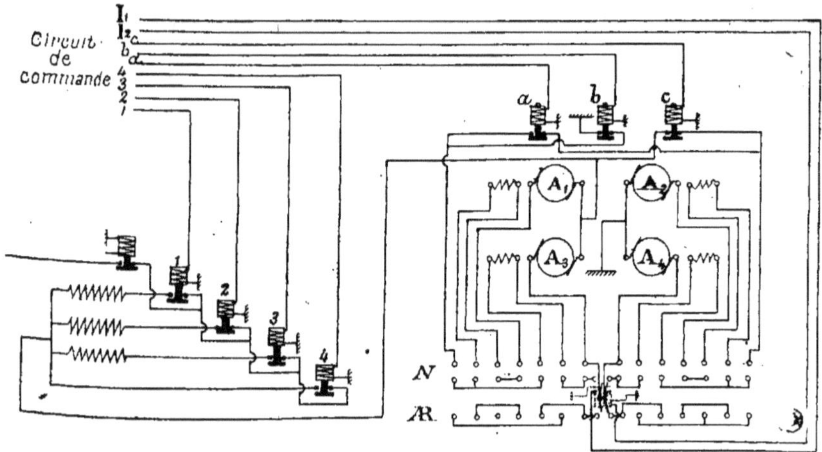

Fig. 142. — Régulation par contacteurs. Dispositions primitives.

sent des liens de plus en plus étroits avec le système Sprague, dont le grand avantage, nous le répétons, était le souci, conservé par son inven-

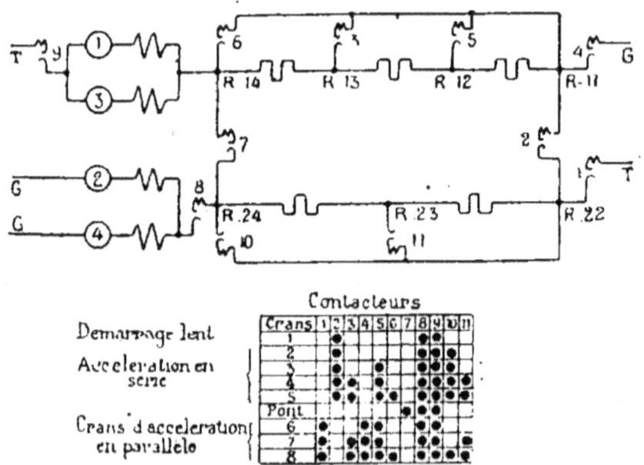

Fig. 143. — Schéma du circuit principal d'un équipement T.-H., utilisant le système du pont au passage série parallèle.

teur, de l'état électrique des voitures dans les couplages, souci matérialisé par le relai d'intensité.

La poignée de sécurité est destinée à obvier à un accident provenant d'un excès de vitesse des trains ; elle peut produire une coupure brusque du courant de traction. Elle permet le retour automatique au zéro en cas d'indisposition ou d'affaissement du wattman, qui doit exercer en permanence un léger effort sur cette poignée pour empêcher le jeu d'un déclic. Les segments entraînés par le tambour ne sont pas tous solidaires de l'arbre, mais ils sont montés sur lui avec l'intermédiaire de ressorts et rappelés en permanence vers le zéro. En agissant sur le déclic, le wattman peut ramener l'arbre à la position neutre sans qu'ainsi soient marqués les temps d'arrêt. Cette poignée de sécurité a été employée, combinée ou non avec le *freinage d'urgence*. A partir de ce moment se généralise le relai limiteur de courant, empêchant le contrôleur de tourner tant que les intensités, sur la voiture de tête ou sur les autres, dépassent une certaine valeur. On en est donc au *démarrage automatique* ; le contrôleur peut du reste être manœuvré avec ou sans démarrage automatique. Apparaissent en même temps les *connexions de pont* permettant de supprimer les coupures de courant si préjudiciables dans le passage du couplage série au couplage parallèle.

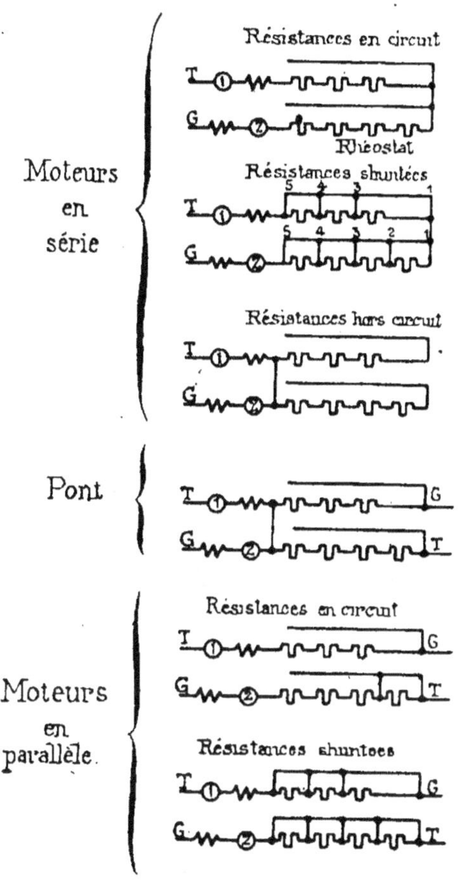

Fig. 144. — Développement des connexions du circuit principal d'un équipement T.-H. à unités multiples avec pont pour passage série parallèle.

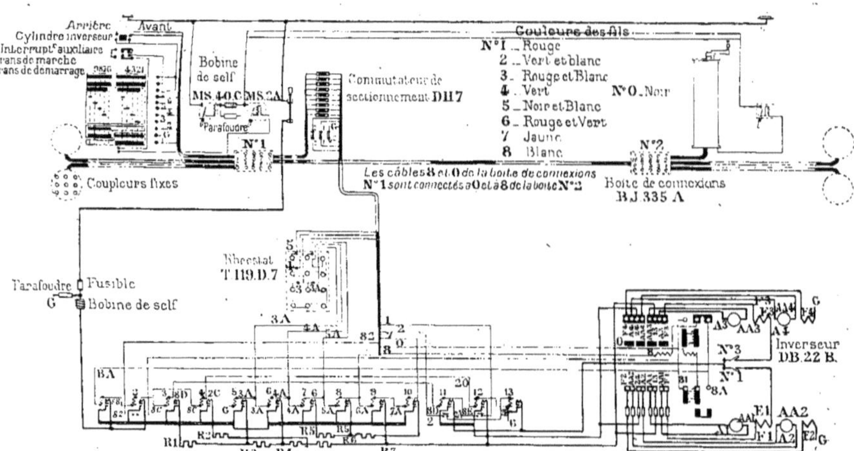

Fig. 145. — Schéma d'un équipement à 4 moteurs avec contrôleur non automatique, avec rupture de courant au passage de série en parallèle.

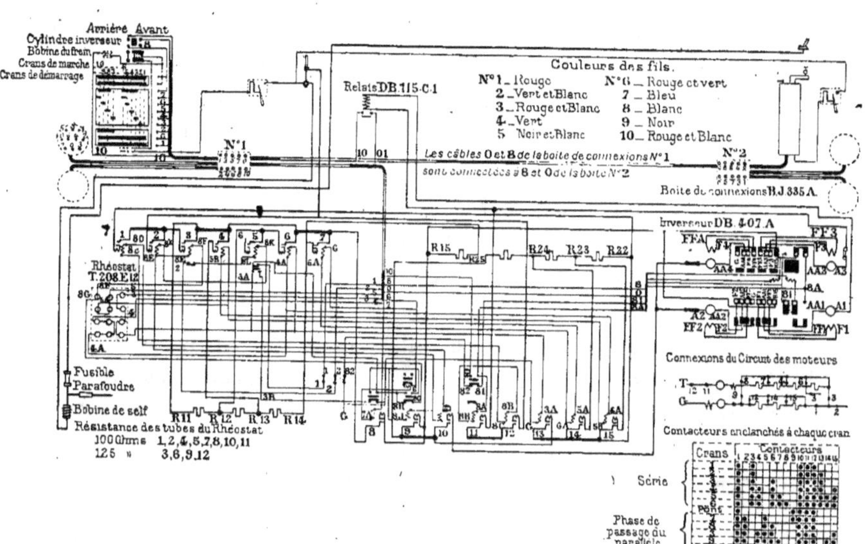

Fig. 146. — Schéma d'un équipement T.-H. à 4 moteurs avec pont pour le passage série parallèle (controller automatique ou semi-automatique).

La différence essentielle qui séparait le Sprague du Thomson-Houston s'est atténuée avec le temps ; alors qu'en 1904 la Compagnie Thomson utilisait encore le système des contacteurs dans sa pureté originelle, elle commençait déjà, à partir de cette date, à y apporter quelques perfectionnements, notamment celui de l'adoption de la *poignée de sécurité*.

De cette époque, date également l'innovation du *démarrage automatique*, qui constitue un lien indéniable avec le système Sprague.

Le même contrôleur peut du reste être manœuvré soit avec, soit sans démarrage automatique. Cette accélération, en somme indépendante de l'agent, communiquée à tout le train, présente l'avantage d'imposer un régime identique à toutes les voitures motrices et d'éviter les coups de tampon et les réactions des diverses unités qui ne sauraient manquer de se produire si chacune d'elles avait la latitude de régler par un relais spécial le couplage de ses moteurs ou l'insertion des résistances.

La construction de l'appareillage des *contacteurs* et des *inverseurs* a fait de remarquables progrès durant ces dernières années ; les *contacteurs* notamment peuvent aujourd'hui couper des courants intenses, résister à de véritables court-circuits sans danger aucun pour leur fonctionnement.

Les équipements peuvent être établis soit sous la forme *automatique*, soit sous la forme *semi-automatique*, soit enfin avec *contrôleur automatique* ou avec *relais automatique*. A noter, dans cet ordre d'idées, la suppression de la *coupure* qui existait autrefois dans les équipements lors du passage du couplage série au couplage parallèle. Il en résultait un arrêt instantané dans la progression du véhicule et des secousses plus ou moins violentes d'unité à unité qui se traduisaient par un malaise réel des voyageurs. La continuité de la fourniture du courant est assurée par une *liaison de pont* (fig. 143 et 144).

1° *Équipements non automatiques*. — Ce sont les équipements du type ancien qui ont conservé la rupture du courant au passage de série en parallèle (fig. 145).

2° *Équipements semi-automatiques*. — Ces équipements ont été établis pour des locomotives dans lesquelles il est nécessaire qu'avec un effort constant de la main du wattman, le mouvement du contrôleur réalise un démarrage presque aussi sûr qu'un démarrage automatique.

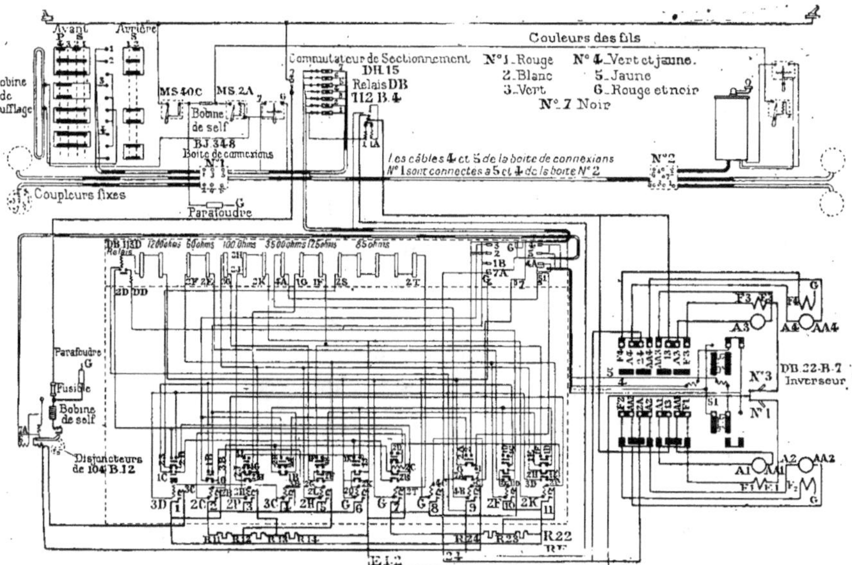

Fig. 147. — Schéma d'un équipement à controller automatique pour 4 moteurs T.-H., avec pont au passage de la position série à la position parallèle.

Ces deuxièmes types d'équipements sont généralement pourvus des connexions dites *de pont* permettant de supprimer la rupture du circuit dans le passage série-parallèle (fig. 146 et 147).

3° *Équipements à contrôleurs automatiques*. — Ces équipements présentent un nouveau stade dans le perfectionnement du système. Ils sont indiqués particulièrement dans les réseaux à arrêts très fréquents et dans lesquels la question de rapidité des mises en vitesse est primordiale (métropolitains), le *semi-automatique* étant alors insuffisant.

Le *démarrage automatique* est obtenu en mettant à fond de course la manette de contrôleur ; il en résulte une tension des ressorts qui, à leur tour, entraînent le cylindre du contrôleur. Le mouvement de rotation est réglé comme dans le cas précédent par un dispositif ralentisseur et par un frein électro-magnétique.

On peut marcher en régime à une vitesse inférieure à la vitesse maxima ; il suffit pour cela d'arrêter la manette sur la position correspondante ; le wattman peut avancer cran par cran.

On peut aussi ne pas faire appel à l'automatisme ; il suffit pour cela que le mouvement soit au moins aussi lent que celui qui résulterait pour l'arbre du fonctionnement automatique lui-même. On a même prévu, par une manœuvre simple, la suppression dans certains cas de l'automatisme (fig. 146 et 147).

Cette disposition soulève, nous le verrons, certaines difficultés en ce qui concerne le réglage des intensités entre lesquelles fonctionnent les relais d'accélération commandant les bobines de frein. Ce système de régulation est généralement connu en traction métropolitaine sous le nom de Thomson-multiple ;

4° Enfin les derniers nés, *les équipements à relais automatiques*, sont destinés à parer aux inconvénients des types précédents (grand nombre de fils de contrôle). On est revenu tout à fait au type Sprague, à la substitution près de la commande locale des circuits de traction par contacteurs à la commande par contrôleur. Les relais automatiques se chargent, dans chaque voiture, du shuntage progressif des résistances, grâce à un relais d'intensité ou d'accélération commandé par un courant de moteur, le contrôleur de tête jouant simplement le rôle du manipulateur de Sprague, c'est-à-dire ayant pour seul objet d'indiquer les couplages série, parallèle, la marche AV, AR et aussi (ce qui est une addition aux idées de Sprague) le contrôle de l'accélération. En d'autres termes, et pour fixer les idées, supposons qu'avec le manipulateur, on excite le fil *A V* et le fil *série* ; on peut marcher aussi longtemps, *en avant* et en *série* avec toutes résistances, que l'on voudra, c'est-à-dire tant qu'on n'aura pas

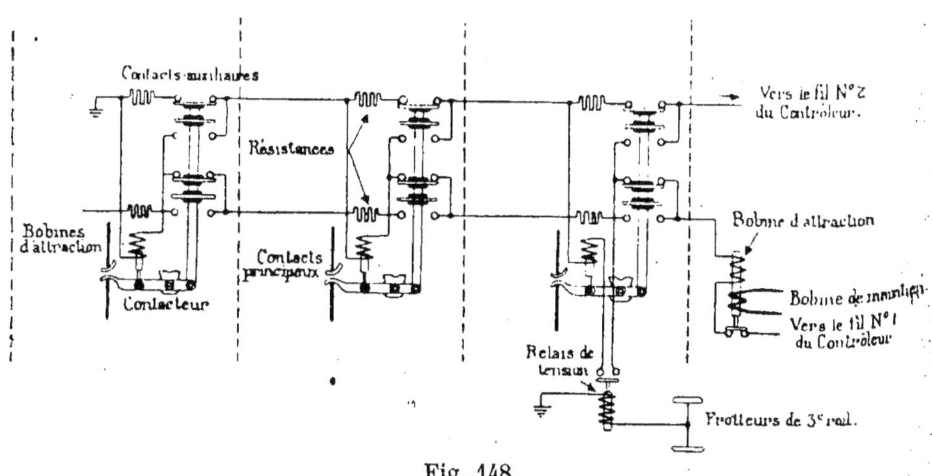

Fig. 148.
Schéma d'un groupe de contacteurs avec contacts auxiliaires.

excité le fil *contrôle d'accélération*, dont le rôle sera de mettre en action les *relais automatiques*.

Sur chaque motrice, les shuntages et suppressions de résistances seront effectués suivant l'initiative et par l'action propre des contacteurs. Ce système est connu en traction métropolitaine sous le nom de *Sprague Thomson-multiple*, par opposition avec ceux à controller, automatiques ou non (2° et 3°), dénommés Thomson-multiple, et nous allons l'étudier d'assez près, comme présentant un intérêt de plus grande actualité.

SYSTÈMES SPRAGUE THOMSON-MULTIPLE

Sprague Thomson-multiple (à contacteurs ou à relais automatiques). — Le controller-manipulateur indique, nous l'avons dit, les phases principales du démarrage, des couplages de moteurs, etc. Par contre, la mise en vitesse proprement dite, c'est à dire le shuntage progressif des résistances, est régie automatiquement dans chaque voiture par un *relais d'accélération*, ce relais étant connecté en série avec un moteur et son fonctionnement étant tel que le courant parcourant ce moteur oscille entre deux limites absolument fixes.

Une première série de contacts auxiliaires permet de verrouiller électriquement les contacteurs entre eux de manière qu'ils agissent toujours successivement et dans le même ordre (fig. 148). Tous les contacteurs du train sont actionnés simultanément par le contrôleur, en ce qui concerne l'interruption et le rétablissement du courant, mais le démarrage est réglé sur chaque motrice par son relais particulier, pourvu d'un réglage également individuel.

Quatre positions pour le *contrôleur-manipulateur* en marche AV. La première, démarrage lent avec toutes résistances en série ; la deuxième, démarrage automatique en série ; la troisième, marche en parallèle avec toutes résistances en série ; la quatrième, démarrage automatique en parallèle.

Deux positions seulement, qu'on pourra porter à quatre, pour la marche AR.

Cinq fils de contrôle, comme dans le système Sprague primitif : l'un avant, l'autre arrière, le troisième marche en série, le quatrième en parallèle, le cinquième pour contrôle de l'accélération. Ces fils sont successivement actionnés suivant les diverses manœuvres qu'indique le contrôleur. A la première position AV, le fil marche AV est actionné et fait fonctionner l'inverseur qui prend la position correspondante ; immédiatement après, les contacteurs de marche en série enclanchent et ferment le circuit sur toutes les résistances ; le train démarre à très faible vitesse, aucune autre action ne se produit.

A la deuxième position AV, le circuit d'accélération est fermé. Le premier contacteur de résistances est alimenté et court-circuite la première position de celle-ci ; le courant alimentant ce contacteur passe aussi dans la bobine à fil fin du relais ainsi qu'à travers les contacts et le disque de ce relais ; le plongeur de ce relais est attiré, mais il n'agit pas immédiatement, de telle sorte que le temps nécessaire à l'attraction d'un relais est sensiblement égal au temps nécessaire à l'attraction d'un contacteur. Ce contact ferme le circuit d'accélération lorsque le contacteur est au repos ; il coupe ce même circuit lorsque le contacteur est enclanché.

Le circuit de maintien traverse également un contact auxiliaire ; ce contact auxiliaire ouvre le circuit lorsque le contacteur est au repos, et ferme ce circuit lorsque le contacteur est enclanché.

ENCLANCHEMENT DES CONTACTEURS

Démarrage. Position 1 du contrôleur. Cran 1 (courant sur fil 8 ou 0 et 2).
Fil 8 ou 0 . . . . . . 8.1 : Inverseur.
8A : 13, 14, 7 15.
Fil 2. . . . . 6.

Série (courant sur fils 8 ou 0, 2 et 1).

Position 2 du contrôleur et retour à la position 1 cran par cran. . . .
Cran 2 fil 1. . 9.
Cran 3 — . . 2.
Cran 4 — . . 3 et 11.
Cran 5 — . . 4 et 10 chute de 2, 3, 11.
Cran 6 (sans résistance traction), 5 puis 12.
Position 2 du contrôleur. Fin série . . . 12, chute de 9, 10, 4, 5.

Parallèle (courant sur fils 8 ou 0, 1, 2 et 3).

Position 3 du contrôleur (courant sur fils 8 ou 0, 2 et 3) . . . .
Passage série parallèle à fil 3 . . . . 12, 1, 8 (Pont).
1re touche parallèle. . . . 1, 8, chute 12.
Position 4 du contrôleur et retour à la position 3 cran par cran. . . .
Cran 7 fil 1. . . . . 2.
Cran 8 — . . . . 3, 11.
Cran 9 — . . . . 4, 10, chute de 2, 2, 3 11.
Position 4 du contrôleur. Cran 10 (sans résistances traction). 5 puis 9.

Ces deux types de contacts auxiliaires ont, comme on le voit, des rôles absolument différents, et constituent deux nouvelles catégories de contacts.

En résumé, les principales catégories de contacts auxiliaires sont les suivantes :

1º Contacts auxiliaires de verrouillage ;

2º Contacts auxiliaires d'accélération ;

3º Contacts auxiliaires de maintien.

Le système Sprague Thomson-multiple à contacteurs automatiques est actuellement employé sous deux formes différentes, du reste très voisines l'une de l'autre, au Métropolitain de Paris, l'un des modèles établi par la Société Thomson-Houston, l'autre par une autre Société Parisienne. Le schéma ci-joint (fig. 149) dans lequel sont déportées

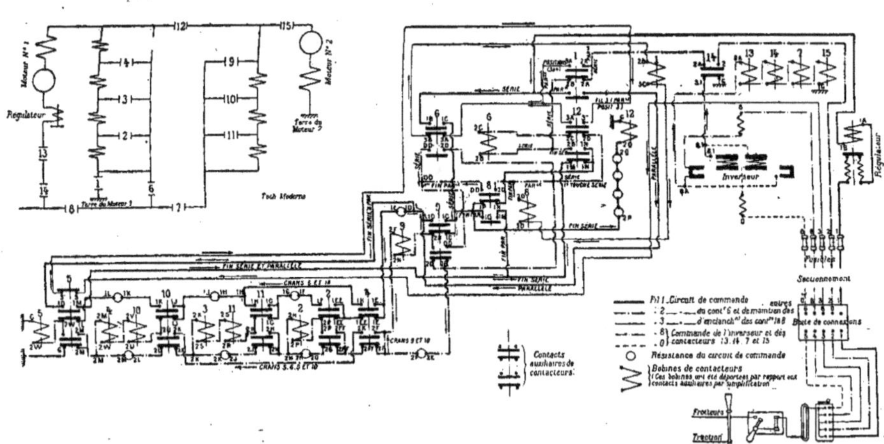

Fig. 149. — Système Sprague Thomson-Houston-multiple à contacteurs automatiques.

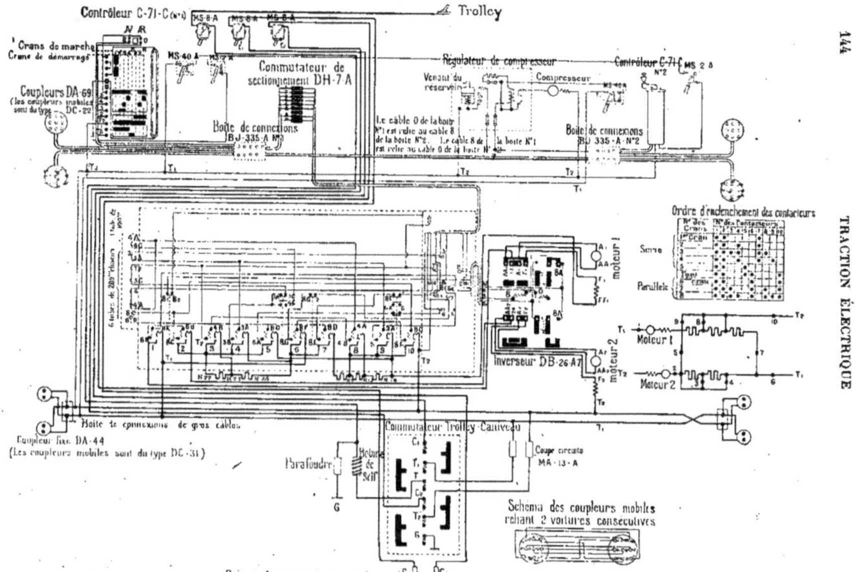

Fig. 150. — Système Sprague Thomson-Houston à contrôleur non automatique.

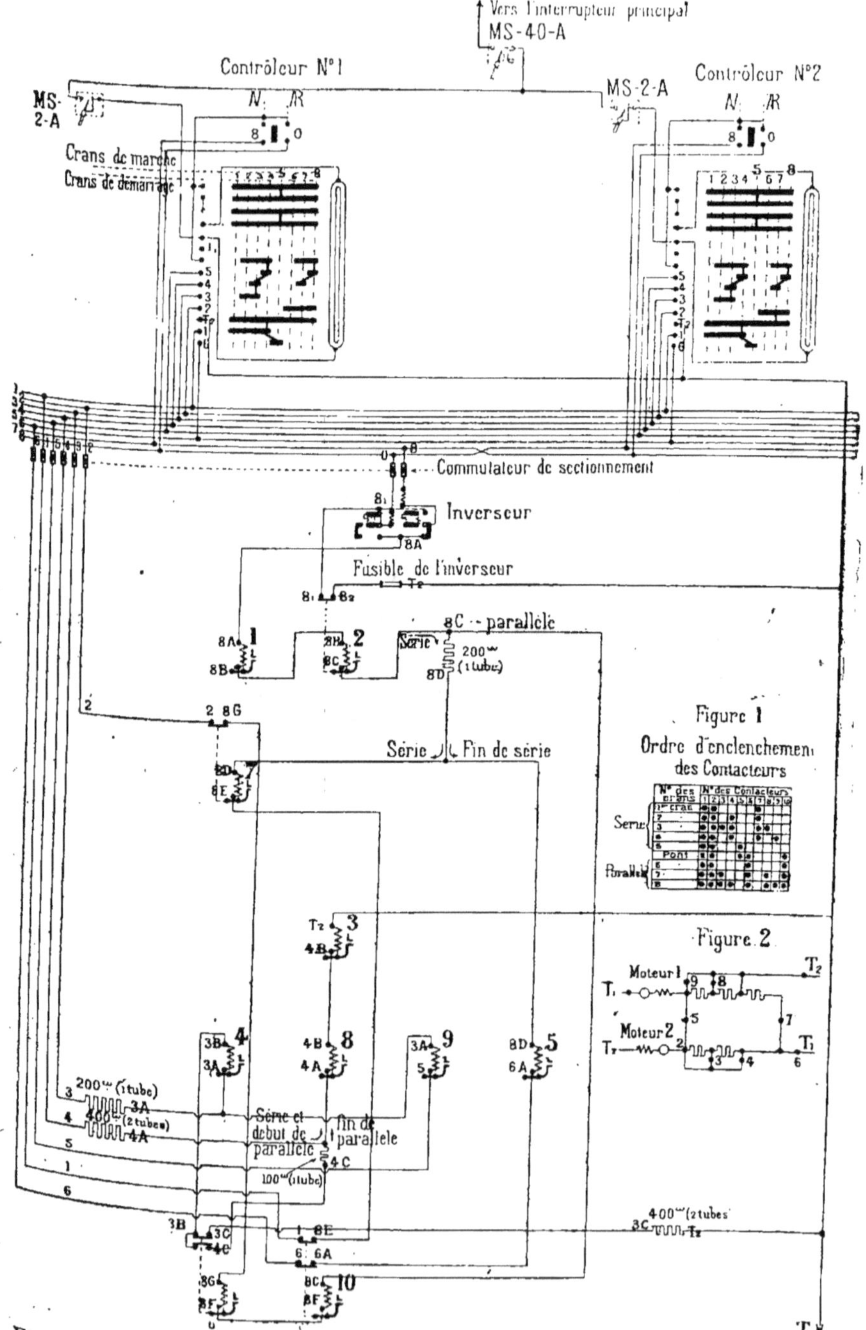

Fig. 150 *bis*. — Système Sprague-Thomson à contrôleur non automatique.

à dessein des bobines de contacteurs, par rapport aux contacts auxiliaires, permet de suivre très simplement les connexions établies pour chaque position du controller. A noter qu'avec le retour du controller à la position 1, après avoir acquis la position 2, on peut marcher cran par cran, c'est-à-dire sans recourir à l'automatisme (fig. 149).

APPLICATION DES PRINCIPES QUI PRÉCÈDENT

A titre d'exemple, nous examinerons plus longuement les dispositifs suivants relatifs à un mode déterminé de traction par unités multiples.

Équipements à unités multiples. — Système Sprague-Thomson-Houston à contrôleur non automatique

Les conditions à remplir sont les suivantes :

Les automotrices sont équipées suivant le système à unités multiples et comportent chacune deux moteurs des types G E 216 ou G E 219 (dont les puissances respectives sont de 46,5 HP et 63 HP, en une heure).

Les remorques sont munies d'un poste de commande.

Avec ces automotrices et ces remorques, on doit pouvoir composer les trains de constitution suivante :

1° 2 automotrices et une remorque intercalée ;

2° 1 automotrice et une remorque ;

3° 1 automotrice seule.

Dans tous les cas, le démarrage s'effectue sur chaque automotrice par la méthode ordinaire, série-parallèle — et le passage de couplage en série au couplage en parallèle s'effectue par la connexion du pont.

Pour l'étude du schéma général (fig. 150 et 150 *bis*), nous allons diviser celui-ci en trois parties :

1° Circuits principaux ;

2° Circuits de contrôle ;

3° Circuits auxiliaires (compresseurs).

Le train est parcouru par deux gros câbles appelés T_1 et T_2 qui relient entre elles les bornes T_1 et T_2 des commutateurs trolley-caniveau des différentes automotrices, de telle sorte que le train entier est toujours alimenté, même quand l'une des prises de courant passe sur une interruption de la ligne.

On pourrait alimenter le train entier avec une seule prise de courant, à condition que les frotteurs C_1 et C_2 de la prise de courant souterraine soient mis hors circuit chacun par un interrupteur, sur les automotrices où cette prise de courant est relevée. On voit en effet sur le schéma que le frotteur C_2 serait alors sous courant, puisqu'il est relié à T_2, ce qui pourrait être dangereux, attendu que lorsque la prise de courant souterraine est relevée, ses frotteurs viennent au voisinage de la masse du véhicule.

En tout cas, l'alimentation simultanée par les deux prises de courant suppose que les polarités du caniveau sont toujours de même sens.

Les figures de détail 1 et 2 (fig. 150 *bis*) (figures qui sont également reproduites sur le schéma d'ensemble 150) représentent, l'une le schéma simplifié du circuit des moteurs et des résistances de démarrage, l'autre l'ordre d'enclenchement des contacteurs aux différents crans du contrôleur ; il est facile de lire le schéma à l'aide du tableau.

Nous allons examiner de quelle manière les circuits de contrôle sont établis pour permettre l'enclenchement des contacteurs dans l'ordre indiqué figure 1. Pour cela, nous allons suivre la phase du démarrage et expliquer le rôle des différents contacts et interlocks, au fur et à mesure que nous les rencontrerons (fig. 150 *bis*).

Position 1 du contrôleur. — Le mécanicien place la manette d'inverseur du contrôleur n° 1 à la position de marche avant et prépare ainsi le circuit de l'inverseur. Il place ensuite la manette principale au premier cran de démarrage et réalise ainsi la connexion T1 — 8. L'inverseur se trouve donc alimenté par le fil 8, mais, comme d'après la façon dont il est figuré sur le schéma, il se trouve bien placé, il reste donc en position et le courant continue à suivre le fil 8 par 8 — 8A — 8B — 8C — 8D — 8E — 1 — T2 (la connexion 1 — T2 a été faite par le contrôleur) et il en résulte l'enclenchement des contacteurs 1 — 2 — 7.

(Si l'inverseur avait été en position de marche arrière, il aurait été alimenté par le circuit T1 — 8 — 8 1 — T2 et aurait basculé, coupant son propre circuit pour fermer ensuite celui indiqué plus haut : 8 — 8A, — etc...)

L'interlock 8_1 — $8_2$1 — T2 du contacteur 2 a pour but d'empêcher l'inverseur de fonctionner lorsque le circuit des moteurs est fermé.

(Ce verrouillage a le même but que celui qui, sur les contrôleurs ordinaires de tramways, empêche le mécanicien de manœuvrer l'inverseur quand la manette principale n'est pas au zéro.)

Sur la figure 150 *bis* on voit que, conformément à ce qui a été dit plus haut, le circuit des contacteurs 1. 2. 7 n'est fermé que lorsque l'inverseur est dans la position correspondant au sens de marche désiré (on peut dire que ce verrouillage des contacteurs par l'inverseur est l'équivalent de celui qui, sur les contrôleurs ordinaires de tramways, empêche le mécanicien de manœuvrer la manette principale quand celle de l'inverseur est au zéro).

Le circuit d'enclenchement des contacteurs 1, 2, 7 est asservi au contacteur 10 par l'interlock $\mathcal{E}E$ — 1 sur le rôle duquel nous reviendrons plus loin.

Position 2 du contrôleur. — A la position 2 du contrôleur, le fil 3 est connecté à T1 et le circuit suivant se constitue :

T1   3   3A   3B   3C   T2

ce qui provoque l'enclenchement du contacteur 4. Ce circuit est asservi au contacteur 6 par l'interlock 3B — 3 C sur le rôle duquel nous nous expliquerons également plus loin.

Position 3 du contrôleur. — Lorsqu'on passe au cran 3 du contrôleur, le fil 4 est alimenté et les contacteurs 8 et 3 enclenchent, leur circuit étant le suivant :

T1   4   4A   4B   T2

Position 4 du contrôleur. — Lorsqu'on passe au cran 4, le fil 5 est connecté à T1 et momentanément le contacteur 9 se trouve mis en parallèle avec la résistance 3 — 3A, mais le contrôleur coupe le circuit du fil 3, de telle sorte que le contacteur 9 se substitue à la résistance 3 — 3A dans le circuit du contacteur 4, circuit qui, en définitive, est le suivant :

T1   5   3A   3B   3C   T2

En même temps que le fil 3, le fil 4 a été déconnecté d'avec T1, ce qui entraîne la chute des contacteurs 8 et 3 (ceux-ci sont en effet devenus inutiles, puisqu'ils sont shuntés dans le circuit principal par les contacteurs 9 et 4, l'enclenchement du 3 n'était même pas utile, mais il est nécessaire que le 8 et le 3 enc'enchent en même temps pendant la marche en parallèle; aussi, par raison de simplicité, laisse-t-on le 3 enclencher en série).

Position 5 du contrôleur. — Si l'on place le contrôleur au cran 5, le contacteur 5 enclenche, et ceci grâce à la connexion 6 — T2 produite par le contrôleur ; le contacteur se trouve donc inséré dans le circuit des contacteurs 1 et 2, en remplacement du contacteur 7.

Pour qu'il n'y ait pas rupture du circuit des moteurs, les contacteurs 5 et 7 se trouvent momentanément connectés en parallèle ; enfin le 7 retombe en raison de ce fait que le contrôleur coupe le circuit du fil 1.

Le circuit définitif des contacteurs 1.2.3 est le suivant :

$$T1 \quad 8 \quad 8A \quad 8B \quad 8C \quad 8D \quad 6A \quad 6 \quad T2$$

La présence et le rôle de l'interlock 6 — 6 **A** seront justifiés plus loin.

Le circuit du fil 5 a été coupé par le contrôleur en passant du cran 4 au cran 5, et il en est résulté la chute des contacteurs 9 et 4.

Les contacteurs restant enclenchés au cran 5 sont donc :

$$1. \quad 2. \quad 5.$$

Position 6 du contrôleur. — En passant du cran 5 au cran 6, le contrôleur établit la connexion 2 — T2, ce qui connecte momentanément les contacteurs 6 et 10 en parallèle avec la résistance de contrôle 8C — 8D et le contacteur 5, c'est à ce moment que la connexion du pont est obtenue (voir schéma 2, fig. 150 *bis*).

Immédiatement après la fermeture du circuit 2 — T2, le contrôleur coupe le circuit du fil 6, ce qui provoque la chute du contacteur 5 et le circuit définitif des contacteurs 1.2.6.10 est alors le suivant :

$$T1 \quad 8 \quad 8A \quad 8B \quad 8C \quad 8F \quad 8G \quad 2 \quad T2.$$

L'interlock 8G — 2 du contacteur a pour but d'empêcher les contacteurs 6 et 10 d'enclencher si 7 n'est pas retombé. De même l'interlock 8E — 1 du contacteur 10 empêche le contacteur 7 d'enclencher si 10 n'est pas retombé. Il suffit de jeter un coup d'œil sur la figure 2 pour se rendre compte que l'enclenchement simultané des contacteurs 7.6.10 provoquerait presque un court-circuit à travers une faible portion de la résistance de démarrage.

Le contacteur 7 est appelé *contacteur de marche en série* et les contacteurs 6 et 10, contacteurs *de marche en parallèle*.

Ces deux groupes doivent toujours se verrouiller mutuellement. L'interlock 6 — 6A du contacteur 10 a pour but d'empêcher l'enclenchement accidentel du contacteur 5 pendant la marche en parallèle. On voit en effet (fig. 2) qu'en pleine marche en parallèle l'enclenchement du contacteur 5 concurremment avec celui de 10.9.6.4. entraînerait un court-circuit franc.

Position 7 du contrôleur. — Au cran 7, le contrôleur alimente le fil 4 et les contacteurs 8 et 3 enclenchent grâce au circuit T1 — 4 — 4A — 4B — T2.

Position 8 du contrôleur. — Au cran 8, le contrôleur connecte le fil 5 à T1 et il en résulte la création du circuit T1 5 3A 3B 4C 4A 4B T2, ce qui entraîne l'enclenchement des contacteurs 9 et 4. Ceux-ci se sont donc substitués à la résistance 4 — 4A dans le circuit des contacteurs 8 et 3, après être restés momentanément en parallèle avec elle, et ceci grâce aux deux interlocks du contacteur 6.

Les contacteurs définitivement enclenchés au dernier cran du contrôleur sont donc :

1.   2.   10.   6.

9.   4.   8.   3.

Croisement des fils. — Chaque automotrice étant munie de deux contrôleurs, les fils 8 et 0 de l'un sont connectés respectivement aux fils 0 et 8 de l'autre. Ceci est nécessaire pour que le mécanicien ait la même manœuvre à faire pour obtenir la marche AV ou la marche AR, quel que soit le contrôleur dont il se sert.

La marche AV d'un contrôleur correspond en effet à la marche AR de l'autre et, comme pour un même sens de rotation des moteurs, l'inverseur électro-magnétique doit être alimenté par le même fil. (8 par exemple), il est nécessaire que la borne 8 de ce dernier soit reliée d'une part à la borne 8 du contrôleur n° 1 et à la borne 0 du contrôleur n° 2.

Pour effectuer correctement ces croisements de fils, il n'y a qu'une méthode à suivre.

Toutefois nous avons figuré ci-dessous (fig. 151) l'emploi d'une méthode mauvaise à dessein qui facilitera la compréhension des points précédents et jouera le rôle d'une démonstration par l'absurde.

Méthode défectueuse de couplage.

1er Cas. — Elle donne une marche satisfaisante (fig. 151 [1]).

2e Cas. — La marche est défectueuse avec l'une des automotrices précédentes simplement retournée (fig. 151 [2]).

Nota. — Dans le deuxième cas, la motrice arrière ayant été retournée, son inverseur aurait dû basculer, c'est-à-dire être alimenté par sa borne 0 au lieu de 8 comme dans le cas précédent.

La bonne méthode consiste à croiser les fils 8 et 0 entre les coupleurs des deux extrémités de chaque automotrice et à relier les bornes 8 et 0

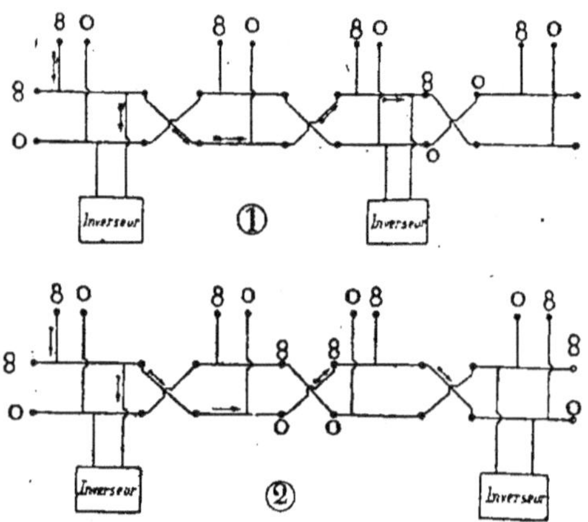

Fig. 151. — Couplage défectueux de deux automotrices.

de chaque contrôleur aux fiches 8 et 0 du coupleur placé à la même extrémité que lui ; on a donc le montage ci-dessous (fig. 152).

On voit que dans ce montage, en dehors des croisements dans chaque automotrice, nous avons croisé les fils 8 et 0 dans les câbles reliant les voitures entre elles ; ceci est nécessaire, car si les fils 8 et 0 étaient croisés simplement sur les automotrices, les deux croisements s'annuleraient dans le cas où il serait précisément nécessaire qu'il y eût croisement et il y aurait croisement dans le cas où il n'en faut pas.

On voit en effet, dans l'avant-dernier schéma ci-dessus, qu'en partant du fil 8 du contrôleur de la motrice avant, on rencontre deux croisements qui s'annulent, tandis que dans le schéma suivant on rencontre trois croisements dont un subsiste, les deux autres s'annulant.

L'addition d'une remorque entraîne l'addition d'un câble mobile d'intercommunication. Ce câble ayant ses fils 8 et 0 croisés apporterait un croisement de trop, il faut donc l'annuler par un autre qui doit être prévu sur le câble fixe parcourant la remorque.

En résumé, toutes les canalisations fixes et mobiles parcourant le train doivent présenter chacune un croisement des fils 8 et 0.

Pour que tous les compresseurs du train contribuent également à la production de l'air comprimé nécessaire pour le freinage, le compresseur d'une automotrice n'obéit pas directement au régulateur de cette automotrice.

Les régulateurs de compresseurs alimentent un fil appelé fil d'égalisation, lequel parcourt le train d'un bout à l'autre de la même façon que les fils du circuit de contrôle (pour notre cas, c'est le fil 7).

Sur ce fil d'égalisation est branché, dans chaque automotrice, un contacteur analogue à ceux employés pour le circuit des moteurs, mais

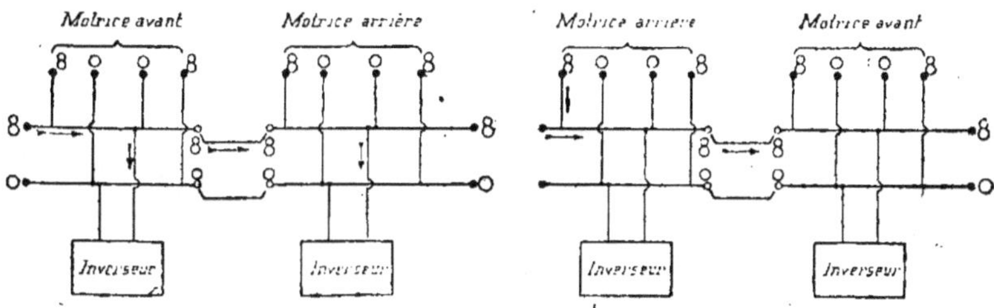

Fig. 152. — Couplage correct de deux automotrices.

de plus faible capacité. C'est ce contacteur qui ferme ou ouvre le circuit du compresseur correspondant suivant que le fil d'égalisation est ou n'est pas alimenté.

On conçoit que tous les compresseurs du train obéiront à un seul régulateur, ce régulateur sera celui qui sera réglé pour la plus haute pression, aussi bien pour la mise en marche que pour l'arrêt.

L'ensemble du régulateur, du contacteur des résistances de contrôle de celui-ci et des fusibles, forme un tout renfermé dans une boîte que l'on fixe sous la caisse de la même façon que pour les autres organes de l'équipement.

III. RÉGULATION ÉLECTRO-PNEUMATIQUE
WESTINGHOUSE

La Société Westinghouse s'est classée comme la plus active propagandiste de la transmission électro-pneumatique, par une extension, du reste toute naturelle, de sa parfaite autorité en matière de freinage. La com-

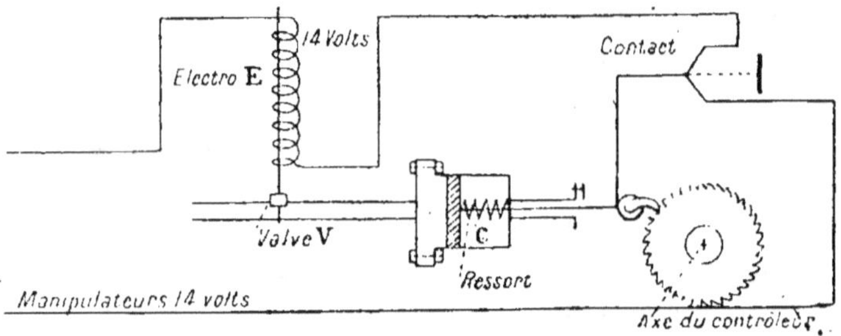

Fig. 153. — Système de régulation électro-pneumatique Westinghouse.
Commande du contrôleur.

mande électro-pneumatique peut s'appliquer aussi bien à la manœuvre des controllers et inverseurs affectés aux voitures isolées qu'à la commande de contacteurs analogues à ceux employés presque unanimement aujourd'hui. L'utilisation d'une source d'énergie (air comprimé) indépendante des accidents de route constitue d'après certains, un avantage, d'après d'autres un défaut. On devine aisément les raisons d'une telle divergence d'appréciation. D'autre part, la Société Westinghouse ne fait appel qu'à une tension très restreinte (14 volts), obtenue au moyen d'une petite batterie ou en dérivant, par voie

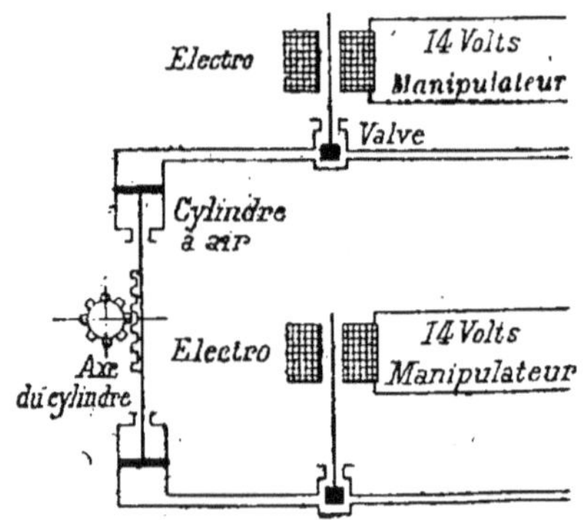

Fig. 154. — Sytème de régulation électro-pneumatique Westinghouse. Commande du cylindre de manœuvre de l'inverseur.

potentiométrique, la tension nécessaire sur une résistance établie pour le voltage total (fig. 153 et 154).

1° *Westinghouse primitif.* — Ce type Westinghouse était destiné à la commande des voitures à controllers. Un manipulateur de petites dimensions, dans la voiture de tête, alimente un certain nombre de fils réunis par des coupleurs, fils de section faible et à tension faible, donc sans danger. L'air comprimé est transmis tout le long du train, dans une canalisation spéciale. Dans certains cas, cette canalisation peut être limitée à chaque voiture, sans accouplements; les cylindres servo-moteurs à air comprimé comportent des pistons déplacés par l'établissement d'une pression déterminée sous l'influence d'électros ou solénoïdes (valves électro-pneumatiques) commandées par le courant électrique à basse tension.

Les arbres de controllers peuvent être commandés d'une manière continue, ou *cran* par *cran*, cette dernière manœuvre réalisée par l'intermédiaire d'un cliquet qui presse une roue dentée sur l'arbre à commander. Le mouvement par saccades est obtenu en installant une coupure dans le circuit électrique de l'électro-valve. Le circuit est rompu dès que le piston quitte sa position de repos, et ainsi de suite, puisque, quand il revient sur ses pas, un pont métallique est jeté sur les lèvres de la coupure.

Dans ces types primitifs, les fils sont le plus souvent au nombre de sept. Au premier cran du manipulateur, le courant ouvre une valve admettant l'air derrière un disjoncteur général qui reste enclanché; au cran 2, l'inverseur est placé dans la position de marche AV ou de marche AR sur chaque voiture; aux crans 3 et suivants, les arbres de contrôleur fonctionnent pour assurer la marche en série et la marche en parallèle.

2° *Système Westinghouse-Turret.* — La disparition progressive des controllers unitaires dans les voitures à régulation multiple a justifié l'emploi d'un nouveau système électro-pneumatique à treize contacteurs, dit Westinghouse-Turret, et qui a été en service sur le Métropolitain de Paris depuis 1905. Ces treize interrupteurs contacteurs sont disposés sur une base circulaire; une chambre centrale à air comprimé envoie, suivant les numéros des valves mises en action par le courant de contrôle, une pression déterminée dans les cylindres de contacteurs. Ce type, en raison de la forme cylindrique de son organe principal, est dit à tourelle; il est malheureusement assez encombrant et limite par cela même, d'une manière quelque peu fâcheuse, le nombre des positions de passage dans les diverses connexions d'équipement. Les interrupteurs de contacteurs commandés par le courant basse tension sont verrouillés électriquement de manière à empêcher toute fausse manœuvre ; un relais d'intensité est monté en série avec l'un des moteurs de la voiture.

3° *Westinghouse H. L. non automatique.* — Les systèmes de commande électro-pneumatiques à fonctionnement automatique ont été perfectionnés à diverses reprises, notamment en Amérique où de nouvelles variantes sont à l'étude et en essai. Nous ne les décrirons pas, nous bornant à mentionner l'apparition d'un nouveau système de contrôle multiple Westinghouse, dit H. L. non automatique, non plus affecté aux métropolitains, mais destiné à la traction électrique plus légère. Il est tout à fait identique, comme conception, aux systèmes à contacteurs étudiés plus haut, mais la commande des contacteurs est faite par voie électro-pneumatique. Le circuit de contrôle comprend douze fils à faible section, dont un de réserve.

IV. SYSTÈMES PNEUMATIQUES

Nous ne citerons que pour mémoire les systèmes d'ordre purement *pneumatique*, par exemple celui adopté sur la ligne du Fayet-Saint-Gervais à Chamonix. Le rôle de la transmission électrique y est réduit au minimum. Chacune des voitures motrices de cette ligne est pourvue d'un équipement rhéostatique ordinaire, mais la manœuvre du contrôleur de chacune de ces unités est assurée par une transmission d'air comprimé, absolument analogue à celle d'un frein monté sur les voitures de chemins de fer. A signaler cependant le dispositif très ingénieux permettant de faire prendre diverses positions au contrôleur par l'équilibre des efforts développés par le wattman, en envoyant derrière un gros piston de l'air à pression variable, et des efforts résistants développés par un système de petits pistons de longueurs différentes, derrière lesquels existe, au contraire, une pression d'air constante. — On conçoit la possibilité d'un tel équilibre, suivant la valeur de la pression envoyée dans la conduite par le wattman. Nous renverrons le lecteur aux mémoires originaux parus sur cette question.

V. LA RÉGULATION PAR UNITÉS MULTIPLES EN PRATIQUE COMPARAISON DES SYSTÈMES PNEUMATIQUES ET ÉLECTRIQUES

Divers systèmes de régulation par unités multiples sont ou étaient hier encore en service sur le Métropolitain de Paris, pour nous restreindre à cette seule Compagnie. Ont apparu successivement, et par ordre chronologique, le Westinghouse simple, le Thomson double, le Sprague ordinaire (servo-moteurs), le Westinghouse multiple (Westinghouse-Turret), le Thomson multiple, le Sprague-Thomson.

Tout récemment fonctionnaient encore concurremment sur les diverses lignes les trains de types suivants, savoir :

Ligne n° 1 : Sprague-Thomson (à relais automatiques).
— n° 2 : Thomson double.
— n° 3 : Thomson multiples, quelques Sprague-Thomson.
— n° 4 : Westinghouse-Turret.
— n° 5 : Thomson multiple.
— n° 6 : Thomson double.
— n° 7 : Thomson multiple.

Il est évidemment très difficile d'émettre ici un avis sur les valeurs relatives de ces deux ordres de systèmes : électrique et à air comprimé. Les uns et les autres sont encore en évolution et ne peuvent être, pas plus ceux d'ordre électrique que les derniers, considérés comme parfaits. Une foule de questions en apparence secondaires venant se superposer à la principale, le choix des systèmes, sont mises en jeu dans la régulation par unités multiples. Signalons en particulier la suivante :

Une des grosses difficultés auxquelles on se heurte dans la régulation par unités multiples, à commande électrique ou électro-pneumatique, réside dans le réglage que l'on doit apporter aux relais d'intensité et d'accélération auxquels on fait appel, pour ordonner le shuntage des résistances, en un mot pour régler le démarrage du train en *série* ou en *parallèle*. La question d'une bonne répartition unitaire des résistances par touche, ou plutôt ici par groupe de contacteurs, correspondant aux diverses phases du démarrage, est des plus importantes. Remarquons que le courant I_{max} est toujours fixé par le fait de la construction même des moteurs. Si l'on s'impose une résistance totale R_T composée de trois sections que nous supposerons égales, on fixe par cela même, en vertu d'un graphique intuitif de démarrage, l'intensité I_1, inférieure à laquelle doit fonctionner le relai.

En résumé, il est vraisemblable que la lutte entre les deux types de systèmes ne se traduira plus guère par des améliorations notables en ce qui concerne les modes de manœuvre des contacteurs. *L'accélération automatique*, si elle est conservée, et peut-être a-t-on déjà été trop loin dans cette voie, supposera toujours des liens électriques entre les courants des moteurs d'une part et la mise en jeu des contacteurs d'autre part. En d'autres termes, les systèmes électro-pneumatiques conserveront nécessairement et le mode d'émission des courants par leurs manipulateurs, et le mode de mise en jeu électro-automatique des résistances dans chaque voiture. La question se borne donc, à notre avis, à la suivante : vaut-il mieux avoir des contacteurs à *succion électro-magnétique* ou à *propulsion pneumatique*?

Les avantages de l'air comprimé dans les services de chemins de fer ont été indiscutablement démontrés durant ces quinze ou vingt années pour les freins, les aiguilles, etc. La régulation de grandes automotrices de puissantes locomotives — si les positions de passage ne sont pas trop nombreuses, si les emplacements dont on dispose s'y prêtent, — peut parfaitement se concevoir sous forme pneumatique. L'air comprimé permet d'exercer les pressions de 40 à 45 kilogrammes entre les contacts électriques du courant des moteurs, tandis qu'avec les contacteurs à commande électrique établis normalement, on ne peut guère dépasser 15 kilogrammes. L'usure est donc moindre avec le mode pneumatique; les pièces de contact moins larges pour une même puissance, plus puissantes pour une même largeur. L'étroitesse des surfaces de contact s'accommode bien d'un soufflage magnétique puissant ; l'air comprimé permet également l'emploi d'un ressort énergique pour l'ouverture du contacteur, ressort qui supprime le collage éventuel des deux pièces de contact. Ce collage existe souvent avec les contacteurs électriques par suite d'une fusion partielle, la pression étant relativement faible et pouvant s'abaisser encore lorsque la tension de la ligne tombe au-dessous de sa valeur normale.

Le poids du contacteur semble devoir être plus petit avec le mode électro-pneumatique qu'avec l'autre. Cette considération n'est pas négligeable ; on sait que pour une voiture faisant 250 kilomètres par jour, les frais de traction atteignaient souvent avant la guerre 800 francs par tonne-an ou 0,80 fr. par kilomètre-an. Nous ne croyons pas que l'objection faite d'accident possible par le fait de la suppression de la réserve d'air comprimé soit réellement grave; si la voiture fait partie d'un train, elle peut être considérée après cet accident comme une remorque et traitée pour telle. On peut en outre prévoir une installation de réserve, comme compression d'air éventuelle soit par essieu, soit par voie électrique (dérivation du courant de ligne). Certaines voitures (installations à courant continu haute tension) sont pourvues dans le même ordre d'idées de ces organes de secours. On peut de même éviter, avec un peu de soin, tout accident relatif à la congélation possible des tuyaux en hiver. Les problèmes qu'on a à résoudre en traction par air comprimé sont autrement graves et on en triomphe cependant très aisément.

CHAPITRE VIII

ALIMENTATION DES MOTEURS DE TRACTION
PAR LIGNES AÉRIENNES

GÉNÉRALITÉS SUR LES DISTRIBUTIONS AÉRIENNES

Une distinction générale doit être établie, tout d'abord, entre les chemins de fer proprement dits, hauts consommateurs d'énergie électrique, et les tramways qui réclament naturellement des intensités beaucoup plus faibles. Aussi les tramways sont-ils presque tous alimentés soit par voie aérienne (trolleys ou archets), soit par voie souterraine (caniveaux), ou enfin à fleur de sol (contacts superficiels). Tous ces modes de distribution ne supposent que des intensités et des densités de courant réduites.

Au contraire, les chemins de fer proprement dits seront pourvus de rails de distribution, à sections souvent considérables, offrant la résistance la plus faible possible ; rails généralement disposés à côté des voies de roulement sur les ballasts et les traverses, plus rarement au sommet d'édifices métalliques, équipement coûteux (véritables passerelles à signaux, pylones, arceaux, etc.), comme il en existe encore en Amérique, et, notamment, dans les voies en tunnel (Baltimore-Ohio).

Principaux caractères d'une distribution aérienne

Ce mode de distribution s'effectue souvent par l'intermédiaire d'un seul fil conducteur relié à l'une de ses extrémités, ou vers son milieu, à l'usine centrale. Ce cas d'alimentation directe convient aux installations peu importantes et pour lesquelles les parcours sont restreints. Dans tous les autres cas, le fil conducteur est relié à l'usine centrale, parfois directement en un point, mais surtout par l'intermédiaire de *feeders* (soit câbles nourriciers), mettant en communication électrique l'usine

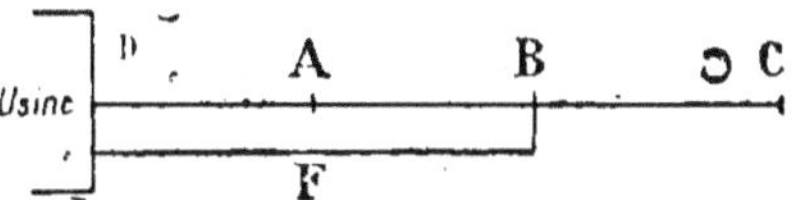

Fig. 155. — Amélioration des chutes de tension sur les lignes par insertion de feeders d'amenée.

génératrice avec des points convenables choisis sur le fil de trolley et abaissant, par cela même, la chute de tension dont ce fil est le siège

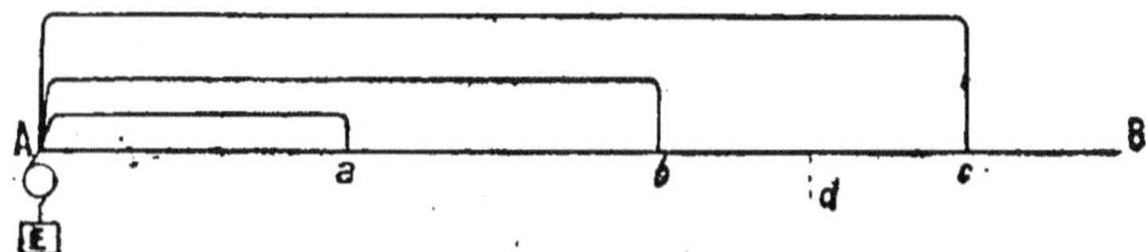

Fig. 156. — Distribution aérienne continue avec feeders.

(fig. 155 et 156). Il est en effet évident que l'insertion d'un conducteur feeder au commencement du dernier tiers du parcours (au moins appro-

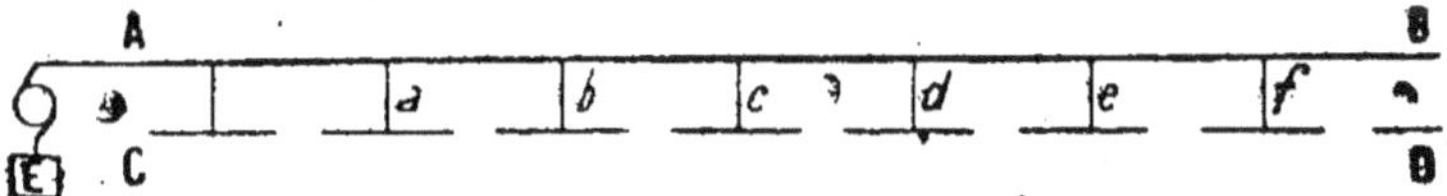

Fig. 157. — Distribution aérienne sectionnée sans feeder.

ximativement) avec station génératrice à un bout, aura pour effet de réduire dans un rapport considérable la chute de tension en ligne

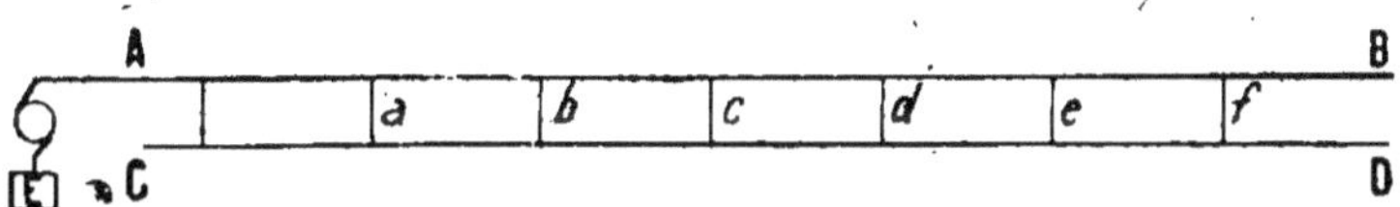

Fig. 158. — Distribution aérienne continue avec feeder en parallèle.

(exactement $\frac{1}{9}$ si les voitures sont identiques, également chargées et régulièrement espacées) (fig. 156).

Les fils de trolley peuvent être doublés, d'une manière permanente, par les feeders, ou au contraire divisés en sections isolables à volonté; les conditions locales permettent aux ingénieurs de fixer leur choix entre

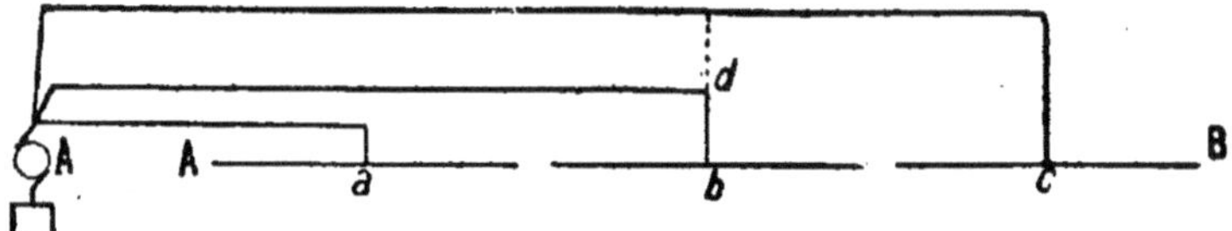

Fig. 159. — Distribution aérienne à alimentation sectionnée.

les très nombreux systèmes de liaison des feeders au fil de trolley, préconisés en traction électrique (fig. 156 à 159).

On alimente quelquefois, dans le cas de lignes aériennes longues ou

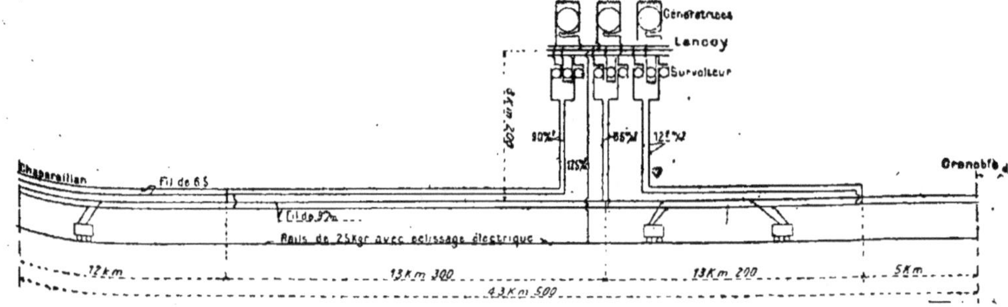

Fig. 160. — Schéma de connexions électriques pour l'alimentation du chemin de fer de Grenoble à Chapareillan.

absorbant une quantité importante d'énergie, deux fils aériens reliés respectivement aux pôles + et — de l'usine génératrice. Les rails, donc

Fig. 161. — Ligne de tramway à distribution aérienne avec survolteur.

les roues et les milieux de l'équipement moteur, sont reliés électriquement à un point neutre constitué à l'usine génératrice (deux génératrices ou systèmes de génératrices à excitation quelconque, mais couplées en série). Cette disposition est adoptée sur la ligne de l'État français de Saint-Georges-de-Commiers à la Mure, actuellement prolongée sur Gap (distribution à 2.400 volts entre fils, soit + ou — 1.200 volts par rapport au sol). Elle est aussi utilisée sur la ligne de tramways interurbains de Grenoble à Chapareillan (fig. 160) ; en raison de la longueur et du caractère quasi rectiligne de ce parcours, la station centrale alimente la ligne par trois paires de feeders aboutissant aux fils + et — de la ligne ; chaque feeder d'une même paire est pourvu d'un survolteur dont le rôle consiste à créer une force électromotrice supplémentaire, à peu près égale à la chute de tension dans le feeder correspondant, ainsi que dans la portion de parcours considérée (fig. 160 et 161).

Fils conducteurs

Les fils conducteurs, d'un diamètre généralement supérieur à 5 ou 6 millimètres, généralement 8,2 (jauge anglaise n° 0), sont en bronze phosphoreux ou siliceux, présentant des résistances à la traction élevées, pesant 470 kilogrammes environ au kilomètre. Le fil est parfois cependant choisi en cuivre dur, possédant une conductibilité relative de 0,98 par rapport à l'étalon de Mathiesen. Quelquefois on lui donne, pour faciliter son montage, la forme d'un 8 ; le serrage s'effectue ainsi beaucoup plus énergiquement.

Modes de suspension du fil conducteur

Le fil conducteur pour tramway peut être supporté de plusieurs façons, mais généralement par l'intermédiaire de clochettes (isolateurs spéciaux pourvus d'organes mécaniques de suspension, que nous allons décrire) montées sur un tube-console et en porte-à-faux sur le poteau (fig. 162 à 172).

Les lignes d'alimentation aérienne des tramways urbains et suburbains ne se sont guère modifiées depuis une vingtaine d'années. Ce type de matériel a atteint aujourd'hui un haut degré de perfection, et suspensions rigides par clochettes, suspensions élastiques sur tubes consoles, suspensions par fils transversaux, sont employées avec la même faveur, suivant les cas, malgré une certaine tendance à l'extension des lignes élastiques sur console, solution économique pour les parcours de banlieue. Les lignes à courant continu haute tension ne diffèrent guère des précédentes que par un isolement supérieur, plus particulièrement soigné.

1° *Suspension type rigide sur tube-console.* — Le montage de la clochette sur le tube-console, par serrage d'un collier faisant corps avec cette clochette, constitue la suspension type rigide. La clochette comporte essentiellement un boulon isolant, tige filetée en acier avec son écrou, empêchant cette tige de tourner lors des montages, par rapport

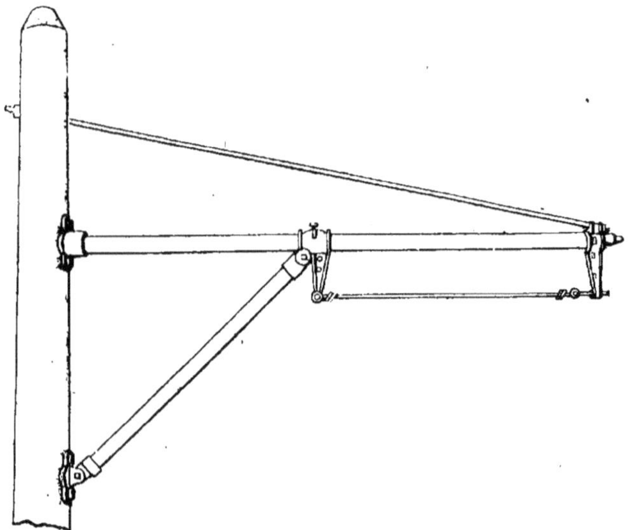

Fig. 162. — Ligne aérienne à suspension élastique sur tube-console.

au cylindre-enveloppe, ce dernier constitué en matière isolante (ambroïne « Hécla », Saint-John Manufacturing C°, stabilite). Ce boulon isolant, dont la tête déborde sensiblement par rapport au corps, repose par la surface inférieure de cette tête, sur une clochette de métal ; un bouchon fileté, avec interposition d'un carton isolant, solidarise le boulon et le manteau de la clochette. Celle-ci porte deux oreilles pourvues de trous calibrés, dans lesquels passe un axe solidaire d'un collier de serrage, à monter sur le tube-console à utiliser. Ce collier porte en effet lui-même deux oreilles extérieures aux précédentes et dans lesquelles passe l'axe d'articulation de la clochette. On réalise ainsi, lorsque le fil conducteur

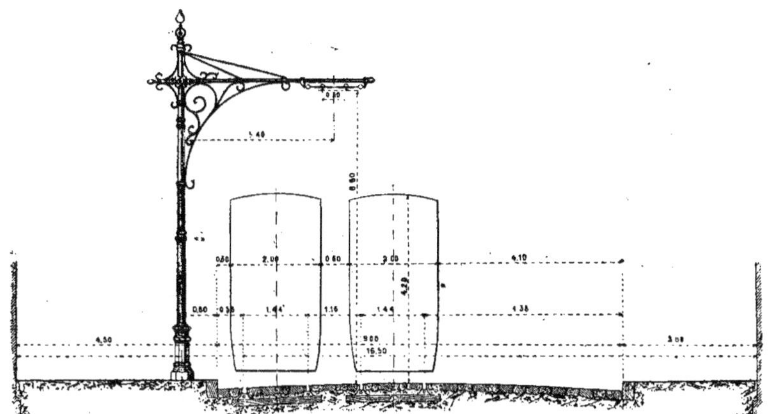

Fig. 163. — Voie de traction urbaine à distribution latérale.

est monté, un système légèrement déformable, mais dont l'élasticité sera cependant restreinte et souvent insuffisante (fig. 170).

Le boulon isolant reçoit, sur sa partie filetée, un organe dénommé

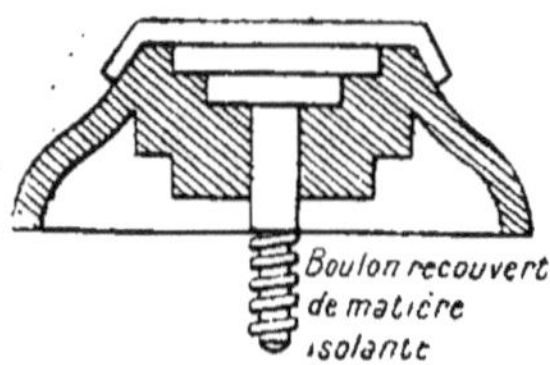

Fig. 164. — Suspension par clochettes isolantes. Chapeau et boulon isolants.

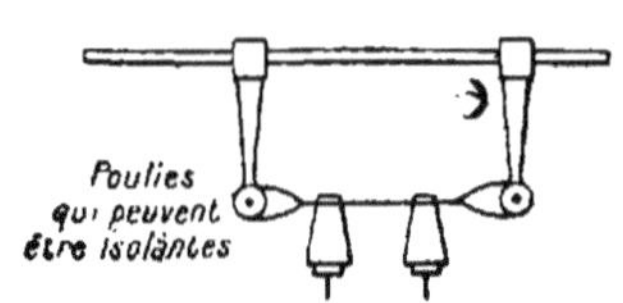

Fig. 165. — Suspension élastique par clochettes isolantes sur tube-console.

pince, constitué essentiellement par une tête taraudée avec prolongements latéraux pourvus d'une gorge dans laquelle vient se loger le fil

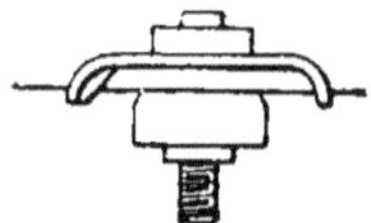

Fig. 166. — Suspension élastique sur console par clochettes isolantes.

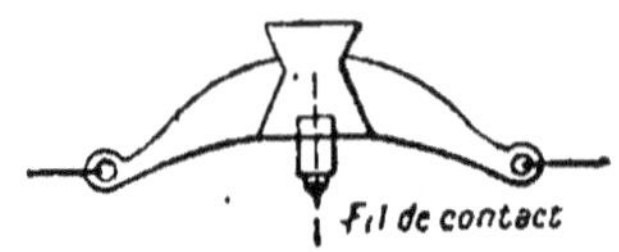

Fig. 167. — Suspension élastique sur tube-console par clochettes isolantes.

conducteur. On rabat généralement les lèvres de la gorge au maillet sur le fil. On peut même consolider cet assemblage par soudure ou l'effec-

Fig. 168. — Suspension élastique à tube-console avec clochettes isolantes.

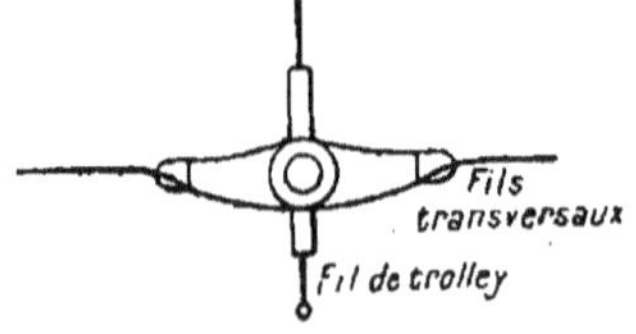

Fig. 169. — Suspension élastique par tube-console à clochettes isolantes.

tuer par soudure seule. Il existe des oreilles spéciales en deux parties, jointes avec clavettes, embrassant le fil étroitement, donc, réalisant la suppression des soudures ; malheureusement, les intempéries rendent souvent difficile le démontage d'une telle ligne aérienne, et ainsi disparaît le principal avantage de cette disposition, sans que s'évanouisse en même temps sa cherté...

D'une manière générale, toutes les installations de traction doivent réaliser strictement le principe du double isolement entre le fil de travail et le sol, double isolement qui comprendra d'abord, le boulon isolant de la clochette, et enfin, ou le bois d'un poteau dans le cas de l'emploi de ce type de support, ou un coussinet de hêtre créosoté interposé entre le boulon de serrage de la clochette, et le tube-console, dans le cas d'un poteau métallique ; l'utilité du double isolement est intuitive ; elle pare à tous les accidents provenant de la rupture d'un des deux éléments de cette ligne de défense.

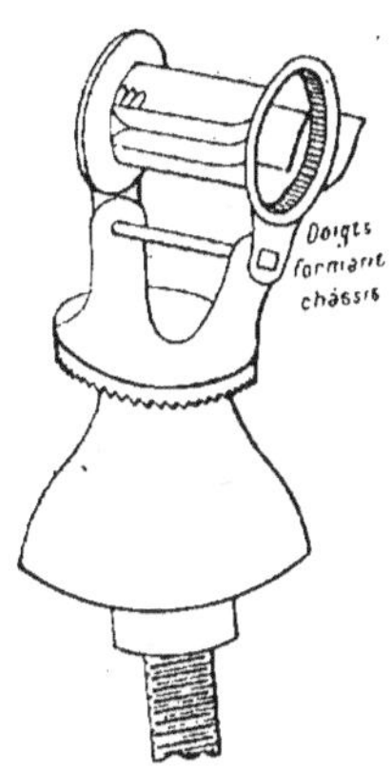

Fig. 170. — Suspension rigide sur tube-console. Clochette isolante.

2° *Suspension élastique sur tube-console.* — Les suspensions rigides donnent souvent naissance à de graves inconvénients avec les trolleys dits « axiaux » c'est-à-dire conservant en projection horizontale une position les écartant de très peu de l'axe curviligne des courbes, donc correspondant à un mouvement de la perche dans un plan médian de la voiture, passant par le grand axe de celle-ci. Au contraire, la suspension élastique sur tube-console, constituée par deux colliers de serrage avec fils d'acier transversaux supportant la clochette (ou les deux clochettes, cas d'un double fil), présente l'avantage d'une élasticité très appréciée pour les trolleys axiaux. On a substitué, sur un grand nombre de lignes suburbaines, cette disposition à la première. Elle permet la réalisation de vitesses plus considérables, sans risque de déraillement des perches.

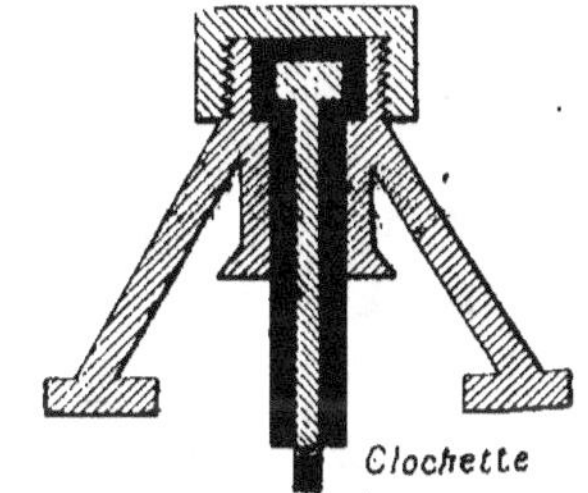

Fig. 171. — Coupe d'une clochette isolante.

Elle peut être réalisée sous deux formes, soit avec les isolateurs-clochettes à deux bras (œilletons ménagés dans les bras et où l'on fixe le fil support), soit par isolateurs-clochettes spéciaux, à deux bras également, mais ces deux bras étant pourvus de gorges dans lesquelles passe le fil de tension. Ce fil épouse en outre une gorge pratiquée sur le manteau de la clochette, d'où résulte le très grand avantage du non-sectionnement pour le fil, joint à une solidité très suffisante de l'ensemble. Un vice de montage de la ligne aérienne se corrige ainsi presque automatiquement, la clochette glissant insensiblement sur le fil de suspension, jusqu'à la position la meilleure indiquée par la perche elle-même (fig. 165 à 169).

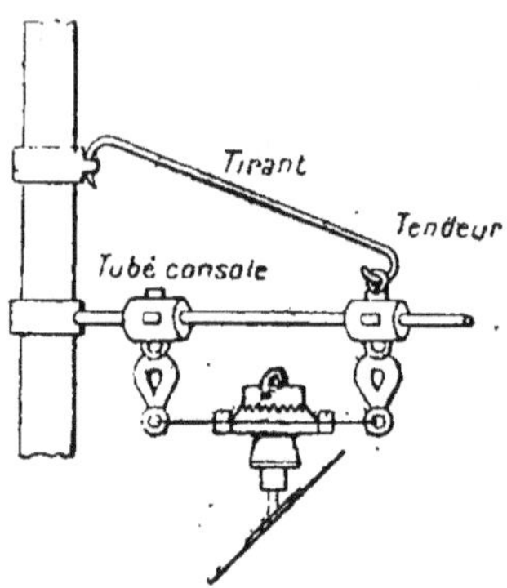

Fig. 172. — Suspension élastique sur console. Ligne à un fil.

3° *Suspension par fils transversaux.* — Ce dernier dispositif résulte du précédent, poussé à l'extrême. Il est économique, puisqu'il permet d'utiliser, à côté de poteaux, les appuis existant sur la bordure d'une voie, maison, mur, etc... Malheureusement, il donne naissance, dans le cas tout au moins du trolley axial, à des polygones articulés, si complexes et si enchevêtrés que les municipalités, avec raison, proscrivent souvent ce mode d'établissement des lignes.

Fig. 173. Suspension par fils transversaux. Isolateur à une branche.

Le fil transversal est constitué par un câble d'acier de 7 à 12 conducteurs, extrêmement résistant (prévu souvent pour 100 kilogrammes à la rupture par millimètre carré).

Fig. 174. — Suspension par fils transversaux. Isolateur à une branche.

Le fil supporte des isolateurs-clochettes, soit à deux branches pour sectionnement (fig. 183), soit, au contraire, à deux branches mais à

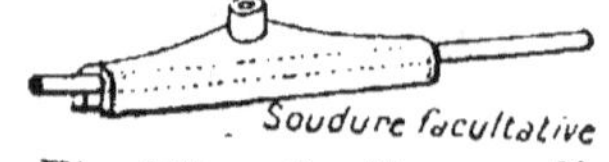

Fig. 175. — Oreille pour fil aérien avec ou sans soudure.

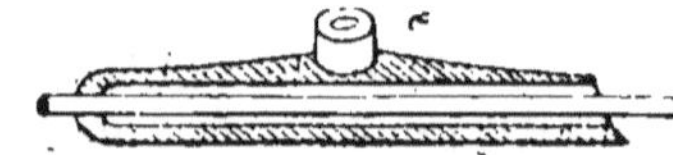

Fig. 176. — Oreille pour fil aérien en courbe.

gorge, donc sans sectionnement (fig. 181). Le fil est retenu aux appuis par l'intermédiaire d'œillets généralement montés sur des tendeurs

isolants à vis, du type Brooklyn. Les Brooklyns sont de véritables boulons isolants dont le chapeau est pourvu d'un œillet qu'on accroche

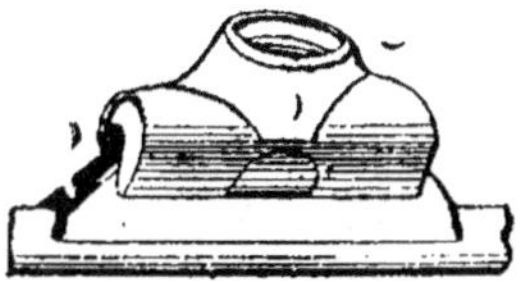

Fig. 177. — Oreille
pour fil aérien.

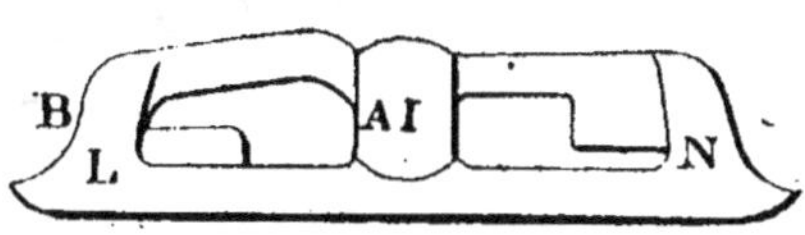

Fig. 178. — Oreille
de suspension.

aux rosaces (pièces terminées par des crochets, et montées au flanc des
appuis). Le tendeur Brooklyn (fig. 192) présente l'avantage tout à fait

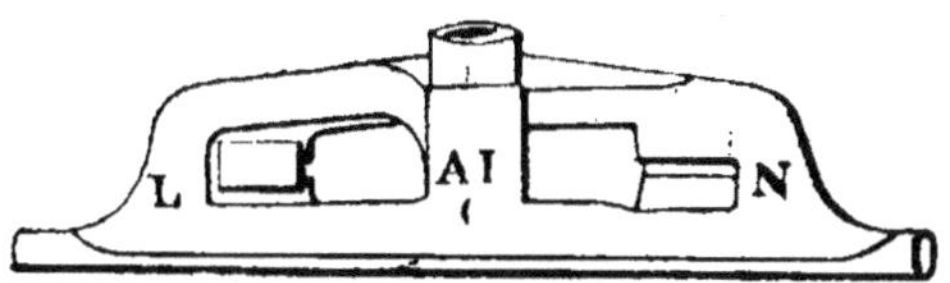

Fig. 179. — Oreille de suspension.

remarquable de permettre aux monteurs d'effectuer le travail d'équipement de la ligne sur le sol, avec les précautions d'usage naturellement,

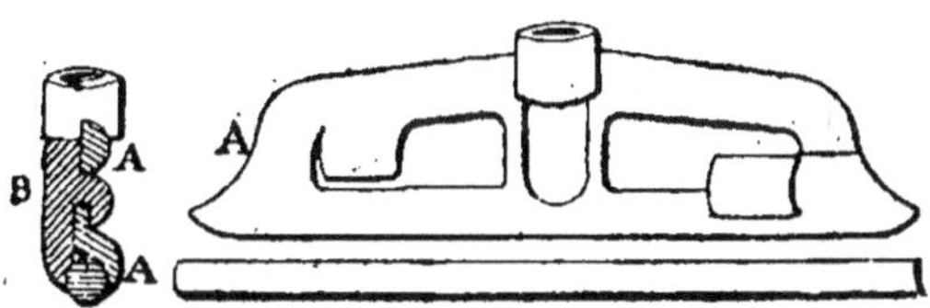

Fig. 180. — Oreille ou pince pour fil de travail.

et de ne régler la tension du fil transversal qu'après accrochage de ce
Brooklyn à la rosace (fig. 186).

On interpose également sur les fils transversaux des boules isolantes
constituées, soit en porcelaine avec|deux gorges diamétrales rectan-
gulaires, soit avec des matières isolantes diverses, mais dans lesquelles
les pièces métalliques noyées dans la masse doivent uniformément tra-

vailler en comprimant la matière interposée ; la plupart de ces isolants sont en effet capables de fournir une certaine résistance à la compression ;

Fig. 181. — Suspension par fils transversaux sans sectionnement.

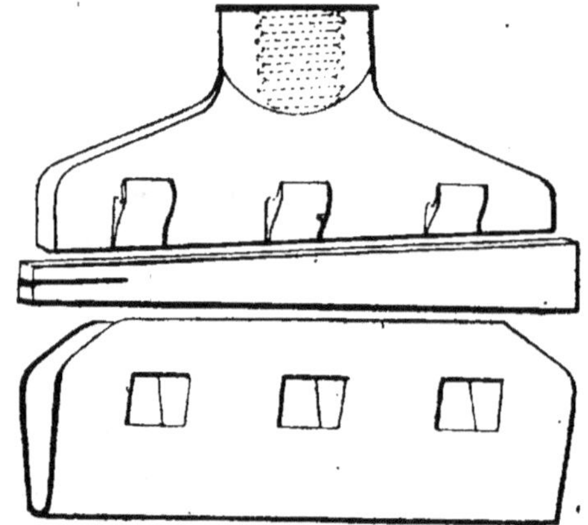

Fig. 182. — Oreille à recouvrement sans soudure.

mais une résistance beaucoup plus faible à la traction (fig. 184-185, 187 et 188).

Données spéciales aux fils tranversaux. — Ils sont le plus souvent constitués par des câbles d'acier galvanisé de 20 millimètres carrés. Leur résistance spécifique mécanique peut aller, nous l'avons dit, jusqu'à 80 ou 100 kilogrammes par millimètre carré ; leur limite d'élaslicité ne dépasse pas 30 kilogrammes. Leur coefficient d'élasticité a pour valeur 22.000 kilogrammes par millimètre carré. Le poids d'un tel fil est de 0,160 kilogramme par mètre. En admettant une surcharge accidentelle de 0,013 kilogramme par mètre, pour tenir compte de certaines circonstances climatériques défavorables (neige, givre, etc..,) on peut adopter le poids total de 0,17 kilogramme au mètre. La charge portée par le fil

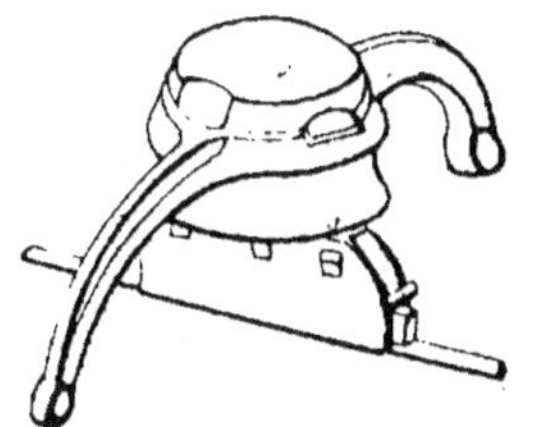

Fig. 183. — Isolateur à deux branches (pour sectionnement du fil transversal).

Fig. 184. Boule isolante.

transversal peut être constituée par une longueur de 2×40 mètres de fil conducteur, soit environ 40 kilogrammes, auxquels il faut ajouter le poids des isolateurs, soit pour une voie 2,5 kgr. ou pour les deux voies 5 kilogrammes.

La charge portée par le fil transversal peut donc être prise égale à 45 kilogrammes.

Il est facile de calculer la flèche prise par un fil transversal travaillant dans des conditions données. Considérons par exemple deux points d'appui. Cherchons la

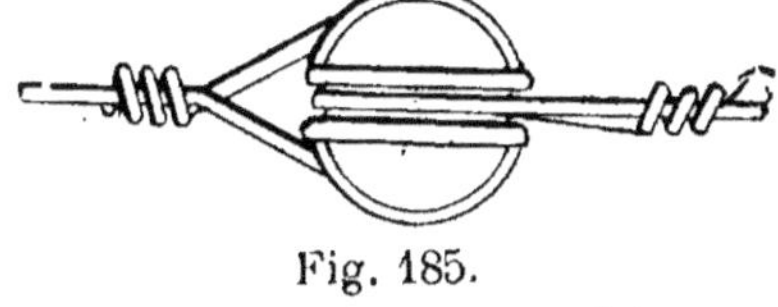

Fig. 185.
Boule isolante pour ligne aérienne.

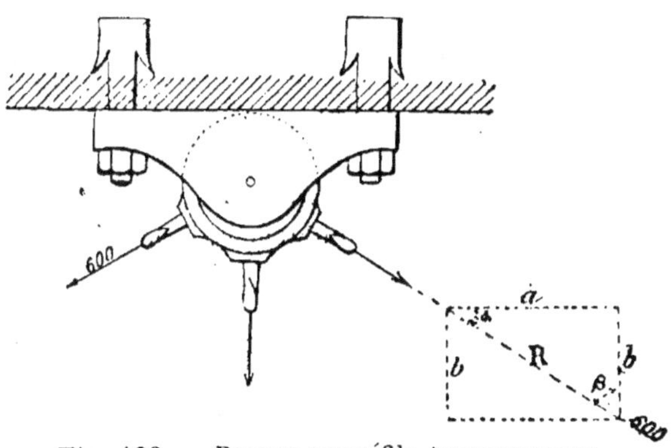

Fig. 186. — Rosace pour fils transversaux.

valeur de la flèche imposée à ces fils transversaux supportant le fil conducteur.

Soit e la distance des points d'appui du fil transversal en mètres, m et n les écarts horizontaux des points d'appui au point d'application

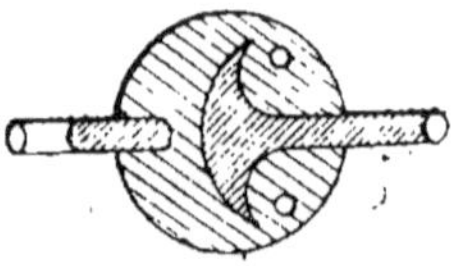

Fig. 187. — Boule isolante pour
fils transversaux.

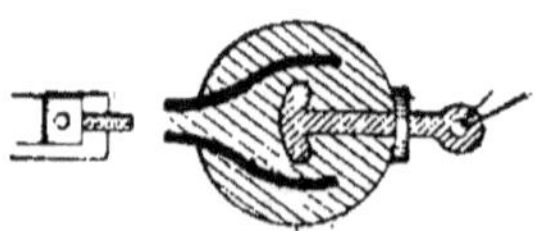

Fig. 188. — Boule isolante
pour fils transversaux.

de la charge (fig. 189). Soit P le poids du fil conducteur et de ses isolateurs ; soit enfin q le poids du fil transversal par unité de longueur,

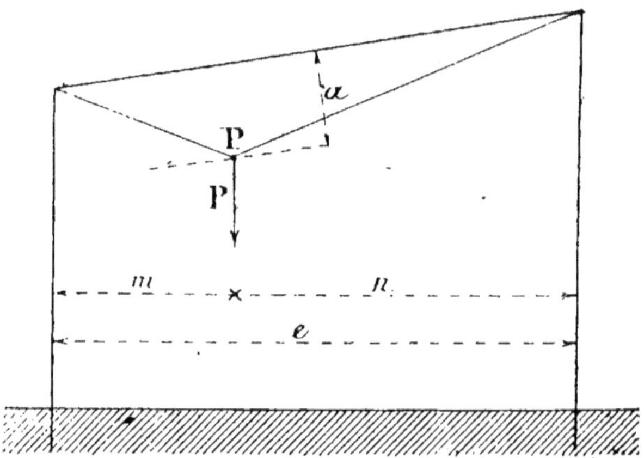

Fig. 189. — Epure du soutien par fil transversal.

c'est-à-dire par mètre. La charge totale au point d'appui, ou tension exercée par l'ensemble du fil conducteur et du fil transversal, sera $P + \dfrac{eq}{2}$ (fig. 189).

Nous aurons enfin, si f désigne la flèche en mètres du fil conducteur aux points d'appui, T, la tension $P + \dfrac{eq}{2}$, et si l'on suppose $m = n$.

$$f = \frac{e}{4} \; \frac{eq}{2T} = \frac{e^2 q}{8T}$$

Dans le cas général où m et n sont différents, on établit aisément la formule $f = \dfrac{mn}{e} \cdot \dfrac{eq}{2T}$.

Cette flèche doit être toujours inférieure ou au plus égale au 1/10 de la hauteur des fils. On voit qu'elle dépend, du reste, du mode de suspension adopté.

Fixation du fil conducteur au moyen de fils auxiliaires ou d'ancrage. — Outre la suspension du fil, il importe que ce fil soit consolidé dans certains cas, où il a à supporter des efforts de traction plus ou

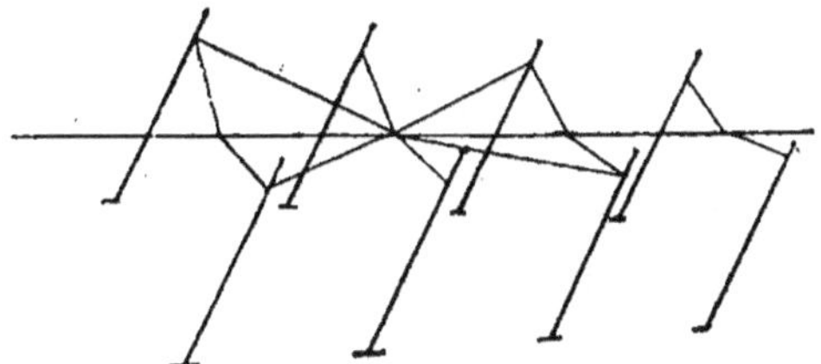

Fig. 190. — Ancrage du fil conducteur en alignement droit.

moins considérables (terminus, courbes de faible rayon, fortes rampes, etc.). Cette disposition, qui est toujours à recommander, a une extrême

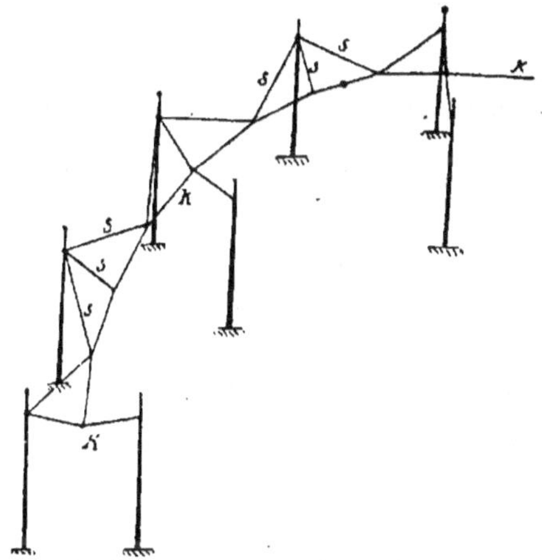

Fig. 191. — Ancrage du fil conducteur en courbe.

importance dans le cas où l'interruption du service par rupture d'un fil est particulièrement à craindre.

Dans ce cas, en effet, toute la tension horizontale, existant jusque-là du fait des fils transversaux de suspension, disparaît (fig. 190 à 195).

La figure 190 représente un mode d'ancrage de fils très employé en alignement droit et qui s'effectue sur trois paires de poteaux.

On peut aussi adopter un ancrage n'intéressant que deux paires de poteaux, en établissant les fils d'ancrage en diagonale. Le fil conduc-

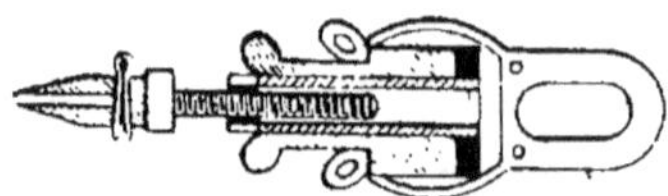

Fig. 192. — Tendeur isolant
Brooklyn pour fils transversaux.

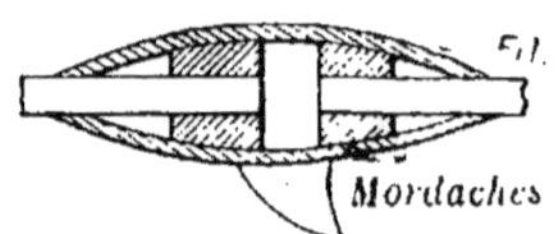

Fig. 193. — Raccord des fils
aériens. Fuseau à soudure.

teur est relié aux fils d'ancrage au moyen de pinces plates appliquées à ce fil conducteur et terminées par des isolateurs maintenus par ces fils d'ancrage. On conçoit aisément que si l'on désire réaliser, en même temps qu'un maintien très solide des fils conducteurs dans un même plan vertical, une élasticité suffisante dans ce plan, ces deux conditions sont

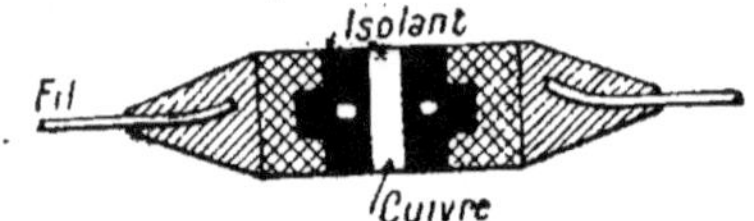

Fig. 194. — Raccord des fils aériens.
Fuseau isolant.

Fig. 195. — Raccord des fils
aériens. Oreille spéciale.

incompatibles, au moins avec l'emploi de fils d'ancrage. Il serait préférable de réaliser un polygone déformable avec contacts glissants.

Il convient en pratique d'ancrer solidement le fil de trolley tous les 300 à 500 mètres, de manière à éviter un déplacement de ce fil dans le sens de la longueur.

Les fils d'ancrage peuvent aussi être attachés à des points fixes autres que les poteaux, par exemple, aux murs des maisons ou des édifices publics. Ils sont toujours destinés à supporter la tension horizontale totale des conducteurs quand ceux-ci viennent à se rompre.

Normalement, ces fils n'ont guère à supporter de tension effective qu'en courbe. Dans ce cas particulier, leur rôle est plus complexe : ils sont généralement désignés sous le nom de fils de tension.

Fils de tension. — Les fils conducteurs sont souvent maintenus dans les courbes par des fils de tension dont une extrémité est fixée à des poteaux ou aux maisons voisines.

Il est facile de voir que ces fils de tension ont à supporter, en même temps que la charge provenant du poids du fil conducteur, les tensions latérales exercées par celui-ci sur le sommet de l'angle formé par les deux tronçons.

Le fil de tension doit donc être calculé de manière à pouvoir résister aux deux actions :

1° Poids du fil conducteur ;

2° Résultante des tensions exercées par le fil conducteur dans un sens ou dans l'autre. Pour que cette dernière force ait la plus faible valeur possible, il faut que les angles de cette résultante avec les tensions latérales composantes soient de 60°.

La réaction développée par le fil de tension, égale et contraire à cette résultante, fait dans ce cas avec les fils conducteurs des angles de 120°.

L'effort total supporté par le fil de tension est donc représenté par une force contenue dans le plan vertical mené par la résultante des tensions latérales.

Cet effort total a lui-même pour valeur la résultante du poids de l'ensemble des fils et de celle des tensions latérales. Cet effort total doit être pris en général comme égal à 600 kilogrammes. La flèche de l'ensemble est donnée alors par la formule :

$$f = \frac{e}{4} \times \frac{eq}{2 \times 600} = \frac{e^2 q}{4.800}$$

d'où, en supposant l'emploi des mêmes fils que pour les fils transversaux :

$$f = \frac{e^2 \times 0,17}{4.800} = 0,000035 e^2.$$

Les fils de tension et d'ancrage sont le plus souvent fixés aux murs des maisons voisines, au moyen de rosaces dont le type a été déjà étudié (fig. 186).

Aménagement d'un terminus de ligne. — Dans le cas d'une ligne à double fil, les poteaux terminaux seront placés de manière qu'ils travaillent à peu près également. Au sommet de chacun des poteaux on place un collier, supportant un fil tendeur ayant au moins 1 centimètre d'épaisseur.

Ces fils d'acier viennent s'amarrer aux fils de trolley par l'intermédiaire de boules isolantes ou de crampons isolants (pour résister à de plus grands efforts) (fig. 185, 187, 188 et 194).

Tendeur isolant monté sur son collier. — On constitue ces isolateurs à simple isolement, sans isolement et à double isolement.

Poteaux

L'ensemble du fil de travail et des accessoires est porté, soit par les murs riverains, soit par des poteaux.

Poteaux en bois. — Les poteaux peuvent être en bois ; ils sont alors en sapin injecté à la créosote ou au bichlorure de mercure.

Pour une hauteur utile de 6 m. 50 à 7 mètres, ils ont à la base un diamètre de 0 m. 25 à 0 m. 30, et au point d'attache un diamètre de 0 m. 15 à 0 m. 20.

Dans ces conditions, les poteaux peuvent résister à un effort de traction de 200 kilogrammes environ, à 7 mètres de hauteur, avec un travail de 70 kilogrammes par centimètre carré à la section d'encastrement.

On peut les enfoncer dans le sol, qu'on dame ensuite tout autour, sur une hauteur de 1 m. 80 environ. On peut aussi les enrober dans un peu de maçonnerie.

Quelques ingénieurs protègent la base des poteaux par des socles de fonte ou de ciment pour retarder la pourriture.

Poteaux métalliques. — Les poteaux peuvent être métalliques ; ce sont ou bien des poteaux formés de tubes de fer ou d'acier étirés de 3 mètres de longueur environ et de diamètres décroissants et enfoncés les uns dans les autres, ou bien des poteaux coniques formés d'une tôle enroulée. Les poteaux en bois reviennent à 25 ou 30 francs environ, les poteaux métalliques, simples et sans ornements, à 120 francs dont 25 à 30 pour la pose. Prix d'avant guerre.

On trouve encore des poteaux en profilés assemblés de toutes formes et de toutes dimensions. Les poteaux en béton armé commencent à se répandre (Angers, Rennes, Le Mans, Grenoble-Villard-de-Lans). Ces poteaux n'exigent pas de peinture, mais provoquent des difficultés de transport ; ils coûtent de 50 à 60 francs environ (1).

---

(1) Prix d'avant guerre. On consultera avec intérêt à ce sujet les fascicules 27 et 28 (lignes aériennes) de l'*Encyclopédie électrotechnique*, et mieux, *Lignes aériennes*, Bibliothèque de *L'Ingénieur Électricien*. Albin Michel, éditeur, Paris.

Etablissement des poteaux en alignement droit. — Les poteaux doivent être calculés de manière à offrir une résistance à la traction de 100 kilogrammes au minimum, le plus souvent de 200 à 500 kilogrammes. Ils sont plantés de manière à s'écarter toujours légèrement de la verticale du côté opposé à celui où se trouve la voiture qui collecte le courant. Pour les poteaux en bois, l'écart par rapport à la verticale doit être pris au sommet égal à autant de fois 40 à 50 millimètres que la perche du trolley a de mètres de longueur. Cet écart peut être réduit à la moitié de cette valeur avec des poteaux métalliques. Les poteaux doivent toujours, dans le cas de la flexion maxima, conserver un écart, par rapport à la verticale, au moins égal à 50 millimètres.

Les poteaux auxquels sont attachés plusieurs fils doivent être inclinés dans une direction opposée à celle de la résultante des diverses forces.

En alignement droit, l'écart des supports varie de 25 à 40 mètres, soit 3 appuis pour 100 mètres en moyenne.

En courbe, il peut descendre jusqu'à 5 mètres. La flèche admise est de 6 millimètres par mètre de portée, ce qui, pour les écartements indiqués ci-dessus, correspond à un travail du métal ne dépassant pas 4 à 5 kilogrammes par millimètre carré. Ainsi un fil de 50 millimètres carrés de section exige une tension de 250 kilogrammes, facile à obtenir par deux hommes à l'aide de petits moufles.

En France, on exige une hauteur minima de 6 mètres au-dessus de la chaussée.

Le poids des fils variant de 400 à 700 kilogrammes par kilomètre, le poids d'une travée de 53 mètres sera pour un seul fil de 13 à 23 kilogrammes, pour deux fils de 26 à 45 kilogrammes.

Cas de poteaux à console. — On munit généralement d'un contrepoids l'extrémité du petit bras de la console, dans le but de faire équilibre à la flexion exercée par le poids du fil de trolley. On emploie aujourd'hui divers types de poteaux à console ne différant que par leur caractère plus ou moins ornemental.

Poteaux destinés à supporter des fils transversaux. — Les poteaux sont en général disposés de part et d'autre de la chaussée, sur le trottoir, de manière que le plan qui les contient soit perpendiculaire à la direction des fils de la ligne, mais dans certaines constructions très éconcmiques ils sont alternés, de sorte que le tracé des fils transversaux affecte la forme de dents de scie. Il y a naturellement tout intérêt à dissimuler ces poteaux dans les arbres ou à les mettre sur l'alignement des candélabres à gaz ou des lampes à arc de l'éclairage public.

Ils doivent toujours être disposés à une distance du rebord du trottoir au moins égale à 0 m. 50. Dans le cas de trottoirs très étroits et si l'on ne peut fixer les fils transversaux directement aux maisons, il y a avantage à placer les poteaux tout près de celles-ci (fig. 196).

Données pratiques sur l'établissement des poteaux pour fils transversaux. — Ils doivent être établis pour une tension minimum au sommet de 250 kilogrammes dans le cas d'une voie double et de 150 dans celui d'une voie unique. Aux points de départ et d'arrêt de la ligne, ils doi-

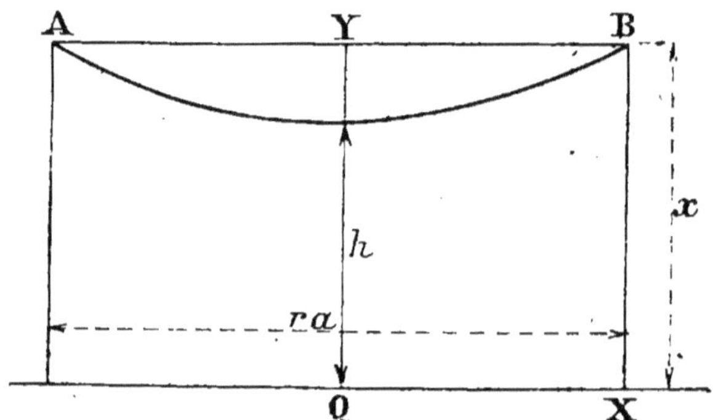

Fig. 196. — Suspension d'un fil de trolley. Pose.

vent pouvoir résister à une tension double au sommet, soit 500 kilogrammes dans le premier cas et 300 dans le second.

La longueur en mètres des poteaux pour fils transversaux peut s'évaluer de la manière suivante : si l'on admet une flèche de $\frac{1}{10}$, que l'on désigne par h la hauteur du fil conducteur au-dessus du plan des rails prise par rapport à son point le plus bas, par $2a$ la distance horizontale qui sépare les deux points d'appui du fil, et si l'on suppose que le fil conducteur est équidistant de ces deux points, on peut écrire, pour la longueur de ce poteau en mètres : (fig. 196).

$$x = h + \frac{a}{10} + 0{,}5$$

Les longueurs h et a sont exprimées en mètres. La correction 0 m. 50 est destinée à tenir compte de la distance qui sépare le plan horizontal passant par la cote inférieure des fils transversaux et le plan horizontal passant par les fils conducteurs.

Dans le cas général où les deux points d'appui ne sont pas sur le même plan horizontal et où le fil de trolley se trouve à des distances respectives m et n de ces points d'appui, on calculera ainsi aisément la hauteur à donner à l'un des appuis, l'autre étant supposé fourni.

La distance à laquelle doivent être placés les poteaux est fonction de la tension que supportent ceux-ci.

Cette distance est de 30 à 35 mètres, très rarement de 40. Nous avons vu plus haut comment cette portée est réduite en courbe.

Signalons l'importance de plus en plus grande prise par le procédé de suspension des fils transversaux aux murs. Ce mode d'attache, qui a l'avantage de supprimer les poteaux, toujours gênants quand le trottoir est de dimensions réduites, est très employé. Il suppose cependant que les murs puissent supporter un effort de traction de 150 à 200 kilogrammes.

La fixation des attaches dans le mur se fait au moyen de vis à bois ou de boulons filetés spéciaux pour murs de pierre. Ils sont scellés au plâtre ou au ciment.

Installation des poteaux en courbe. — L'installation des poteaux en courbe doit, comme nous l'avons dit, faire l'objet de soins spéciaux, par suite des efforts de renversement considérables exercés sur ceux-ci, quand le rayon de la courbe diminue sensiblement.

On sait que si l'on désigne par T les tensions exercées des deux côtés d'un support, par F leur résultante, r le rayon de la courbe, la portée limite à adopter e est donnée par la formule

$$e = \frac{rF}{T}.$$

L'effort auquel doit résister un poteau encastré à la base se détermine en égalant le moment fléchissant dû à la force de traction, à la charge du moment résistant, au point d'encastrement. Soit F l'effort de traction de la charge, h le bras de levier par rapport au sol de son point d'application, R le coefficient de résistance ou l'effort limite admis (600 kilogrammes par exemple pour le sapin), d la distance de la fibre la plus fatiguée à la ligne des fibres invariables et I le moment d'inertie de la section. Nous aurons :

$$Fh = \frac{RI}{d}.$$

PRISES DE COURANT

Nous avons cité le *trolley axial*, le *trolley latéral* et l'*archet*, comme types principaux de prises de courant aériennes (fig. 197 à 202).

Le trolley est essentiellement constitué par une base, une perche et

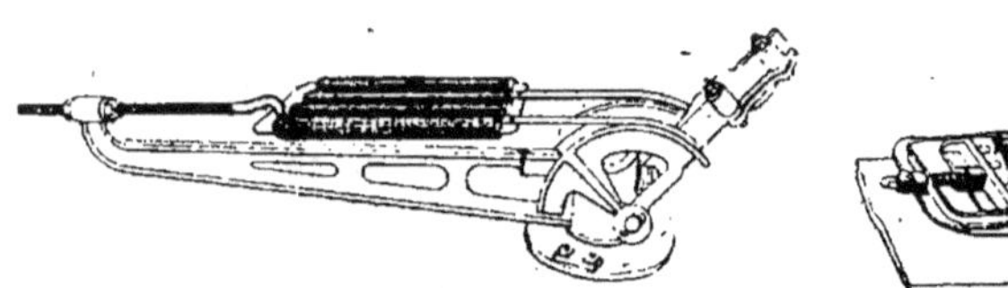

Fig. 197.
Base à secteur spiral.

Fig. 198. — Base à cadre
pivotant Thomson-Houston.

une tête. La base est fixée au toit de la voiture qui doit souvent être renforcé à cet effet, vu les efforts, relativement considérables, mis en

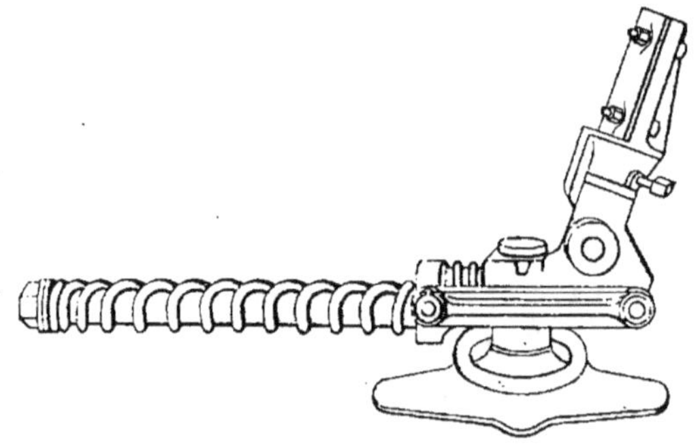

Fig. 199. — Base Walker à ressort.

jeu par ce mode de captation du courant. La base comprend dans les trolleys modernes (nous ne citerons que pour mémoire un certain nombre de trolleys anciens), un pivot sur lequel peut tourner un fût supportant la perche et la prise proprement dite. Des ressorts de rappel tendent à élever constamment la perche, de manière à l'appliquer avec un effort de quelques kilogrammes contre le fil de travail.

Trolley axial. — Si le trolley était rigoureusement axial, il suffirait
de lui donner la possibilité de tourner autour d'un axe horizontal porté

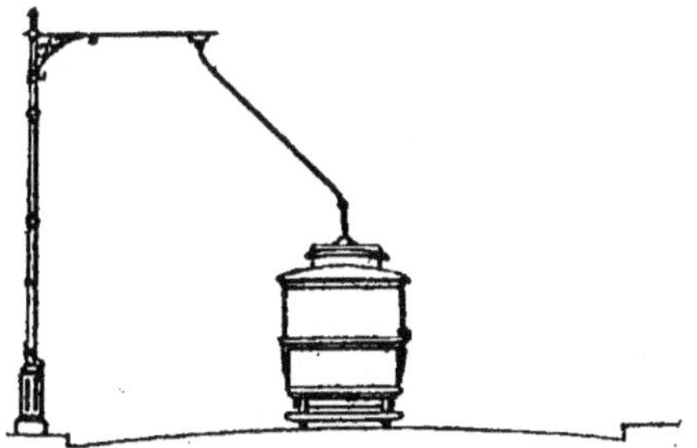

Fig. 200. — Alimentation aérienne latérale système Dickinson.

par la base de la toiture. La perche balaierait alors d'une manière permanente le plan vertical médian passant par le grand axe de la voiture.
Mais la projection horizontale du trolley ou
galet doit pouvoir s'écarter de 1 m. 25 à
1 m. 50 de l'axe curviligne des courbes suivies par la voiture. Il convient donc que la
perche ait une certaine
faculté de déplacement
latéral. Bien que ce trolley axial soit porté par
une base uni-axe, c'est-
à-dire disposée de ma-
nière qu'il décrive un
plan vertical, on a prévu
des ressorts de rappel,
reliés d'une part au toit
ou à la base fixe, d'autre
part à la perche ou au
fût qui pivote sur cette
base. Leur rôle est de
tendre à ramener le
plan vertical d'oscilla-

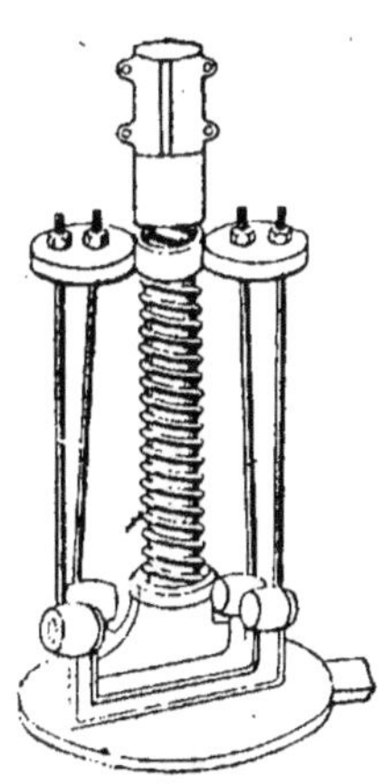

Fig. 201. — Base
avec ressort en-
filé sur la perche.

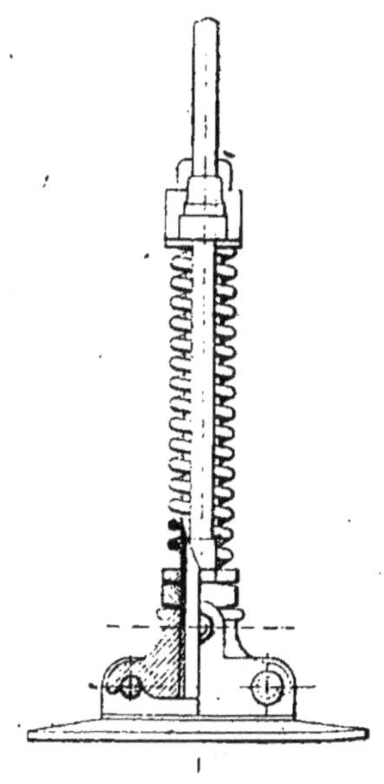

Fig. 202.
Base avec ressort enfilé
sur la perche.

tion de la perche en coïncidence avec le plan médian de la voiture. Les
trolleys axiaux ou uni-axes comportent donc un axe d'oscillation

horizontal entraîné par le fil. Il y a néanmoins possibilité d'un mouvement limité avec rappel de ressort, dans un plan azimutal quelconque.

Trolley latéral. — Si le trolley est *désaxé* ou *latéral*, ou enfin, du type Dickinson, du nom de l'inventeur, un deuxième axe de rotation, celui-ci vertical, est nécessaire ; la perche comporte alors une chape pourvue elle-même d'un trou cylindrique allongé, dans lequel pivote un axe supportant le galet proprement dit.

Les figures 200 et 203 indiquent le mode de fonctionnement d'un trolley latéral. On voit que la projection horizontale de l'axe de la poulie peut subir un déplacement par rapport à l'axe de la voiture souvent égal à 3 mètres, et même plus. Si l'on observe que la longueur des tubes-con-

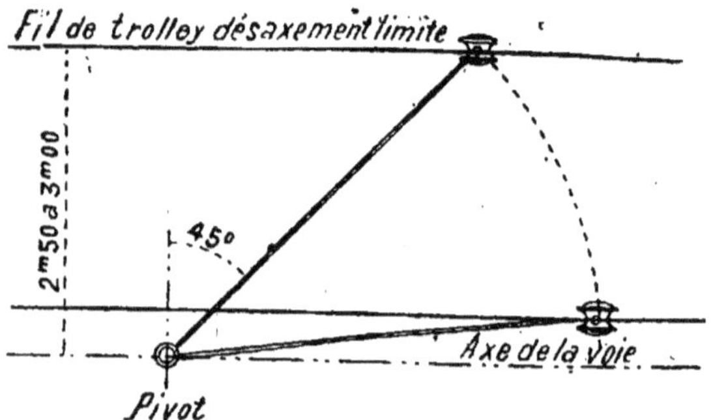

Fig. 203. — Désaxement limite du Dickinson.

soles en atteint 4 ou 5, on verra que le système désaxé permet, en courbe ou en accottement d'une voie publique, des écarts entre les fils de travail et l'axe de la voiture qui peuvent atteindre 8 mètres. L'avantage en est immédiat : il consiste en la possibilité de disposer, en alignement avec les arbres plus ou moins touffus plantés sur les voies publiques, les pylones de suspension des fils conducteurs, et aussi de réduire au minimum le nombre des fils transversaux nécessaires au soutien de ces fils de travail en courbe.

Perche. — La perche est à peu près identique dans les deux cas ; elle est généralement constituée avec une feuille de tôle roulée et soudée, de diamètre parfois décroissant. On commence à généraliser la fabrication des perches par le procédé assez heureux de Mannesmann.

Galet de contact ou trolley proprement dit. — Le trolley proprement dit, ou poulie, ne présente rien de spécial. C'est une poulie à gorge ordi-

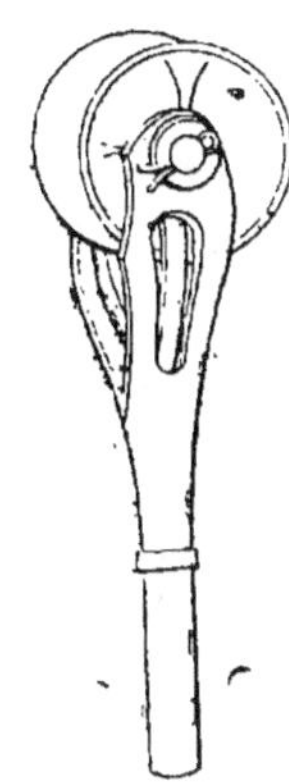

Fig. 204. — Tête pour trolley axial.

naire, montée sur un axe qui tourillonne entre deux flasques. La nécessité de reporter tout l'entretien sur des organes déterminés, ce qui constitue la base de toute bonne exploitation, a fait adopter, pour les trolleys, des moyeux rapportés dits « canons », souvent en graphite ou en plombagine, parfois métalliques. Dans le premier cas, des rainures longitudinales y sont ménagées, de manière à permettre un graissage abondant, tout grippement de la roulette entraînant des accidents graves. On a essayé à maintes reprises de faire ces roues en deux pièces, et en particulier, d'installer, dans le fond de la gorge, des alliages plus ou moins doux (anti-friction), destinés à s'user rapidement, en laissant le fil de travail intact ; malheureusement, l'usure de ces fils est beaucoup plus liée à des causes électriques : productions d'arcs, arrachements de particules métalliques, etc., qu'à des causes mécaniques.

En matière de **trolleys**, peut-être plus encore qu'en toute autre, l'ingéniosité des inventeurs s'est donnée libre cours (fig. 204 à 208). A signaler, néanmoins, parmi beaucoup de types anormaux ou étrangers, les trolleys

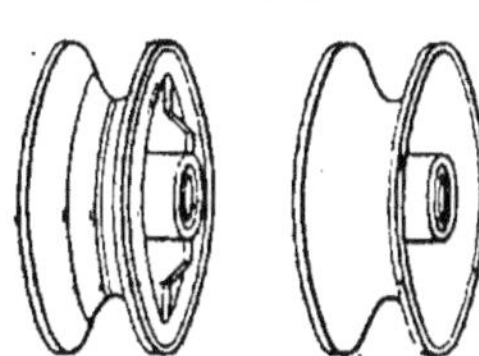

Fig. 205. — Galets de trolley.

à *givre* employés dans les pays où les conditions climatériques les prescrivent. Ces roulettes, au lieu de présenter des surfaces latérales pleines, sont ajourées, de manière à laisser s'écouler le givre et les glaçons détachés des fils.

Les prises de courant s'effectuent dans les trolleys ou roulettes, non par l'axe de rotation, mais, par pression d'une bande de cuivre contre la surface latérale de la roulette ; à signaler également la nécessité,

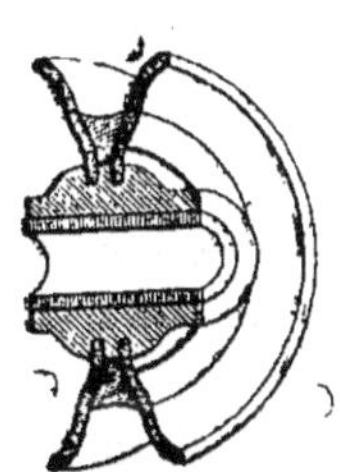

Fig. 206. — Galets de trolley en deux pièces

plus encore dans le cas du trolley latéral que dans celui du trolley axial, d'empêcher toute intrusion du fil entre la surface latérale de la roulette et la flasque. Ce souci justifie ces formes massives et cuirassées, en quelque sorte, adoptées pour les trolleys latéraux, trolleys pour lesquels la roulette de prise est presque complètement enchâssée dans son enveloppe.

On notera, dans le même ordre d'idées, à côté des avantages évidents du trolley latéral, une infériorité certaine en ce qui concerne les enraillements de la roulette sur le fil, après déraillements. Dans le cas du trolley axial, vu le parallélisme relatif du fil et de la voie, le conducteur chargé de la remise en contact de la roulette opère très facilement cet enraillement, s'il se place lui-même dans le plan médian et à l'arrière de sa voiture. Au contraire, la même opération avec trolley latéral est incomparablement plus délicate, la roulette

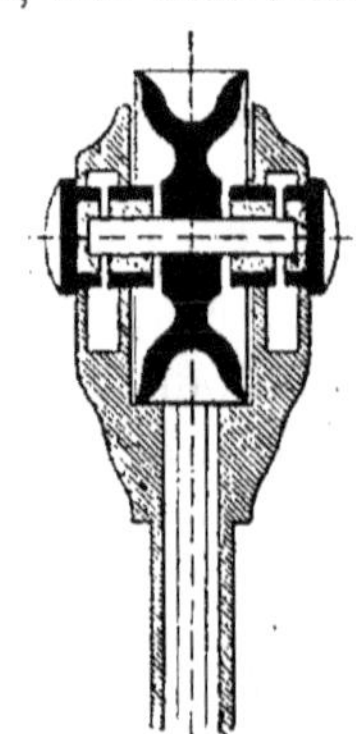

Fig. 207.
Tête de trolley
avec chambres
à huile.

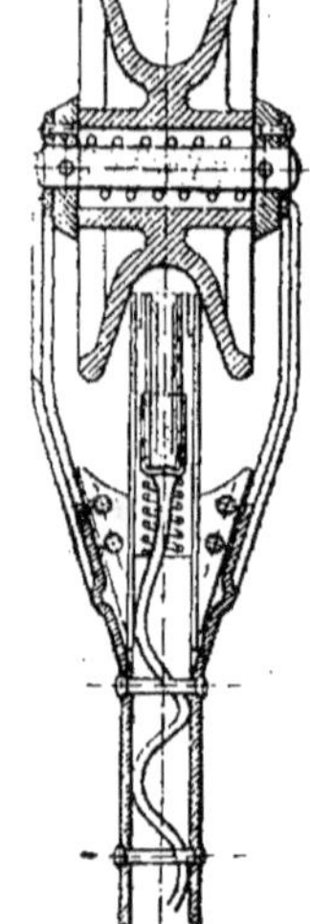

Fig. 208. — Tête
de trolley système Fives-
Lille.

étant en somme folle sur l'axe passant dans la chape et soutenant ses flasques.

ARCHETS

La prise de courant par archet est peu usitée en France, mais elle l'est beaucoup en Allemagne et sur les lignes européennes équipées par des sociétés allemandes.

L'archet comporte essentiellement un polygone, le plus léger possible, oscillant autour d'un axe, réel ou fictif, parallèle au petit axe de la voiture et monté sur une sorte de cadre droit fixé sur le toit. Des ressorts de rappel tendent, avec une douceur caractéristique de ce mode de prise, à faire regagner la position verticale à l'archet. Alors que, sauf disposition spéciale, à chaque terminus ou à chaque changement de marche en manœuvre, le wattman est contraint de faire faire demi-tour à la corde au trolley, le système de prise par archet peut fonctionner dans les deux sens sans retournement ;

celte inversion de marche s'obtiendra au prix d'une pesée plus ou moins légère effectuée par le trolley sur le système de suspension des fils.

Un autre avantage réside dans la simplification apportée en courbe à l'établissement du fil conducteur : le déplacement de ce fil conducteur peut s'effectuer sur toute la largeur de la barre frotteuse, qui constitue l'organe électrique de prise de courant de l'archet ; cependant, il convient de remarquer qu'au frottement de roulement du trolley, on substitue un frottement de glissement de la barre, d'où perte d'énergie et usure plus rapide.

La barre est souvent constituée en aluminium ; la partie de celle-ci frottant normalement contre le fil est en alliage doux (anti-friction), coulé dans une rainure supérieure, ménagée le long de la barre d'aluminium. Un graissage supplémentaire est nécessaire, mais très délicat à établir : trop abondant, il supprime le courant ; trop rare, il provoque des usures mécaniques excessives des fils aériens.

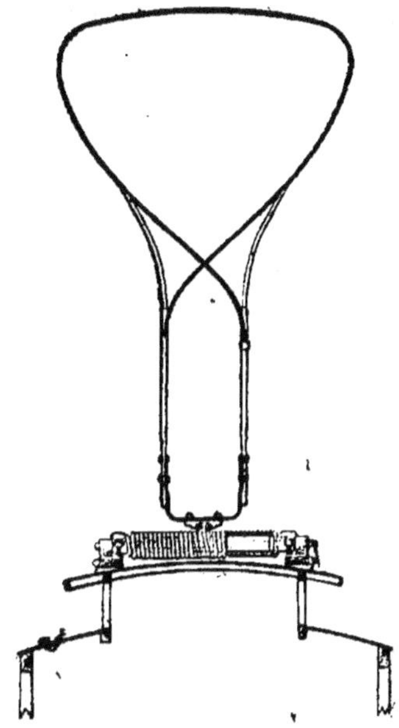

Fig. 209. — Prise de courant par archet.

Une des difficultés les plus graves qu'ait rencontrées l'expérience dans le système de prise par l'archet réside dans les vibrations dont ce système est le siège. Ses dimensions sont grandes, le périmètre et la surface embrassés considérables et son poids léger ; il en résulte des oscillations souvent incoercibles qui suppriment les contacts avec la ligne aérienne, au grand dommage de celle-ci ; c'est évidemment une mise au point des plus délicates dans l'équipement d'une ligne par archet.

La figure 209 représente l'un des divers modèles d'archets, prise de courant presque toujours adoptée par la Société Siemens et Halske.

SYSTÈMES DE PRISES SPÉCIAUX

Prise par cuiller Thury

Signalons enfin, dans la catégorie des prises aériennes, la prise par cuiller genre Thury, qui participe. à la fois, du trolley par la forme de la gorge, et de l'archet par le caractère du.frottement développé ; l'inté-

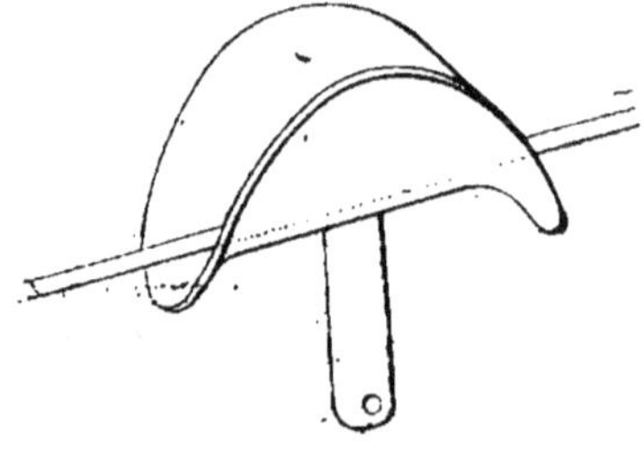

Fig. 210. — Prise de courant par cuiller.

rieur de la cuiller doit être garni d'un alliage semi-plastique et pourvu d'un graissage abondant et soigné. La cuiller présenterait sur l'archet·la supériorité d'un contact non réduit à un point (contact théorique de l'archet) mais à une ligne (fond de la cuiller) (fig. 210).

Prise par pantographe articulé aérien

Un certain nombre de lignes américaines, et plus récemment, de lignes françaises (chemins de fer d'Orléans, etc...) sont pourvues d'une prise par pantographe articulé, monté sur le toit de la voiture et pressant contre le fil (ou, parfois en Amérique, contre les cornières de distribution supérieures), sous l'influence de ressorts de rappel.

La préoccupation actuelle des constructeurs consiste surtout à adapter l'archet ou le *pantographe articulé* aux très grandes vitesses. L'archet pêche souvent par ses grandes dimensions et sa forte inertie ; il est doué de mouvements oscillatoires propres qui n'ont pas grande importance sur une ligne faiblement tendue, mais qui peuvent en avoir beaucoup sur une ligne horizontale à suspension caténaire. L'effort appliqué par l'archet est oblique et tend toujours à déformer le système funiculaire plus ou moins variable constitué par une ligne caténaire. Au contraire, le *pantographe* articulé exerce sur le fil conducteur une action verticale qui peut être réglée aussi faible que l'on veut. Il tend à soulever légèrement la ligne et comme **celle-ci**, grâce à ses nombreux points de suspension, possède une inertie très faible et reprend immédiatement sa position, il semble que ce mode doive être de beaucoup préféré à l'archet.

Tels sont, par exemple, les deux types de prises adoptées par l'A.E.G. et Oerlikon pour la ligne du Loetschberg. Malgré leur différence de formes, on constate sur chacune d'elles la présence d'un petit archet supérieur, à très faible inertie, capable d'exécuter des mouvements de rotation autour de son axe et à plan d'attaque presque vertical dans les deux sens de marche.

Les isolements excellents donnés à la base de cette prise, montée toujours avec isolateurs accordéons ou à cloches multiples sur le toit de la voiture, permettent la captation de courant sous des tensions à peu près illimitées, en pratique, jusqu'à 16 à 20.000 volts.

Prise par antennes

La prise de courant Oerlikon, dite *par antenne*, figure sur un certain nombre de réseaux équipés par cette Société (fig. 211).

La prise de courant par antenne du type Oerlikon comprenait, au début, un tube creux Mannesmann, légèrement arqué avec garniture interchangeable formant frotteur. L'antenne est perpendiculaire aux voies et peut se déplacer dans tous les sens, autour d'un axe lui-même mobile, grâce à un parallélogramme articulé sur lequel il est fixé. Le pivot est isolé de ce parallélogramme support. La prise peut être commandée mécaniquement ou à la main, et prendre une position quelconque dans le demi-cercle supérieur de son plan vertical. Elle est rappelée par ressort. On peut lui appliquer la commande pneumatique.

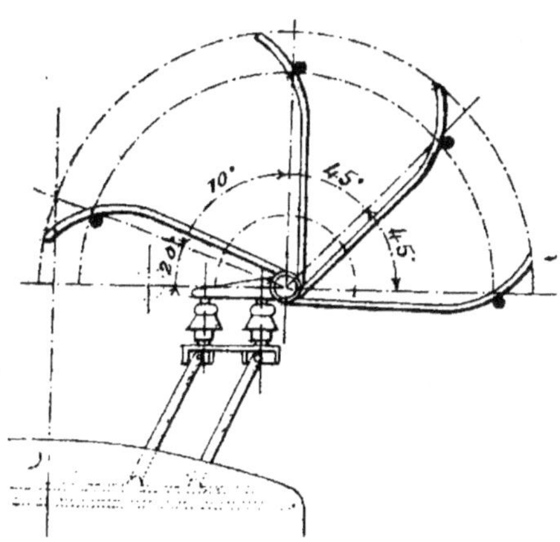

Fig. 211. — Prise par antenne Oerlikon.

Elle peut capter le courant en portant sur la face supérieure du fil de travail. Elle peut de même, dans une position à 45° de la verticale, exercer un contact latéral, voire même rester verticale, et enfin se courber presque horizontalement de l'autre côté, de manière à prendre contact par la surface inférieure du fil. Suivant les types de voitures, cette prise de courant a évolué ; on a même supprimé souvent le parallélogramme articulé (ligne de Locarno-Pontebrolla-Bignasco), lorsque l'excentricité à réaliser n'est pas trop considérable.

Une forme de prise intéressante, parmi celles destinées à la captation des courants continus relativement intenses, est celle en service sur le

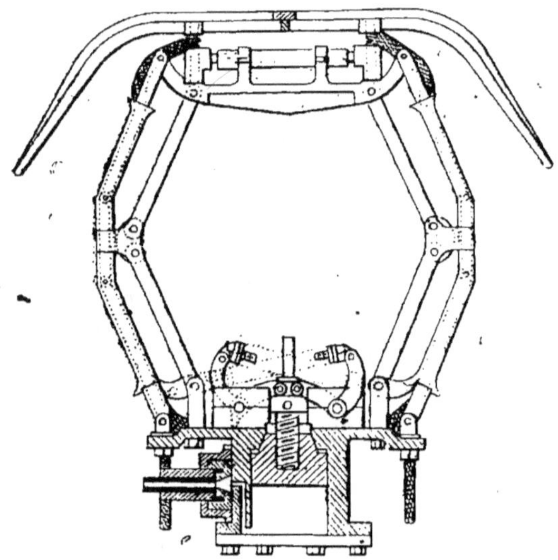

Fig. 212. — Prise de courant du Nord-Sud.

Nord-Sud, et qui se rattache à la classe générale des pantographes, avec possibilité néanmoins de déformation dans un plan parallèle au petit axe de la voiture, ce qui constitue une exception (fig. 212).

Ces appareils de prise aérienne comportent quatre archets placés à la suite les uns des autres et rappelés par l'intermédiaire de pistons logés sous un cadre, lequel est supporté par deux parallélogrammes articulés. Les quatre archets étant indépendants et présentant chacun une faible masse, conservent aisément le contact avec le fil. Le cadre est isolé et le courant passe par des câbles dont les gaines sont extérieures au parallélogramme. La manœuvre de l'entrée en contact de l'archet est réalisée pneumatiquement, au moyen des pistons derrière lesquels arrive l'air provenant de la tuyauterie.

Prise aérienne par rouleau

Les inconvénients cités plus haut pour l'archet ont amené la maison Ganz de Budapest à utiliser, avec un succès réel, sur la ligne de la Valteline, tout d'abord, et ensuite sur d'autres installations, des prises par rouleaux de cuivre dur roulant sur paliers à billes. Ces paliers sont supportés par des axes, montés sur des cylindres dans lesquels, pour obtenir et régler le contact avec le fil supérieur, le mécanicien envoie de l'air comprimé. Cette disposition a été appliquée, sous des formes plus modestes, aux chemins de fer de mines ; elle existe notamment, et c'est la première application qu'on en ait faite en France, sur la ligne desservant les galeries des mines de la Mure (Isère), où le service est assuré par de petites locomotives triphasées Ganz, pourvues de contacts par rouleaux, mais avec rappel par simples ressorts.

On pouvait reprocher à ce système un manque d'élasticité et une inertie excessive susceptibles de produire des interruptions de courant, au moins avec des lignes non pourvues de suspension caténaire comme l'étaient les premières installations triphasées ; la vitesse linéaire des rouleaux était aussi un peu trop considérable. Néanmoins, c'est là une prise excellente pour les vitesses moyennes.

AIGUILLAGES ET BIFURCATIONS

Le problème de l'aiguillage, et par suite celui de la bifurcation des prises de courant sur voies aériennes, est des plus délicats. Il a été étudié pendant de longues années, et à la période héroïque des aiguillages électro-automatiques compliqués, a succédé celle beaucoup plus sûre des aiguillages laissés à l'initiative de la prise elle-même. En effet, abstraction faite provisoirement de l'archet, les trolleys aériens peuvent être très simplement amenés sur les nouvelles directions de ligne à prendre par les dispositions suivantes :

Soit un trolley axial. Si la voiture a déjà été engagée par la manœuvre de l'aiguille mécanique sur la voie nouvelle qu'elle doit suivre, son centre de gravité ayant déjà adopté la direction correspondante, la perche tend elle-même à rester dans le plan médian de la voiture. Par conséquent, si dans le cas d'une bifurcation en Y, pour simplifier, la roulette quitte la butée de gauche de la figure 214, elle tendra, en faisant rouler les jantes de ses flasques sur la plaque de fondation de l'aiguille aérienne, à pivoter et à adopter la nouvelle direction que lui imprime le mouvement du centre de gravité. Si une butée se trouve là, à point nommé, pour recueillir cette roulette, entrer dans sa gorge et faire quitter aux jantes des flasques le contact avec la plaque de fondation, la roulette sera envoyée dans la nouvelle direction.

C'est sur ce principe que sont basées, aujourd'hui, toutes les aiguilles aériennes pour trolley axial (fig. 213, 214, 215).

Dans le cas du trolley latéral, le problème est un peu plus délicat. En effet, nous l'avons dit, l'axe du galet est fou sur la chape ; il

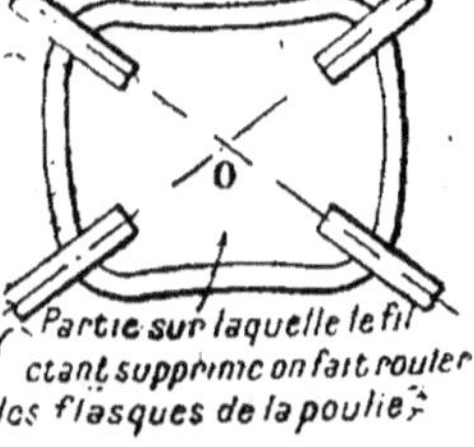

Fig. 243. — Croisement aérien de trolley.

importe donc qu'il ne puisse se retourner ou prendre même une inclinaison intempestive par rapport à l'axe de la voie lorsque, cessant d'être guidé par le fil qu'il quitte, il n'est pas encore reçu par le fil qui l'attend.

Fig. 214. — Epure d'un aiguillage aérien (trolley axial).

Aussi, dispose-t-on dans les plaques de fondation des rainures telles que les jantes des flasques y pénètrent au commencement de l'aiguillage ; la construction de ces rainures, et notamment, les dispositions à prendre pour l'intersection de ces systèmes de parallèles qui se coupent deux à deux, sont des plus délicates.

Quant à l'archet, l'aiguillage et la bifurcation sont réduits pour lui à la plus grande simplicité, au moins pour les prises uni-polaires. En effet, un certain nombre de locomotives possèdent plusieurs archets correspondant, par paire, à deux pôles différents (traction par courant continu deux fils, traction triphasée avec deux fils de ligne et une phase sur les rails). Il est évident, dans ce cas, qu'un aiguillage ou une bifurcation suppose une certaine longueur de fil neutralisée pour les deux pôles, ou phases. Si donc l'on veut avoir une alimentation continue de

Fig. 245. — Aiguille aérienne pour trolley axial.

la voiture, on est forcé de disposer (comme il est, du reste, toujours fait) un archet pour chaque pôle ou phase à l'extrémité avant et un autre à l'extrémité arrière de la voiture. Donc quatre archets.

La possibilité de marcher à vitesse considérable avec des archets ou des pantographes, motive des suspensions spéciales pour fils aériens dénommées « caténaires ». Ces suspensions consistent essentiellement dans le choix d'un fil de tension auquel le fil conducteur proprement dit est suspendu par une série de fils verticaux intermédiaires ; on réalise, ainsi, un contact beaucoup plus doux et une docilité presque absolue de la ligne par rapport aux indications de position de l'archet, puisque cette ligne peut être considérée comme n'exerçant, en un point quelconque, d'autre action sur l'archet que celle due à son poids. Nous étudierons plus loin, avec plus de détails, ce type de ligne, pages 195 et suivantes.

TYPES DIVERS DE LIGNES AÉRIENNES
LEUR MODE D'ÉTABLISSEMENT EN COURBES

Nous venons de voir que les prises de courant aériennes appartiennent à trois catégories. Les lignes aériennes se rangent elles-mêmes en trois classes, savoir :

Les lignes pour trolley axial ;

Les lignes pour trolley désaxé, et enfin

Les lignes pour prises spéciales à glissement, comme l'archet, la cuiller, etc.

Suivant le type de prise adopté, la ligne aérienne présente des caractéristiques spéciales.

A. Système axial

Caractères du système axial. — Caractérisé, comme nous l'avons dit, par ce fait que le fil de trolley est installé dans une position se rapprochant le plus possible de l'axe de la voie. Dans les alignements droits, la chose est aisée.

Il n'en est pas de même en courbe.

On se contente, comme l'on sait, de réaliser un polygone se rapprochant autant que possible de la courbe idéale. Un grand nombre de fils transversaux est généralement mal vu du public qui les compare justement à une toile d'araignée.

Par raison d'esthétique et d'économie, il faut donc diminuer le nombre des fils transversaux.

Méthode permettant de déterminer assez exactement les côtés du polygone funiculaire en courbe. — Appelons β l'angle du fil de travail avec l'axe de la roulette. Si l'on dépasse les positions α, indiquées par la figure, pour lesquelles le fil de travail touche à la fois les deux joues de la roulette, l'angle β devient supérieur à l'ouverture de l'angle de l'hyperboloïde de la roulette, un grippement se produit, le trolley s'use inégalement ou saute du fil sous la poussée des ressorts.

Si l'on considère un fil de trolley, on voit sur la figure 216 les deux positions

Fig. 216. — Position limite du trolley axial.

extrêmes que peut prendre la roulette par suite du déplacement projeté horizontalement du bras autour de son centre. Les deux positions situées symétriquement de part et d'autre de l'axe de la voie sont distantes d'une quantité D qui varie, suivant la gorge de la roulette, entre 1 mètre et 1 m. 25.

Les trolleys du type ci-dessus imposent donc l'obligation de maintenir le fil d'alimentation dans une zone de contact variant avec le rayon des courbes. En courbe, le fil est monté suivant les côtés d'un polygone dont les longueurs varient avec ces rayons. On peut déterminer pratiquement ses dimensions en traçant AH et AB faisant entre eux l'angle α égal à l'angle limite de la figure 216. Supposons que AD soit la projec-

tion longitudinale du bras du trolley, la roulette étant en A, le centre
en D (fig. 217).

Le centre D faisant partie du centre de la voiture est situé toujours
dans l'axe de la voie.

Si la roulette A se trouve en ce moment en contact avec un point du
fil aérien qui soit précisément l'un des sommets du polygone constitué
par ce fil, c'est en ce point que l'une des positions extrêmes représentées
comme possibles pour ce fil ne devra pas être dépassée. Or, le sommet

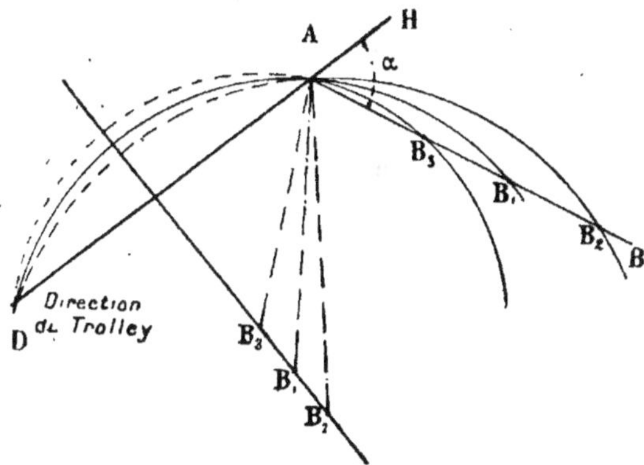

Fig. 217. — Détermination du nombre des côtés du polygone funiculaire
en courbe.

du polygone qui est inscrit dans la courbe axiale, se trouve lui-même
sur l'axe. Donc la projection AD du trolley est une corde de la courbe
axiale de la voie. AB est la direction du côté du polygone, côté qui est
inscrit dans la courbe axiale. Si la courbe est un arc de cercle, il suffit
de faire passer par A et D une série de circonférences de rayon variable
qui couperont AB en B_1, B_2, B_3 correspondant aux rayons AB_1 AB_2, AB_3.
Voici quelques résultats : α étant évalué en fraction d'angle droit.

PORTÉES AVEC $\alpha = \dfrac{1}{5}$	PORTÉES AVEC $\alpha = \dfrac{1}{6}$	RAYONS EN MÈTRES
7ᵐ	5,50 m	25
13ᵐ,10	11,00	40
27ᵐ,50	23,00	75
47ᵐ,50	39,00	125

Autre méthode. — T représentant la projection de la ligne du trolley sur un plan parallèle à la voie, α le plus grand angle que le fil de trolley puisse faire avec la direction du trolley projeté sur le même plan, on voit aisément que la plus grande distance entre l'axe de la voie et le fil ne peut excéder la valeur :

$$d = \sqrt{T^2 - (T \cos \alpha)^2}.$$

Comme T est généralement égal à 3 mètres, la tige mesurant ordinairement de 3 m, 60 à 4 m, 50 et α affectant la valeur 20°, nous trouvons pour D une distance de 1 mètre environ, ici 1 m, 05 entre le fil et l'axe de la voie. Au delà de cet écart, le trolley quitterait le fil. En pratique, on n'atteint pas une telle distance, on ne dépasse guère 60 à 72 centimètres. Bien entendu, cette règle n'est applicable que quand le trolley est du genre déjà décrit, à base fixée au centre de la voiture, avec possibilité de déplacement latéral léger.

L'angle α n'est pas strictement pris par prudence égal à la moitié le l'ouverture de l'hyperboloïde de la roulette, mais à cette valeur diminuée de 1/5.

Polygones funiculaires. — Les fils de trolleys forment dans les courbes un polygone dont la réalisation s'obtient au moyen de fils transversaux disposés de différentes manières, la solution dépendant dans chaque cas de la disposition des lieux.

Rapprochement des poteaux dans les courbes ; lignes axiales. — Cette réalisation de polygones funiculaires entraîne souvent la multiplication des poteaux à consoles ou des fils transversaux dans les courbes. Cette disposition est au plus admissible avec des courbes de grands rayons.

Quelquefois on emploie une série de faisceaux de fils transversaux pour lignes axiales.

La disposition des câbles de suspension du fil peut être très variée et s'applique, que l'on ait affaire à des poteaux ou à des murs riverains. On peut dans certains cas n'avoir recours qu'à un seul faisceau qui doit être amarré à un poteau suffisamment résistant.

Emploi d'un câble auxiliaire (lignes axiales). — On peut également, pour des courbes d'assez grand rayon, employer un câble auxiliaire sur lequel viennent s'attacher les différents fils tendeurs du câble affectant la forme d'un polygone funiculaire.

B. Système désaxé

Emploi au début de conducteurs creux avec navette de contact (Clermont-Ferrand 1890, Offenbach, 1888).

Rappel du principe du Dickinson. — Constitué par une base pivotante comme les autres, mais la poulie au lieu d'être montée sur un axe calé sur la perche d'une manière invariable, est mobile autour d'un axe vertical qui lui permet de s'orienter dans une infinité de plans verticaux. Il résulte de cette modification que la roulette du trolley peut suivre le fil sans coïncer, quel que soit l'angle de la projection de la perche avec le fil de travail.

Désaxement. — Fonction de la longueur de la perche. En pratique, avec des perches de 5 mètres de longueur, le désaxement peut atteindre 3 à 3,50 mètres au grand maximum.

Courbes. — Ce n'est pas le coïncement, mais le déraillement que l'on a à craindre. Le désaxement ne doit pas atteindre la valeur limite et les angles ne doivent pas être trop aigus, sinon le galet pourrait dérailler. Au début, l'on a rencontré un certain nombre de mécomptes par l'emploi abusif du Dickinson, car on s'est souvent astreint, à tort, à ne faire usage d'aucun fil transversal.

Les mêmes systèmes de support des lignes axiales, généralement par fils transversaux, sont utilisés en courbe pour les lignes désaxées. Il y a simplement à remarquer le moins grand nombre de côtés découpés dans le polygone funiculaire, le fil pouvant suivre de beaucoup plus loin l'axe de la voie.

LIGNES AÉRIENNES A CONTACT GLISSANT

Archets, rouleaux, etc.

L'archet de prise de courant nécessite une ligne généralement facile à établir ; les polygones funiculaires en courbe sont calculés en prenant pour base le désaxement minimum admissible entre le milieu de l'archet et l'une de ses extrémités, cette dernière position correspondant au cas où le contact viendrait à être interrompu ; la méthode de calcul est évidemment très simple dans ce cas. Nous n'y insisterons pas.

LIGNES CATÉNAIRES

Principe de la suspension caténaire

Outre les modes de distribution déjà signalés pour les chemins de fer alimentés par troisième rail parallèle à la voie de roulement, on a tendance aujourd'hui, au moins dans le cas des lignes à courants alternatifs dans lesquelles la tension de distribution peut être élevée, et dont l'ampérage peut ne pas dépasser 150 à 300 ampères, répartis par exemple entre deux ou trois archets, à amener le courant aux voitures par une ligne aérienne spéciale dite « à suspension caténaire » déjà mentionnée.

Les lignes aériennes ordinaires, bien qu'établies avec le plus grand soin, ne sauraient suffire dans le cas des hautes tensions, où l'on doit

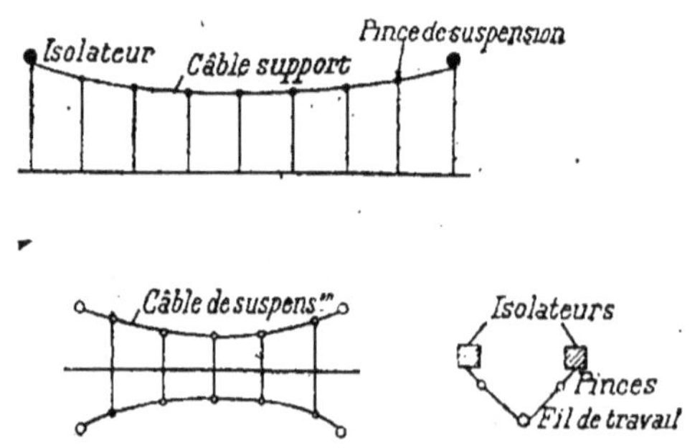

Fig. 248. — Eléments d'une suspension caténaire.

éviter les interruptions de circuit, donc des arcs toujours très nocifs entre la prise de courant et la ligne. On s'efforce de donner à celle-ci une horizontalité parfaite et une solidité extrême permettant aux voitures d'attaquer les aiguillages et les courbes en vitesse.

En utilisant la suspension ordinaire (support tous les 30 mètres), la flèche atteindrait 0 m, 10 au moins au milieu de la portée, la voiture mettant exactement 1 sec, 33 pour franchir une portée. La ligne aérienne serait soumise à des oscillations d'amplitude égale à 0 m, 15 et de périodicité égale à 1 sec. 33, d'où fatigue extrême du fil, suppression des contacts entre la prise et ce même fil, et inconvénients que l'on suppose nombreux et graves. La suspension caténaire permet d'abaisser la flèche à 2 millimètres avec une tension acceptable.

Le fil conducteur doit présenter une certaine flexibilité dans le sens vertical, mais ne pas s'écarter trop de sa position moyenne dans le sens horizontal. Pour satisfaire à ces diverses conditions dont certaines pourraient sembler incompatibles, on utilise en suspension caténaire les principes suivants (fig. 218 et 219) :

Le câble conducteur proprement dit, généralement en forme de 8, est tendu avec une flèche minima. Il est supporté de loin en loin, tous les 3 ou 4 mètres dans certaines installations, tous les 7 à 10 dans d'autres, par des pendules en acier ou en bronze siliceux. Ces pendules enserrent par leurs pinces terminales la boucle supérieure du 8 du fil conducteur, ils sont supportés eux-mêmes par un câble porteur à forte flèche soutenu de loin en loin par les isolateurs montés sur les consoles. La portée du câble support est souvent de 50 à 80, parfois même de 100 mètres. On ne compense pas en général les variations de flèche du câble porteur avec la température, variations qui sont faibles.

Le câble support à forte flèche est généralement fixé à tous les isolateurs de consoles. On a proposé de le laisser rouler librement, dans les intervalles de ses points de fixation sur les isolateurs de consoles, avec compensation par contrepoids disposés de loin en loin des variations de tension. Les résultats semblent avoir été médiocres. Le fil conducteur passe sous les consoles qui soutiennent le câble support, mais sans y être fixé. Chaque section du fil conducteur se termine par un interrupteur, en même temps qu'elle est fixée en un point invariable. On a donné aux suspensions caténaires, même simples, des formes souvent peu rationnelles et quelque peu exagérées, en Amérique notamment, le souci de la robustesse fait des poteaux et supports de véritables passerelles à signaux. Le coût des lignes caténaires s'en est trouvé très accru et c'est une des critiques les plus vives qu'on adresse à leur endroit.

La permanence relative de la ligne dans un même plan vertical est assurée soit par des *supports ou pendules doubles*, fixés à des câbles porteurs doubles dans un même plan horizontal [en Angleterre et en Amérique, par exemple] soit par des *anti-balançants* qui se fixent au fil par une griffe d'une part et se relient au poteau de l'autre. Ces anti-balançants, souvent constitués par des tubes à gaz, sont montés sur des isolateurs du type employé pour la ligne et fixés eux-mêmes au poteau.

En courbe on fait souvent usage de fils de tension souples vers la convexité et d'anti-balançants vers la concavité. A signaler aussi l'emploi, de plus en plus général, en haute tension, des isolateurs blindés à carapace métallique dans lesquels la porcelaine ne travaille qu'à la compression et constitués par une série de cloches emboîtées et soudées les unes dans les autres. L'isolateur blindé, entre autres avantages présente au moins celui d'établir un court-circuit franc en cas d'accident aux porcelaines.

Suspensions caténaires systèmes Siemens et A.E.G.   La suspension caténaire simple très employée pour les lignes à automotrices de poids moyen, par exemple, par la Société Westinghouse [lignes suburbaines

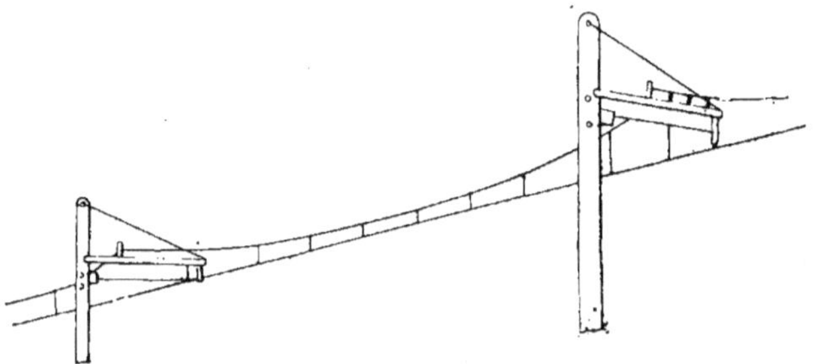

Fig. 219. — Ligne caténaire simple.

de Lyon, Jons et Jonage] a été améliorée sous diverses formes, parmi lesquelles nous ne citerons que les suspensions caténaires des types Siemens-Schuckert et A.E.G. (fig. 220, 221 et 222).

La suspension caténaire double Siemens-Schuckert a été employée avec succès sur un certain nombre de lignes équipées par cette firme.

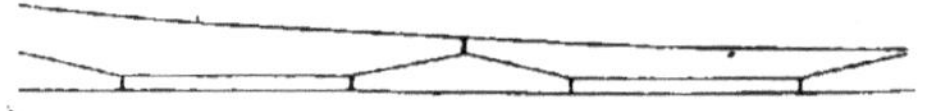

Fig. 220. — Ligne caténaire double Siemens-Schuckert.

Elle comprend essentiellement un câble conducteur supporté par des pendules courts et relativement nombreux, ceux-ci glissant par des œillets sur un câble porteur auxiliaire ; ce câble auxiliaire est lui-même supporté par des pendules reliés à un câble porteur principal à forte flèche. On réalise ainsi, par la multiplicité des points de suspension une bonne horizontalité du fil conducteur entre le câble porteur principal et le câble auxiliaire (tous deux en acier ou bronze dur) ; les pendules supérieurs sont espacés de 6 à 20 mètres, les pendules inférieurs sont en nombre double des précédents. La compensation du fil de travail s'effectue par contrepoids tous les kilomètres, avec sections doublées parallèles pour éviter les interruptions de courant. Le câble porteur est fixé sur chaque console, par serrage sur un isolateur monté lui-même sur un tube supporté par deux isolateurs horizontaux fixés à la console. Les anti-

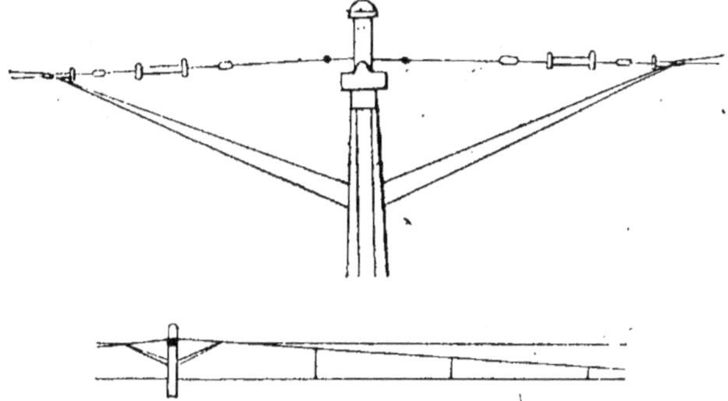

Fig. 221 et 222. — Ligne caténaire A. E. G.

balançants sont fixés, d'une part, au poteau, par l'intermédiaire d'un système isolant analogue à celui du câble porteur, de l'autre, au fil de travail et au câble auxiliaire

Ce système caténaire double est en service sur les réseaux de Rotterdam-La Haye, de Hambourg, de Dessau-Bitterfeld, etc.

Le système caténaire A.E.G. utilise la compensation du fil de travail et des câbles porteurs ; ceux-ci sont, en effet, au nombre de deux, l'un principal à forte flèche, l'autre auxiliaire à flèche minima. Le câble porteur principal roule sur les isolateurs supports, mais est maintenu aux droits de chaque poteau par le câble auxiliaire celui-ci fortement tendu. On évite ainsi les inconvénients d'instabilité des systèmes de chaînettes à forte flèche. Pour éviter les interruptions du câble auxiliaire tendeur, on lui fait en réalité, éviter la console et il est remplacé sur l'isolateur de fixation par un troisième bout de câble (tendeur auxiliaire) de telle sorte que les deux câbles porteurs, celui à forte flèche et celui à faible flèche, passent au-dessous de cette console. Les portées sont en moyenne de 60 mètres, le bout du câble tendeur auxiliaire de chaque console est isolé des câbles porteurs à leur point de raccord. Le dispositif A.E.G. se différencie surtout du système Siemens par ce fait qu'il ne comprend qu'un jeu, et non deux, de pendules.

PRIX D'UNE INSTALLATION
DE TRACTION A COURANTS CONTINUS
AVEC DISTRIBUTION AÉRIENNE

En raison du très grand nombre d'installations de ce type, aujourd'hui en service, on peut donner avec quelque certitude des prix de premier établissement. En voici quelques-uns, naturellement prix d'avant guerre, en raison de la variabilité des cours :

Appareillage de suspension

Clochettes de modèles divers. . . .	10 à 12 francs.
Isolateurs pour fils transversaux à deux branches ou à clochettes . . .	7 à 8 francs.
Boules isolantes.	2 fr. 50.
Rosaces.	Prix variables jusqu'à 20 francs.
Brooklyn	10 francs.
Aiguilles et croisements fixes . . .	20 à 25 francs.
Cuivre extra dur, le mètre (50^{mm2}) .	1 fr. 30.
Câbles d'acier transversaux, le mètre	0 fr. 20 à fr. 30.
Poteaux en bois.	17 à 30 francs.
Poteaux en fer profilé	75 à 280 francs.

(Rappelons pour mémoire que ce prix atteint quelquefois 6 à 700 francs dans les transmissions d'énergie, à très haute tension).

Poteaux tubulaires en acier . . . . Prix variables.

(suivant les types à 55 francs les 100 kilogs, donc de 180 à 350 francs).

Embases des poteaux . . . . Prix variables.

(suivant le caractère plus ou moins décoratif — 25 francs au minimum, à doubler souvent).

Consoles et tubes consoles . . . . . 15 à 35 fr. même 100 et 120 fr.

(suivant le caractère esthétique imposé).

Cas d'une ligne simple fil. — En résumé, on peut admettre qu'un kilomètre de ligne de fil aérienne unique, avec suspension par consoles, coûte de 8 à 13.000 francs. Une telle ligne avec poteaux et fils transversaux de 13 à 20.000 francs le kilomètre. Ce prix peut s'abaisser de plus de moitié dans les sections où est possible l'emploi des rosaces.

Cas d'une ligne double fil. — **Les prix ci-dessus sont à majorer, pour le deuxième fil, de 3.000 francs, dans le cas où la même console supporte les deux fils et de 6.000 francs, avec poteaux dans l'entre-voie.**

Ces chiffres, qui correspondent aux moyennes de la pratique des tramways, sont encore très accrus (de 20 à 35 p. 100) dans les sections en courbes, en aiguillages, en bifurcations, en évitements, etc.

CHAPITRE IX

ALIMENTATION PAR CANIVEAUX, PAR TROISIÈME RAIL ET PAR CONTACTS SUPERFICIELS

DISTRIBUTION SOUTERRAINE OU PAR CANIVEAU

Généralités sur les caniveaux

La nécessité, dans certaines parties du parcours des tramways de ne pas encombrer les voies esthétiques urbaines avec des fils aériens, et ce qui est encore plus grave, des fils transversaux formant de véritables toiles d'araignées, a dirigé la recherche des ingénieurs de traction vers un système capable de permettre sur ces voies populeuses un trafic intense et pour ainsi dire illimité, sans introduire les dangers d'électrocution, toujours inhérents à la présence de plots disséminés dans les entre-voies. Ce mode de traction, dit par *caniveau*, idéal des municipalités des grandes villes, réaliserait la perfection absolue s'il n'avait, nous en donnerons la justification plus loin, l'inconvénient d'occasionner des dépenses énormes.

Le caniveau consiste essentiellement, comme son nom l'indique, en l'aménagement d'une conduite souterraine voyant le jour par sa partie supérieure et dans laquelle sont disposés des conducteurs de contact. Sur ces conducteurs frotte une prise de courant de forme spéciale, portée par la voiture et dont le rôle est d'alimenter les moteurs.

Le caniveau peut être *latéral* ou *axial*, étant entendu par là que dans le cas du *caniveau latéral*, l'un des rails de roulement est constitué par des fers cornières en Z, se faisant vis-à-vis et laissant entre eux une ornière pour le boudin des roues, mais servant en même temps d'amorce au caniveau où se déplace la prise de courant. Au contraire, le caniveau *axial* est constitué par une ossature métallique superficielle, située à égale distance des deux rails et jouant au point de vue électrique, le même rôle que le précédent. L'ossature du caniveau axial, entretoisée avec les rails, ne participe cependant pas au roulement (fig. 223).

Pour résister aux efforts énormes, et très souvent inconnus, qui se développent dans le sous-sol des grandes villes, les caniveaux doivent être établis d'une manière extraordinairement solide et résistante. Ils comportent essentiellement des chaises de fonte à profil nervuré, disposées, tous les 1 m, 40 ou 1 m, 50. Contre ces chaises, lors de la construction du caniveau, on dispose des moules en tôle et l'on coule le béton à l'intérieur de ces moules, de manière à constituer un caniveau continu.

Les conducteurs actifs (positif et négatif dans le cas du courant continu) sont des fers en T : l'une des branches du T est serrée dans un boulon surmonté lui-même d'un isolateur. Un deuxième système de boulons relie cet isolateur aux ailes inférieures des fers en Z, constituant la partie supérieure des caniveaux.

Il importe de remarquer que toutes les tentatives de retour du courant par les rails de roulement se sont, dans la traction par caniveau, traduites par des désastres ; en effet, un court-circuit permanent peut s'établir à l'intérieur de ces caniveaux entre les fils conducteurs de courant et l'ossature métallique du caniveau qui est toujours plus ou moins au sol. Un conducteur positif unique, généralement supporté par raison de symétrie, par un isolateur situé dans l'axe vertical de figure, même surélevé par rapport au plan inférieur du caniveau, a souvent donné naissance lors des obstructions du canal par la boue et les immondices des grandes villes, à des courts-circuits avec la masse. Aussi, a-t-on remonté le plus possible, dans le profil ovoïde du caniveau, les fers de contact et s'est-on efforcé, par des sectionnements convenables et des alimentations par feeders branchés de loin en loin sur ces fers, de supprimer ces causes de courts-circuits permanents.

Le caniveau *latéral* est basé sur le même principe que le précédent. Il est, par contre, beaucoup plus économique, puisque l'un des deux rails de roulement est déjà supprimé et que les frais de fouilles et de réfection des chaussées sont évidemment inférieurs dans le second cas à ce qu'ils sont dans le précédent (fig. 224).

La prise de courant est constituée essentiellement par une pièce plate,

un soc de charrue, disent les Belges, qui vient descendre et s'insérer
entre les deux fers plats ; elle porte deux ou quatre palettes, réparties
par paires de même polarité et que des ressorts de rappel tendent à
écarter du soc, donc à mettre en contact avec les conducteurs de distribution. Le mouvement vertical correspondant à l'insertion ou à la sous-

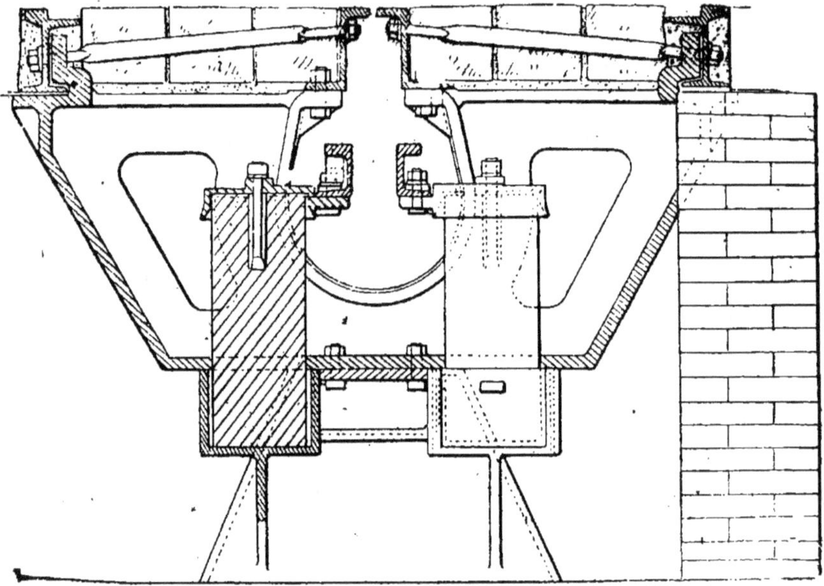

Fig. 223. — Caniveau axial Siemens et Halske.

traction du soc est du reste dirigé par des guides montés sur le châssis
de la voiture et assuré par les galets que porte le soc. L'insertion de la
prise dans ce caniveau, au point du parcours où une section de ligne souterraine fait suite à une section aérienne, s'effectue de la manière suivante :

Un aiguilleur, placé à poste fixé, descend, au moyen d'une manivelle
qu'il installe sur l'arbre de manœuvre du soc placé au flanc de la voiture,
ce soc dans une fosse normalement recouverte par des trappons et que
l'agent a préalablement ouverte par manœuvre d'un levier à contrepoids équilibré, qui ne suppose qu'un effort négligeable (fig. 225).

La position définitive du soc est obtenue généralement par l'intermédiaire d'un galet monté à la partie inférieure de ce soc et qui roule, lors
de la mise en activité, sur la pente convenable d'un chemin de roulement
de faible étendue.

Aiguillages et bifurcations

Les aiguillages effectués en caniveau latéral sont extrêmement compliqués et les épures des positions successives que doit prendre le soc, lorsqu'il passe d'une voie donnée à une voie nouvelle, sont des plus délicates. L'on constatera, aisément, que des sections isolées, de longueur importante, doivent être ménagées dans la partie du caniveau qui correspond à l'aiguillage ou à l'évitement. Au contraire, ces sections isolées

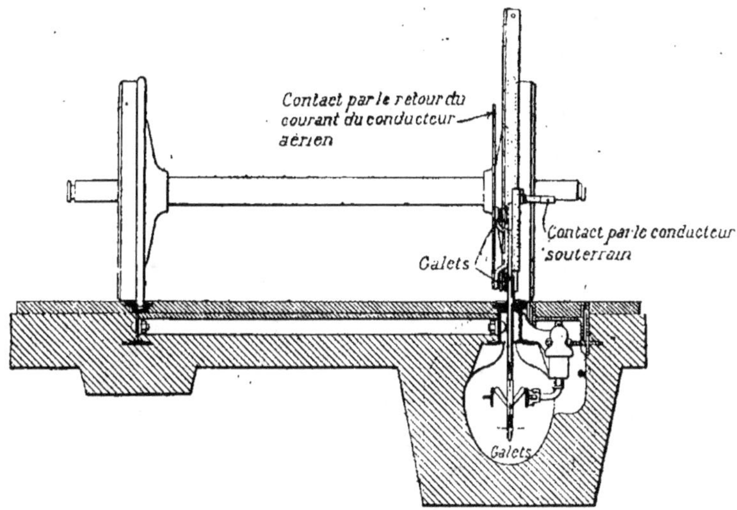

Fig. 224. — Prise de courant Siemens et Halske.

sont beaucoup plus courtes et l'épure beaucoup plus simple dans le cas du caniveau central; c'est là un très gros avantage, car il y a intérêt à réduire au minimum, pour éviter une panne toujours désastreuse, la portion du parcours sur laquelle la voiture progresse sans courant. Cet avantage du caniveau axial a porté les constructeurs (en particulier la Société Thomson-Houston) à adopter le caniveau mixte, normalement latéral (comme l'a toujours fait la Société Siemens et Halske) mais avec des aiguillages, croisements et évitements, en caniveau axial.

Ce problème en soulève un nouveau, à savoir la possibilité, pour le wattman, d'effectuer de sa voiture même les déplacements du soc nécessités par le passage du mode latéral adopté normalement au mode axial, (aiguillages), et le passage inverse. A cet effet, la voiture comporte, sous le châssis un cadre vertical parallèle au petit axe, cadre sur lequel peut rouler la prise de courant par l'intermédiaire d'un système de chaînes ou de cordes, facile à actionner à la main. Il existe même des dispositions de passage automatique d'un mode à l'autre; ces systèmes sont toujours dangereux, car il importe, pour réduire l'usure de la prise de

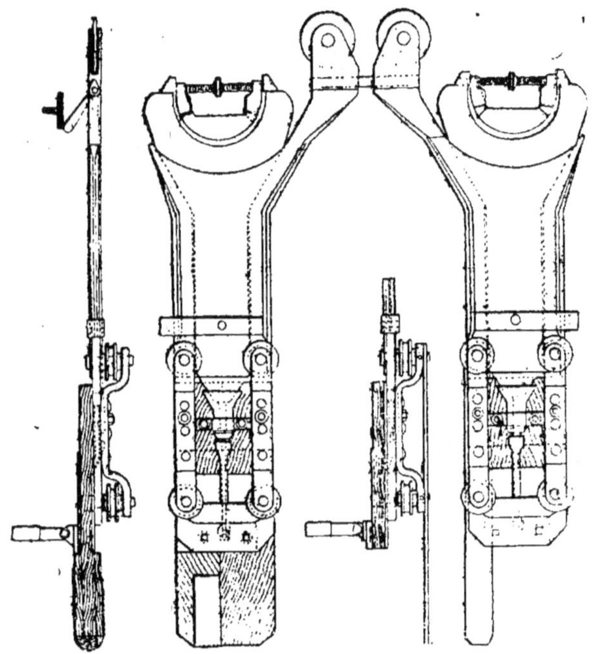

Fig. 225. — Prise de courant pour caniveau souterrain.

courant et des voies, cette prise étant toujours isolée au contact, que celle-ci subisse d'une manière absolument passive de la part des rails, les indications de position que lui donne l'ornière. Or, le passage automatique du caniveau axial au caniveau latéral, ou le passage inverse, ne peut s'effectuer qu'à l'aide de ressorts; ces ressorts, vu la faible largeur de l'ornière pourraient même en alignement droit, se dérégler assez pour faire naître des frictions sensibles entre le soc et les rails.

Le problème de l'installation des caniveaux dans les grandes villes a provoqué l'étude d'un grand nombre de dispositifs intéressants, notamment de ceux applicables à la traversée des ponts métalliques de faible épaisseur, pour lesquels des profils spéciaux ont dû être adoptés pour les caniveaux. Nous renverrons le lecteur aux traités spéciaux sur la matière (1).

Prix de l'installation du caniveau

Le système, comme nous l'avons dit, est extrêmement cher, et les chiffres ci-dessous, dus aux constructeurs, doivent être certainement majorés de 15 à 20 p. 100, d'après les expériences parisiennes ou européennes. Ils ne comportent du reste pas le coût de l'établissement de la voie mécanique elle-même ; en d'autres termes, à ce prix proprement dit, il faut ajouter pour être exact, le coût du kilomètre de voie tel qu'il reviendrait dans le cas de l'adoption d'un système de traction différent, par exemple vapeur, air comprimé, etc... On notera que ce sont des prix d'avant guerre.

Caniveau latéral. — Prix du kilomètre. — Voie simple : 75.000 francs. — Voie double : 150.000 francs.

Caniveau axial. — Prix du kilomètre. — Voie simple : 150.000 francs. — Voie double 280.000 francs.

Caniveau mixte. — Voie double : environ 350.000 francs.

On voit qu'en fait, un kilomètre de voie double en caniveau axial revient à environ 400.000 francs, avec voie métallique comprise, réfection des chaussées, pavage, etc...

Ce seul chiffre justifie la circonspection des compagnies de traction, en ce qui concerne l'emploi de ce mode d'alimentation des moteurs.

CARACTÈRES GÉNÉRAUX DE LA DISTRIBUTION PAR TROISIÈME RAIL

Nous avons vu plus haut que le courant devait être amené aux chemins de fer, consommateurs de fortes énergies, par l'intermédiaire d'un rail disposé parallèlement à la voie mécanique et sur lequel vient frotter un sabot de prise de courant.

Ce rail est généralement constitué par des tronçons de type ordinaire, en acier plus doux néanmoins, que ceux employés pour le roulement,

---

(1) Notamment à notre *Traité pratique de Traction électrique* (Geisler, éditeur à Paris, Albin Michel, successeur).

donc présentant la plus petite résistance électrique possible (1/8 de celle du cuivre à poids égal).

Dans les premiers chemins de fer à prise de courant par rail (South London and City Railway, ancien métropolitain de Londres) le troisième rail était disposé au milieu de la voie ; il était soutenu par des isolateurs pourvus de mâchoires enserrant le champignon de ce rail, dont le patin servait ainsi de prise de courant. Des pièces de fer tirefonnées dans les traverses supportaient ces isolateurs.

Sur le Chemin de fer du Salève, le troisième rail est latéral ; il est supporté à peu près de la même façon (fig. 225 *bis*). Sur les chemins de fer de l'Etat Français, ainsi que sur un certain nombre de lignes américaines, le troisième rail latéral est maintenu dans des coussinets fixés eux-mêmes dans des

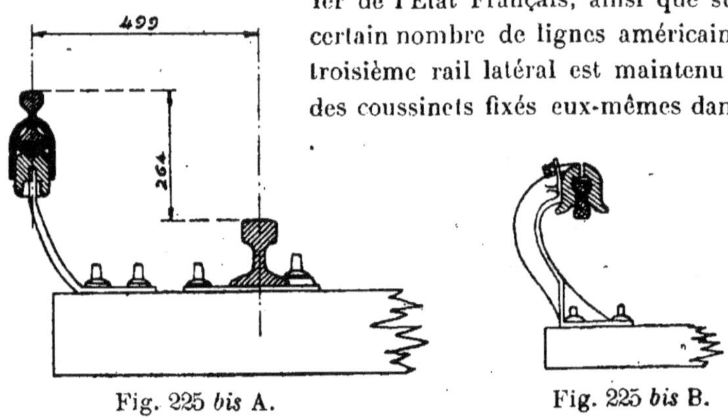

Fig. 225 *bis* A.   Fig. 225 *bis* B.

Troisième rail. Contact supérieur et contact inférieur.

cales en hêtre paraffinées qui sont supportées à leur tour par des blocs plus larges, également en hêtre paraffiné.

Les troisièmes rails sont employés tantôt sous la forme dite *supérieure*, tantôt sous la forme *renversée* ou par *contact inférieur*, celle-ci plus coûteuse, mais offrant des garanties de sécurité plus appréciables (fig. 225 *bis* et 225 *bis* B). Le troisième rail dans ce dernier mode, qui semble avoir la préférence pour les essais actuels à 1.200 volts continus, est embrassé entre deux demi-isolateurs en grès ou en porcelaine vitrifiée : un serrage par boulon, généralement à marteau, complète l'assemblage, après interposition d'un feutre. Les troisièmes rails sont généralement établis avec des aciers spéciaux, d'une résistivité de 10 microhms-centimètre, et comportant 5 à 8 p. 100 de carbone, autant de soufre, 0,01 de silice, 0,07 à 0,1 de phosphore, de 0,3 à 0,5 de manganèse.

La distribution par troisième rail a soulevé de très grosses difficultés, dont les principales sont liées au mode de support des isolateurs ; les bris sont nombreux. On a essayé comme isolants toutes les matières possibles, grès, verre, granit reconstitué (très employé par les Américains). On doit ménager, pour éviter les flexions du rail et des ruptures d'isolateurs, des espaces suffisants aux joints pour permettre la libre dilatation des tronçons accolés. On laisse généralement, au rail de contact, une certaine faculté de déplacement vertical, pour lui permettre de suivre par là les modifications de hauteur de la voie au passage des trains.

Effet du verglas

On sait que le verglas se produit dans des conditions climatériques assez peu comparables, mais, généralement, pour des oscillations de température de 0 à 5°. Des couches de plusieurs millimètres de verglas se déposent souvent sur les rails et interrompent totalement le contact électrique ; le verglas cède évidemment sous le poids des trains passant sur les rails de roulement, mais la pression appuyant l'organe de prise de courant sur le rail positif est le plus souvent insuffisante pour provoquer le détachement de cette croûte. Celle-ci se brise au passage des trains en provoquant parfois des arcs qui incendient les supports. Cet accident a été fréquent au début de l'exploitation des lignes en viaduc du Métropolitain de Paris et, notamment, sur les parties de voie raccordant les parcours souterrains aux parcours aériens.

Pour obvier à ces inconvénients, on a essayé divers procédés chimiques : emploi de matières grasses empêchant le verglas d'adhérer, emploi d'éléments chimiques provoquant la fusion de la glace, chlorure de calcium, ammoniaque, etc. Rien ne vaut, à ce point de vue, l'emploi de frotteurs ou de râcleurs mécaniques précédant dans la marche du train le contact des sabots.

Les soins à apporter en vue d'éviter le contact avec le troisième rail ont motivé des dispositions spéciales dans le détail desquelles nous n'entrerons pas. (Troisième rail disposé sous une chaise, contact inférieur, etc.)

Prises de courant dans le cas de distribution
par troisième rail

Abstraction faite des pantographes articulés aériens, employés dans certaines lignes américaines, avec cornières situées au-dessus des voies, ces prises de courant se ramènent à deux types : celui du sabot frotteur, appuyé avec des ressorts de rappel contre le troisième rail et transmettant le courant à l'équipement par l'intermédiaire de câbles souples, et celui de la prise dite en élitre, très prisée d'abord en Angleterre. Cette dernière prise offre l'aspect des ailes d'un insecte, s'articulant autour d'une charnière et, suivant les dénivellations de la voie mécanique, s'ouvrant plus ou moins. Le sabot de contact est à peu près seul employé aujourd'hui.

Quant aux connexions électriques de voies et aux dispositions générales de retour, elles sont les mêmes pour les chemins de fer et pour les tramways : à signaler, cependant, des dispositions spéciales prises dans les croisements, les aiguillages, les passages à niveau, où une partie du rail d'alimentation doit disparaître et être remplacée par un conducteur souterrain de liaison. A signaler encore le sectionnement du rail distributeur en tronçons et les dispositifs spéciaux de jonction des câbles d'amenée à ces tronçons (boîtes de jonction).

NOTIONS GÉNÉRALES SUR LES DISTRIBUTIONS
PAR CONTACTS SUPERFICIELS

Ces distributions, qui semblaient devoir acquérir la plus grande importance, il y a une vingtaine d'années, à l'époque où les municipalités des grandes villes rejetaient, même dans les faubourgs, l'emploi du trolley, en ont perdu beaucoup depuis lors ; elles ont donné du reste, au moins certaines de principe douteux, naissance à tant d'accidents qu'elles jouissent incontestablement aujourd'hui d'une défaveur marquée.

Le principe essentiel de ces distributions consiste à disposer dans l'axe de la voie mécanique, de distance en distance, 1 m. 50 à 2 m. 80 suivant les types, des plots ou pavés métalliques de contact ; sur ces plots frotte une barre de prise de courant supportée élastiquement par le truc, et tout l'artifice de la combinaison revient à permettre la seule électrisation du plot ou des plots couverts par la voiture, la progression du véhicule devant avoir pour effet de préparer la charge du plot vers lequel il se dirige et de supprimer l'alimentation de celui qu'il vient de quitter. Pour ce faire, deux procédés généraux ont été mis en œuvre :

Ou bien l'on dispose sous le trottoir, de loin en loin, des appareils à commutation automatique comportant un certain nombre de touches

(10 à 20), chacune des touches étant en relation électrique avec un plot, et les connexions convenables étant établies de la voiture au moyen d'artifices le plus souvent d'une admirable ingéniosité, dont le système Wuillemier de fonctionnement irréprochable présente le plus bel exemple (fig. 226). Il permet à une manette, enfermée dans le distributeur, de se déplacer synchroniquement au mouvement de la voiture et d'opérer, dans la cuve où se trouvent les touches, la charge et la décharge automatique des plots, suivant le mode indiqué précédemment.

Tels sont les systèmes dits « à distributeurs » dans lesquels, on le

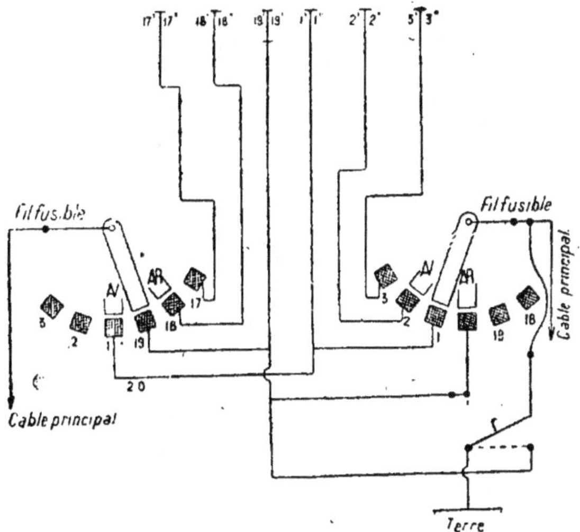

Fig. 226. — Système Vuillemier à distribution automatique
par contacts superficiels.

voit, les plots sont partagés en familles dont la direction incombe l'appareil distributeur.

Ou bien, au contraire, un nombre beaucoup plus grand de systèmes à contacts superficiels ont évité de faire appel à la complication de ces distributeurs, qui constituent de véritables pièces d'horlogerie électro-mécanique. Chaque plot, opérant pour son compte, doit transmettre le courant à la barre de prise électrique quand la voiture se trouve au-dessus du pavé de contact ; ils doivent se décharger automatiquement et jouer le rôle d'interrupteurs lorsque la voiture les a découverts ; les prototypes de ces systèmes sont le Diatto et le Dolter.

Le premier, dont nous nous occuperons surtout, a reçu à Paris de très grands développements. Aujourd'hui, son emploi a disparu par la substitution, qui lui a été faite, du trolley sur plusieurs lignes intra-muros des tramways de pénétration.

L'organe actif du Diatto consiste essentiellement en un clou de fer contenu dans une boîte cylindrique en ébonite pleine de mercure ; le clou en contact, par la masse du système de distribution et par le mercure, avec le câble positif noyé dans l'entrevoie ou longeant la voie,

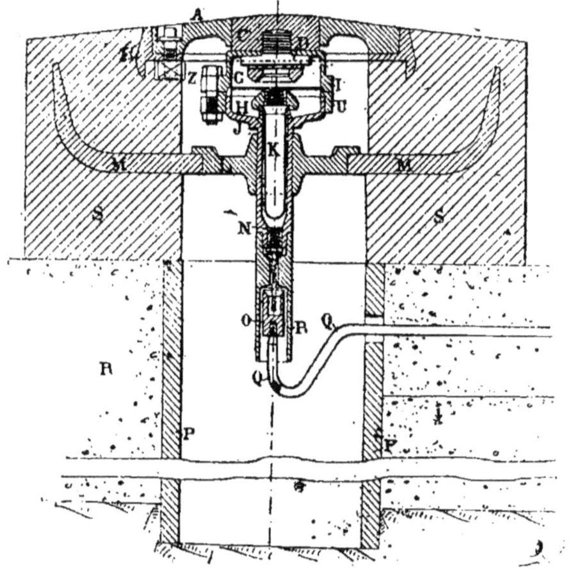

Fig. 227. — Distribution Diatto par contacts superficiels.

peut être (son mouvement est presque équilibré) attiré vers le haut par une action électro-magnétique convenable, de manière à venir choquer par sa tête la surface intérieure d'un pavé circulaire d'acier, qui transmettra lui-même le courant à la barre frotteuse (fig. 227).

L'ensemble est contenu dans une cuve noyée elle-même dans un bloc d'asphalte isolant. Quant à l'action électro-mécanique nécessaire au soulèvement du clou, elle est produite par un circuit magnétique convenable, en partie constitué par des électro-aimants appartenant à la voiture, en partie par des prolongements magnétiques en forme d'aile de la cuve qui contient le plot.

Comme on le conçoit aisément, la difficulté primordiale consiste à empêcher le clou de coller contre le pavé d'acier, après découvrement de celui-ci par la voiture; la permanence du pont conducteur constitué par le clou, a provoqué les multiples accidents énoncés, imputables au système.

On notera que, si dans l'immense majorité des cas d'électrocution par plots restés chargés, une tension de 5 à 600 volts s'est en somme établie entre le pavé d'acier et le rail, donc entre les deux pieds d'un piéton insouciant, une dérivation de 15 à 20 volts suffit pour électrocuter un cheval, dont les fers constituent des pôles de captation incomparables. Or, ces dérivations étaient fréquentes dans les premiers systèmes à contact superficiels, surtout lorsque, pour plus de sécurité mécanique,

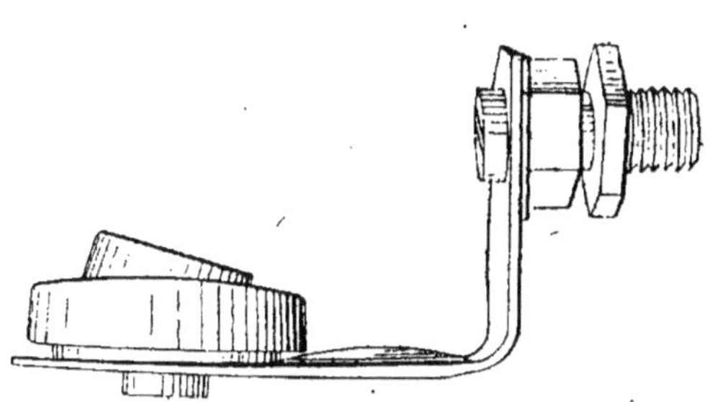

Fig. 228. — Distribution par contacts superficiels Dolter. Levier oscillant.

on eut décidé au début de l'exploitation, d'accoler les plots et les blocs isolants d'asphalte aux entretoises des voies Broca employées.

Le système Dolter se rapproche beaucoup du Diatto. Son principe consiste essentiellement en un levier oscillant, mobile par voie électromagnétique, pourvu d'une pastille de charbon de contact, et jouant le rôle du clou du précédent système (fig. 228).

SYSTÈMES MIXTES A CANIVEAU ET A CONTACTS SUPERFICIELS

Un certain nombre de brevets ont été pris et d'essais effectués ayant pour but de réaliser la distribution du courant à des plots de contact situés dans l'entrevoie, par l'intermédiaire d'un petit chariot automoteur roulant en souterrain, dans un caniveau parallèle à l'axe de la voie mécanique. Le problème de la commande à distance par la voiture de ces chariots distributeurs est des plus intéressants : malheureusement, il est trop compliqué pour que son étude puisse trouver place ici.

CHAPITRE X

CIRCUITS ÉLECTRIQUES DE RETOUR

GÉNÉRALITÉS SUR L'ÉCLISSAGE ÉLECTRIQUE DES VOIES

Dans la majeure partie des installations de traction électrique, on fait appel tant par raison d'économie que de simplicité d'établissement, à la voie mécanique convenablement éclissée, pour constituer la partie retour du courant, c'est-à-dire la portion électrique du circuit de travail reliée au pôle négatif des dynamos.

Au début de la traction électrique, et notamment en Amérique, on s'est peu préoccupé d'assurer une bonne conductibilité électrique de la voie. On s'en tenait à la pratique télégraphique de la liaison des pôles négatifs des dynamos à de larges plaques de terre, et le courant revenait en somme à la station centrale par l'intermédiaire du sol et des masses métalliques y incluses. Des accidents très graves, survenus au bout de peu d'années, percements de conduite, explosions, etc.., ont démontré la nécessité de soins plus minutieux dans l'établissement de ce circuit de retour.

Eclissage électrique des voies

Les voies de chemins de fer pesant environ 45 kilogrammes au mètre courant, celles des tramways en pesant moins, 40 kilogrammes au maximum, il est facile d'évaluer la résistance kilométrique d'une voie, abstraction faite des joints ; ces joints constituent, souvent et malheureusement, la majeure partie, et c'est bien évident, de la résistance trouvée en pratique. Aussi doit-on les contourner électriquement, en quelque sorte en jetant des ponts métalliques de tronçon à tronçon. Ces ponts sont constitués par des connecteurs ou éclisses électriques, de types extrêmement nombreux, mais qui se ramènent en somme tous au principe suivant :

Outre l'éclissage mécanique, serré par boulons, sur les ailes des rails à joindre, et au-dessus de cet éclissage, on installe, de chaque côté

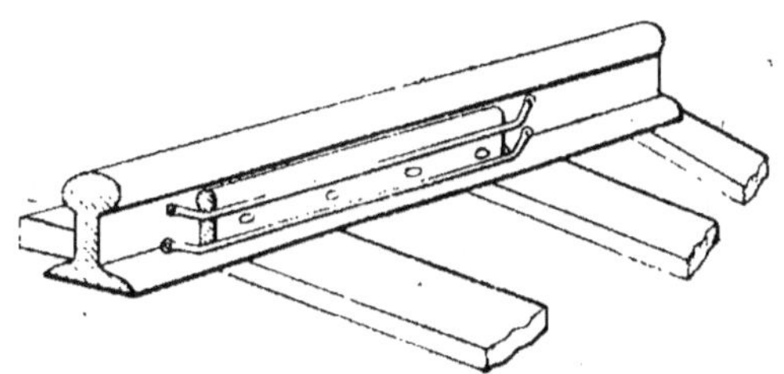

Fig. 229. — Connecteurs métalliques « Couronne ».

du rail généralement, deux conducteurs de cuivre de 60 millimètres de long et d'environ 1 centimètre carré de section, terminés soit par des

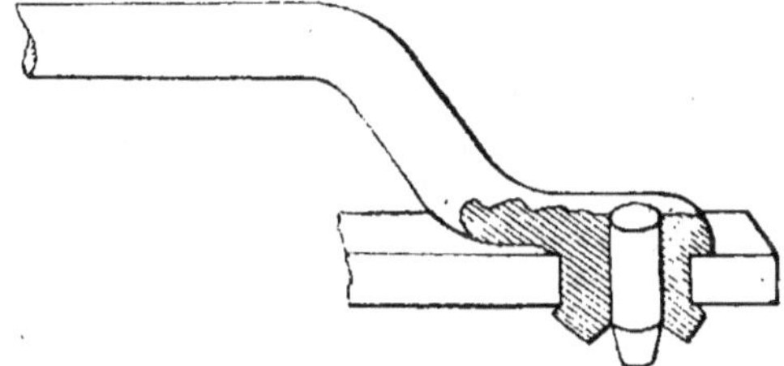

Fig. 230. — Connecteur métallique rigide « Couronne ».

œilletons dans lesquels on engage au maillet une tête qui s'écrase et solidarise le connecteur avec le rail, préalablement percé de trous à cet

Fig. 231. — Connecteur métallique ondulé double.

usage, soit par des gorges dans lesquelles on mate une goupille. L'emploi de deux connecteurs sur chaque face du rail, soit 4 par joint, 8 pour les deux rails, assure, on s'en convainc aisément, une conductibilité au joint à peu près égale à celle du rail proprement dit. Les connecteurs du type Couronne (Crown), qui ont de grandes analogies avec ceux du type *Chicago*, aussi très connu, et dont le montage est intuitif, sont représentés par les figures 229 et 230.

En vue de dérouter les tentatives des malfaiteurs pour qui la recherche et la vente des connecteurs en cuivre constitue souvent un véritable trafic, on a proposé parfois de disposer les connecteurs sous patins; les fouilles à faire pour réparations et visites sont évidemment plus délicates, il faut dégager complètement les traverses, aussi cette pratique s'est-elle peu généralisée (fig. 232).

Un certain nombre d'inconvénients ont résulté de la dilatation des rails, sous l'influence de la température, de déplacements légers de ceux-ci pour des causes diverses,

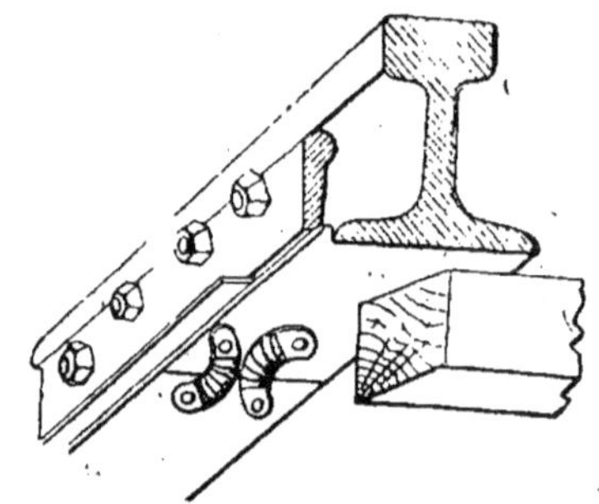

Fig. 232. — Connecteur métallique ondulé sous patin.

toutes déformations qui se sont traduites par des ruptures de connecteurs rigides. Aussi, a-t-on utilisé avec plus de succès, sur certaines lignes, des connecteurs torsadés, donc beaucoup plus souples, pourvus de têtes permettant des montages identiques à ceux indiqués plus haut (fig. 233).

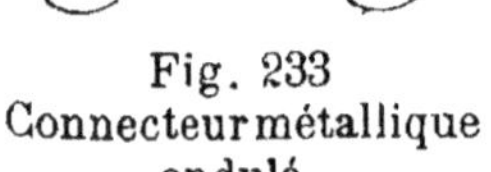

Fig. 233
Connecteur métallique
ondulé.

Les connecteurs type rigide doivent dépasser, après montage, l'éclisse mécanique d'environ 0 m. 05.

Le prix des connecteurs de type rigide (Chicago), y compris deux goupilles en acier par pièce, pouvait être évalué à 4 fr. 50 en moyenne avant guerre; il varie en pratique avec la longueur et la section des connecteurs.

Connecteurs plastiques

Ces connecteurs, qu'Edison et Brown ont introduits, il y a quelques années, sur plusieurs lignes à traction électrique américaines, sont constitués essentiellement par un amalgame métallique plastique disposé le long de la surface du rail préalablement nettoyé, contenu à l'intérieur

d'une petite rondelle de liège et enfin serré par l'éclisse mécanique elle-
même, préalablement nettoyée de la même façon (fig. 234). La conductibilité de ces connecteurs plastiques est excellente, elle est sept ou huit

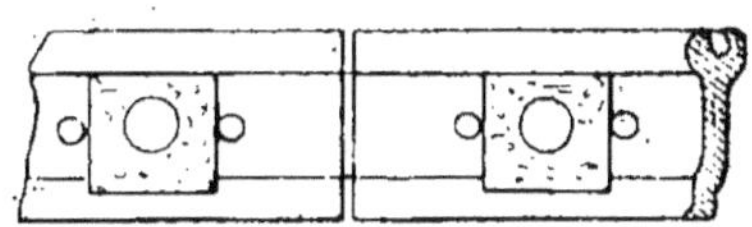

Fig. 234. — Connecteur plastique Brown-Edison.

fois plus considérable en moyenne que celle des connecteurs métalliques ;
le prix en est également près de deux fois moins élevé. L'alliage se
décompose malheureusement assez facilement à l'air.

Dépenses provenant de l'établissement
de joints électriques ordinaires (de tronçons à tronçons)

Les longueurs des rails de tramways étant d'environ 10 à 12 mètres,
il convient de compter, comme nous l'avons vu, sur 2 fr. 50 par joint
mis en place. Prix d'avant guerre.

    Pour 2 joints par rail . . . .   5 francs
    Pour 100 joints doubles par kilomètre . . .   500   —
    Pour 4 rails composant les deux voies . . .   2.000   —

Liaisons électriques complémentaires

De manière à égaliser les chutes de tension sur les deux voies, on relie
de loin en loin les rails entre eux par des connecteurs de rails, et les
deux voies entre-elles par des connecteurs de voies, du même type rigide
naturellement.

Liaison transversale. — Placée de rail à rail sur une même voie, tous
les 20 mètres. Le joint a 1 m. 50 de long, il vaut à peu près 3 fr. 25,
soit au kilomètre (50 joints) 162 fr. 50 pour une voie, et pour deux voies :
325 francs. Prix d'avant guerre.

Liaisons des voies entre elles. — Connecteur de 2 mètres de long tous
les 30 mètres mis en place à 4 fr. 25. Prix d'avant guerre. Soit par kilomètre 33,33 $\times$ 4 fr. 25 = 151 fr. 25.

Coût de l'éclissage électrique. — En résumé l'éclissage électrique des voies revient au prix suivant par kilomètre :

Joints de rails . . . . 2 000 francs
Liaisons transversales 325
Liaisons de voies . . . . 151 fr. 25

     Total . . . . 2.476 fr. 25

soit approximativement 2.500 francs par kilomètre. Prix d'avant guerre.

Joints soudés. — Joints Falk
Procédés à l'aluminothermie

La difficulté d'entretien des voies, sur les grandes artères des villes, et les déformations qu'elles subissent du fait des mouvements des sous-sols ont provoqué l'apparition d'un certain nombre de dispositifs dits de *joints soudés* et tendant essentiellement à constituer un circuit de retour par la réalisation d'une sorte de rail continu obtenu de l'une des façons suivantes.

Le plus connu de ces joints, dit joint Falk, consiste à disposer autour des deux bouts jointifs des rails à souder, un large

Fig. 235. — Joints de rails. Connexions électriques.

manchon de tôle dans lequel on coule de la fonte, élevée sur place à une température très supérieure à celle correspondant à son usage en fonderie. En se refroidissant, la fonte quitte le moule, serrant énergiquement les deux parties terminales des tronçons en regard. Des cassures et des coupes ont démontré, par voie d'analyse micrographique, une union intime de la fonte et de l'acier, bien que ce ne soit pas là une véritable

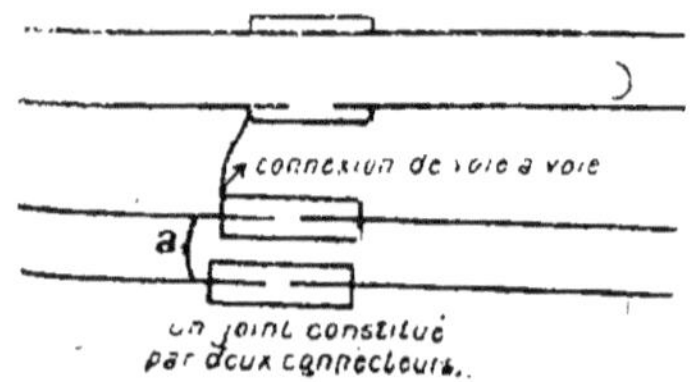

Fig. 236. — Ensemble des connexions de voie.

soudure, impossible, comme on le sait, à réaliser entre ces deux carbures de fer. Le joint Falk a donné des résultats excellents au point de vue du roulement, et des économies considérables d'énergie ont été réalisées, grâce à la suppression des dénivellations existant toujours de rail à rail. Si les proportions du manchon de fonte sont bien conçues, il doit pouvoir supporter les mêmes efforts que le rail proprement dit. Le joint Falk revient à peu près à 20 francs par joint tout posé. Son prix, si le travail est bien organisé, peut même être encore plus faible. Prix d'avant guerre.

Le procédé dit à l'*aluminothermie* consiste à couler, dans les moules qui embrassent le rail, le mélange obtenu conformément à la réaction ci-après :

$$F^2O^3 + Al^2 = Fe^2 + Al^2O^3.$$

La température est de 3000° ; le mélange se divise en deux couches, l'alumine en dessus, le fer en dessous. Le procédé à l'aluminothermie est actuellement assez en faveur.

Soudure des rails. — Soudure au chalumeau et soudure à l'arc

En outre des procédés Falk et à l'aluminothermie, il est fait souvent usage aussi de soudure oxy-acétylénique et de la soudure oxhydrique pour réunir les coupons de rail. Ce procédé est moins pratique que la soudure électrique à l'arc, car la température est plus faible. Le chalumeau oxy-acétylénique est cependant d'une manutention commode et permet sur place le découpage des rails et le perçage des trous.

A signaler également le procédé Sandberg pour le durcissement des rails superficiellement. On emploie un chalumeau monté sur un chariot qu'on promène sur la table de roulement des rails. Celle-ci, portée au rouge vif, est brusquement refroidie au moyen d'un jet d'eau, d'où un revenu immédiat.

Dans certaines installations, on meule aussi directement la table des rails usagés de manière à les faire resservir.

On consultera avec intérêt à ce sujet la belle conférence de M. d'Hoop au Congrès International de Bruxelles, ouvert en octobre 1922 par l'Union Internationale des Tramways, des Chemins de Fer d'Intérêt Local et Transports Publics Automobiles. Un résumé de cette conférence a paru en outre dans le *Génie Civil* du 25 novembre 1922, sous la signature de M. Dantin.

Tous ces procédés plus ou moins simples sont destinés à faire place, dans un délai assez bref, à la soudure électrique qui s'applique dans les cas les plus généraux, soit pour souder les pièces constituant un matériel neuf, soit pour réparer un matériel usagé, même brisé, ou recharger en métal des parties déficitaires.

La technique de la soudure électrique est bien connue. Nous n'insisterons pas à ce sujet. Rappelons que l'énergie nécessaire peut être soit prélevée sur la ligne de trolley au moyen d'une prise spéciale, soit produite au moyen d'un groupe électrogène portatif.

Cette soudure s'applique également aux appareils de voie qui ont toujours constitué une grave préoccupation et une source d'ennuis pour les exploitants.

Le facteur principal du succès réside dans le choix convenable des électrodes, soit électrodes nues en acier doux, acier au carbone, au nickel, au manganèse, au vanadium, suivant les résultats qu'on veut obtenir, soit électrodes enduites, c'est-à-dire identiques aux premières, mais recouvertes d'une gaine qui se solidifie par séchage. Ces matières servent à la fois de guide à l'arc et de fondant pour le métal en fusion sous l'effet de l'arc. On emploie souvent à cet effet un mélange de silicate et de chaux.

Quant aux électrodes enrobées, elles comportent une âme en acier doux ou en fer, et une enveloppe extérieure de métaux appelés à donner après fusion les qualités nécessaires aux parties à associer des rails.

La soudure électrique est de plus en plus employée en Europe, particulièrement en Angleterre, en Belgique et maintenant en France. Elle l'est depuis longtemps aux Etats-Unis, où l'on va même jusqu'à supprimer complètement dans les voies nouvelles, les boulons d'assemblage aux joints.

Quant au coût de la soudure électrique, il est variable suivant le prix de l'énergie, mais on peut approximativement admettre qu'il est à peu près le même que celui du joint Falk, celui-ci nécessitant un matériel et un personnel important, mais donnant un travail d'avancement notablement rapide.

Signalons, enfin, que le joint à l'aluminothermie semblerait, le plus coûteux des trois.

PRESCRIPTIONS RÉGLEMENTAIRES DESTINÉES A DIMINUER LA CHUTE DE TENSION DANS LES VOIES. LEUR UTILITÉ

Malgré l'extrême attention apportée à l'éclissage électrique des voies, on ne peut que difficilement se passer en traction électrique de dispositions nouvelles et supplémentaires destinées à diminuer encore la chute de tension dans les rails. Cherchons, à titre d'application, quelle est, pour une voie approximativement constituée par moitié de rails Marsillon et de rails Broca, la résistance kilométrique d'une telle ligne.

Le rail Marsillon ayant une section de 2×2.700 mm² et le rail Broca, de 3.800 mm², les résistances électriques respectives seront :

Marsillon . . . . $0^{\omega},0355 \times \dfrac{1}{2}$.

Broca. . . . . $0^{\omega},01655$

Ou en valeur moyenne $0^{\omega},01716$.

La résistance kilométrique d'une double voie (quatre files de rails en parallèle) : $0^{\omega},00430$.

La résistance kilométrique d'une voie simple (deux files de rails en parallèle) : $0^{\omega},00860$.

Les résistances des joints (fils de 1 cm² de section sur 60 cm de long) tronçons de 10 mètres, 100 joints par file au kilomètre ; 400 joints pour une voie double.)

Voie double . . . . $0^{\omega},0056$

Voie simple . . . . $0^{\omega},0112$

Il y a enfin lieu de tenir compte des résistances au contact, qui ne figurent pas dans notre calcul, par l'introduction d'un coefficient d'amplification convenable $K = 1,2$ à $1,5$, de telle sorte qu'on prend généralement pour résistance kilométrique d'une voie simple :

$$K (0,0086 + 0,0112) = 0^{\omega},015$$

Cette résistance est donc pour une voie double de 0,0075 ohm dans les cas les plus probables.

Or, le parcours total étant supposé égal, pour fixer les idées, à 6 kilomètres, les voitures étant également réparties sur la ligne et chacune absorbant 25 ampères environ, on verra que la chute de tension existant entre une extrémité des voies et l'autre extrémité, où est supposée installée l'usine génératrice, dépassera dans cette hypothèse pourtant très modérée, la valeur de 6,75 volts. Ce chiffre est beaucoup supérieur à celui toléré généralement.

En effet, le sous-sol des grandes villes est tellement encombré de conduites métalliques diverses qu'il y a toujours à redouter la création de courants vagabonds dérivés des rails sur ces conduites, donc, de courants quittant provisoirement les rails pour continuer leur parcours sur les conducteurs situés à leur portée. Sous l'impression des accidents signalés précédemment, les services de contrôle des divers pays européens ou américains ont prescrit des règles très différentes relatives aux tolérances de chutes de tension à observer sur les lignes de traction électrique. Des accidents nombreux, survenus en dépit de l'observation de ces règles, rapprochés des inocuités constatées dans maintes circonstances où les règlements étaient enfreints, ont fait abandonner, presque complètement, les prescriptions du début.

En France, notamment, on a imposé longtemps la règle dite des 5 volts, aux termes de laquelle il n'aurait pas dû exister une différence de tension supérieure à ce chiffre entre deux points quelconques des voies, et en particulier entre un point de ces voies et le point de jonction de celles-ci au pôle négatif des dynamos. Cette règle des 5 volts se justifiait par la considération de circuits éventuels dérivés sautant d'un rail à une conduite et revenant de cette conduite au rail, donc, de circuits ayant à vaincre deux forces contre-électromotrices de polarisation dues aux sels toujours dissous dans le sol et dont les valeurs probables et maxima sont respectivement de 1,5 volt. Sur cette chute de tension maxima prévue, 3 volts étaient affectés aux forces contre-électromotrices du sol. Restait une latitude de 2 volts pour les chutes de tension dans les portions intéressées au circuit des voies, des conduites et des terrains voisins.

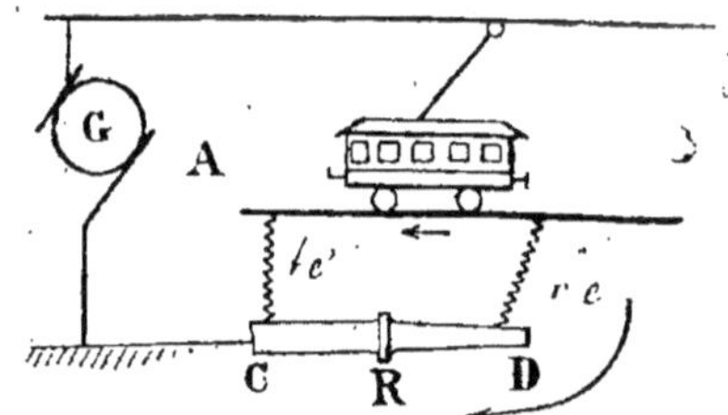

Fig. 237. — Création de circuits dérivés dans le sous-sol des villes.

Cette règle a été remplacée par celle dite du « volt par kilomètre » :

La chute de tension dans une ligne à traction électrique utilisant le retour par les rails doit être inférieure à 1 volt par kilomètre, étant entendu qu'on la calcule en multipliant la résistance kilométrique de la voie par l'intensité moyenne par jour, débitée par la station génératrice.

Cette règle, déjà plus logique, a malheureusement été plusieurs fois controuvée par l'expérience, dans certains cas par exemple de traversée de ponts métalliques, supportant des conduites contenues dans les tabliers. Ces conduites sont généralement chargées à un potentiel propre différent de celui de l'ossature métallique du pont qui est toujours en contact plus ou moins franc avec les rails. Il en résulte d'inévitables dérivations. Dans un certain nombre de cas, on s'est efforcé d'isoler tant bien que mal, la voie mécanique du corps de l'ouvrage, mais ces dispo-

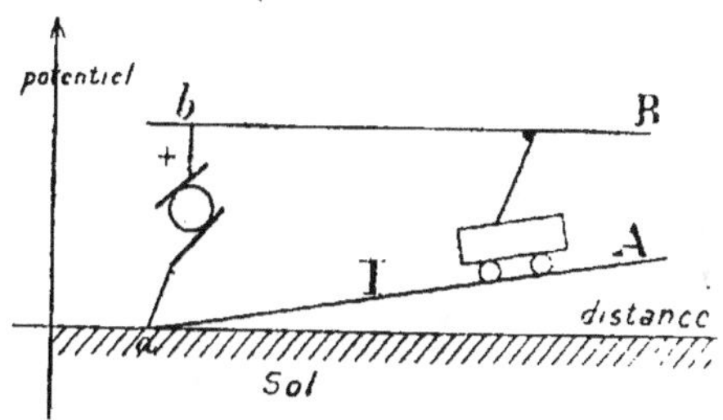

Fig. 238. — Répartition des chutes de tension dans une ligne de traction.

sitions ne sont guère applicables; on apportera donc un soin tout spécial aux chutes de tension à observer et à limiter dans le cas de voies ainsi constituées (fig. 238).

DISPOSITIFS DESTINÉS A LIMITER LES CHUTES
DE TENSION DANS LES VOIES
OU A LES RENDRE INOFFENSIVES

Si l'on se refère au schéma de la figure 239, on voit que le point réellement dangereux, en ce qui concerne l'éventualité d'un percement de conduite, est celui jouant le rôle de pôle positif par rapport au rail. Suivant les lois bien connues de l'électrolyse, le métal est transporté le long des filets de courant et le rail ainsi renforcé, au grand détriment de la conduite voisine. Donc, si l'on pouvait rendre assurément positifs, tous les systèmes de rails par rapport aux conduites, il

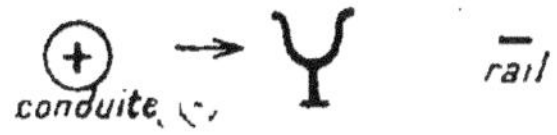

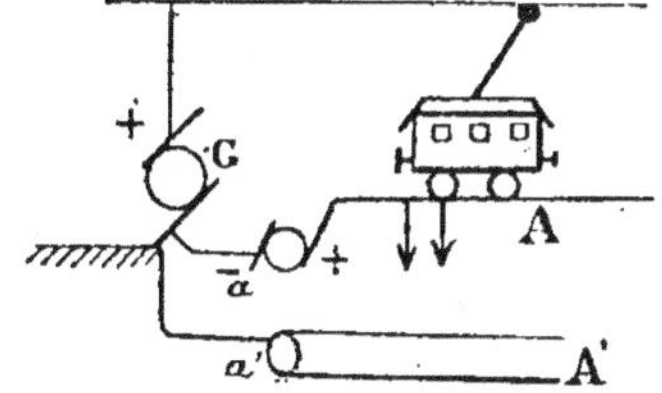

Fig. 239.
Condition rendant possible la détérioration des conduites.

Fig. 240. — Possibilité d'attaque des conduites. Manière de les éviter en rendant les rails positifs par rapport aux conduites.

semble qu'on pourrait espérer réaliser une impossibilité pratique de création de tels courants dérivés. Mais cette disposition, qui serait bonne sur les petits réseaux, ne serait pas toujours suffisante. Elle a été employée en Amérique sous la forme suivante : liaison du réseau de conduites à une génératrice installée à l'usine, créant une force électromotrice en opposition avec la génératrice principale, donc rendant les conduites négatives par rapport aux rails (fig. 240). Malheureusement

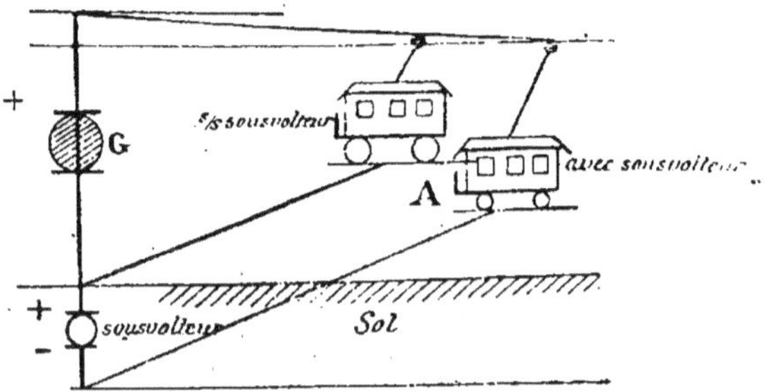

Fig. 241. — Abaissement de la chute de tension par emploi de sous-volteurs

ces dispositions ont échoué sur les réseaux étendus. Les accidents classiques de Jersey-City, où un réseau de conduites situées à l'intérieur

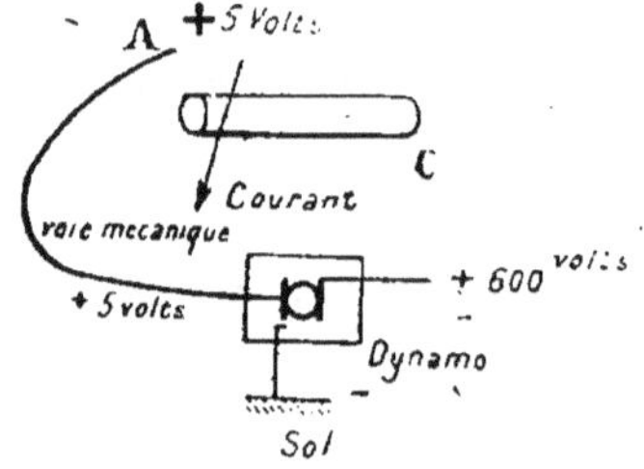

Fig. 242. — Création de dérivations dans le sol en dépit
de la positivité des voies.

d'une vaste boucle de voies ferrées a été complètement électrolysé, a démontré l'insuffisance du système, malgré le caractère global positif des voies (fig. 242).

Emploi de feeders de retour

On conçoit que si l'on relie certains points des voies choisis de manière convenable, à l'usine génératrice (pôle négatif), par des *feeders de retour* analogues aux feeders d'amenée, les chutes de tension pourront être de beaucoup diminuées dans les voies, chaque point d'insertion des feeders sur les voies constituant en somme un centre de collection de courant.

Le schéma (fig. 243) montre que, dans le cas de la ligne simple précédemment considérée, avec un feeder de retour branché au dernier tiers de la voie, l'usine génératrice alimentant l'origine du premier tiers, la chute de tension sera réduite sur ces voies dans le rapport d'un neuvième (1/9), donc sera inférieure à un volt.

On peut choisir dans un réseau, si complexe soit-il, les points d'insertion des feeders, de manière à abaisser au-dessous du volt par kilomètre la chute de tension dans les voies. L'étude de la question est très simple, il suffit de disposer en des points convenables du parcours des masses

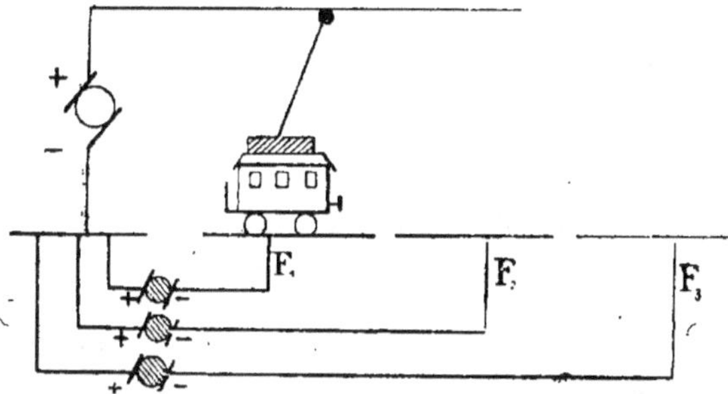

Fig. 243. — Emploi de sous-volteurs combinés avec des feeders de retour pour abaissement des chutes de tension.

fictives correspondant aux tensions absorbées par les voitures et d'effectuer un véritable calcul de recherche de centre de gravité, dans le détail duquel nous n'entrerons pas.

On peut donc admettre que la chute de tension dans les voies, pour une tension moyenne de distribution de 500 volts, sera à peu près de 5 volts ou 1 p. 100. On pourra perdre dans les feeders de retour 2 à 3 p. 100 de la tension, si l'on veut réaliser une économie intéressante sur la section de ces feeders. On notera aussi que les rails seront toujours positifs de quelques volts en sus, par rapport aux conduites.

Emploi de sous-volteurs. — Il peut arriver néanmoins que cette positivité soit excessive et qu'on ait à craindre encore, pour les motifs donnés plus haut, la naissance de dérivations. On y obviera en compensant à peu près cette chute de tension dans les feeders, par une force électromotrice supplémentaire convenable.

Cette disposition a été très employée en Europe, sous le nom de système sous-volteur. Un sous-volteur est une dynamo auxiliaire, branchée en série avec la dynamo principale ; le point commun est mis au sol. Le sous-volteur réunit son pôle négatif à un point pris sur un rail, ou à l'extrémité du feeder de retour. Dans ce dernier cas, si cette liaison a été faite au moyen d'un fil conducteur isolé, le potentiel du rail pourrait être, ainsi que le montre le schéma, légèrement supérieur (de 8, 10 ou 12 volts) au potentiel du sol, la chute de tension différence étant absorbée dans le feeder (fig. 241).

Chacun des feeders de retour sera branché en série avec un sous-volteur qui crée une force électromotrice proportionnelle au courant qui parcourt le feeder, donc qui compense automatiquement, ou à peu près, la chute de tension existant dans ce feeder (fig. 243).

Chute de tension dans les chemins de fer
à traction électrique

La question du courant de retour, qui est des plus importantes déjà dans le cas des tramways, devient capitale dans le cas des chemins de fer à traction électrique par troisième rail, dans lesquels des courts-circuits et des dérivations sont évidemment très à craindre. Citons à cet égard quelques chiffres déduits d'expériences faites sur la ligne Paris-Invalides à Versailles et relatifs à la ligne d'alimentation (3e rail) :

Résistance kilométrique d'isolement : 4 à 6.000 ω = 5.000 ω en moyenne.
Tension de distribution : 500 v.

$$\text{Pertes par kilomètre} : \frac{500}{5.000} = 0^a,10,$$

soit pour 40 kilomètres de ligne : $4^a,00$

Pertes en tenant compte des joints $\left(\text{majoration de } \frac{1}{5}\right)$: 5.
Pertes en watts : $500 \times 5 = 2.500$ w.
Pertes en watts-heure par jour (service de 20 h.) $= 50.000$,

ce qui correspond (soit 0 fr. 10 le kilowatt-heure) à une perte sèche de 5 francs par jour ou de 1.800 francs par an. Prix d'avant guerre.

Résultats pratiques d'observations sur les phénomènes liés au retour du courant par les rails

En nous restreignant aux seuls phénomènes de cet ordre, impliqués par l'emploi des courants continus en traction, nous pouvons affirmer qu'entre le calcul et l'expérience, entre la prévision et l'observation, entre la théorie et la pratique, l'écart est grand.

Comme le faisait récemment remarquer dans sa belle communication à la Société des Ingénieurs Civils, M. Guéry, l'un des praticiens de traction que leur longue expérience autorise particulièrement à parler sur un sujet aussi important et aussi mal connu encore (1), les voies des tramways étant posées sans précautions spéciales, il semblerait qu'une grande partie du courant dût, surtout si les joints sont en mauvais état, emprunter le sol, dont la résistance est théoriquement nulle. En réalité, il n'en est pas ainsi, et l'expérience montre que le courant suit presque toujours les voies, même au prix de chutes de tension relativement élevées à travers les mauvais joints. Cela tient à ce que, malgré les apparences, les voies de tramways sont isolées presque complètement du sol, tant par la rouille des rails que par les pavages des rues et surtout le sable sur lequel sont en général posées les voies Broca. Les dérivations ne deviennent réellement importantes que lorsque cet isolement est, pour une cause ou pour une autre, supprimé ou, du moins, réduit. On doit donc proscrire absolument toute disposition qui aurait pour résultat de le diminuer, en particulier la liaison des rails avec les masses métalliques à protéger, car cette pratique augmente dans des proportions insoupçonnées la surface de contact avec le sol du conducteur de retour et par suite les chances de production des courants dérivés.

On pourrait citer plusieurs cas de phénomènes d'électrolyse dus à des liaisons de ce genre, et ces cas sont d'autant plus caractéristiques que les phénomènes en question se sont produits, non dans le voisinage des voies, mais dans celui d'une canalisation à laquelle elles avaient été reliées.

En général, on néglige cet isolement des voies, et l'on admet (ce qui est d'ailleurs vrai la plupart du temps), que, dans les installations de

---

(1) *Bulletin de la Société des Ingénieurs civils*, 1916.

traction qui utilisent les voies de roulement comme conducteur de retour, une fraction K. I. du courant des rails est dérivée par le sol. On a cherché à calculer, à l'aide d'hypothèses sur la conductance du sol et la répartition des flux de courant issus des rails, la valeur du coefficient K, que l'on peut appeler le coefficient de fuite. Les nombreux essais auxquels il a été procédé, sur des réseaux très dissemblables, ont nettement démontré que ce coefficient ne peut être déterminé qu'expérimentalement, et qu'il varie dans chaque cas, en fonction d'éléments dont il est à peu près impossible de tenir compte dans les calculs. Jusqu'ici on a surtout considéré la différence de potentiel entre deux points du sol et l'on a cru qu'il suffisait, pour réduire au minimum les risques de production des courants dérivés, de limiter à une valeur déterminée cette différence de potentiel. C'est le cas du règlement français qui oblige les exploitants à établir leurs installations de telle sorte que la chute de tension dans 1 kilomètre ne dépasse jamais un volt en moyenne. Mais cette façon d'envisager le problème est par trop simpliste et néglige des facteurs qui jouent cependant un rôle essentiel.

Nous nous associons sans réserve aux conclusions de M. Guéry. Empruntons-lui encore les constatations qui suivent; constatations déduites de l'ensemble des mesures qu'il a effectuées :

« Dans certains réseaux, particulièrement sur des lignes suburbaines empruntant des routes bien macadamisées et dans le sous-sol desquelles il n'y avait aucune canalisation d'eau, de gaz ou d'électricité, par temps sec, quels que fussent l'état des joints et la charge des voies, le courant paraissait revenir presque intégralement à l'usine par les rails, et cela, au prix de chutes de tension très élevées dans les mauvais joints. Au contraire, dans les villes où le sol est, de par sa composition, ou en raison des masses métalliques qu'il contient, réellement bon conducteur, il se produisait des dérivations importantes, même sur des sections où la règle du volt-kilométrique était respectée et dont les voies étaient en bon état.

« Dans des réseaux où, par temps sec, l'on ne trouvait pas trace de dérivations, une fraction importante du courant, que l'on peut estimer à 60 p. 100, revenait par le sol dès que celui-ci était fortement mouillé.

« Sur des sections en ligne droite, même avec des joints défectueux, les dérivations étaient rares et de faible importance, tandis qu'il y en avait presque toujours sur les sections en courbe, même si les joints étaient en bon état et la charge des voies normales.

« Sur certaines sections en courbes, les dérivations étaient négligeables, lorsque le sol ne comportait pas de masses métalliques. Elles étaient très importantes, même avec des joints en assez bon état, dès qu'il existait entre deux sommets de courbes, ou suivant la corde d'un arc décrit par la voie, un câble téléphonique ou électrique ou une conduite d'eau. Dans ce dernier cas, on notait des différences considérables, selon que les câbles ou conduites coupaient ou non la voie.

« Dans une section déterminée, toutes les autres conditions restant les mêmes, la fraction de courant dérivé variait suivant la charge des voies. Autrement dit, le coefficient K, qui ne paraissait pas dépasser 5 ou 6 p. 100 lorsque les voies n'étaient parcourues que par des courants de faible intensité, semblait croître jusqu'à des valeurs de 25 p. 100, lorsque l'intensité augmentait.

« Enfin, la situation des trains par rapport aux joints défectueux et aux sous-stations jouait, elle aussi, un rôle très important. »

Les causes qui influent sur la production des courants dérivés et, par suite, sur la valeur du coefficient K sont donc multiples et essentiellement variables :

Voici les principales : Etat des joints ; différence de potentiel entre deux points du rail ou, autrement dit charge des voies ; nature du sol ; degré d'humidité de ce sol ; présence ou absence de masses métalliques dans le sol ;

Configuration des lignes ; situation des masses métalliques par rapport aux voies ; situation des mauvais joints par rapport aux masses métalliques du sol ; situation des trains par rapport aux mauvais joints et aux sous-stations ; etc.

Ces diverses causes sont d'inégale importance, et telle qui joue un rôle essentiel dans un réseau devient négligeable dans un autre. La détermination des courants dérivés constitue donc chaque fois un cas d'espèce, et il est absolument illusoire de chercher à établir une loi s'appliquant à tous les cas.

Le rôle principal appartient au sol puisque, ainsi que nous l'avons dit, il peut arriver que, dans des installations bien établies et régulièrement contrôlées, 60 p. 100 du courant de retour emprunte le sol lorsque celui-ci est mouillé. Cet élément est donné. On ne peut le changer, mais on devrait en tenir compte dans les calculs de retour et adopter pour les charges des voies des valeurs différentes, selon qu'il s'agit d'un sol isolant, d'un pays sec ou d'une région humide.

Parallèlement, on doit examiner s'il existe ou non, dans le sol, des masses métalliques. Les conduites d'eau ou de gaz ont une telle résistance, qu'elles ne peuvent que rarement favoriser la production des courants dérivés. Par contre, les câbles téléphoniques et les câbles d'énergie améliorent dans des proportions incroyables la conductance du sol. La charge admissible dépend donc aussi de la présence ou de l'absence de canalisations de ce genre. Notons ici que l'on ne doit pas hésiter, lorsque des câbles téléphoniques ou électriques coupent les voies, surtout s'ils réunissent les sommets de deux courbes ou dessinent la corde d'un arc décrit par la voie, à les déplacer et à intercaler, entre eux et les rails, des surfaces nettement isolantes. Les administrations ou industries, qui ont à poser des câbles de ce genre dans des villes possédant des tramways, ne devraient d'ailleurs jamais en fixer le tracé avant d'avoir conféré à ce sujet avec les ingénieurs des Compagnies de traction.

La configuration des lignes est également à considérer, et telle charge qui donnera une sécurité complète sur une ligne droite devra être réduite de moitié pour des sections en courbe.

Lorsqu'on applique dans les calculs la règle du volt kilométrique, on admet pour la résistance de la voie une valeur déterminée. La règle ne sera donc réellement respectée que si, en exploitation, la résistance des joints reste celle qui a été admise. Or, 99 fois sur 100, il n'en sera pas ainsi, car aussi soigneusement que soit fait l'entretien, on ne peut éviter entièrement qu'il se manifeste des défauts dans les joints.

Par conséquent, c'est avant tout sur *l'état des joints* que doit être appelée l'attention des exploitants. La résistance des *joints éclissés*, quel que soit le système d'éclisses employé et que les rails soient ou non réunis par des connexions électriques, est essentiellement variable et indéterminée Par contre, celle des *joints soudés* est nulle. Les exploitants qui veulent obtenir toute sécurité doivent donc souder les joints. Le remède est souverain, et l'on a pu constater qu'il supprime toujours les phénomènes d'électrolyse.

Il faut en outre shunter les aiguillages et appareils de voie par des câbles de section suffisante soudés, eux aussi, aux rails.

Enfin, écarter et isoler des voies les câbles et conduites.

Dans les installations où l'on aura pris ces précautions, même si le sol est bon conducteur, on pourra la plupart du temps doubler ou tripler sans inconvénient les charges correspondant à la règle du volt kilométrique, ce qui permettra aux Compagnies de traction de diminuer notablement l'importance des feeders de retour et de récupérer, par suite, la plus grande partie des frais supplémentaires occasionnés par la soudure des rails.

D'accord toujours avec notre savant collègue, M. Guéry, concluons avec lui que « la question qui a été considérée jusqu'à ce jour comme la plus importante, celle de la charge des voies, paraît secondaire. Par contre, celle de l'état des joints est essentielle, et c'est, avant tout, l'amélioration de ces joints qu'on doit poursuivre. Dans les réseaux de tramways, la soudure des rails permet de supprimer radicalement les joints. On doit donc en préconiser l'emploi. La charge des voies soudées pourra ensuite être doublée ou triplée sans inconvénient, surtout si l'on a eu soin d'isoler et d'écarter des voies de tramways les conduites et masses métalliques, principalement les câbles téléphoniques et les câbles de distribution d'énergie. »

CHAPITRE XI

FREINAGE DES VOITURES ÉLECTRIQUES

GÉNÉRALITÉS SUR LE FREINAGE DES VOITURES ÉLECTRIQUES

Ici encore, une distinction de principe est à établir entre les voitures légères de tramways, dans lesquelles le freinage principal à main est secouru par un freinage auxiliaire ou de secours, électrique ou magnétique, et par conséquent amplement suffisant, et les voitures lourdes de chemins de fer ou de tramways interurbains, dans lesquelles le freinage doit naturellement être effectué d'après des principes identiques à ceux en usage sur les trains à vapeur.

Nous distinguerons donc :

1º Les freins à *commande directe*, c'est-à-dire ceux dans lesquels le wattman fournit lui-même, aux dépens de son énergie personnelle, un effort correspondant à l'arrêt du train.

2º Les freins à *commande indirecte*, où l'intervention personnelle de l'agent se borne à mettre en activité une source de puissance étrangère, beaucoup plus importante que la sienne propre : le wattman joue donc, dans cette opération, le rôle de relai humain.

1º Freins à commande directe

Ils sont tous, ou presque tous, du type à sabot. La recherche des efforts à fournir pour arrêter une voiture de tramway, dans des conditions déterminées, aboutit au résultat pratique suivant :

En supposant un coefficient de frottement (sabot fonte-bandage acier) égal à 0,18, on trouve que l'effort nécessaire pour arrêter une voiture d'un poids de 10 tonnes sur une pente de 20 millimètres par mètre, cette voiture étant lancée à la vitesse de 20 kilomètres par heure, est égal à environ 5 tonnes, soit la moitié du poids de la voiture (fig. 244, 245 et 246).

Les conditions ci-dessus caractérisent celles imposées par le service du contrôle des tramways dans les grandes villes, et dénommées : règle des

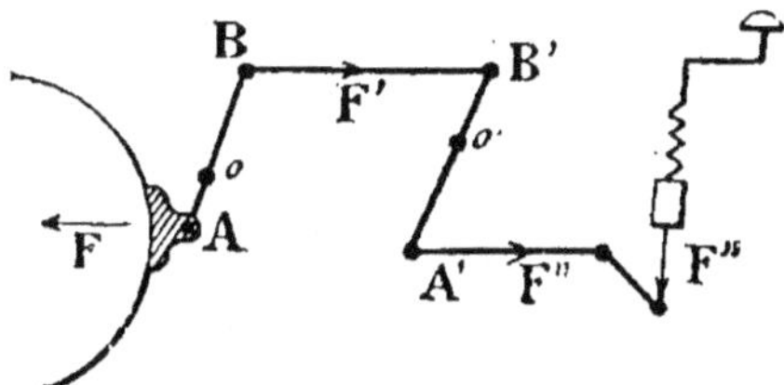

Fig. 244. — Schéma d'une timonerie
de frein mécanique à sabot.

Fig. 245. — Freinage en pente
et faculté de récupération.

3-20. On voit donc que, pour arrêter cette même voiture, lancée à la même vitesse et sur la même pente, mais non plus sur une longueur de 20 mètres, mais de 10 mètres, il faudrait développer un effort d'application des sabots sur les bandages égal au poids de la voiture elle-même.

Considérons une voiture de 16 tonnes en charge, l'effort de freinage à

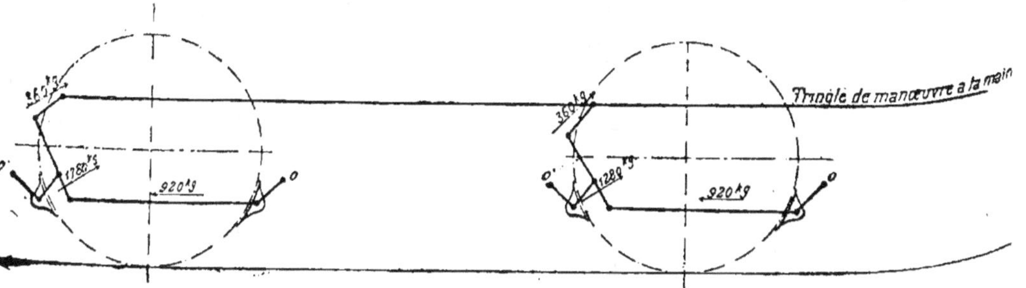

Fig. 246. — Timonerie de frein à main.

développer sur les roues est, pour chacune d'elles, de $\dfrac{8.000}{4}$ kilogrammes

soit 2.000 kilogrammes. Il convient de remarquer, tout d'abord, qu'un freinage trop énergique produirait un bloquage des roues, phénomène désastreux qui permettrait au train d'arriver sur l'obstacle à une vitesse considérable, que ne pourrait suffisamment atténuer le simple effet du frottement de glissement des roues sur les rails. On devra donc éviter un freinage de puissance exagérée, c'est-à-dire n'appliquer sur les roues que des efforts tels qu'ils permettent encore, avec une friction importante, le déplacement de la roue par rapport au sabot (fig. 251).

La voiture de 16 tonnes considérée ci-dessus exige 2.000 kilogrammes d'effort-frein par roue ; les sabots seront appliqués contre les roues, par la commande, confiée au wattman, d'un système articulé, plus ou moins complexe,

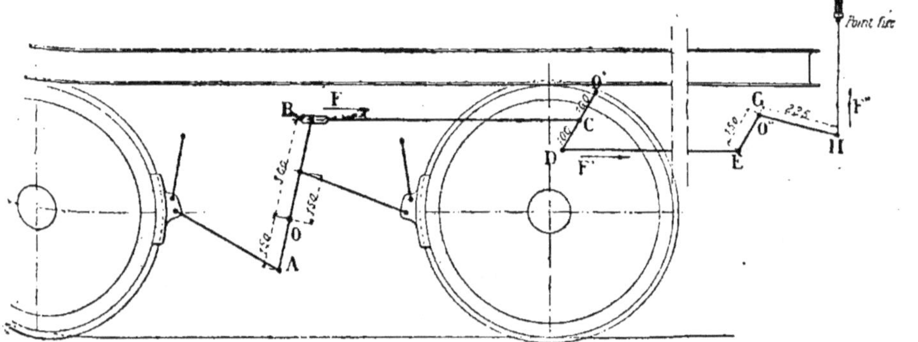

Fig. 247. — Timonerie de frein à main.

dit « timonerie » de frein. La timonerie comprend une série de leviers de genres divers, pivotant autour de points fixes, et tendant par con-

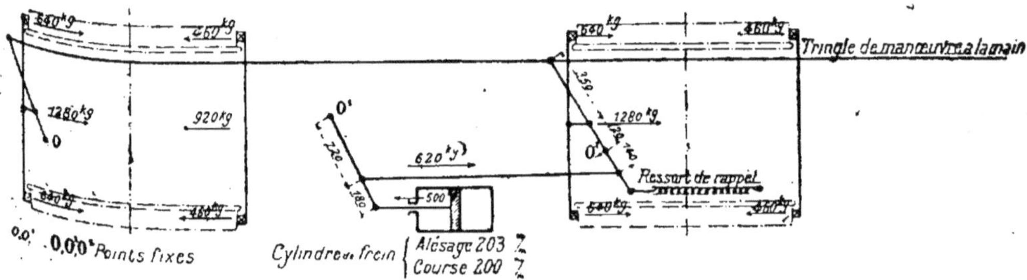

Fig. 248. — Timonerie de frein à air ou à vide.

séquent, au fur et à mesure qu'on s'écarte des roues, à ne faire subsister aux extrémités libres que des efforts de plus en plus faibles.

Considérons le schéma de la figure 247.

Le premier levier tournant autour du point fixe O, l'extrémité B ne

devra fournir qu'un effort de 1.000 kilogrammes, si la roue en reçoit
2.000 de son sabot. Le deuxième levier articulé autour du point O′,

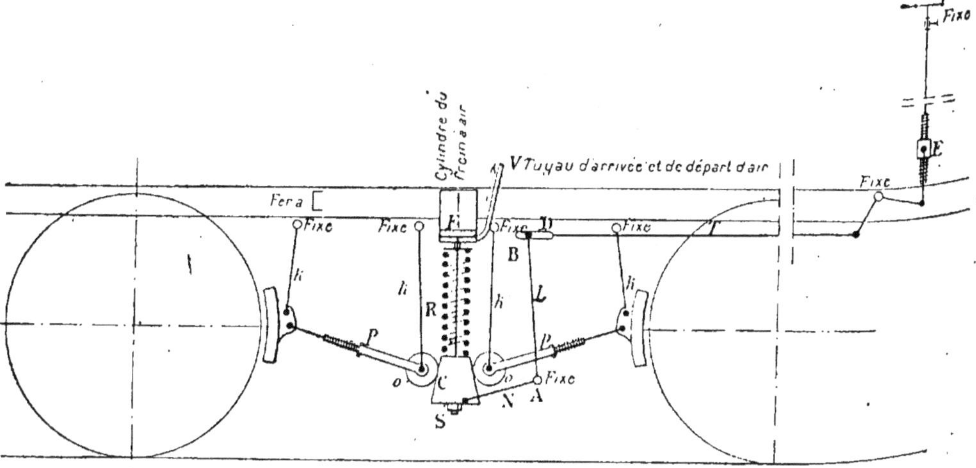

Fig. 249. — Timonerie de frein à air ou à vide.

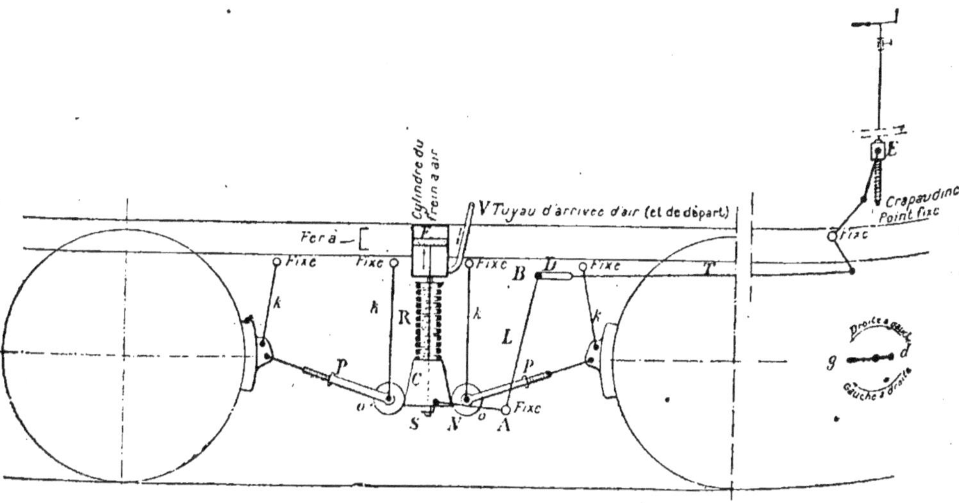

Fig. 250. — Timonerie de frein à air ou à vide.

recevra sur son extrémité libre D, un effort de 500 kilogrammes. Imaginons enfin que D soit commandé par un système de bielles relié lui-
même à un écrou tournant sur une vis à filet carré de 5 millimètres de

pas, vis montée sur un arbre vertical pourvu d'une manivelle de 200 millimètres de rayon (fig. 247).

Il est facile de voir que l'effort à développer par le wattman pour le

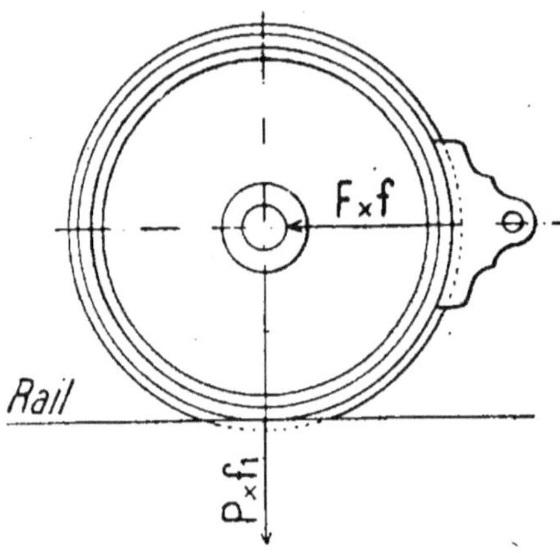

Fig. 251. — Application de l'effort de freinage.
Condition d'adhérence.

freinage de chaque roue sera égal à 2 kilogrammes ou, pour les quatre à
8 kilogrammes. C'est là un effort tout à fait normal rentrant dans les

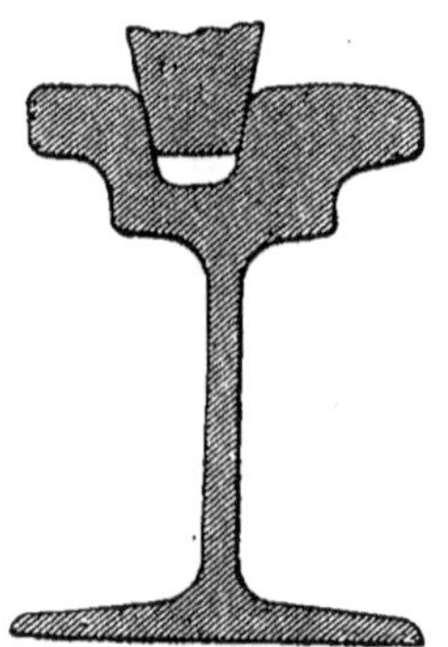

Fig. 252. — Frein à coin, agissant
dans l'ornière du rail.

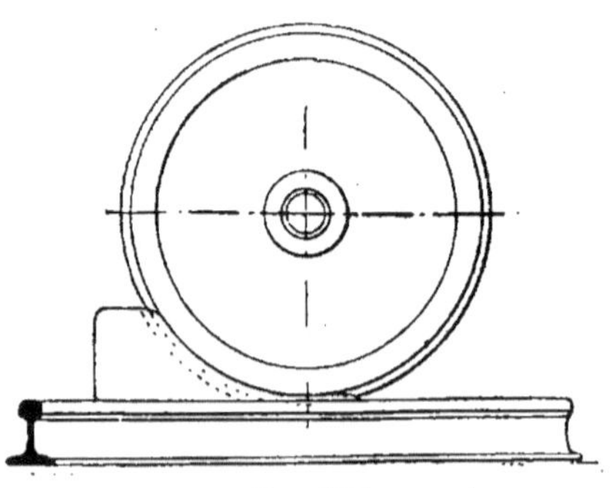

Fig. 253.
Frein à bloc.

aptitudes humaines, bien que le freinage à main constitue souvent une
source de fatigue extrême pour les wattmen.

Du même type que les freins à mains sont les freins à *coin*, à *pince*, à *mâchoires*, employés sur les chemins de fer et les tramways de montagne et mis à la disposition du conducteur pour arrêter sa voiture, au

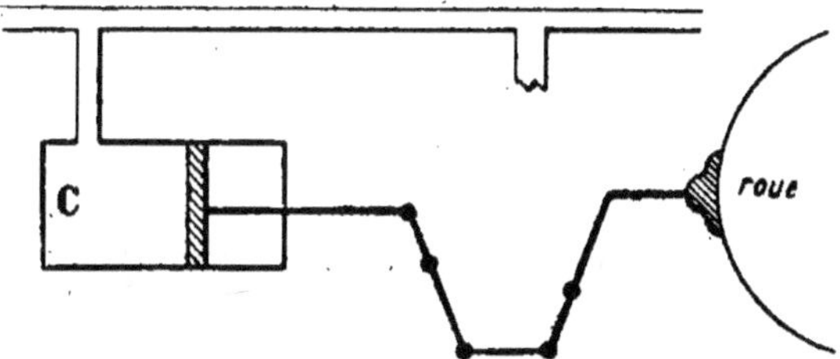

Fig. 254. — Frein direct à vide ou à air comprimé.

moins en cas de danger (fig. 252 et 253). Ils produisent en effet, soit en s'engageant dans l'ornière du rail, soit en embrassant l'aile de ce rail,

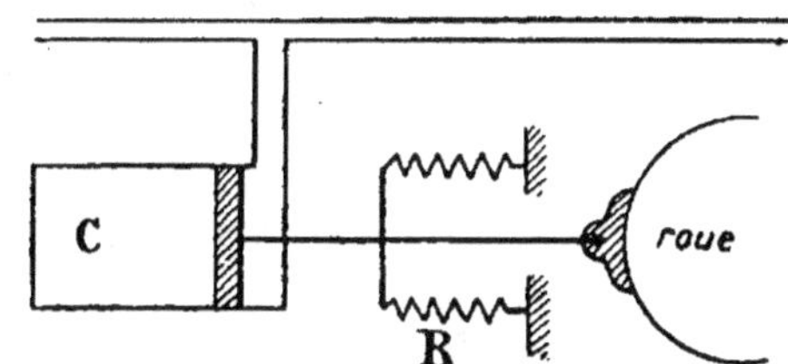

Fig. 255. — Frein automatique à vide ou à air comprimé.

une usure rapide de la voie ; ils en ont même parfois provoqué l'arrachement en donnant naissance à de véritables catastrophes.

2° Freins à commande indirecte

Ces freins se divisent en deux classes générales : ceux intéressant les propriétés bien connues et employées par ailleurs de l'air comprimé ou du vide, et ceux faisant appel au contraire à divers principes d'électricité et de magnétisme.

L'action des freins à vide ou à air comprimé (nous choisirons ces derniers comme offrant une base d'études plus facile) consiste essentiellement en la manœuvre, aux instants voulus, de pistons se déplaçant dans des cylindres de freins, pistons dont la tige vient presser le sabot contre le bandage de la roue. Les freins à air comprimé peuvent être directs ou automatiques et, dans certains cas, le même système de freins (Soulerin par exemple) peut être direct et automatique à la fois pour la motrice, et automatique pour le reste du train. Considérons un cylindre-frein en relation avec une conduite générale dans laquelle le mécanicien de tête peut envoyer l'air comprimé. Le piston du cylindre se déplace en comprimant un ressort antagoniste et le freinage dure tant que le mécanicien n'a pas supprimé, par l'ouverture d'un robinet convenable, la pression dans la conduite (fig. 248 à 255).

Le frein direct est très modérable, d'une souplesse remarquable, mais ce n'est pas un frein de sécurité. En effet, une rupture d'attelage se traduit nécessairement par le rétablissement de la pression atmosphérique dans la conduite, et les sabots se desserrent immédiatement. Si l'on suppose au contraire l'admission d'air comprimé effectuée normalement du même côté du piston du cylindre-frein où se trouve le ressort antago-

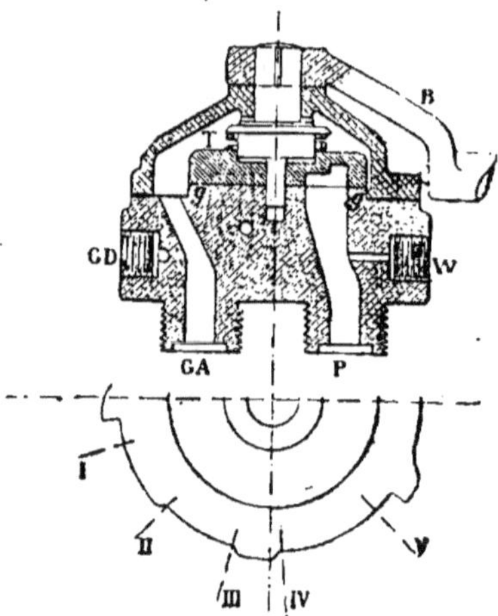

Fig. 256. — Robinet de manœuvre du frein Soulerin.

niste, on voit que, normalement, le ressort antagoniste est empêché de serrer le sabot sur la roue, c'est-à-dire ne freinera pas tant que subsistera la pression maintenue dans la conduite. En cas de rupture d'attelage, le freinage est donc immédiat, d'où le nom d'automatique réservé à ce frein. On voit que la disposition ci-dessus entraînera une complication plus grande, puisque chaque voiture doit avoir un réservoir auxiliaire d'air comprimé destiné à assurer le service de ces cylindres-freins.

Il existe un très grand nombre de freins à air comprimé ; il nous est difficile d'entrer dans le détail de leur étude, nous renverrons le lecteur, pour les autres freins et le frein Soulerin, dont on trouvera ci-dessous la description, aux ouvrages spéciaux.

ÉTUDE D'UN FREIN A AIR COMPRIMÉ (SYSTÈME SOULERIN)

Il est à remarquer que dans ce frein qui permet les combinaisons dites directes et automatiques, le fonctionnement ne demande qu'un seul et même robinet de manœuvre et est obtenu à l'aide d'un certain nombre de positions de la poignée de ce robinet (fig. 256).

Nomenclature et disposition générale des appareils. — Les appareils montés sur chaque locomotive ou automotrice sont les suivants (fig. 257 et 258) :

1 robinet de prise d'air H ;

2 robinets de manœuvre M et M' ;

Un détendeur P ;

1 réservoir auxiliaire R ;

1 distributeur D ;

1 cylindre à frein F ;

2 accouplements A et A' ;

2 robinets d'accouplement *r* et *r'* ;

2 manomètres doubles V et V' ;

1 robinet d'isolement *i* ;

Divers robinets purgeurs.

Tous ces appareils sont reliés convenablement entre eux et à la conduite générale GG, qui règne tout le long du train, à l'aide de tuyauteries

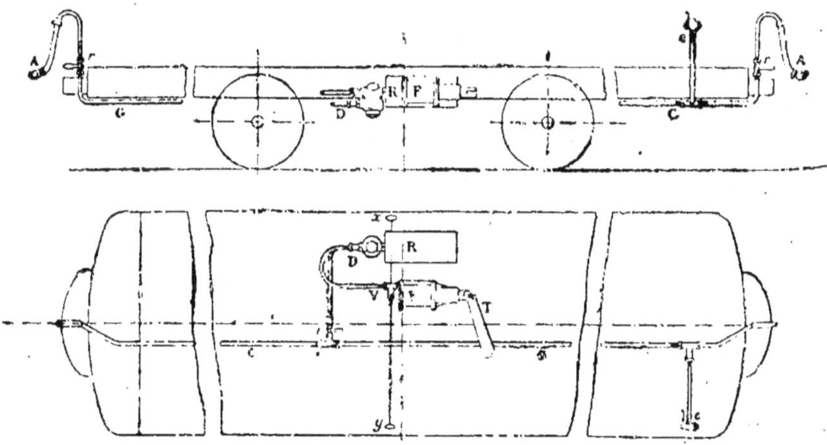

Fig. 257. — Canalisation d'air pour frein Soulerin.

de fer réunies par des tés, manchons, écrous et dans lesquels sont intercalés en certains points, pour donner plus d'élasticité à l'ensemble, divers raccords flexibles en caoutchouc.

Sur les automotrices ou locomotives pouvant être commandées des deux plateformes, un robinet de manœuvre est monté sur chaque plate-forme ainsi qu'un manomètre à double cadran. Il n'y a malgré cela qu'un seul détendeur.

Les appareils montés sur chaque voiture d'attelage ne diffèrent des précédents que par la suppression de ceux relatifs à la manœuvre et consistent par conséquent en :

1 cylindre à frein F ;

1 réservoir auxiliaire R ;

2 accouplements AA ;

2 robinets d'accouplement VV ;

1 valve de purge V manœuvrable par les tirettes xy ;

1 robinet d'isolement i ;

1 robinet de sécurité du conducteur c.

· Ces appareils sont convenablement reliés entre eux et à la conduite générale GG à l'aide de tuyauteries auxiliaires (fig. 257 et 258).

Fonctionnement général. — Le fonctionnement général est le suivant : un peu avant la mise en service du train, on ouvre le robinet H qui permet l'accès de l'air comprimé des accumulateurs (fig. 258).

Cet air à haute pression se rend au détendeur P qui le détend à une pression régulière de 4,5 à 5 kilogrammes. Ainsi détendu, l'air arrive au robinet de manœuvre M qui doit être, comme on le verra plus loin, à la position de desserrage pour le laisser passer dans la conduite générale GG et de là dans le réservoir auxiliaire R par l'intermédiaire du distributeur D. Pendant ce temps, le cylindre à frein F communique avec l'extérieur par le même distributeur et ne donne par conséquent aucun effort sur les leviers T de commande de la timonerie. La situation générale du train. soit au départ, soit pendant la marche, est donc la suivante :

La conduite générale ainsi que tous les réservoirs auxiliaires sont chargés d'air à une pression de 4,5 à 5 kilogrammes et les cylindres à freins communiquent avec l'extérieur.

Pour produire un serrage automatique, il suffit de perdre, à l'aide du robinet de manœuvre, une certaine quantité de l'air comprimé de la conduite générale, de façon à abaisser plus ou moins la pression dans cette conduite. Cette dépression produit aussitôt le fonctionnement du distributeur qui fait alors communiquer le réservoir auxiliaire avec le cylindre à frein, tout en supprimant la communication de celui-ci avec l'extérieur; l'air du réservoir auxiliaire vient par conséquent agir sur le piston du cylindre à freins, qui actionne lui-même le levier de commande de timonerie.

La pression de l'air envoyé dans le cylindre à freins et par conséquent l'effort produit, dépendent de la dépression plus ou moins grande qu'on a faite dans la conduite générale et par conséquent du temps plus ou moins long pendant lequel on a laissé le robinet de manœuvre dans la

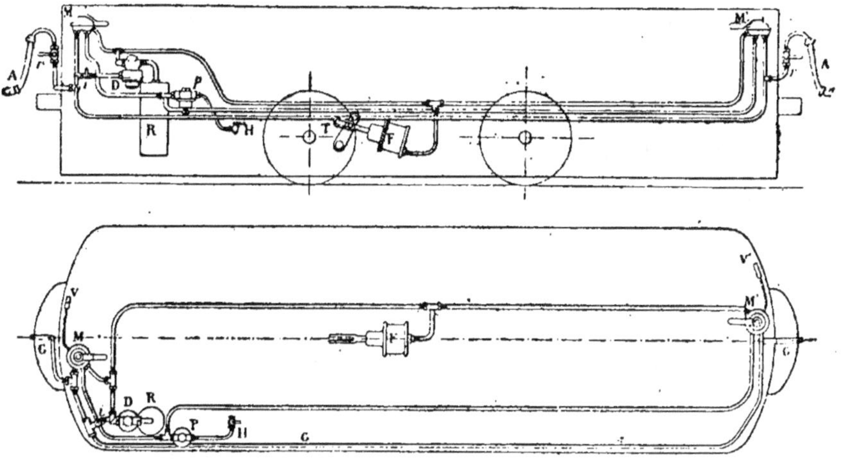

Fig. 258. — Canalisation d'air pour frein Soulerin.

position de serrage. Plus on a laissé échapper d'air, plus le serrage est énergique ; son maximum correspond à la vidange totale de la conduite générale.

Pour desserrer, le mécanicien n'a qu'à remettre le robinet de manœuvre à la position de desserrage, ce qui permet à l'air de rentrer dans la conduite générale et au distributeur de reprendre sa position normale et de faire communiquer le cylindre à freins avec l'extérieur. L'air contenu dans ce dernier s'échappe aussitôt et le piston du cylindre à freins est rappelé à la position de desserrage par un ressort antagoniste entraînant la timonerie. Pendant ce temps, les réservoirs auxiliaires se rechargent.

Il est facile de voir que l'ouverture du robinet de sécurité du conducteur, ou une rupture quelconque de la conduite générale, par suite de tamponnement, rupture d'attelage ou rupture de boyau d'accouplement,

produit immédiatement la vidange complète de cette conduite générale ;
c'est-à-dire le serrage à fond, tout comme si le mécanicien maintenait
son robinet à la position de serrage à fond. Il en est de même en cas de
désaccouplement, intentionnel ou non.

Ajoutons sans insister qu'il existe en outre une position du robinet de
manœuvre, dite de marche, dans laquelle la conduite générale communique avec la source d'air comprimé par une rainure très faible qui ne
sert qu'à compenser les fuites qui se produisent fatalement en pratique
et qui finiraient par provoquer un commencement de serrage. C'est
toujours à cette position, qu'en marche, le mécanicien doit maintenir la
poignée de son robinet.

Enfin, en vue du fonctionnement direct sur la machine seule, il existe
une position spéciale dans laquelle on envoie *directement*, dans le cylindre à freins de la machine seule, de l'air comprimé provenant de la source
d'air comprimé, par l'intermédiaire du détendeur.

On peut du reste l'en extraire à volonté en ramenant le robinet à une
autre position correspondant au desserrage du frein direct.

Les figures ci-contre nous donnent l'épure de la timonerie dans les
positions de desserrage et de serrage (fig. 249 et 250).

FREINS FAISANT APPEL A DIVERS PRINCIPES D'ÉLECTRICITÉ ET DE MAGNÉTISME

On distingue les freins purement électriques et les freins électromagnétiques.

Freins électriques proprement dits

On sait que tout moteur électrique coupé du réseau et fonctionnant
comme génératrice, sous l'influence de l'énergie cinétique possédée par
la voiture à un instant déterminé, peut absorber, si l'on ferme cette génératrice provisoire sur des résistances, une certaine quantité d'énergie.
L'arrêt de la voiture sera donc plus rapide si au couple résistant correspondant au frein proprement dit s'ajoute un autre couple résistant, le
couple générateur de la dynamo. — Les courbes de décroissance de
vitesse d'une voiture électrique en fonction du temps, lorsqu'on supprime l'admission du courant générateur, sont très différentes suivant

qu'on fait appel au couple résistant seul des sabots-freins, ou aussi au couple frein électrique des moteurs (fig. 259).

En effet, on constatera aisément que, en appelant K le moment d'inertie du système tournant rapporté aux essieux, système tournant englobant, par une transformation facile des vitesses, tout le train, et en remarquant que le couple frein mécanique est pratiquement indépendant de la vitesse,

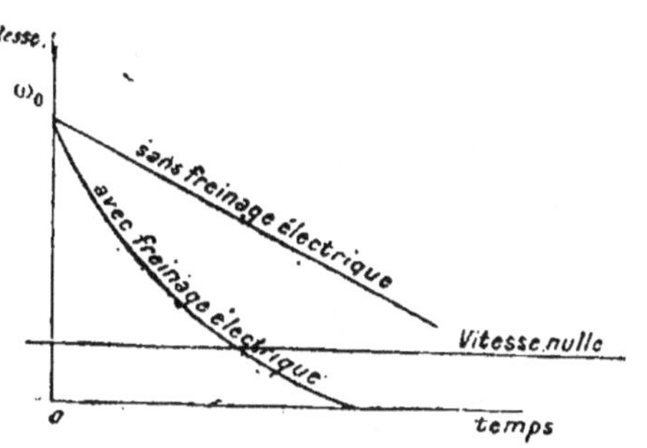

Fig. 259. — Comparaison de l'arrêt avec ou sans frein électrique.

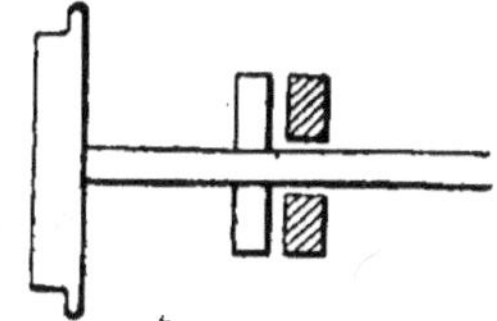

Fig. 260. — Frein magnétique à plateau.

que cette décroissance de la vitesse est représentée, dans le premier cas, par une droite inclinée sur l'axe des temps, et, dans le second cas, par une courbe tournant sa concavité vers l'axe positif

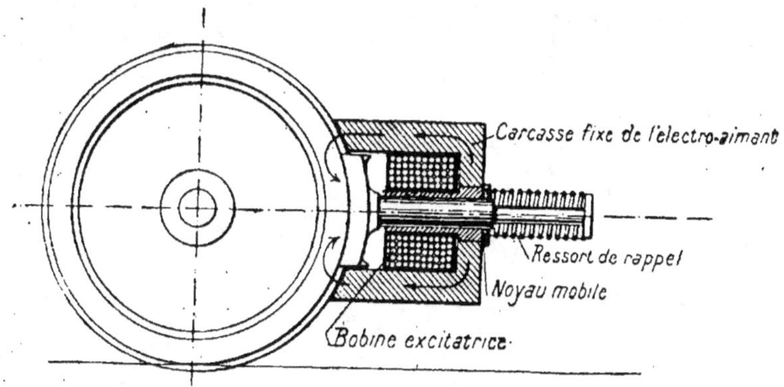

Fig. 261. — Frein magnétique à sabot.

des ordonnées. Le couple frein électrique est proportionnel au carré du flux excitateur, donc du courant débité dans le cas des moteurs série, travaillant dans la première région de la courbe du magnétisme ; il est également proportionnel à la vitesse. On remarquera cependant que le freinage électrique seul, serait, au moins dans le domaine de la théorie, un freinage asymptotique. En effet, le couple résistant qu'il oppose étant proportionnel à la vitesse, s'évanouit avec elle ; les résistances passives et les frottement du train roulant sur les rails suffisent, du reste amplement, à lever cette difficulté. On peut dire du freinage électrique qu'il est extrêmement énergique, qu'il produit une décroissance de vitesse très brusque, que c'est un frein de secours au premier chef, mais que, malheureusement, il impose une épreuve très dure au moteur et ne doit donc être employé, sauf le cas d'utilisation de résistances convenables, que dans l'éventualité d'un accident imminent.

Freins électromagnétiques

Les freins électromagnétiques peuvent comprendre des platéaux fixés invariablement à l'essieu et montés sur ces essieux, avec des plateaux

Fig. 262. — Frein électromagnétique Westinghouse.

montés sur colliers, susceptibles de glissser sur l'essieu et de s'accoler aux plateaux précédents, reliés aux châssis (fig. 260).

Il suffit d'exciter, à l'instant voulu, des bobines montées sur l'un des

systèmes de plateaux. Le principe de la tendance des circuits magnétiques à la diminution de la longueur de leurs lignes de force, justifie le
mouvement du plateau libre par rapport au plateau solidaire de l'essieu.
Le frein électromagnétique est encore incomparablement plus puissant
que le frein électrique pur ; il n'a pas été rare de voir de tels freins,
montés sans les précautions nécessaires, cisailler les boulons de fixation
des plateaux au châssis ou à l'essieu.

Un certain nombre de systèmes, dérivant plus ou moins du précédent,
ont été introduits en traction électrique : certains utilisent, comme courant excitateur des bobines de plateau, le courant des moteurs travaillant en génératrices. L'effet de freinage est donc triple :

1o Il y a perte d'énergie ohmique dans les génératrices ;

2o Il y a friction mécano-magnétique des plateaux ;

3o Il y a perte enfin sous l'influence des courants de Foucault qui se
développent dans ces deux masses circulaires en contact. Pour éviter
des collements définitifs des plateaux, on est souvent contraint d'inter-
poser entre eux des feuilles isolantes.

Freins électromagnétiques agissant sur le rail

On a utilisé, depuis assez longtemps, en Allemagne (Schiemann), et
cette pratique s'introduit en France, des freins électromagnétiques à
bloc, constitués par un électro-aimant relié à la timonerie située entre

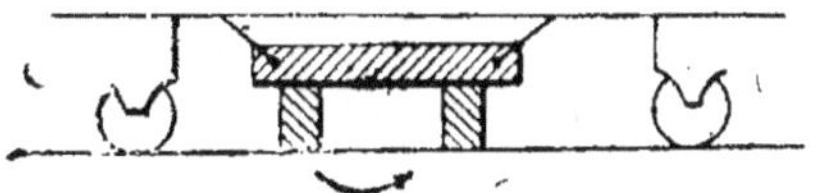

Fig. 263. — Frein électromagnétique agissant sur le rail.

les essieux, et descendu, en même temps que les freins mécaniques se
serrent, au voisinage du rail ; les deux pôles de l'aimant en fer à cheval
constitués par le solénoïde, exercent un effet d'attraction sur le rail et
créent, avec son concours, un véritable circuit magnétique : ce frein est,
lui aussi, extrêmement puissant, et doit être employé avec ménagement,
si l'on ne veut pas désorganiser assez vite certains types de voies
(fig. 263-264).

En ce qui concerne les freins électriques et électromagnétiques proprement dits, les contrôleurs de tramways ou de motrices comportent plusieurs touches dites de freins, auxquelles le wattman doit recourir par manœuvre de sa manette, soit à titre de manœuvre normale, soit sur certaines voitures où ses freins ne sont que des freins de secours à titre exceptionnel (1).

Les résistances de démarrage, à titre de simplification, sont souvent employées comme résistances de débit à insérer sur les moteurs travaillant au freinage.

Rappelons que, ainsi qu'il a déjà été dit au début de ces leçons, la conception d'un freinage rationnel constitue l'un des éléments de succès

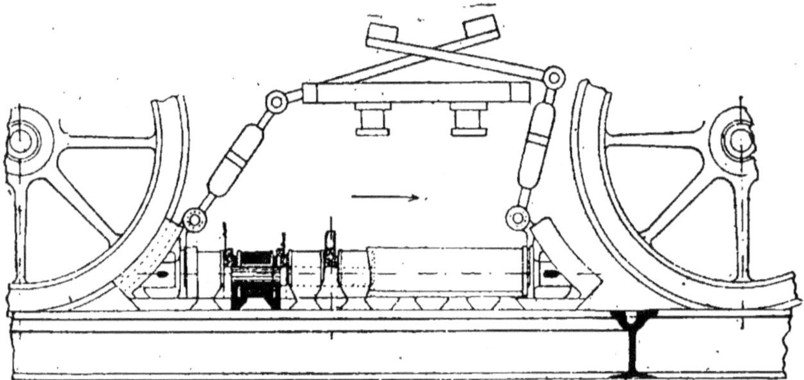

Fig. 264. — Frein mixte à sabot à action électromagnétique sur le rail (Schiemann).

d'exploitations telles que les métropolitains et que certains tramways urbains où les distances sont courtes entre arrêts.

On peut dire que, sur un métropolitain, par exemple, sur maintes portions de lignes, la vitesse maxima est à peine atteinte qu'elle doit être déjà diminuée (pour rampes, rapprochements de stations, passages de la voie souterraine au viaduc aérien, etc.) C'est du reste, la rapidité relative des démarrages des trains électriques, sinon leur freinage, eu égard à l'excellence des freins à air comprimé, qui a motivé la substitution, sur maintes lignes urbaines, de la traction électrique à une traction aussi propre, par exemple, que celle par l'air comprimé.

---

(1) Sur la route de Grenoble au Villard de Lans, à longues et fortes déclivités, le freinage électromagnétique est normal. (Voir figure 44.)

CHAPITRE XII

APPLICATION DE LA TRACTION ÉLECTRIQUE AUX CHEMINS DE FER DE MONTAGNE ET A DIVERS SERVICES SPÉCIAUX MONORAILS, ÉLECTROBUS

TRACTION SUR FORTES RAMPES

GÉNÉRALITÉS

Nous n'examinerons que très sommairement ici, le problème de la traction sur fortes rampes, qui constitue l'un des plus délicats et des plus complexes de la propulsion des trains de chemins de fer. Du reste, la plupart des difficultés rencontrées dans l'établissement d'une telle ligne sont d'ordre beaucoup plus mécanique qu'électrique.

Le tracé de la voie, le type de rails à adopter, la construction des ouvrages d'art, le type de matériel roulant et surtout la question très grave des freins, constituent des préoccupations autrement sérieuses que celles liées à l'emploi du courant électrique.

La distribution de ce courant a généralement lieu par troisième rail, quelquefois cependant par mode aérien. En égard à la faible vitesse à obtenir des trains, l'équipement moteur est généralement constitué dans le cas des locomotives par des moteurs verticaux ou horizontaux, installés au-dessus du truc et commandant une première série d'engrenages, ou par des arbres intermédiaires, les roues motrices au moyen de bielles et de manivelles (locomotives du Simplon et de La Valtelline).

Le courant employé est presque toujours du courant alternatif, en

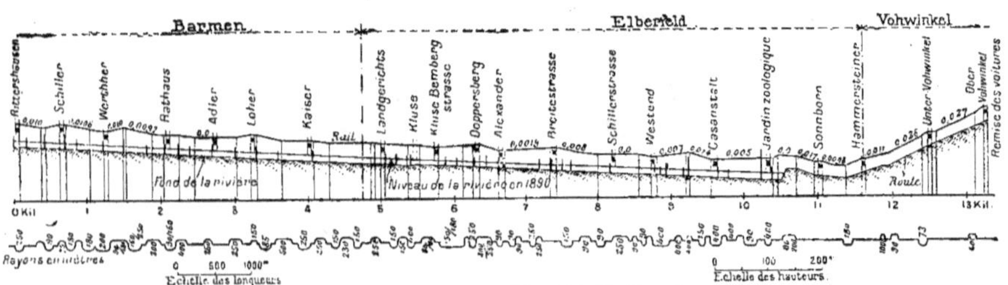

Fig. 265. — Ligne Barmen-Elberfeld. Profil en long.

Fig. 266. — Ligne Barmen-Elberfeld. Tracé.

égard aux importantes consommations d'énergie, donc à la nécessité d'un transport économique et d'une transformation aisée. On cite cependant quelques installations à courant continu, que nous étudierons sommairement plus loin (chapitre xvi).

Le problème le plus grave, disons-nous, réside dans la question des freins. Le freinage électrique permet (voir chapitre précédent) dans le cas des lignes à courant continu et avec l'emploi de moteurs shunt, la

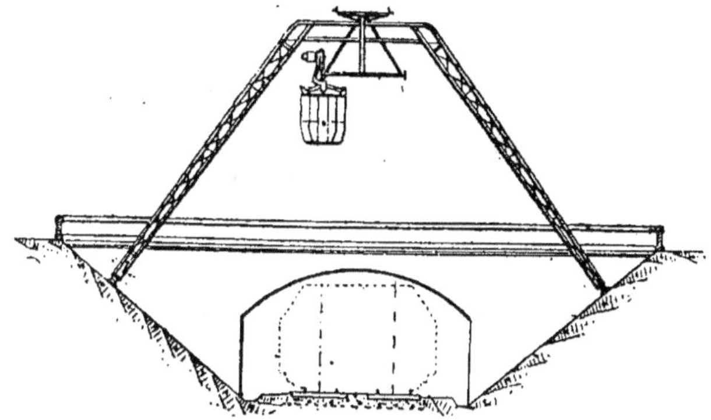

Fig. 267. — Ligne Barmen-Elberfeld ; superstructure.

récupération en pente d'une certaine fraction de l'énergie absorbée en rampe ; cette récupération est encore possible avec des moteurs asynchrones alimentés par courant alternatif ou triphasé (chemins de fer de la Jungfrau). Néanmoins, ce freinage ne constitue pas une arme de sécurité, puisqu'il suffit de la rupture d'un fil pour rendre la liberté à la voiture et provoquer une descente à toute vitesse.

A côté des freins déjà signalés, à mâchoires ou à coins, ou à commande seulement mécanique, on emploie également des freins du même genre qui se serrent automatiquement sur le rail en cas de rupture du courant d'alimentation ; on arrivera aisément à ce but par l'emploi d'un solénoïde parcouru normalement par une dérivation de ce courant et qui libèrera, s'il vient à être désexcité, une armature commandant le serrage.

Un dernier point intéressant pour l'électricien, dans ce type de chemin de fer, est le mode de combinaison de la motricité des roues avec celle qu'on peut réclamer d'une crémaillère. La plupart des chemins de fer de montagne sont pourvus en effet de moteurs permettant par des liaisons provisoires, d'intéresser à la fois, à la propulsion du train, les roues porteuses et une roue dentée montée sur un arbre intermédiaire et solidaire du truc, cette roue pouvant engrener avec une crémaillère disposée dans l'axe de la voie.

La commande par le moteur de cette roue dentée s'effectuera suivant les modes indiqués chapitre V. En particulier, la carcasse du moteur

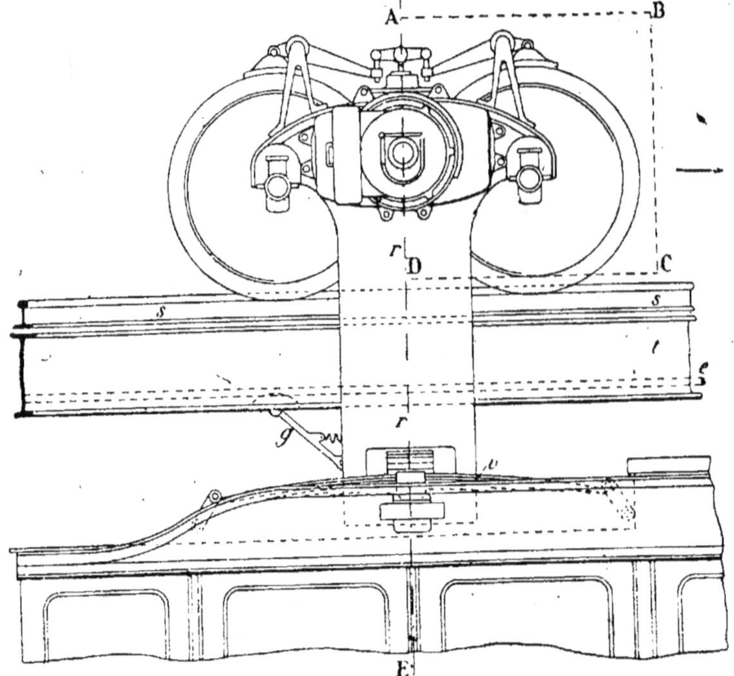

Fig. 268. — Ligne Barmen-Elberfeld. Détail du chariot automoteur.

pourra être suspendue au truc, l'arbre intermédiaire faire corps avec le carter de carcasse et la roue dentée commander directement la crémaillère. Cependant, pour éviter l'éventualité désastreuse d'une cessation du contact de cette roue avec cette crémaillère, on utilise très volontiers, aujourd'hui, le système de l'arbre creux qui permet des déplacements latéraux sensibles du châssis par rapport à l'axe de la roue, sans que le contact nécessaire cesse d'avoir lieu.

Signalons que les crémaillères appartiennent à trois types principaux : *a)* celle du type Biggenbach, ce ne sont que des rails accouplés et entretoisés, les entretoises jouant le rôle de dents, système ultra-économique ;

b) celle du type Löcher avec crémaillère couchée dans l'entrevoie, la roue

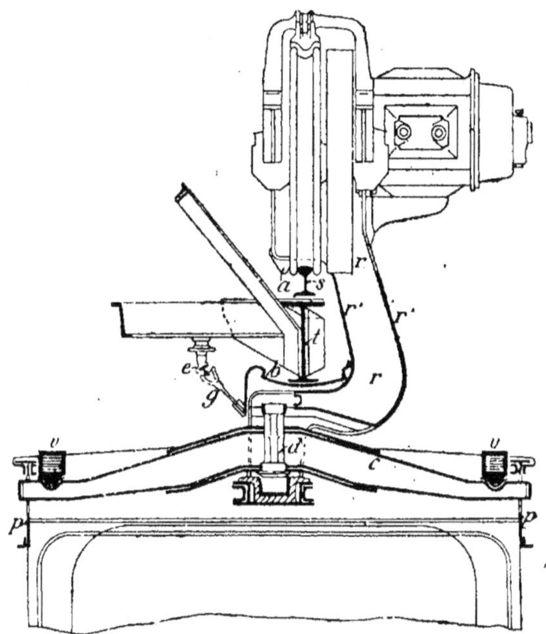

Fig. 269. — Ligne Barmen-Elberfeld. Détail du chariot automoteur.

dentée de commande ayant son axe vertical ; *c*) les crémaillères du système Abth à lames verticales découpées en forme de dents (chemin de fer du Salève).

APPLICATIONS DE LA TRACTION ÉLECTRIQUE A DES SERVICES SPÉCIAUX

A. — Chemins de fer monorails

Un certain nombre de services, généralement intenses, sont quelquefois assurés au moyen de chemins de fer dits « monorails » dont l'économie générale est la suivante :

Un système de support, des arceaux métalliques, par exemple, disposés à des distances variables, soutiennent un rail de roulement sur lequel se déplacent un certain nombre de galets appartenant à un véhicule automoteur. Le centre de gravité de ces véhicules peut être soit au-dessus du rail de roulement, soit à côté, soit enfin au-dessous. Aux galets de roulement sont ajoutés nécessairement un certain nombre de roues, ou galets-guides, portant éventuellement contre des cornières latérales disposées sous les arceaux aux chevalets et qui ont pour but de prévenir tout balancement abusif du véhicule.

Au premier système appartient le type de monorail Lartigue dont la première application en France, déjà très ancienne, a été celle du petit chemin de fer industriel de Feurs-Panissière (Loire). Le premier

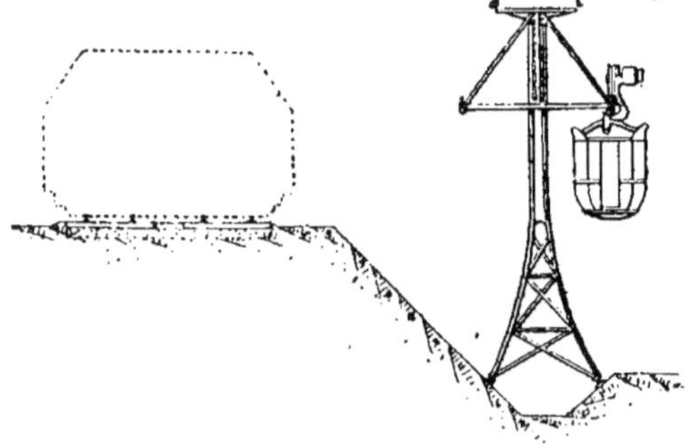

Fig. 270. — Chemins de fer monorails Otto-Langen. Comparaison de son encombrement avec celui d'un chemin de fer à voie normale.

chemin de fer monorail Lartigue était nécessairement à vapeur ; la traction électrique aurait pu s'y appliquer encore plus aisément. Pour des raisons diverses, ce mode d'exploitation ne s'est pas développé, pas plus d'ailleurs que le second type à centre de gravité latéral (systèmes Behr, Cook, etc.), dont l'équilibrage était très difficile et qui produisait nécessairement des porte-à-faux extrêmement fâcheux.

Nous étudierons avec quelques détails le dernier de ces systèmes, du troisième type, qui semble rencontrer une extrême faveur, le monorail Otto Langen (fig. 267 à 270). La vallée très industrielle et très étroite de la Ruhr est encombrée par une rivière, un canal, une route et un chemin de fer à voie normale. Les trafics extrêmement intenses réclamés par les industries du pays ont amené les ingénieurs locaux à doubler les voies de communication existants, par un chemin de fer monorail dont le schéma de la figure 270 donne la disposition générale : on remarquera que les galets de roulement constitutifs du chariot supérieur sont mûs par un moteur électrique du type normal de traction ; des fers coudés extrêmement résistants et qui doivent travailler, comme on s'en rendra compte, dans des conditions très diverses, supportent le wagon proprement dit en prenant appui sur le chariot supérieur. Des galets-guides maintiennent éventuellement le véhicule dans des limites d'inclinaison convenables. Le système monorail Langen permet, grâce à la latitude laissée aux wagons, d'aborder des courbes de faible rayon avec des vitesses énormes de 60 à 70 kilomètres à l'heure; ce système semble à la veille d'être étendu à un certain nombre d'autres localités en relations d'affaires avec Barmen et Elberfeld, qui constituent les terminus actuels de la ligne (fig. 265 à 270).

B. — **Trottoirs roulants**

Nous ne citerons que pour mémoire les trottoirs roulants, qui constituent beaucoup plus une variante esthétique des toiles sans fin, des transporteurs et des rampes mobiles, qu'un mode réel de traction, dont

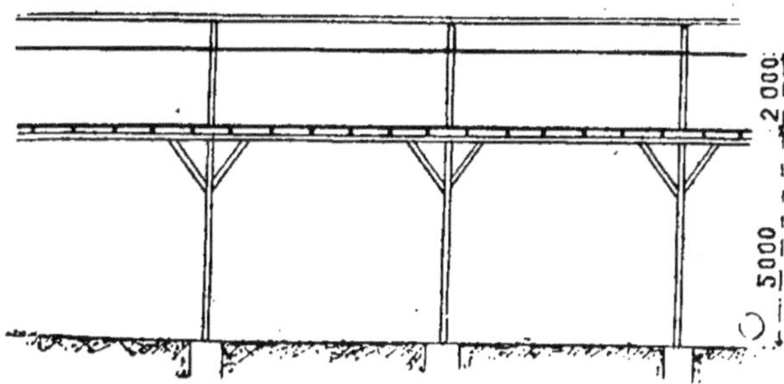

Fig. 271. — Trottoir roulant de l'Exposition de 1900.

le caractère principal est l'indépendance relative de véhicules les uns par rapport aux autres.

Les trottoirs roulants de l'Exposition de 1900, comme tous ceux identiques, installés dans des occasions analogues, étaient constitués uniquement par une série de petits chariots automoteurs supportant des plateformes articulées. Le caractère d'unicité du système permettait donc une réalisation particulièrement facile du démarrage, qu'on soupçonne très dur, d'un tel système, puisqu'il suffisait par exemple, d'associer un groupe survolteur dévolteur à la station centrale avec les génératices principales ; ce mode de régulation, comme nous le savons, est impossible dans le cas de plusieurs unités motrices isolées, circulant à la fois.

C. — Omnibus à traction électrique

Nous n'en dirons également que quelques mots, renvoyant le lecteur aux traités spéciaux, sur ces modes de transport qui n'empruntent pas le secours des rails. Un vif mouvement d'intérêt s'éveille aujourd'hui autour de cette question.

La conception de l'omnibus électrique automoteur, abstraction faite évidemment des omnibus à accumulateurs qui se heurtent encore de grosses difficultés pratiques, ne peut offrir que l'avantage d'une économie relative de premier établissement, dans le cas de parcours à trafics insuffisants pour rémunérer l'installation d'une voie mécanique. Néanmoins, on voudra bien remarquer que le coefficient de traction de ces véhicules est au moins trois fois supérieur à celui d'un tramway médiocre, que la ligne aérienne doit être établie d'une manière beaucoup plus soignée que dans le cas du tramway et avec un matériel qui ne peut souvent que très difficilement resservir, malgré les affirmations des constructeurs, lorsqu'on se décide à établir une voie. La cherté de l'exploitation est donc inévitablement beaucoup plus forte que dans le cas du tramway et c'est une question d'espèce dans chaque cas, de déterminer si l'économie faite sur la voie ne constitue pas plutôt une erreur. Ces omnibus automoteurs, après avoir bénéficié d'une vogue indéniable, ont marqué un recul sensible. Ils reviennent en faveur, cependant. La complication des lignes aériennes est extrême, notamment en courbe et dans les terminus, les supports de ces lignes doivent être très rapprochés dans ces parties critiques du parcours ; enfin, même dans le cas très rare d'un fonctionnement parfait de la prise de courant, deux voitures venant à se rencontrer sur la même ligne doivent fatalement échanger leurs prises pour continuer leur route.

Prises de courant. — La grosse difficulté d'une telle installation réside évidemment dans la prise de courant. Elle est généralement constituée par un petit chariot à deux ou quatre roues, roulant sur les deux fils aériens + et —, et reliés par un câble souple sous gaine de cuir à l'équipement de la voiture. Si le câble est trop tendu, le chariot peut dérailler ; de même dans le cas où l'omnibus tenant à éviter un obstacle exécute une brusque embardée à droite ou à gauche.

Le système Stoll, aujourd'hui Stoll-Mercédès, de l'A. E. G. semble avoir donné d'assez bons résultats. A signaler, dans le même ordre d'idées, le trolley automoteur de Lombard-Gérin qui fonctionnait à Vincennes (Annexe), durant l'Exposition de 1900, et qui a été installé ensuite à Montauban. Le principe en est intéressant, bien que discutable ; il consiste en ceci :

Le chariot de prise de courant n'est plus remorqué, mais automoteur pour son propre compte ; les galets sont commandés par un petit moteur électrique synchrone dont le courant d'alimentation provient du moteur d'essieu à courant continu, par l'intermédiaire de petits conducteurs engainés sous cuir, fixés le long des câbles d'amenée de courant au moteur. Ce moteur à courant continu possède sur le côté opposé au collecteur, trois bagues ; il fonctionne donc comme commutatrice et restitue dans le moteur du chariot un courant de périodicité proportionnelle à la vitesse propre du véhicule. On peut donc admettre, si l'installation est bien établie, que le chariot automoteur se déplacera sur la ligne aérienne avec une vitesse proportionnelle à celle de l'omnibus proprement dit, d'où mouvement parallèle des deux systèmes. La solution serait évidemment excellente si les deux vitesses étaient toujours dirigées aussi parallèlement ; or, celle du chariot est imposée par la ligne aérienne et celle du véhicule peut, sous la main du wattman et suivant les inclinaisons de l'avant-train directeur, faire un angle sensible avec la ligne, notamment en cas d'obstacle, d'où surtension du câble souple et possibilité de déraillement du trolley.

La question de l'emploi des omnibus électriques à trolley est encore extrêmement controversée à l'heure actuelle. Les trois concurrents, autobus pourvus de moteurs à explosion, autobus à trolley et enfin tramways électriques ont chacun, dans des cas bien déterminés, une zone d'application tout à fait intéressante, mais il y a des zones de recouvrement sur lesquelles la répartition des attributions n'est pas encore faite,

Nous reproduisons, ci-après, une courbe intéressante due à M. Iglésis et extraite de sa conférence du 5 juillet 1922 à la Société Française des Electriciens sur l'emploi des omnibus à trolley. Ce diagramme

est suffisamment explicite pour éviter qu'on le commente plus longuement.

On voit qu'avec le cours actuel de l'essence qui est de l'ordre de 1 fr. 50
le litre, et le prix moyen de l'énergie électrique pour traction, plus variable suivant les régions, mais qui est de l'ordre de 0 fr. 30 le kilowatt-
heure, le trolley-bus est tout à fait indiqué pour des fréquences journa-

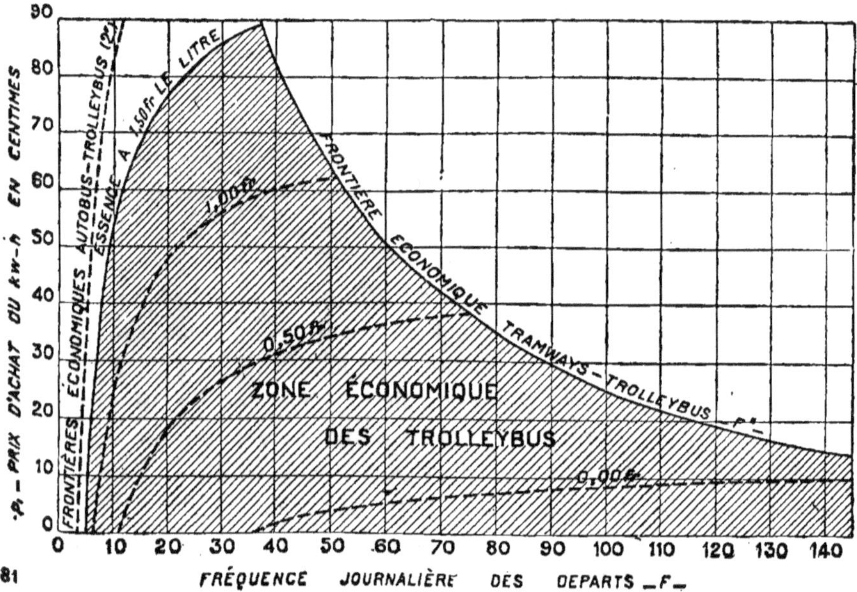

Fig. 272. — Diagramme économique.

lières de départ comprises entre 6 et 90, fréquences qui correspondent à
un grand nombre de services de transport en commun. Avec les chiffres
envisagés ci-dessus, et en comptant une durée de service de douze
heures par jour et plus, le trolley-bus est le moyen de transport le plus
économique, quand les intervalles de départ sont espacés de plus de
huit minutes et de moins de deux heures.

En ce qui concerne la réalisation pratique de l'électrobus, l'établissement du châssis, soit à un moteur ou à deux moteurs, ne soulève guère
de difficultés.

Pas de difficulté non plus pour les moteurs et les contrôleurs qui se
rapprochent beaucoup du type tramways de puissance restreinte. La

grosse difficulté réside dans la prise de courant aérienne, bien plus que dans la ligne aérienne bipolaire.

Nous avons indiqué tout à l'heure quelles sont ces difficultés. On trouvera ci-après quelques photographies intuitives de prises de courant modernes types : Mercédès, type Brill, type Schiemann, type Soleri, type Cantono, etc... En France, de récents essais effectués par la Société des Transports en Commun de la Région Parisienne avec un autobus trans-

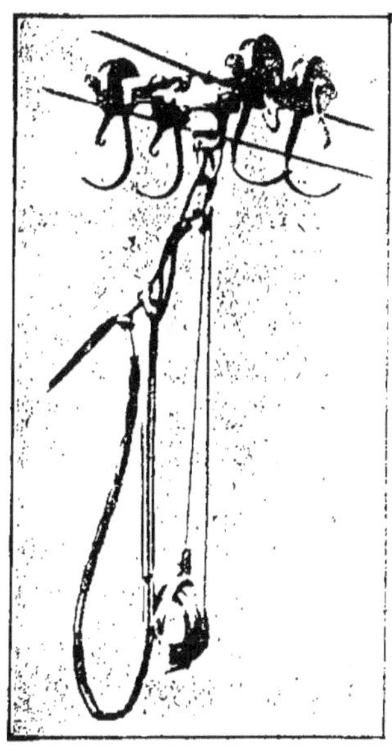

Fig 273.

Prise de courant Mercédès.

Fig. 274.

Prise de courant Brill.

formé ont donné des résultats très intéressants. La prise de courant consiste en deux perches accolées sur une base unique.

A signaler en France : une ligne type Schiemann à Mulhouse ; à Constantine (Algérie) une ligne Mercédès-Stoll. Enfin en Savoie, deux lignes vont fonctionner (en tout 75 kms) l'une entre Modane et Lanslebourg, l'autre entre Saint-Pierre d'Albigny et Aix-les-Bains.

A citer également les modèles d'autobus réalisés par les *Constructions Electriques de France*, à Tarbes, avec une base très originale (fig. 89 et 90), système Railless.

En Italie, sur le front italien de la guerre. plus de 300 kilomètres de ligne étaient en fonctionnement ou en construction, avec services par

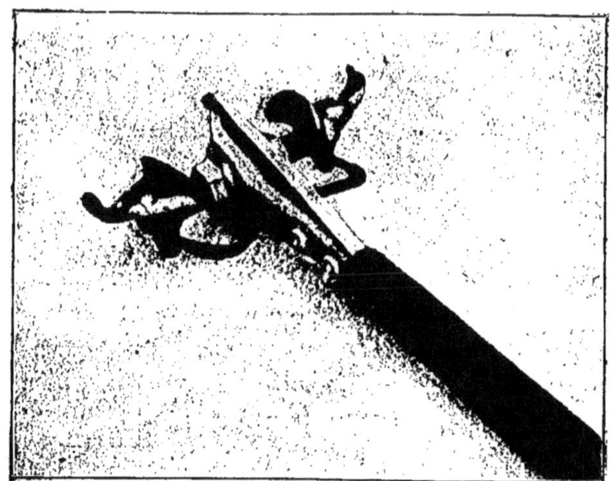

Fig. 275. — Prise de courant Schieman.

électro-bus. Citons deux lignes permanentes, la ligne de Cori à Chiusa di Pesio et l'autre de Ivrea-Cuorgué. En Autriche, en Suisse, en Allemagne

Fig. 276. — Prise de courant Soleri.

également, il y a quelques lignes de trolley-bus, mais c'est surtout en
Amérique et en Angleterre que ces installations sont en pleine activité.

Fig. 277. — Prise de courant Cantono.

Fig. 278.
Détails de la base Railless.

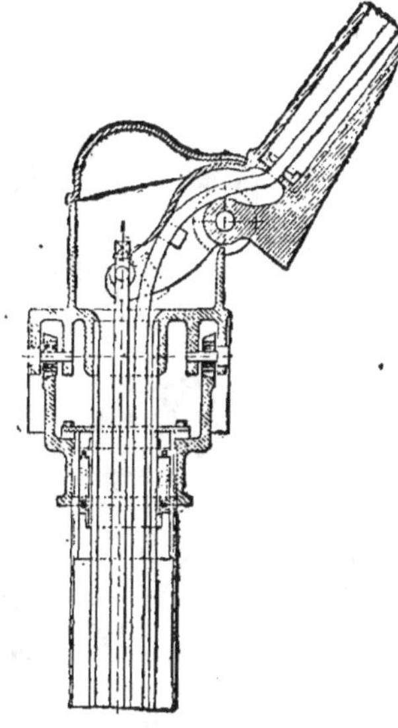

Fig. 278 bis.
Coupe de la base Railless.

Fig. 279. — Trolley-bus, système Railless.

Fig. 280. — Autobus à trolley de la Société des Transports en Commun
de la Région Parisienne.

A Détroit, à Philadelphie (États-Unis), en Angleterre à Leeds, à Bradfort, à Birmingham, etc.., il existe des réseaux en fonctionnement satisfaisant.

On consultera pour de plus amples détails la conférence précitée de

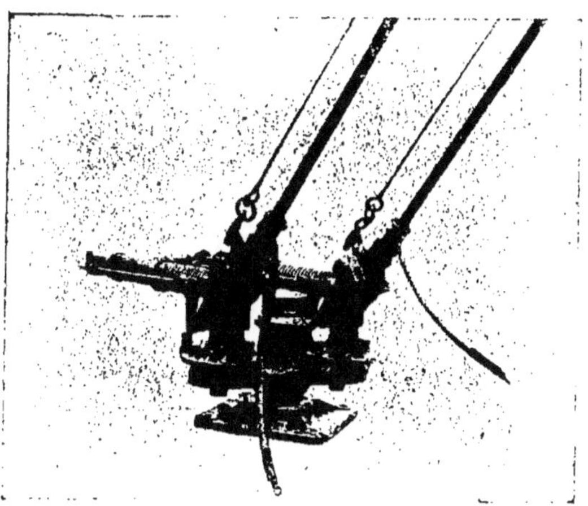

Fig. 281. — Embase du trolley double S. T. C. R. P.

M. Iglesis et en outre la description de l'autobus d'essai de la Société des Transports en Commun de la Région Parisienne, par M. Péridier(1). Ci-après, enfin, à titre documentaire, la comparaison de deux services, l'un par autobus et l'autre par trolley-bus, ces chiffres étant toujours extraits de la conférence de M. Iglesis. Donnons les prix de revient comparés des deux systèmes en concurrence.

Prix de revient du kilomètre-voiture autobus :

Essence, 50 litres aux 100 kilomètres, à 2 fr. 50. 1,25
Bandages, 3.000 francs sur 10 000 kilomètres 0,30
Huile, 6 litres aux 100 kilomètres, à 4 francs. 0,24
Graisse, 1 kilogramme aux 100 kilomètres, à 4 francs. 0,04
Réparations 0,30
Personnel de conduite (assurances comprises). 0,30
Personnel de l'atelier de réparations 0,10
Amortissement des voitures de 60.000 francs sur 150.000 kilomètres 0,40

     Total : prix de revient partiel . . . . 2,93 fr.
Frais généraux, amortissement, fonds de roulement ou péage. . 0,80

     Prix de revient total . . . . 3,93 fr.

---

(1) Voir *Bulletin de la Société Française des Électriciens*, numéro do juillet 1922.

Prix de revient du kilomètre-voiture trolley-bus :

Courant, à 1 fr. 10 le kilowatt-heure 0,07
Bandages 0,20
Lubrifiants. 0,04
Réparations. 0,10
Personnel de conduite de l'usine et de l'atelier 0,21
Personnel de conduite des voitures (assurances comprises) . . . 0,22
Amortissement des voitures et des installations $\frac{120.000}{164.250}$ 0,73

       Total : prix de revient partiel. . . . . 1,57 fr.
Amortissement, faux frais, etc.., ou péage 0,98

       Prix de revient total. . . . . 2,55 fr.

CHAPITRE XIII

TRACTION MIXTE THERMO-ÉLECTRIQUE

TRACTION PÉTROLÉO-ÉLECTRIQUE

1° Généralités sur la traction thermo-électrique.

Les compagnies de traction, d'après l'expérience déduite de leurs réseaux, classent généralement ceux-ci en trois catégories savoir :

1° Les *services à grande distance*, donc à *grande vitesse*. c'est-à-dire de rapides reliant les grands centres.

2° Les *services inter-urbains*, réunissant les villes importantes, et pouvant être assurés par des trains de caractère moins rapide et même omnibus,

3° Les *services régionaux* à petits rayons d'action, desservant toutes les localités.

Il est bien certain que pour le premier type de réseaux, l'électrification constitue un problème formidable, surtout de nature financière, et contre les nouvelles solutions on peut objecter avec grande raison la perfection relative à laquelle est aujourd'hui arrivée la traction par locomotive à vapeur sur les grandes lignes.

Sur les réseaux de la deuxième catégorie, qui jusqu'ici seuls ou presque seuls ont vu des tentatives d'électrification réellement dignes de ce nom, la lutte est ouverte entre la traction électrique et la traction à vapeur.

Enfin, sur les réseaux régionaux ou d'intérêt local, il est non moins évident que l'exploitation à vapeur qui se traduit toujours par un trop petit nombre de trains, souvent trois par jour et même moins dans chaque sens, souvent aussi par l'emploi de trains mixtes à voyageurs et à marchandises, ne constitue pas l'idéal en matière d'exploitation. Les voyages sont extrêmement difficiles, les trafics des voyageurs et des marchandises se gênent réciproquement, enfin les besoins des régions sont très mal satisfaits, alors qu'une augmentation des départs suffirait souvent à transformer les conditions économiques de ces pays déshérités.

L'objection principale contre la traction électrique réside dans l'immobilisation d'un capital important, usine centrale, lignes de distribution, etc. Ce capital, pour être rémunéré, suppose un grand nombre de km-trains par jour, mais si l'on combine, en supprimant toutes les sujétions de la distribution extérieure, les avantages de la traction électrique à l'indépendance introduite par le groupe électrogène à essence installé sur la voiture même, on réalise de très gros progrès. Dans chaque cas, ces avantages économiques sont évidemment une question d'espèce. La période troublée que nous venons de traverser interdit de porter un jugement définitif sur les valeurs comparées du système. Il est cependant permis d'affirmer que la traction thermo-électrique mixte constitue au moins une solution d'attente, remarquable par son économie et par l'utilisation intégrale du matériel et de la puissance. Elle n'engage en rien l'avenir et au cas où l'extension du trafic justifierait l'installation d'une centrale et d'une distribution électrique, le matériel automoteur peut être transporté par l'exploitant sur un nouveau réseau à mettre en valeur.

<h3 align="center">2° Traction thermo électrique
Automotrice Drake</h3>

L'énergie nécessaire à la propulsion des voitures système Drake, est produite par un groupe électrogène porté par l'automotrice. Le courant fourni par ce groupe est envoyé à des moteurs électriques de traction, généralement au nombre de deux montés sur les essieux.

Le groupe électrogène, placé au-dessus du châssis, est constitué par un moteur à explosion entraînant, par l'intermédiaire d'un accouplement semi-élastique, une génératrice à voltage variable 500/600 volts. Le réglage de l'excitatrice du groupe permet la production de la force électromotrice exactement nécessaire pour la production du courant. Donc, pas de perte d'énergie.

Lorsque le groupe travaille à pleine charge, la variation de tension aux bornes de la génératrice s'obtient seulement par l'excitation, mais à demi-charge, cette variation est réalisée par réglage de la vitesse et de l'excitation, ce qui permet de régler la vitesse du groupe suivant la charge demandée au moteur à explosion.

La transmission électrique permet de faire travailler le moteur à explosion à sa puissance maxima, quelle que soit la vitesse de l'automotrice, ce qui permet d'accélérer la vitesse des voitures sans emballer le moteur à explosion.

Détails des automotrices. — Les figures 282 et 283 montrent schématiquement la disposition normale d'une automotrice.

Le groupe électrogène comprend :

1° Un moteur thermique à 4 temps, 1000 t/m.

Les moteurs sont de 90 HP (6 cylindres ; 140 d'alésage ; 160 de course) de 150 ou de 200 HP.

Le carter de chaque moteur sert de réservoir d'huile, le graissage

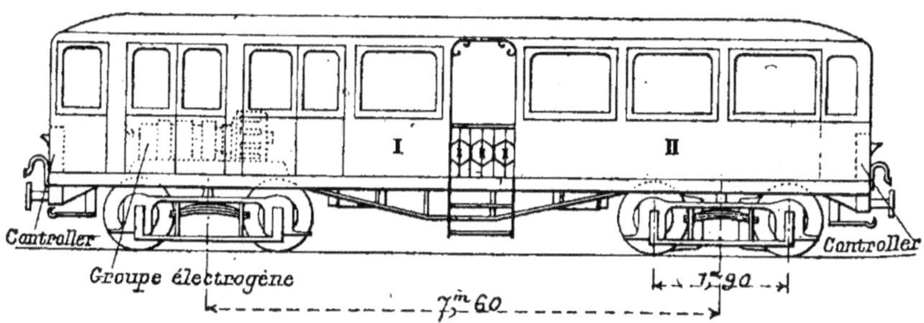

Fig. 282. — Automotrice thermo-électrique Drake.

s'effectue sous pression ; l'allumage se fait par magnéto haute tension et est facilité au démarrage par une batterie de piles ou d'accumulateurs.

Le refroidissement du moteur est réalisé par circulation d'eau.

Chaque moteur comprend comme accessoires un carburateur automatique.

Un régulateur à force centrifuge pour la vitesse.

Un réservoir d'essence dans la cabine (capacité 600 l.).

Un réservoir d'eau de 200 litres.

2° Une dynamo génératrice à courant continu, et à pôles auxiliaires de commutation. Elle est shunt ou compound et établie pour des voltages variables de 200 à 600 volts.

La carcasse et les pôles sont en acier. Les balais sont largement calculés ; la dynamo est munie d'un roulement à billes.

Les moteurs de traction sont du type normal cuirassé, à pôles

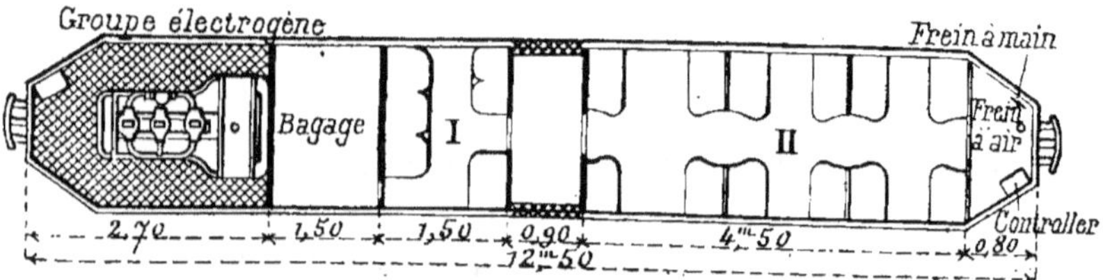

Fig. 283. — Automotrice thermo-électrique Drake.

auxiliaires et à enroulement série. Ils attaquent les essieux par simple réduction d'engrenages.

Le poids des automotrices est d'environ de 20 tonnes pour le type 90 HP.

La commande des électro-moteurs se fait par un contrôleur série-parallèle, ou par un manipulateur actionnant des contacteurs électriques, ou électro-pneumatiques.

Le controller est du type tramways à soufflage magnétique ; il comporte un tambour commandant le rhéostat d'excitation de la génératrice.

Le bouton de la manivelle de ce tambour est prévu pour agir, par l'intermédiaire d'un cordon Bowden, sur l'admission des gaz. A cet effet, le bouton peut tourner, ce qui enroule le câble. On peut ainsi faire varier la vitesse du groupe de 1.000 à 1.500 t/m.

Le changement de sens de marche se fait par le moyen d'un tambour d'inversion.

Chaque automotrice comporte un appareillage de contrôle constitué par un volt-ampèremètre Ferrié à aiguilles croisées, le point de croisement indiquant la puissance débitée par la génératrice. Un disjoncteur prévient toute fausse manœuvre.

Le chauffage se fait par l'eau de circulation du moteur à explosion, grâce à un système de robinet à trois voies.

L'éclairage est assuré par une petite batterie d'accumulateurs montée en tampon ou par un petit groupe séparé moteur à explosion-dynamo.

Chaque voiture est en outre pourvue d'un équipement de frein à air comprimé Westinghouse.

Les frais d'exploitation peuvent approximativement se résumer ainsi pour un train de 40 tonnes : (120 voyageurs). Prix d'avant guerre.

Benzol (cours 32 centimes). . . .	0 fr. 24 par train-km
Huile.	0 fr. 25
Entretien.	0 fr. 05
Amortissement	0 fr. 05
Frais totaux	0 fr. 59

Autres applications des automotrices thermo-électriques.

La traction thermo-électrique permet d'assurer l'inspection des lignes sur des réseaux électriques lorsque le service est arrêté. Elle permet aussi d'assurer le service de la poste ; certains tracteurs convenablement aménagés facilitent grandement la construction de nouvelles lignes, les reconnaissances d'ordre militaire, etc.

Ce mode de traction présente les avantages généraux suivants :

1° La mise en service est immédiate ;

2° La consommation est nulle aux arrêts ;

3° Le ravitaillement se fait facilement, le combustible étant liquide ;

4° Le poids mort total par voyageur est peu élevé, et l'accélération au démarrage est plus grande que pour les locomotives à vapeur ;

5° Ces automotrices ne nécessitent pas la construction d'usines centrales électriques et suppriment tous les accessoires de celles-ci, d'où réduction notable des frais d'établissement.

L'automotrice peut rouler soit par ses propres moyens, soit alimentée par fil de trolley, d'où facilité de prolongement des lignes existantes.

Le tableau ci-dessous rassemble les principaux réseaux utilisant la traction thermo-électrique, avant la guerre.

COMPAGNIES	NOMBRE de voitures automotrices	ÉCARTEMENT de la voie	LONGUEUR des lignes	POIDS DES TRAINS en tonnes	RAMPE MAXIMUM p. 100	PUISSANCE unitaire en HP
Chemin de fer d'Arad-Csanad (Hongrie). . . .	46	1,435	460	38	6	90
Compagnie de l'Oosterstoomtram (Hollande) . .	18	1,067	52	45	38	90
Tramways de Dinard à Saint-Brieuc (Ille-et-Vilaine).	1	1	10	30	35	90
Mines de Carvin (Pas-de-Calais).	2	1,44	5	43	1,8	60
Missouri-Oklahoma (Etats-Unis)	1	1,445	250	30	7	150
Banlieue de Paris	1	1,44	26	45	40	90
Compagnie Oil Belt Ray (Etats-Unis)	1	1,445	40	40	»	200

3° Locotracteurs à transmission électrique pour voie de 0 m. 60 de la Compagnie des Forges et Aciéries de la Marine et d'Homécourt

La Compagnie des Forges et Aciéries de la Marine et d'Homécourt a récemment établi d'intéressants locotracteurs à transmission électrique pour voie de 0 m. 60. Ces locomotives se composent essentiellement (fig. 284 à 291) :

1° D'un châssis principal portant la partie génératrice et distributrice du courant électrique, c'est-à-dire : le moteur à pétrole Panhard-Levassor, les accessoires habituels du moteur (réservoir d'essence, d'eau, radiateurs), la dynamo génératrice, le contrôleur multiple, la résistance du frein électrique, et la commande des freins mécaniques.

2º D'une deuxième partie, comprenant les deux bogies qui constituent la partie réceptrice, et qui comportent les essieux avec leurs moteurs électriques, la suspension élastique et les organes de freinage.

3ᵉ D'une troisième partie, comprenant la cabine recouvrant les organes du châssis principal et construite en acier de blindage de 5 mm.

La partie réceptrice du locotracteur pétroléo-électrique est assez analogue aux tracteurs électriques à trolley. La construction n'en diffère qu'en ce qu'elle a été établie pour permettre la circulation sur les voies

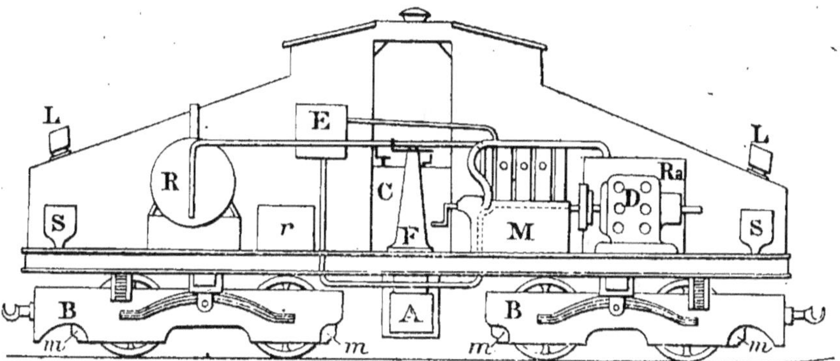

Fig. 284. — Schéma général de l'installation générale du locotracteur
à pétrole des Aciéries de la Marine.

A, Accumulateurs ; B, Bogies ; m, Moteurs ; R, Réservoir ; r, Résistance du frein électrique ; s, Sablier ; M, Moteur Panhard-Levassor ; D, Dynamo génératrice ; C, Controller ; E, Réservoir d'eau ; Ra, Radiateur ; F, Freins mécaniques.

hâtivement construites des chemins de fer de campagne. Elle conviendra également bien aux voies minières (fig. 284).

La souplesse du locotracteur est due aux dispositifs suivants :

1º Faible empattement des deux essieux de bogies ;

2º Indépendance complète des 4 essieux qui n'ont aucune bielle d'accouplement ;

3º Suspension spéciale, par ressort à lames, formant balanciers, pour que soit toujours réalisée une égale répartition des charges sur les essieux. Les roues portent toujours sur le rail, quelles que soient les dénivellations de la voie ;

4º Attache de la barre d'attelage dans l'axe du pivot du bogie, afin de réduire au minimum la réaction latérale dans les courbes ;

5º Faible hauteur du centre de gravité, ce qui assure à la machine une grande stabilité.

Description du locotracteur.

Châssis. — Le châssis de la locomotive est constitué par un cadre en acier établi avec des profilés en V et entretoisé par des traverses en tôles cornières en U.

Frein mécanique. — Le freinage est obtenu par l'action de sabots agissant sur les jantes des roues à raison d'un sabot par roue.

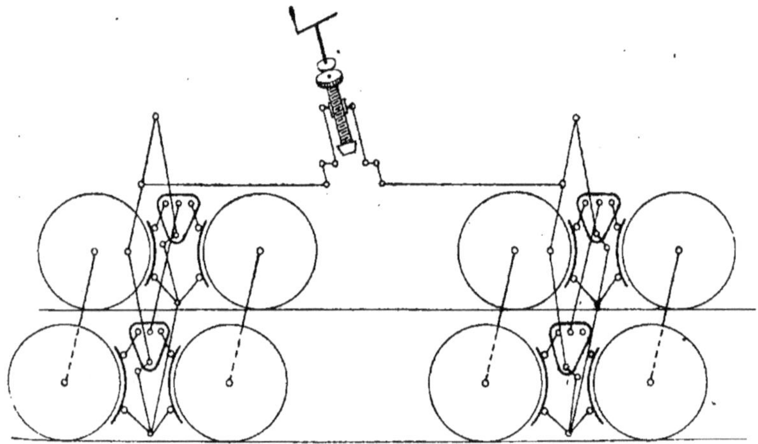

Fig. 285. — Locotracteur des Aciéries de la Marine.
Schéma du freinage mécanique.

Un système de palonniers égalise les efforts sur chacun des 8 sabots, comme le montre le schéma ci-dessus (fig. 285).

Groupe moteur et transmission électrique.

Le mouvement du moteur à essence est transmis aux quatre essieux par l'intermédiaire d'une transmission électrique Crochat-Colardeau et d'engrenages.

L'ensemble du groupe moteur comprend :

1o Un moteur à essence Panhard-Levassor ;

2o Une transmission électrique qui sert de changement de vitesse, d'embrayage et freinage électrique ;

3o Une transmission mécanique constituée par des engrenages toujours en prise, qui sert de réducteur de vitesse.

Groupe moteur. — Le moteur à essence est sans soupapes, à 4 cylindres séparés et à culasse rapportée.

L'alésage est 125 mm, la course 150 mm. Il développe, à 1.350 tours,

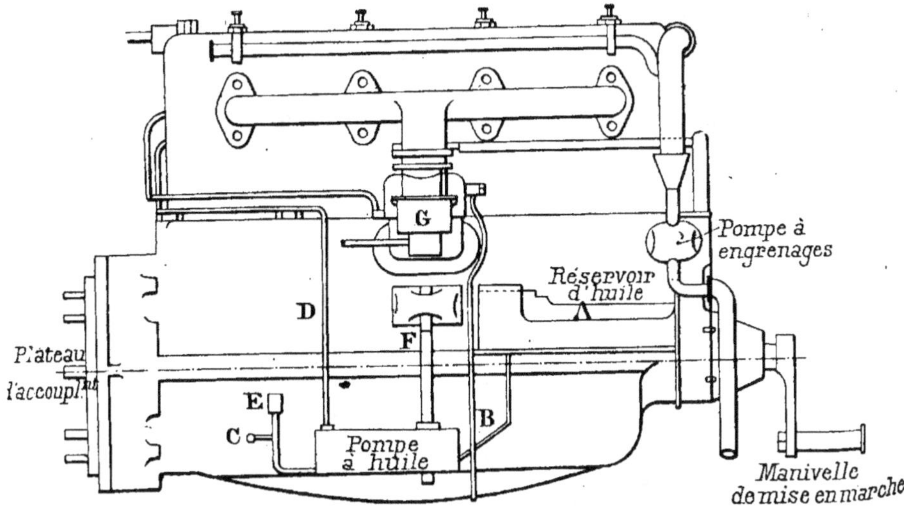

Fig. 286. — Moteur Panhard-Levassor.

A, Réservoir d'huile ; B, Arrivée d'huile ; C, Refoulement d'huile usagée ; D, Refoulement d'huile fraîche aux cylindres ; E, Régulateur de pression ; F, Arbre de commande de la pompe ; G, Carburateur.

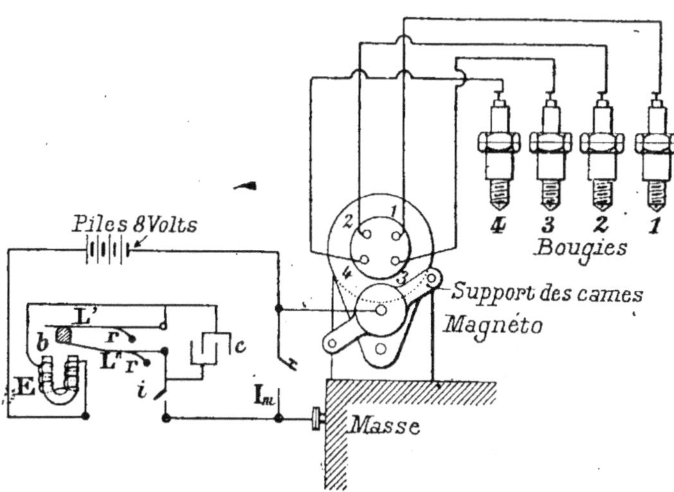

Fig. 287. — Magnéto et schéma d'allumage.

une puissance de 80 à 85 HP et à 1.350 tours, 90 HP, avec un couple de 45 kgm. Un régulateur limite la vitesse à 1.500 t/m à vide (fig. 286).

Il comprend les accessoires habituels du moteur à essence (carburateur double, pompes à huile, exhausteur d'essence, filtre d'essence, pompe à vide, etc.).

L'allumage est assuré par une magnéto à haute tension et des bougies.

La magnéto produit du courant à haut voltage et porte le distributeur, qui l'envoie à chaque bougie successivement (fig. 287).

Le lancement du moteur se fait au moyen d'une batterie d'accumula-

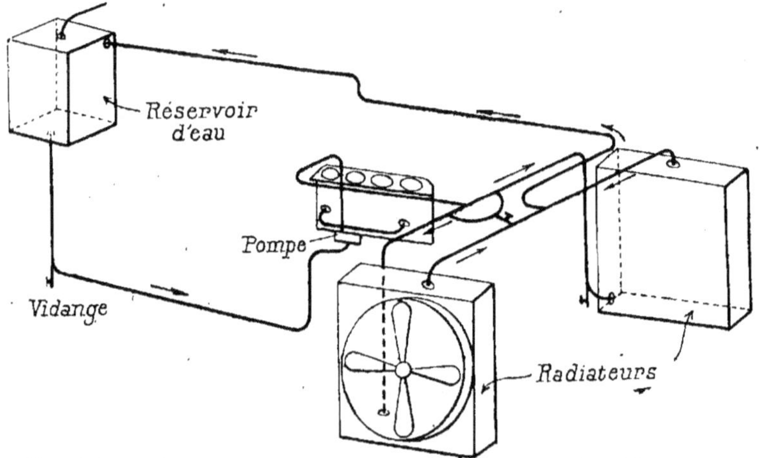

Fig. 288. — Schéma de la circulation d'eau pour refroidissement du moteur.

leurs, en utilisant en moteur la génératrice placée sur l'arbre du moteur à essence.

Les moteurs sont refroidis par 2 radiateurs à tubes verticaux placés de part et d'autre du groupe électrogène.

Le schéma de la figure 288 montre la circulation de l'eau pour le refroidissement du moteur.

Transmission électrique. — La transmission électrique comprend :

1º Une dynamo génératrice entraînée par l'arbre du moteur à essence, pour produire du courant ;

2º Quatre moteurs électriques qui reçoivent le courant produit par la génératrice :

3º Des organes électriques de commande.

Rôle de la transmission électrique. — En raison de la grande masse à remorquer, une grande puissance motrice est nécessaire et la transmission entre le moteur à essence et les essieux doit être établie de façon à ce qu'aux faibles vitesses du locotracteur, on obtienne de gros efforts.

La transmission électrique joue le rôle d'un changement de vitesse continu, le moteur travaillant à pleine puissance. On peut obtenir un effort de traction de 3.000 kgs. Elle donne ensuite une grande souplesse d'embrayage.

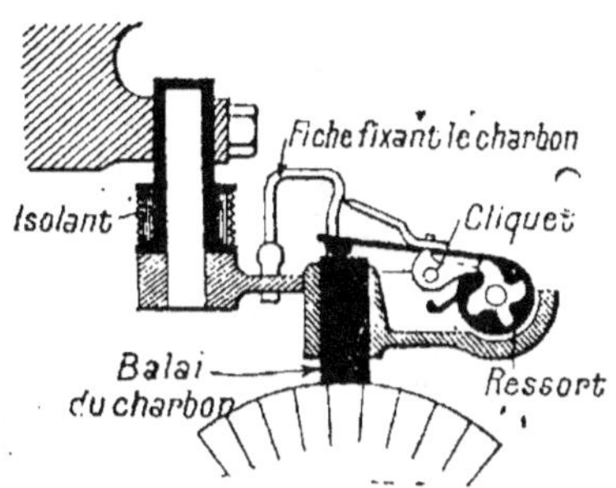

Fig. 289. — Porte-balai du moteur.

Génératrice. — La génératrice du locotracteur est une génératrice compound à 4 pôles avec pôles supplémentaires.

Elle peut débiter normalement 200 ampères sous 250 volts, soit 50 kw à 1.200 t/m. Dans le cas où de grosses intensités sont nécessaires, elle peut débiter 300 ampères sous 166 volts et avec une vitesse de 1.400 t/m, elle peut donner 140 ampères sous une tension de 350 volts. Les porte-balais sont fixés sur les tiges par un collier (fig. 290) dont l'orientation permet de régler la tension du ressort.

La génératrice est accouplée au moteur à essence par un manchon élastique.

Moteurs électriques. — Chaque moteur, sous 250 volts avec 50 ampères, tourne à 390 t/m (vitesse du locotracteur 8 km. 100 à l'heure) et produit un couple de 28 kgms.

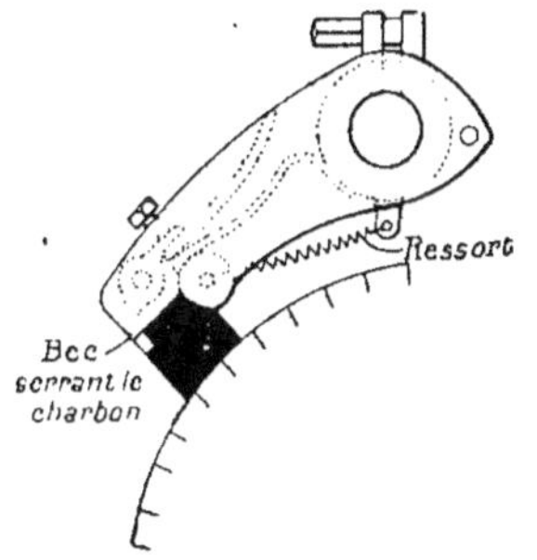

Fig. 290. — Porte-balai de la génératrice.

Sous 350 volts avec 25 ampères, sa vitesse est de 710 t/m, soit 14 km. 700 pour le locotracteur.

Ce sont des moteurs série à pôles supplémentaires. Les balais de ces moteurs sont représentés par la figure 289.

Réducteur de vitesse. — La transmission mécanique du mouvement entre l'induit et l'essieu se compose d'un pignon monté à cône sur l'arbre du moteur électrique engrenant avec une roue dentée clavetée sur l'essieu. La démultiplication entre moteur et essieu est 6,36 (14 dents au pignon et 89 dents à la roue). Diamètre des roues : 70 cm.

Appareils électriques de commande. — Le contrôleur comporte (fig. 291) :

1º Un cylindre d'inversion permettant la marche AV et AR, l'arrêt et le freinage.

2º Un cylindre de lancement, permettant la mise en marche du moteur

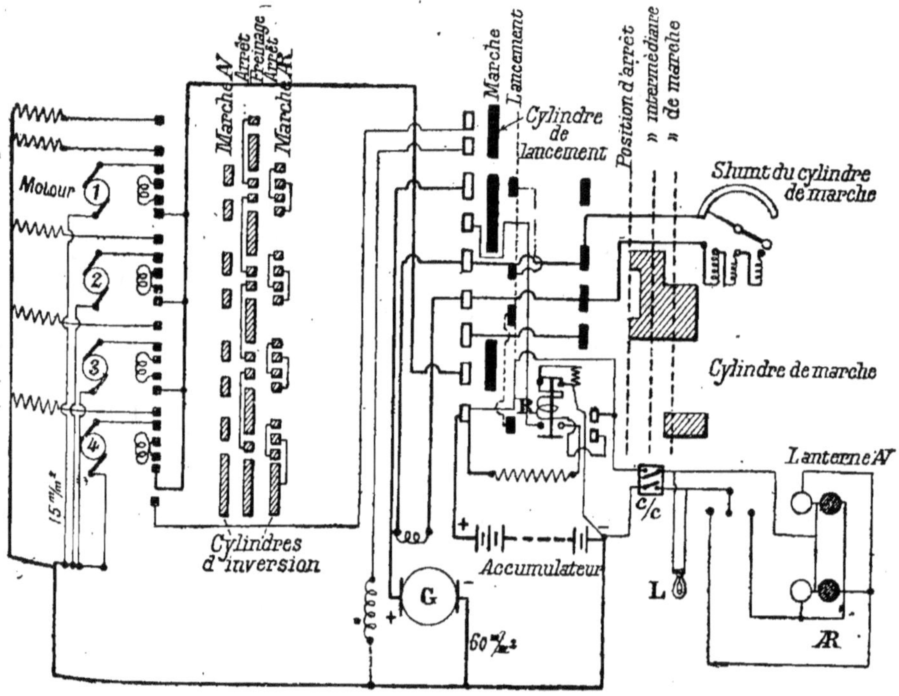

Fig. 291. — Schéma des connexions du locotracteur.

à pétrole, par la rotation en moteur de la génératrice, le courant nécessaire étant fourni par une batterie d'accumulateurs.

3° Un cylindre de marche mettant en circuit ou hors-circuit le compoundage de la dynamo pour permettre son amorçage ou son désamorçage. Lorsque la dynamo est décompoundée, le courant des accumulateurs est envoyé sur un relai contacteur qui met ces éléments en charge sur la dynamo à travers une résistance de réglage.

Accumulateurs et éclairage. — La batterie comprend 3 caisses de 6 éléments chacun, connectées en série.

La tension est de 36 volts. La batterie peut fournir des débits instantanés de 120 ampères. Sa capacité est de 65 ampères-heure au régime de décharge en dix heures.

Un élément comprend 9 plaques 150 × 205 × 6 mm. contenues dans un bac en ébonite.

La batterie fournit l'éclairage de la voiture.

4° Automotrices Diesel électriques Brown-Boveri de Baden

Les automotrices Diesel électriques sont basées sur le principe général des automotrices pétroléo-électriques, c'est-à-dire que l'énergie nécessaire au fonctionnement des voitures est produite par un moteur thermique, entraînant une génératrice électrique qui fournit le courant alimentant les moteurs électriques de l'automotrice (fig. 292 et 293).

Ces automotrices construites par la maison Brown-Boveri sont en fonctionnement sur les réseaux de Saxe et de Prusse.

Construction des voitures. — Le moteur Diesel (200 HP) actionne directement au moyen d'un accouplement mécanique une dynamo à courant

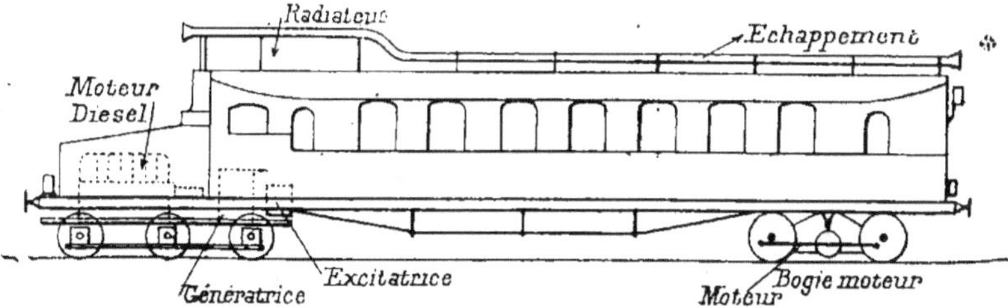

Fig. 292. — Automotrice Diesel électrique Brown Boveri.

continu à excitation séparée, qui alimente les deux moteurs de traction suivant le système Ward-Leonard (1), ce qui permet de réaliser un

---

(1) Il est rappelé que le système Ward-Leonard consiste en un moteur mécanique ou électrique actionnant une génératrice à courant continu qui alimente les moteurs à commander. Étant donnée l'indépendance des excitations, la vitesse des moteurs est directement liée à l'excitation de la génératrice.

réglage simple et sensib'e de la vitesse de la voiture, et présente l'avantage d'éviter la production de pointes de courant au démarrage.

La caisse de la voiture repose sur deux bogies, dont l'un à trois essieux

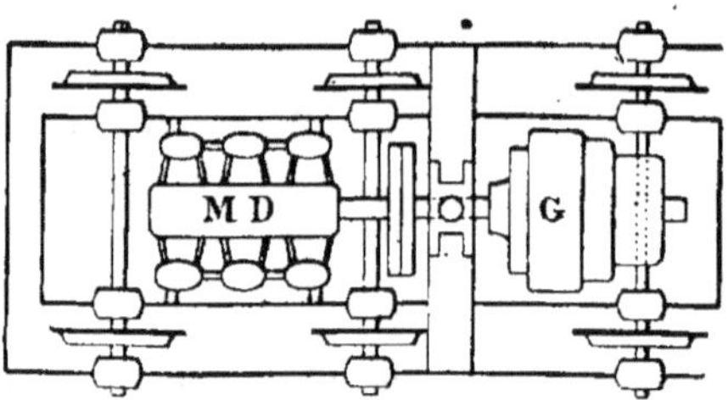

Fig. 293. — Plan schématique du bogie du moteur Diesel (Brown-Boveri).

supporte le moteur Diesel, la génératrice et son excitatrice, et l'autre à
deux essieux, porte les moteurs de traction.

Les dimensions principales de la voiture sont :

<pre>
Longueur totale entre tampons. . . . .   23 m..395
Empattement du bogie à 3 essieux. . . . . .   4 m. 10
      —   —   2 essieux. 2m. 77
Distance entre bogies d'axe en axe. . . . . . 14 m. 34
Longueur de la caisse. . . . . 16 m. 68
Poids total. . . . . 64 tonnes
</pre>

La voiture comprend deux cabines de wattman, une à chaque extrémité, et deux compartiments de 3ᵉ classe (49 places, 29 places) ; le
nombre de places total (debout et assis), est de 90, soit 711 kgs par place,
le poids total de la voiture étant 64 tonnes.

Pour amortir les trépidations du moteur, on emploie deux châssis
distincts reposant sur les essieux par l'intermédiaire d'organes élastiques.

Les moteurs de traction sont entièrement supportés par des ressorts,
grâce à l'emploi d'un faux essieu et d'une commande par bielle. Les
deux moteurs ont une carcasse commune en fonte d'acier, et attaquent
le faux essieu par deux trains d'engrenages de rapport 1/3. Les bielles
sont décalées entre elles de 90º.

Moteur Diesel. — Le moteur Diesel est un moteur à quatre temps
dont la mise en marche s'effectue à l'air comprimé, puis à la gazoline.

Enfin, lorsque l'échauffement est suffisant, on remplace la gazoline par l'huile lourde, (fonctionnement normal).

Le moteur, d'une puissance de 200 HP, tourne à 440 t/m (marche ralentie 180 t/m) consomme 240 grammes de combustible par HP-heure effectif (pour une vitesse moyenne de 50 km/h, la consommation est de 0,65 kgs par km).

Les réservoirs d'alimentation en combustible ont une capacité suffisante pour assurer un parcours de 600 kms, sans ravitaillement (350 litres d'huile, 100 litres de gazoline).

Le moteur employé est à 6 cylindres, 260 mm. d'alésage, 300 mm. de course de piston.

Un compresseur à 3 étages produit l'air comprimé nécessaire pour le démarrage, l'injection du combustible (40 atmosphères), le régulateur, le sifflet et la sablière (10 atmosphères) le frein (4 atmosphères).

Tous les cylindres sont refroidis par circulation d'eau. Cette eau qui atteint 70° à la sortie des cylindres de réfrigération est ramenée à 40° à l'aide d'un ventilateur électrique.

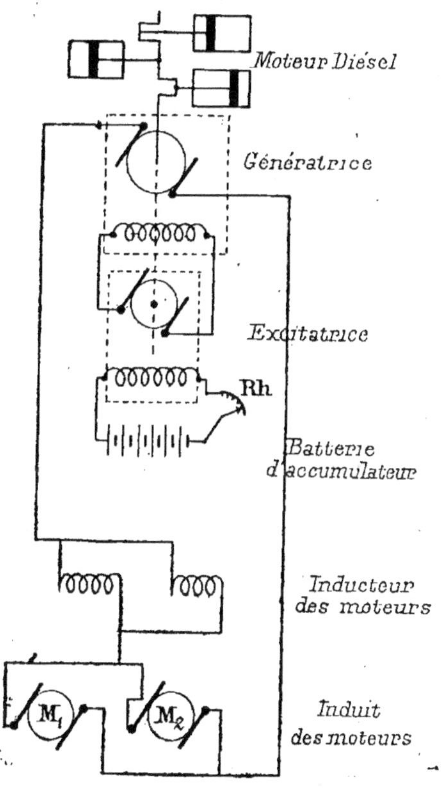

Fig. 294. — Schéma des connexions de l'automotrice.

Partie électrique de l'automotrice. — La génératrice à 8 pôles, accouplée au moteur Diesel, est construite pour une puissance horaire de 290 kw correspondant à une puissance en marche continue de 140 kw pour une tension aux bornes de 300 volts (fig. 294.)

En bout d'arbre se trouve une excitatrice à 6 pôles d'une puissance de

7,5 kw, sous une tension de 70 volts. Cette machine produit le courant nécessaire :

1° A l'excitation de la génératrice ;

2° Au fonctionnement du ventilateur de 6 HP ;

3° A la charge d'une batterie d'accumulateurs de 35 éléments d'une capacité de 95 A. H. ;

4° A l'alimentation des circuits auxiliaires (éclairage).

Les deux moteurs de traction, à excitation série, comprennent 6 pôles principaux et 6 de commutation ; ils sont construits sous forme de moteurs jumeaux. Ils développent au total une puissance horaire de 360 HP et une puissance continue de 160 HP.

La conduite de la voiture est assurée par les contrôleurs de mise en marche, et les cylindres d'inversion de marche et de verrouillage. Des appareils de mesures (voltmètre, ampèremètre, wattmètre), indiquent la puissance absorbée par les moteurs et en précisent les éléments.

La batterie d'accumulateurs sert à l'alimentation des bobines inductrices de l'excitatrice, afin d'avoir une tension suffisante lors de la mise en vitesse du moteur Diesel.

Afin d'avoir le maximum de sécurité, la marche de l'automotrice n'est possible que si le wattman appuie continuellement sur un bouton fixé sur la manette du contrôleur. Si la pression cesse, les moteurs sont mis hors-circuit, et les freins agissent progressivement.

Exploitation. — Sur les lignes des Chemins de fer Saxons sur lesquelles on a procédé à des essais, les rampes atteignant 11 p. 100, la vitesse acquise a été de 43 km. à l'heure, pour une automotrice seule, et sur une rampe de 5 p. 100, de 40 km/h avec remorque de 47 tonnes. La plus grande vitesse obtenue en ligne droite et en palier est de 75 km/h sans remorque, de 50 km/h avec remorque.

Les chiffres de consommation de combustible sont les suivants :

	GAZOLINE		HUILE LOURDE		COMBUSTIBLE total
	kgs	kg/km	kgs	kg/km	
Dresde-Döbeln (64 km) .	9,8	0,15	49,2	0,77	0,92
Döbeln-Leipzig (70 km) .	15,9	0,23	43,8	0,50	0,73

CHAPITRE XIV

TRACTION DES CHEMINS DE FER RÉGIONAUX
TRACTION ÉLECTRIQUE INDUSTRIELLE
SYSTÈME ÉLECTRO-VAPEUR

I. APPLICATION AUX CHEMINS DE FER RÉGIONAUX
DU CHAUFFAGE ÉLECTRIQUE DES LOCOMOTIVES A VAPEUR

Nous venons d'étudier l'une des faces de la solution thermo-électrique. Il en est d'autres.

La situation financière des Chemins de fer régionaux, pénible avant la guerre, s'est considérablement aggravée depuis. Le procédé d'exploitation actuel, qui consiste à combler par des subventions départementales les déficits chroniques des chemins de fer régionaux, français en particulier, ne peut se prolonger indéfiniment.

Si l'on examine le bilan d'exploitation de ces réseaux on remarque que les dépenses relatives à la *Traction* sont prépondérantes. Diminuer ces dépenses, c'est-à-dire celles concernant le *combustible*, l'*entretien* et la *main-d'œuvre*, serait redresser les conditions d'existence de ces chemins de fer et contribuer grandement à rétablir l'équilibre nécessaire entre leurs recettes et leurs dépenses annuelles.

Le problème de l'électrification des chemins de fer régionaux

Dans cet ordre d'idées, on a proposé l'électrification des chemins de fer régionaux. Mais si la traction électrique offre sur la traction à vapeur d'énormes avantages tels que :

Economie et simplicité d'entretien,

Elle présente par contre de graves inconvénients, tels que :

Immobilisation de capitaux importants, installation de lignes électriques à trolley avec les appareils d'aiguillage, sécurité, etc., éclissage électrique du rail, protection des lignes télégraphiques et téléphoniques contre les phénomènes d'induction, achats d'automotrices électriques, mise au rancart des locomotives existantes.

L'utilisation spécifique de l'énergie est mauvaise, la transmission instantanée des appels d'énergie produisant des *pointes* de consommation (cinq à six fois l'effort moyen) qui, en plus d'aléas spéciaux, obligent le fournisseur d'énergie d'avoir *constamment* à la disposition du client une puissance disponible égale à la valeur de ces *pointes* d'où un minimum de garantie de consommation élevé.

Remarquons enfin que si la machine à vapeur doit faire face elle aussi aux variations instantanées de l'effort de traction, elle possède sous la forme de sa chaleur accumulée dans l'eau un *volant d'énergie* très important qui constitue une source de chaleur à peu près constante.

Le chauffage électrique des chaudières
et des locomotives à vapeur

Il y aurait donc un moyen de traction intermédiaire entre la traction électrique et la traction à vapeur en utilisant l'énergie électrique au chauffage des générateurs, lorsque l'on peut se procurer à bon compte l'énergie électrique.

Les Établissements Joya, à Grenoble, exploitant les brevets Bergeon-Fredet basés sur ce principe, ont établi deux chaudières électriques de grande puissance alimentées par du courant triphasé à 50 p/s et 6.500 v.

Chacun de ces générateurs peut absorber 5.000 HP et produire 4.500 kgs de vapeur à l'heure à 6 kgs de pression.

Ces générateurs ont fonctionné pendant les hautes eaux de 1920, ne donnant lieu à aucun mécompte et le capital immobilisé a été amorti en quelques semaines.

Ces premiers essais ont donné une démonstration probante et grâce à d'heureux perfectionnements, on peut envisager une série d'applications de ce principe : utilisation des hautes eaux d'origine glaciaire et pluviale jusqu'ici mal employées, utilisation des puissances disponibles la nuit sur les grandes lignes de transport d'énergie et sur les réseaux de distribution qu'elles alimentent.

Essais de traction électro-vapeur à Brignoud

Il s'agissait de remplacer la locomotive thermique qui assurait la manœuvre sur le réseau à voie normale reliant le P.-L.-M. aux usines Fredet par une locomotive électro-vapeur (1).

La chaudière à foyer intérieur et à faisceau tubulaire est remplacée sur le truck par un réservoir d'eau chaude et de vapeur de grandes dimensions, fortement calorifugé et établi pour supporter une pression assez élevée. Périodiquement, cette locomotive sans foyer est amenée à un « poste de chargement » où un générateur fixe à haute pression, reconstitue par connexion directe sa réserve d'eau chaude.

La locomotive électro-vapeur de Brignoud emmagasine 5.000 litres d'eau, la pression descend progressivement de 12 à 3 kgs.

Cette locomotive tire une rame de 300 tonnes sur palier et de 100 tonnes sur rampe de 2 p. 100.

La consommation est de 1.500 kw-h. par journée de huit heures.

Cet essai a amené aux conclusions suivantes :

1º Possibilité de substituer le chauffage électrique à la houille dans la production de la vapeur nécessaire aux locomotives ;

2º Economie considérable dans les régions où l'énergie hydro-électrique est abondante ;

3º On a constaté que pour ce chauffage 2 kw-h équivalent à 1 kilog de charbon.

RENDEMENT INDUSTRIEL DE LA LOCOMOTIVE ÉLECTRO-VAPEUR

A. — Comparaison avec la locomotive à foyer

Inconvénients de la chaudière à foyer. — Pertes de combustible au cendrier. — Rentrée d'air froid au foyer. — Chaleur emportée par les gaz et fumées.

Avantages de la traction « électro-vapeur ». — Economies portant : sur la main-d'œuvre d'exploitation par la suppression du chauffeur;

---

(1) Voir pour plus de détails sur cette très intéressante question l'article de M. l'ingénieur G.-A. Maillet. *Annales de l'Energie*, janvier-février 1921.

sur les frais d'entretien de la machine par suppression du foyer et de la surface de chauffe tubulaire.

B. — Comparaison avec la locomotive électrique

Au point de vue de l'utilisation de l'énergie, la traction électrique a un rendement spécifique bien supérieur. On peut classer dans le tableau ci-dessous la valeur des rendements partiels et du rendement global des transformations successives de l'énergie.

TYPE DE TRACTION	RENDEMENTS PARTIELS dans les cylindres			RENDEMENT global à pleine charge
	Chaudière	Travail vapeur dans les cylindres	Transformateur, piston, bielle, manivelle	
Locomotive à vapeur	0,65	0,12	0,78 .	0,06
Locomotive « Electro-vapeur » à échappement libre	0,95	0,12	0,78	0,089
Locomotive moteur électrique.				0,65 à 0,70

Ces valeurs permettent des vitesses de 35 à 40 kilomètres à l'heure en plaine et en alignement droit. Malgré l'infériorité indiscutable de son rendement énergétique par rapport à la traction électrique, la traction « Electro-Vapeur » présente à d'autres points de vue, et en particulier au point de vue de l'exploitation des Chemins de fer régionaux, des avantages réels.

APPLICATION DE LA TRACTION « ÉLECTRO-VAPEUR » SUR LES CHEMINS DE FER RÉGIONAUX

On peut envisager plusieurs modes principaux d'utilisation de la locomotive « électro-vapeur ».

A. — Traction à chauffage électrique intermittent

C'est le type de machine utilisé à Brignoud, et au Tramway à Vapeur de Paris à Saint-Germain et à Marly-le-Roi.

La substitution du chauffage électrique au rechargement périodique par générateurs fixes ne crée pas de difficultés spéciales, l'installation du poste de chargement est très simple, les dépenses de première installation en sont faibles.

On prévoit aux bifurcations importantes l'installation d'une chaudière fixe à grande capacité.

Une variante peut être envisagée ; elle consiste à chauffer électriquement les locomotives disponibles durant les intervalles de l'horaire du passage des trains aux postes principaux de chargement. A l'arrivée de chaque convoi, une des machines ainsi mise en pression vient prendre la place de la locomotive qui l'a amenée.

B. — Traction à chauffage électrique continu

Même fonctionnement que celui d'une locomotive ordinaire à foyer. On peut donc utiliser les locomotives existantes en leur adjoignant une petite chaudière électrique, la chaudière principale formant réservoir d'eau chaude et de vapeur, on peut supprimer la ligne à trolley aux aiguillages et aux traversées des agglomérations et employer ainsi du courant à 500 ou 3.000 volts. Remarquons encore dans cette solution, la disparition des « pointes » instantanées, l'amélioration du coefficient d'utilisation de l'énergie disponible et du matériel générateur à l'usine hydro-électrique, la préparation à l'électrification directe. Ce mode de traction ne sera réellement avantageux que si le prix du kw-h. est ramené à un chiffre suffisamment bas pour compenser l'élévation de la consommation annuelle d'énergie (résultat généralement obtenu par la disparition des pointes).

C. — Traction à chauffage électrique mixte

Les accidents du terrain et certaines considérations peuvent amener à l'utilisation de la traction mixte (exemple : chauffage électrique intermittent dans la plaine, chauffage électrique continu dans les parties accidentées).

Système essentiellement souple, s'adaptant à toutes les circonstances,

D. — Chauffage auxiliaire à combustible

On peut prévoir un chauffage au mazout ou au pétrole dans les saisons de basses eaux, au moment des pannes de courant.

INTÉRÊT DE LA TRACTION ÉLECTRO-VAPEUR
DANS LA RÉORGANISATION DES CHEMINS DE FER RÉGIONAUX

La question du démarrage. — Cette question est bien moins importante ici que dans la traction des Tramways. Les régions desservies par les chemins de fer régionaux sont à faible densité de population et à trafic assez réduit. Cette question du démarrage doit donc céder le pas à deux considérations primordiales qui sont :

1º La nécessité d'utiliser au mieux les installations et le matériel existant.

2º L'économie maxima à réaliser sur l'immobilisation nouvelle de capitaux et sur les frais d'exploitation.

Les immobilisations nouvelles. — Il faut immédiatement pour le cas de la traction électrique directe :

Installer des fils de contact, feeders d'alimentation, éclissages électriques, etc.

Assurer la protection et le déplacement des lignes télégraphiques et téléphoniques existantes.

Réaliser le raccordement du réseau aux distributions d'énergie qui doivent fournir le courant nécessaire à l'exploitation.

Remplacer les locomotives par des tracteurs électriques.

L'électrification directe constituera donc une opération très coûteuse et très longue.

Dans le cas de la traction « électro-vapeur » une simple transformation, très facile, des locomotives, suffit avec l'installation de quelques postes de chargement équipés économiquement.

On voit donc tout l'avantage de la traction électro-vapeur.

Les frais d'exploitation

Trois facteurs principaux sont à considérer pour la comparaison de l'électrification directe et la traction électro-vapeur :

1º La main-d'œuvre est la même dans les deux cas.

2º Entretien du matériel : le matériel électrique de traction est délicat, d'où avaries fréquentes et usures rapides, tandis que la locomotive électro-vapeur est simple et robuste.

De même pour le matériel de la voie.

3° *Dépense annuelle d'énergie. Il faut tenir compte du prix d'achat du courant* et par suite des *conditions d'absorption de l'énergie.* On arrive avec la traction électro-vapeur à un prix d'achat très bas par l'emploi judicieux du chauffage intermittent et du chauffage continu et la possibilité d'utiliser des kw-h. de nuit, grâce aux chaudières fixes et de grande capacité.

Là encore, la traction électro-vapeur conserve tous les avantages.

APPLICATION DE LA TRACTION ÉLECTRO-VAPEUR
A UN CHEMIN DE FER RÉGIONAL

Soit l'exemple ci-après d'une ligne à voie de 1 mètre sur un développement de 23 km. 700 avec différence de niveau de 461 mètres, soit une pente moyenne de 20 mm. par mètre. Elle comprend trois sections :

1° Section AB de 6 km. 500 à peu près horizontale.

2° Section BC de 7 km. 500 à forte déclivité avec des pentes variant de 50 à 24 et 15 mm. par mètre.

3° Section CD de 9 km. 700 avec pentes de 50 à 27, 20 et 11 mm. par mètre.

Le service normal comprend quatre trains par jour : deux à la montée, deux à la descente, formés chacun d'une locomotive de 20 tonnes, d'un fourgon à bagages, deux wagons à voyageurs, un wagon à marchandises, le poids total est de 44 tonnes et le trafic quotidien 4.180 tonnes km.

Prix du charbon : 200 francs la tonne, prix du kw-h. de jour 0,06, prix du kw-h. de nuit 0,03.

A. — Traction à vapeur.

Frais de combustible 380 k × 200 = ...	76.000
Frais de main-d'œuvre, 1 chauffeur, 1 mécanicien . . .	18.000
Frais d'entretien du matériel de traction.	36.000
Amortissement du matériel de traction.	8.000
Dépense annuelle pour la traction à vapeur.	138.000 fr.

B. — **Traction électrique**

Consommation de l'énergie	48.000
Frais de main-d'œuvre, 1 wattman.	10.000
Amortissement des immobilisations nouvelles (1.700.000 de dépenses nouvelles).	76.000
Frais d'entretien du matériel de traction et installations électriques de la voie	38.000
Dépense annuelle pour la traction électrique. . . .	172.000 fr.

C. — **Traction électro-vapeur**

Chauffe continue sur 6 km. intermittente sur 18 km. 500.

Consommation de l'énergie	41.300
Frais de main-d'œuvre, 1 wattman.	10.000
Amortissement des immobilisations nouvelles (600.000 de dépenses nouvelles).	24.000
Frais d'entretien du matériel de traction et installations électriques de la voie.	20.000
Dépense annuelle pour la traction « électro-vapeur ».	95.300 fr.

Conclusion. — Les trois systèmes envisagés donnent lieu aux dépenses suivantes en francs : traction à vapeur, 138.000. Electrification directe, 172.000. Electro-vapeur, 95.300.

La substitution de l'électro-vapeur à la vapeur permettrait donc une économie de plus de 30 p. 100. Cette étude, exécutée pour un cas concret, montre donc le grand avantage de la traction électro-vapeur qui, en général, acheminera insensiblement vers l'électrification directe.

II. TRACTION PUREMENT THERMIQUE POUR LES LIGNES A FAIBLE TRAFIC

Sous ce nom, nous entendons la traction à vapeur, presque partout encore existante, et la traction par automotrices pourvues de moteurs à explosion. Cette dernière solution, très en faveur, est toute récente. Elle est évidemment extrêmement intéressante puisqu'elle tend à diminuer fortement, en dépit du coût élevé des combustibles liquides, les dépenses d'exploitation, mais elle ne semble être qu'une solution d'attente, car il est inadmissible que les chemins de fer départementaux, et plus généralement les chemins de fer secondaires, sillonnent le territoire français en continuant à ignorer les lignes de transmission d'énergie qui les longent et qui les croisent. D'autre part, l'emploi d'automotrices à essence provoque toujours la condamnation sans phrase des locomotives à vapeur et leur mise à la retraite. Au point de vue financier, et notamment à celui de l'amortissement et à celui des changes, la solution n'est donc pas heureuse. Ajoutons que ces critiques, d'ordre purement pécuniaire, n'ôtent rien de l'intérêt dû aux essais actuellement entrepris. Citons notamment ceux de la Compagnie de Paris à Orléans et de l'Administration des chemins de fer de l'Etat. Il y a déjà longtemps que celle-ci avait sur des lignes à faible trafic essayé, avec succès du reste, l'emploi très rationnel d'automotrices à vapeur. Les voitures Purrey avaient notamment, public-t-elle, donné satisfaction.

III. TRACTION ÉLECTRIQUE INDUSTRIELLE

Ce mode de traction, qu'il s'applique aux mines, aux carrières, aux manœuvres de gares et d'embranchements, aux services intérieurs des ateliers, nécessite naturellement un matériel tracteur spécial à chaque grande catégorie d'emplois envisagés. Nous ne saurions naturellement étudier ici même les principaux types de ce matériel tracteur. Longtemps on s'est servi de locomoteurs à vapeur, ou à air comprimé, ou à eau chaude, voire même depuis quelque temps de locomoteurs à essence. Mais, dès l'aurore de la traction électrique, les locomotives à accumulateurs ont fait l'objet d'une faveur spéciale. On comprend, sans qu'il soit nécessaire d'insister, l'intérêt considérable, dans le cas d'un service intermittent, comme celui des tracteurs industriels, de l'emploi des accumulateurs électriques. La solution la meilleure dans chaque cas constitue une question d'espèce. Un service relativement intense justifie l'emploi du trolley aérien malgré les difficultés d'installation dans les carrières et dans les mines.

A titre d'exemple, nous donnerons quelques détails sur un matériel récent de traction industrielle particulièrement approprié à ce service, si difficile et si délicat.

Locomotives à accumulateurs pour voies industrielles
Brown-Boveri

La Société Brown-Boveri, construit des locomotives à accumulateurs, pour le transport des pièces lourdes dans l'enceinte d'usines, etc...

La locomotive est équipée avec 2 moteurs série de 6 HP. 770 1/m

80 volts et peut remorquer des trains de 200 tonnes à 5 kms à l'heure.

Le châssis est constitué par des fers en U assemblés par cornières et rivets. Sous le plancher de la locomotive, se trouve la batterie d'accumulateurs, portée sur un deuxième plancher, suspendue par des res-

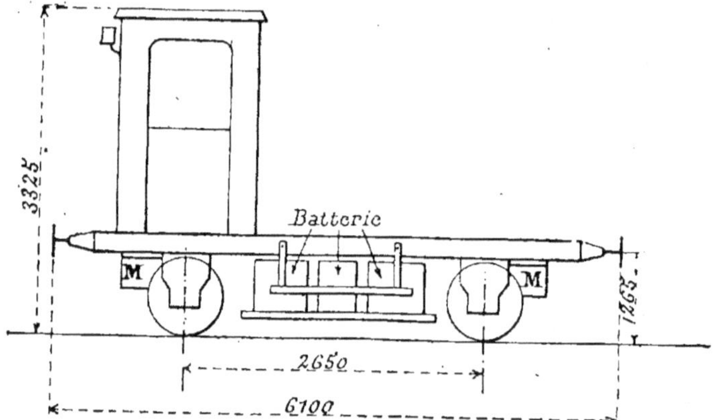

Fig. 295. — Locomotive industrielle à accumulateurs.

sorts. La batterie comprend 40 éléments Oerlikon (capacité 259 AH. à décharge uni-horaire).

La charge de la batterie s'effectue à l'aide d'une commutatrice de 20 kw, 1.200 t/m, 40 périodes.

Matériel spécial locomoteurs pour mines, carrières, etc...

Ce matériel locomoteur suppose une constitution très spéciale, qui peut se résumer ainsi :

Nécessité d'une concentration de puissance relativement forte sur des dimensions très restreintes, imposées par les dimensions des galeries elles-mêmes.

Il est rappelé en effet que ces galeries de mine n'ont souvent qu'une hauteur de 1 m. 80 à 2 mètres et que des largeurs subordonnées aux nécessités de l'exploitation. Par conséquent les locomotives pourvues de trolleys, devant toujours jouir d'un certain espacement pour l'inclinaison de la perche sur la ligne aérienne, ne semblent guère pouvoir dépasser une hauteur de 1 m. 50 à 1 m. 60.

Fig. 296. — Locomotive électrique minière dè la G. E. C°.

Nous renverrons pour l'étude de cette question, si particulière aux traités spéciaux, et en particulier à notre *Traité Pratique de Traction Électrique* (1). Les puissances sont variables suivant les services. Quand elles sont trop importantes, on constitue les unités motrices par deux locomotives accolées.

La figure 296 représente une locomotive de mines de la Compagnie Générale Electric Company, locomotive déjà un peu ancienne, mais les caractéristiques de ce matériel ont peu évolué.

(1) *Traité Pratique de Traction Électrique.* MM. Bernard-Geisler, édi-teurs, Albin Michel à Paris, successeur.

CHAPITRE XV

TRACTION PAR COURANTS CONTINUS HAUTE TENSION

Généralités sur ce mode de traction. Installations diverses

Reportant au chapitre suivant, à propos de l'électrification des chemins de fer français, l'exposé des questions d'ordre général relatives au choix des systèmes pour la traction des trains lourds et rapides, nous examinerons simplement dans ce chapitre, avec quelques détails, la traction par courants continus haute tension, c'est-à-dire faisant appel à des tensions de distribution supérieures à 600 ou même 750 volts.

L'installation de traction à 500-600 volts a acquis aujourd'hui un haut degré de perfection. Elle mérite pleinement la dénomination, intraduisible en français, mais définitive, de « Standard » que lui ont donnée les Américains. Néanmoins, le faible rayon d'action d'une telle distribution, réduit à quelques kilomètres, autour d'une station centrale, même dans l'hypothèse la plus favorable de trains légers, interdit d'en étendre l'usage aux services urbains et suburbains intenses, comme aux lignes interurbaines à grande vitesse. Dans les tentatives faites dans la voie d'un plus haut voltage, on ne s'était guère enhardi jusqu'à ces dernières années à dépasser la tension de 2.500 volts ; la majeure partie des réseaux équipés le sont à 1.200, certains à 2.400, mais avec deux fils de distribution, l'un positif, l'autre négatif, les rails jouant le rôle, sinon de circuits de retour du courant, du moins de points neutres. Les chemins de fer de Saint-Georges de Commiers à la Mure, dans l'Isère (exploités par l'Etat), utilisent nettement des locomotives à 2.400 volts avec lignes aériennes bipolaires, depuis de nombreuses années déjà.

Les locomotives de cette ligne comportent quatre moteurs série de 125 HP l'un, accouplés normalement en série, le milieu de l'équipement étant mis au sol et deux systèmes d'archets venant capter les courants nécessaires sur les deux lignes aériennes, positive et négative.

En Amérique, la distribution à 1.200 volts pour lignes interurbaines à rayon d'action important est presque aussi standardisée que celle à 600 volts pour les tramways.

Répartition des moteurs

Suivant que l'installation comporte ou non un point neutre, les moteurs peuvent être répartis de façon différente. On a toujours tendance à coupler les moteurs en série de manière à ne laisser subsister aux bornes de chacun d'eux que la moitié ou le quart de la tension totale. Si la ligne comporte un point neutre, le milieu de l'équipement lui est connecté, de telle sorte que même en cas d'avarie d'un groupe de moteurs, ceux affectés au deuxième pont peuvent fonctionner encore, la puissance du convoi étant réduite de moitié néanmoins.

Au contraire, dans les lignes sans point neutre, les moteurs peuvent être, dans certains cas amenés à supporter une tension aux bornes supérieure à la normale. Prenons, par exemple, deux moteurs à 600 volts, couplés en série sur une ligne à 1.200 ; si l'un des moteurs vient à être plus ou moins court-circuité par suite d'un défaut dans ses isolants, la tension montera aux bornes de l'autre. De même si l'un des essieux patine, le moteur qui lui est affecté absorbera, comme nous l'avons déjà dit, la plus grande partie de la tension, ne laissant que quelques volts, aux bornes du second. En résumé, des moteurs fonctionnant par deux en série sous 1.200 volts, doivent être construits pour 600, mais isolés pour 1.200 ; c'est ce qu'ont bien compris les Sociétés de construction aujourd'hui adonnées aux applications du courant continu haute tension : les moteurs sont, dans ce cas spécial, conçus suivant des modes tous particuliers.

Premiers moteurs à haute tension

Le moteur à courant continu établi pour 1.200 volts directs et au delà, ne se rencontre dans l'industrie, depuis peu d'années encore, que très rarement. Dans les derniers mois de l'année 1911, il n'existait parmi les quinze ou vingt lignes à courant continu à 1.200 volts, équipées en

Amérique par la G. E. C° qu'un réseau, celui du Central Californien (Stockton) qui fut pourvu de moteurs à 1.200 volts directs. De même, la Société Brown-Boveri avait installé plus récemment la ligne de Biasca-Acquarosa, dans laquelle le service est assuré par de grandes automotrices à deux bogies dont un seul moteur. Le bogie moteur est à deux essieux commandés chacun par un moteur à engrenages de 80 HP sous 1.200 volts. Les deux moteurs étant soumis à la régulation série-parallèle, on voit qu'ils ont à fonctionner chacun sous 1.200 volts directs. La Société Alioth, avant sa fusion avec la Société Brown-Boveri, avait de même équipé la ligne de la Wengernalp avec locomotives pourvues de deux moteurs constamment en série et fonctionnant sous 1.800 à 2.000 volts. On peut donc admettre que la tension individuelle supportée par ces derniers moteurs est de l'ordre de 1.000 volts.

De même la firme Siemens avait construit vers 1912 des moteurs qui ont pu être essayés, paraît-il dans des conditions satisfaisantes, jusqu'à 2.000 volts. La Société Brown ne voyait alors non plus aucun empêchement à pousser la tension aux bornes des siens de 1.200 volts à 1.500 volts.

Il nous est malheureusement impossible de rappeler ici, même brièvement, les très grands progrès introduits depuis une vingtaine d'années dans la construction des moteurs à courant continu 600 volts. Peu de spécialités de l'industrie électro-mécanique ont vu se réaliser dans leur domaine de tels perfectionnements. Signalons seulement les gains très appréciables réalisés dans les gabarits de moteurs d'une puissance déterminée par l'adoption des pôles de commutation ; les schémas déjà donnés (fig. 64 *bis*) sont des plus éloquents à cet égard. La capacité des moteurs de traction n'est ainsi plus limitée, comme elle l'était si malheureusement autrefois, par la réaction d'induit et les étincelles au collecteur, difficiles à éviter sous calage fixe des balais. Les limites de puissance qu'on peut atteindre sans échauffements anormaux des parties actives des moteurs sont ainsi beaucoup accrues.

L'emploi pour les moteurs à courant continu de carcasses cylindriques en une pièce avec plateaux boucliers rapportés et boulonnés sur les flasques latérales constitue, comme les pôles de commutation, un curieux réflexe d'influence des pratiques admises en courants alternatifs sur les principes de construction électro-mécanique appliqués en courants continus. Certaines firmes, au moins pour 600 et 750 volts, n'ont pas adopté encore cette manière de voir, en raison des difficultés plus grandes introduites pour l'entretien et la surveillance du collecteur et de l'induit, mais ce type de carcasse correspond évidemment à la solution d'avenir.

Moteur à 1.200 volts.

Le moteur à 1.200 volts se distingue surtout de celui à 600-750 volts par l'épaisseur de ses isolants, la grande distance ménagée entre le collecteur et les porte-balais d'une part, le fer de l'induit et la masse d'autre part. Les porte-balais sont montés sur de puissants isolateurs en porcelaine ; la carcasse est close, du type asynchrone, avec plateaux boucliers supportant les coussinets et boulonnés sur les deux flasques ; le lamellage du fer est poussé à l'extrême. Il est toujours fait usage de pôles auxiliaires calculés avec le plus grand soin, et dont la présence constitue le plus souvent, dans les moteurs, une garantie de bon fonctionnement.

La nécessité de sauvegarder les moteurs en ne laissant subsister aux bornes de chacun d'eux que des tensions toujours à peu près égales à la tension de service, a provoqué l'apparition de nombreux dispositifs de sécurité, par exemple de relais différentiels à deux bobines, dont l'une branchée aux bornes de l'un des moteurs et l'autre aux bornes de l'autre. En cas de déséquilibre trop grand entre les tensions absorbées par les deux unités, le relai fonctionne et coupe le courant de ces moteurs.

Souvent un réseau à 1.200 volts comporte une partie urbaine à 600 et une partie interurbaine ou suburbaine à 1.200. Le passage se fait automatiquement, grâce à une section isolée de longueur légèrement supérieure à celle du plus grand convoi. Des dispositifs spéciaux permettent, au moyen d'une commutation très aisée à réaliser, de marcher s'il est nécessaire à la même vitesse sous 600 ou sous 1.200 volts. Citons, par exemple, un commutateur du type G. E. Co applicable à un équipement à quatre moteurs et permettant dans la section à 600 volts de coupler toujours en parallèle une paire de moteurs en effectuant sur celle-ci et sur la seconde le couplage série-parallèle. Sur la section 1.200 volts, les mêmes résultats sont obtenus en couplant normalement en série les moteurs de chaque paire ; combinaisons analogues pour les résistances de démarrage et de réglage.

Une difficulté plus grande encore que celle relative aux tensions existant aux bornes des moteurs (nous avons vu que cette difficulté peut

être tournée par l'emploi de moteurs connectés invariablement en série)
naît du fait de la manœuvre d'appareils de contrôle et de commande
des équipements à 1.200 volts. Deux théories sont actuellement en
cours à cet égard. Certains, comme la Société Brown-Boveri, estiment
que les contrôleurs à 1.200 volts sont parfaitement réalisables, en prenant les précautions d'isolement nécessaires. Cette Société a donné une
excellente démonstration expérimentale de sa conception en instituant
le couplage série parallèle par controller sur la ligne Biasca-Acquarosa.

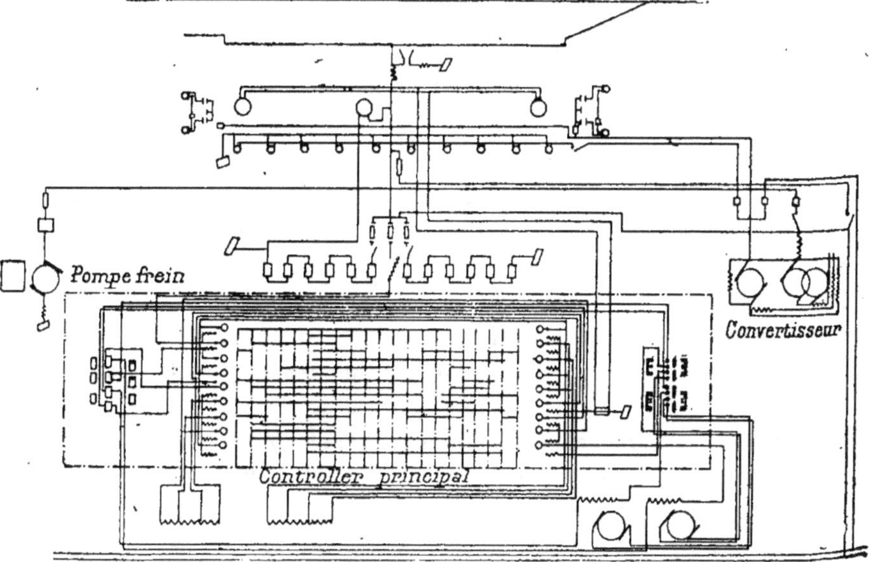

Fig. 297. — Schéma de la régulation des automotrices de Biasca-Acquarosa.

Le courant continu à haute tension parvient à une chambre isolée, absolument identique comme dimensions et comme dispositions générales
à une cabine haute tension alternative, et le courant gagne de là le controller série-parallèle constitué par des segments accouplés électriquement les uns aux autres et pourvus chacun d'une bobine de soufflage.
La commande du controller s'effectue par transmission mécanique d'une
extrémité ou de l'autre de la voiture (fig. 297). Si l'emploi du courant à
haute tension directe du controller est admis pour la commande sur cette
ligne, par contre est proscrite l'utilisation de ce courant pour l'éclairage
et pour le chauffage. On ne peut guère, comme on le sait, pour des rai-

sons de construction et de fragilité du filament, dépasser 125 volts aux bornes de chaque douille. On serait donc amené à avoir une dizaine de lampes en série pour 1.200 volts, ce qui constituerait un danger réel. Les automotrices de la ligne Biasca-Acquarosa comportent de petits groupes convertisseurs d'une puissance de 1,6 kw. présentant des dispositions très spéciales. Le petit moteur est branché directement sur la pleine tension de 1.200 volts de la ligne de contact et il possède les propriétés classiques des moteurs shunt; mais il est muni de deux collecteurs en série et de trois enroulements inducteurs : un enroulement shunt à bas voltage excité directement par la petite génératrice à courant continu, un enroulement série traversé par le courant du moteur et affecté au démarrage, enfin un enroulement antagoniste d'un nombre égal d'ampères-tours, destiné à annuler le champ produit par l'enroulement en série du moteur en régime normal.

La petite génératrice à basse tension est pourvue également de deux enroulements : un enroulement shunt à bas voltage et un enroulement série destiné à produire l'amorçage immédiat de la dynamo. On prévient ainsi l'emballement du moteur au démarrage, celui-ci étant branché directement sur la pleine tension sans l'intermédiaire de rhéostat de démarrage, mais avec le secours d'une simple résistance additionnelle.

La G. E. C°, qui, nous le répétons, a installé de nombreuses lignes à haute tension continue en Amérique, abaisse, au contraire, la différence de potentiel de 1.200 à 600 volts pour les circuits de manœuvre. Elle utilise, à cet effet, un dynamoteur ou dynamo à deux collecteurs avec point neutre, dont le rôle est double également ; cette machine fonctionne sous 1.200 volts comme moteur et restitue, entre les balais du demi-induit correspondant au potentiel le plus bas, du courant à 600 volts pour la commande des contacteurs. Lorsque la voiture circule sur une section à 600 volts, le courant est envoyé directement sur les circuits de contrôle. Au contraire, au moyen du système de commutation simple représenté par la figure 298, lorsque le trolley fonctionne sous 1.200 volts, le dynamoteur est mis en action et c'est lui qui alimente les circuits de commande.

Cette commande est assurée de la manière suivante. Un électro en série avec une résistance additionnelle est connecté à la terre (G). Lorsque la ligne est à 1.200 volts, l'attraction de l'électro est suffisante pour maintenir fermé le contacteur B par lequel le courant 1.200 volts alimente le dynamoteur. Celui-ci émet par le fil D un courant de 600 volts qui arrive à l'un des plots *a* de l'interrupteur C et de là gagne les circuits de commande. Si, au contraire, la ligne fonctionne sous 600 volts, le courant qui gagne la terre en G est insuffisant, le contacteur B bascule ; l'alimentation se ferait par le fil B_1 et le plot *b* de l'interrupteur C si le wattman n'avait (c'est du reste sa consigne)

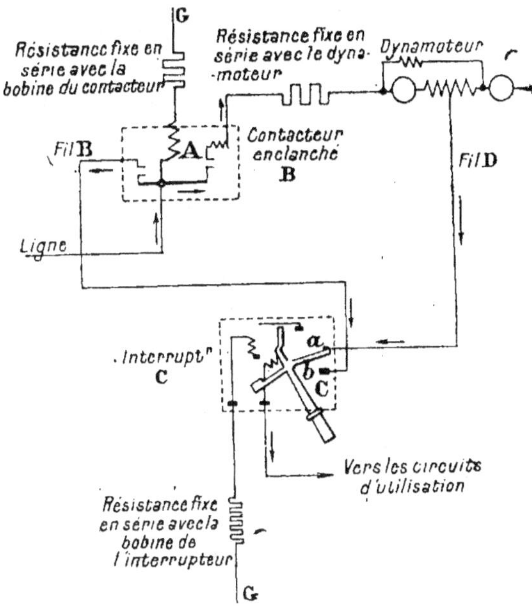

Fig. 298. — Dynamoteur Thomson-Houston.

manœuvré l'interrupteur de *a* à *b* ; le courant se fermera ainsi par les circuits d'utilisation.

Si la voiture passe d'une section 600 volts sur une section 1.200, le contacteur B bascule, le contact est ouvert en B et l'interrupteur C déclenche automatiquement, car, tant que la tension était égale à 600, il était maintenu en position par une bobine *c* connectée au sol, bobine *c* dont l'action était suffisante pour vaincre celle des ressorts de rappel de l'interrupteur C. En résumé, le passage de 600 à 1.200 est automatique, mais pour passer de 1.200 à 600, le wattman doit basculer l'interrupteur C : c'est là une sujétion en vérité bien peu grave et, certainement beaucoup moindre que celle imposée en traction continue monophasée où l'on doit disposer pour les nouveaux régimes, aux changements de section, un permutateur-basculeur sur le toit de la voiture, appareils que vient mettre en jeu un bras de dimensions appropriées installé sur un poteau de la ligne aérienne.

APPLICATION DE LA TRACTION
A COURANT CONTINU A 3.000 VOLTS
SUR LA LIGNE DE CHICAGO-MILWAUKEE
ET SAINT-PAUL RAILWAY
ELECTRIFICATION DU TRONÇON HARLOWTON-AVERY

Généralités. — Station centrale et sous-stations.

Cette Compagnie a électrifié dès 1915 une partie de cette ligne, sur une longueur de 440 milles (710 kms. environ), dans la région montagneuse de l'Etat de Montana. On a adopté la traction électrique par locomotives à courant continu 3.000 volts, la prise de courant se faisant par pantographe (ligne des Montagnes Rocheuses, fig. 299).

Le courant primaire est fourni sous forme triphasée à 100.000 volts et 60 périodes par la Montana Power C° (centrale hydraulique). Il est transformé en courant continu par des sous-stations au nombre de 14 et de puissances variables suivant les sections desservies. Généralement, les sous-stations les plus chargées comportent trois groupes moteurs-générateurs de 1.500 kw., les autres deux groupes de 2.000. L'un des groupes est en réserve. Les sous-stations sont alimentées par quatre lignes de transmission à 100.000 volts. Le courant continu, haute tension, produit par les groupes, est conduit au tableau de distribution à 3.000 volts, et de là, partent les feeders alimentant la ligne aérienne de part et d'autre de la sous-station.

L'entrée des lignes à haute tension dans les sous-stations se fait à l'aide d'isolateurs spéciaux à cloches multiples, placés sur la toiture-terrasse. Les conducteurs à l'intérieur des sous-stations sont constitués par des tubes de cuivre de 19 mm. de diamètre, avec joints brasés. Les feeders sont protégés par des parafoudres électrolytiques en aluminium.

L'élément le plus intéressant des sous-stations est constitué par les groupes moteurs-générateurs qui transforment en courant continu 3.000 volts, le courant triphasé à 2.300, fourni par les transformateurs principaux (fig. 306).

Ces groupes ont une grande capacité de surcharge en marche normale et peuvent fonctionner dans les deux sens, notamment en sens inverse, lors du freinage par récupération.

A signaler également le compoundage des excitatrices, facilitant le réglage de l'excitation avec les variations de la charge. Un groupe de 1.500 kw. pèse environ 50 tonnes et occupe une surface d'environ 18 m².

Le fonctionnement inverse correspond à l'hypothèse suivante : (les constantes numériques ci-après sont destinées à fixer les idées).

Soit un train de marchandises de 2.500 tonnes, comprenant 50 wagons. L'effort de traction nécessaire en alignement droit et en palier sera

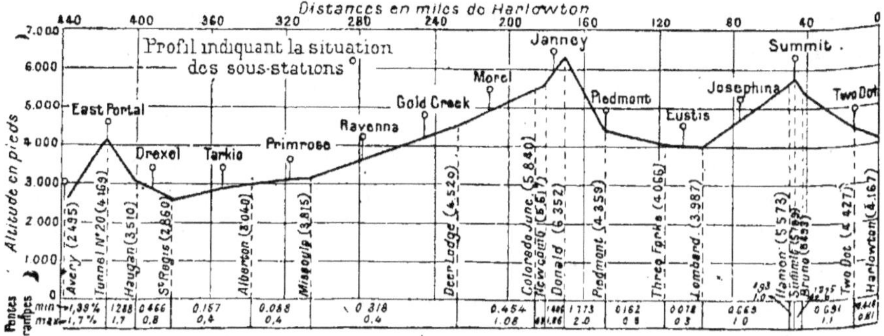

Fig. 299. — Profil en long du tronçon Harlowton-Avery, de la ligne des Montagnes Rocheuses.

d'environ 6.550 kgs. à la vitesse de 38,5 km. par heure. La locomotion absorbera 1.000 kw. Si la pente atteint 2 %, l'effort de traction deviendra égal à 50.000 kgs, d'où, à la vitesse de 22,5 km. à l'heure, une consommation de 4.100 kw. soit 274 % de la puissance du groupe.

Si le train descend une rampe de 2 %, il exercera sur la locomotive un effort d'environ 38.500 kgs.

Si l'on excite les moteurs de cette dernière à l'aide d'un petit groupe moteur-générateur, ils fonctionneront en génératrices et débiteront environ 2.600 kw., le train marchant à 26 km.

S'il n'y a pas d'autre train sur la ligne, cette énergie sera renvoyée sur le réseau à courants alternatifs par les groupes moteurs-générateurs fonctionnant en inversé. Il en résulte que ces groupes doivent pouvoir supporter des charges variant de 0 à 300 % de leur puissance nominale.

L'excitation des moteurs synchrones a constitué une préoccupation très grave. Souvent, dans des cas analogues, on a choisi une excitation constante, ce qui présente l'inconvénient de lier la valeur du facteur de puissance à celui de la charge. On emploie aussi dans ce but des régulateurs de champs et d'égalisation de tension ; mais dans le cas présent on a cru devoir munir les groupes d'une excitatrice compound dont les enroulements à gros fils sont parcourus par le courant total débité par le groupe.

En conséquence, la valeur de l'excitation est fonction de la puissance fournie, ce qui améliore la valeur du facteur de puissance aux différentes charges.

Dans le cas présent, on s'est efforcé d'obtenir un bon rendement pour la puissance moyenne avec un facteur de puissance égal à l'unité pour la demi-charge en marche directe. Lorsque les charges varient entre 50 et 300 %, les pertes en ligne entrent en jeu ; le moteur doit pouvoir fournir une puissance de 300 % avec une chute de tension en ligne de 15 %.

Dans le cas de marche inverse, par suite du freinage par récupération, on s'attache à faire débiter le moteur synchrone sur le réseau à courant alternatif avec un facteur de puissance égal à l'unité ; pour cela, il est nécessaire que l'excitatrice du moteur d'un groupe de 1.500 volts puisse donner 41 volts pour 150 % de charge dans les deux sens de marche, 120 volts pour une charge de 300 % dans le sens direct et 80 volts pour une charge de 300 % dans le sens inverse.

Pour arriver à ce résultat, l'excitatrice est munie de deux enroulements shunt et de deux enroulements série, ce qui provoque une grande souplesse dans le réglage. Un des enroulements shunt est alimenté séparément par l'excitatrice des génératrices, l'autre par la machine elle-même et connecté en différentiel par rapport au premier.

L'enroulement principal série est parcouru par le courant débité par la génératrice. Dans le cas de marche directe, son action s'ajoute à celle du premier enroulement shunt. Cet enroulement série peut être court-circuité lors de la marche inverse, par un contacteur commandé par un relai.

L'enroulement série auxiliaire est traversé par le courant des génératrices et agit en différentiel avec l'enroulement shunt principal pour la marche directe. Il agit en additionnel dans le cas de la marche inverse. Ces enroulements série sont munis de shunts de réglage.

Les groupes générateurs sont constitués par un moteur synchrone central entraînant de chaque côté une génératrice à courant continu à 1.500 volts. Ces deux génératrices ont leurs induits mis en série, d'où 3.000 volts aux bornes. Les inducteurs sont branchés vers le centre et en connexion avec la terre. Ces machines sont multipolaires avec cloisons isolantes entre les bras des porte-balais. Ventilation analogue à celle des moteurs de chemins de fer, c'est-à-dire par canaux de ventilation disposés suivant l'axe de l'induit et non perpendiculairement à celui-ci.

On remarquera que le fonctionnement inverse, au point de vue électrique, des groupes moteurs-générateurs, n'implique pas un changement de sens de rotation. Les machines continues continuent à tourner dans le même sens quand elles travaillent en moteur que lorsqu'elles marchent en génératrice; en outre le moteur synchrone, fonctionnant en alternateur, continue à tourner dans le même sens.

Exploitation par locomotives. — La mise en service de la première locomotive date de décembre 1915. L'électrification du Harlowton-Avery a été complète dès le commencement de 1917. Il y a 42 locomoteurs.

Ce réseau constitue actuellement la plus importante électrification du monde, tant au point de vue de la longueur qu'à celui du poids des charges remorquées. Les trains de voyageurs sont composés de voitures en acier de modèle normal, mais la plus grande partie du trafic est constituée par le transport des marchandises. Les caractéristiques de ces locomotives G.E.C° de ce premier tronçon, type marchandises, remorquant au besoin de lourds trains de voyageurs tels que les trains continentaux Columbian et l'Olympian, sont les suivantes (fig. 300 à 311):

Largeur de la voie.	1,425 m.
Type de service	marchandises
Tension d'alimentation	courant continu 3.000 volts
Disposition des roues	4-4-4-4-4-4
Effort de traction maximum	60.000 kgs environ
Effort de traction continu	32.000 kgs environ
Longueur totale	34,14 m.
Empattement total.	31,30 m.
Largeur totale.	3,05 m.
Hauteur avec trolley abaissé.	5,07 m.
Empattement rigide (roues motrices)	3,20 m.
Empattement rigide (roues des bogies-guides)	1,83 m.

Diamètre des roues motrices . . . .   1,32 m.
Diamètre des roues des bogies-guides . . . .   0,91 m.
Dimensions des fusées des essieux-moteurs .   0,20 m. × 0,36 m.
Dimensions des fusées des essieux des bogies-
    guides . . . .   0,16 m. × 0,30 m.
Poids total de la locomotive. . . . .   261.000 kgs. environ
Poids sur les essieux-moteurs. . . . .   204.000 kgs. environ
Poids suspendu par essieu-moteur . . . . .   18.250 kgs. environ
Poids mort par essieu-moteur. . . . .   7.250   —
Poids sur les bogies-guides. . . . .   57.000   —
Poids par essieu-guide . . . .   14.250   —
Poids suspendu par essieu-guide . . . . . .   12.350   · —
Poids mort par essieu-guide. . . . .   1.900   —
Effort de traction maximum en % du poids
    sur les roues motrices . . . .   30 %
Effort de traction continu en % du poids sur
    les roues motrices . . . .   16 %
Effort de freinage normal en % du poids sur
    les roues motrices . . . .   89 %
Effort de freinage normal en % du poids
    total . . . .   69 %

Le tonnage considérable à remorquer a imposé l'emploi de huit moteurs de traction. Le châssis roulant est composé de trucs indépen-

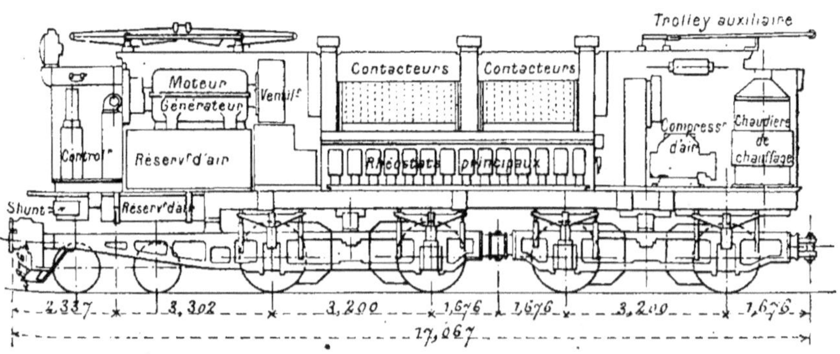

Fig. 300. — Demi-locomoteur G. E. C⁰ (Harlowton-Avery).

dants articulés entre eux. Chaque truc extrême possède un bogie-guide à deux essieux.

La locomotive comprend donc deux unités motrices, la caisse de chacune d'elles étant montée sur deux trucs, l'un symétrique à deux essieux moteurs ; l'autre dissymétrique à deux essieux moteurs et à un bogie-guide, analogues à ceux utilisés sur les locomotives à vapeur avec boîte à huile à l'intérieur des roues. Le poids de la locomotive est réparti par des ressorts et des balanciers (fig. 300, 301 et 302).

Les moteurs utilisés sont du type G. E. 253 A, d'une capacité en une heure de 452 chevaux. La capacité continue de ces moteurs est de 396 chevaux, pour une température d'induit de 100° et d'inducteur de 120°. Ils sont bobinés chacun pour 1.500 volts et fonctionnent tous deux en série sous 3.000 volts. Ils sont à ventilation forcée, chaque moteur absorbant 70 m³ d'air par minute (fig. 302, 303 et 304).

Le poids du moteur complet et de ces engrenages, ses pignons, ses coussinets d'essieux et le carter est de 6.750 kgs.

Ce moteur comporte quatre pôles inducteurs principaux et quatre pôles de commutation. Il est établi pour régulation par variation du champ, les inducteurs étant shuntés à 50 p. 100 pour la marche à pleine vitesse.

L'armature a 49 encoches avec sept bobines par encoches. Le collecteur a 343 lames. Les bobines ne comportent qu'un tour. Le diamètre du tambour de l'induit est de 749 mm. Les bobines induites sont isolées au mica et à l'amiante. La vitesse correspondant à la capacité en une heure est de 446 tours par minute. Chaque moteur possède quatre lignes de balais, chaque ligne comprenant deux balais de 17,5 mm. × 44,5 mm.

Les bobines inductrices sont constituées par du ruban de cuivre isolé au mica et à l'amiante. Même composition pour les bobines des pôles de commutation. On évite de soumettre les bobines inductrices principales à la tension totale en connectant les armatures des deux moteurs en série, puis les circuits inducteurs de ces deux moteurs en série, du côté terre.

Alimentation électrique des locomotives
Régulation

Alimentation électrique. — Elle s'effectue au moyen d'une ligne aérienne à double fil. Le courant est capté par deux pantographes ayant chacun deux plateaux de contact. Ils sont manœuvrés par l'air comprimé (abaissement par ressorts, élévation par air). Chaque demi-locomotive comprend un pantographe. Les deux appareils sont connectés au moyen d'un câble installé sur la toiture (fig. 309).

Fig. 301. — Ensemble d'une des premières locomotives G. E. Cᵒ à 3.000 volts courant continu, de la ligne des Montagnes Rocheuses.

Fig. 302. — Truck moteur à deux essieux d'une des premières locomotives G. E. C°, de la ligne des Montagnes Rocheuses.

Le courant capté par les pantographes se divise en deux circuits principaux : le circuit de traction proprement dit, et le circuit des appareils auxiliaires.

Chacun d'eux est protégé par un interrupteur et un fusible spéciaux, disposés dans une caisse en acier, munie de verrouillage avec l'interrupteur.

La protection contre la foudre est assurée au moyen d'un parafoudre en aluminium placé dans une boîte d'acier située

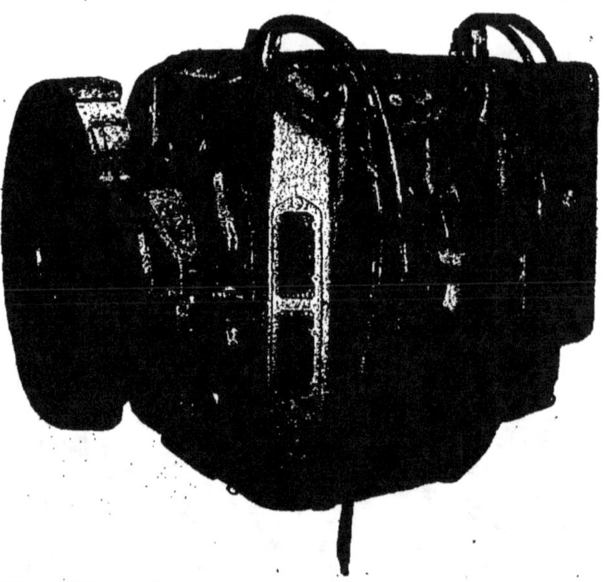

Fig. 303. — Le moteur de traction G. E. 253-A des premières locomotives G. E. C°, de la ligne des Montagnes Rocheuses.

derrière le compartiment à haute tension. L'équipement électrique comprend par locomotive huit moteurs de traction, deux compresseurs d'air, deux circuits de chauffage des cabines de conduites, deux moteurs d'entraînement de groupes moteurs-générateurs.

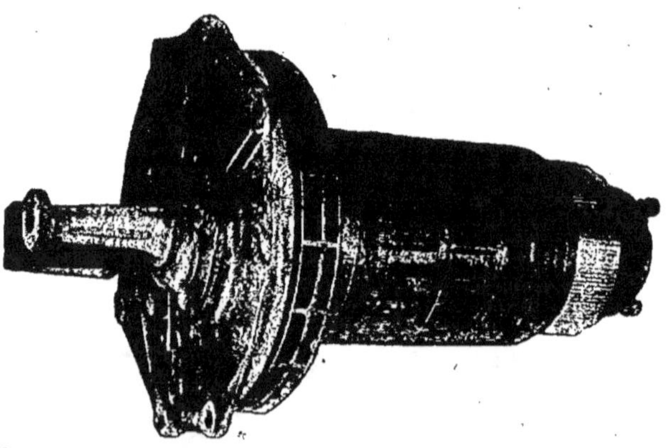

Fig. 304. — Induit et joue palier du moteur de traction G. E. 253-A des premières locomotives G. E. C°, de la ligne des Montagnes Rocheuses.

L'appareillage

Fig. 305. — Groupes de contacteurs de la régulation des premières locomotives G. E. C°, de la ligne des Montagnes Rocheuses.

à 3.000 volts est disposé symétriquement dans les deux unités constituant la locomotive, qui fonctionnent d'une façon absolument indépendante.

Les résistances utilisées dans le réglage des quatre moteurs de traction de chaque unité sont du type à grilles et montées sur isolateurs prévus

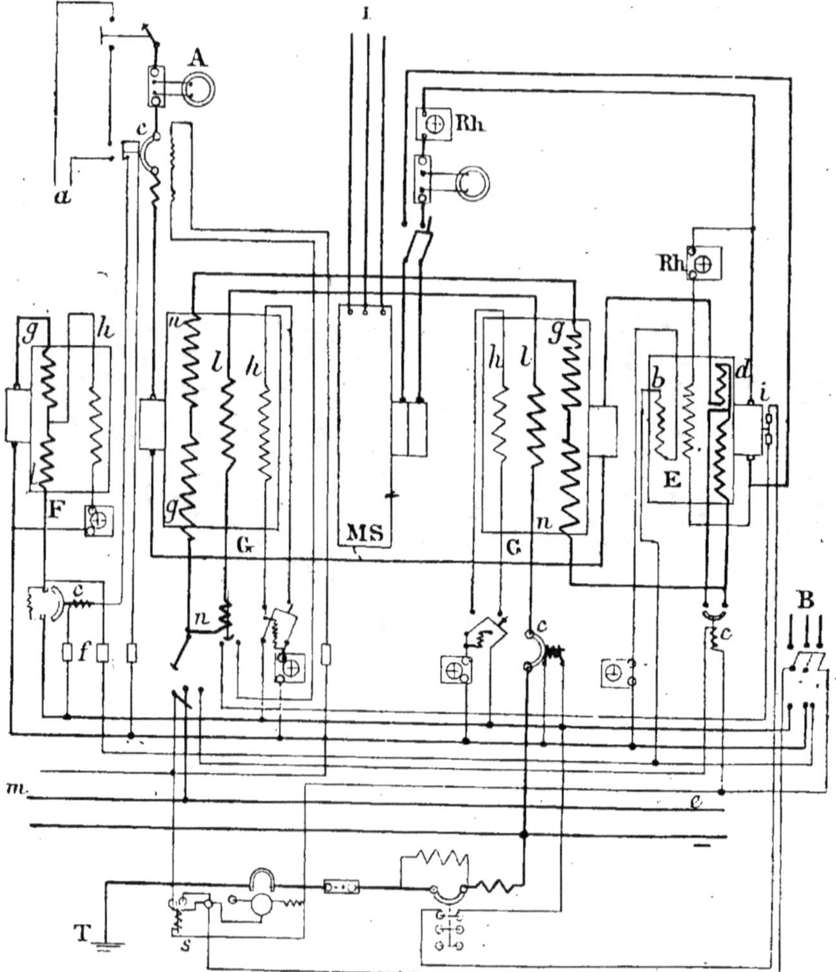

Fig. 306. — Schéma des connexions d'un groupe moteur-générateur.

G, Génératrices à courant continu ; MS, Moteur synchrone ; E, Excitatrice du moteur synchrone ; E, Excitatrice des génératrices ; I, Interrupteur dans l'huile ; B, Batterie ; A, Ampèremètre ; T, Terre ; Rh, Rhéostat ; a, Sonnerie ; b, Enroulement shunt différentiel ; c, Contacteur ; d, Enroulement série différentiel ; e, Fil neutre ; f, Fusibles ; g, Enroulement série de commutation ; h, Enroulement shunt ; i, Disjoncteur ; l, Enroulement série ; m, Enroulement de compensation ; n, Relai du circuit série ; s, Relai.

pour 3.000 volts. La ventilation des résistances est assurée par six che-
minées d'appel.

Les contacteurs qui réalisent les diverses connexions de démarrage et

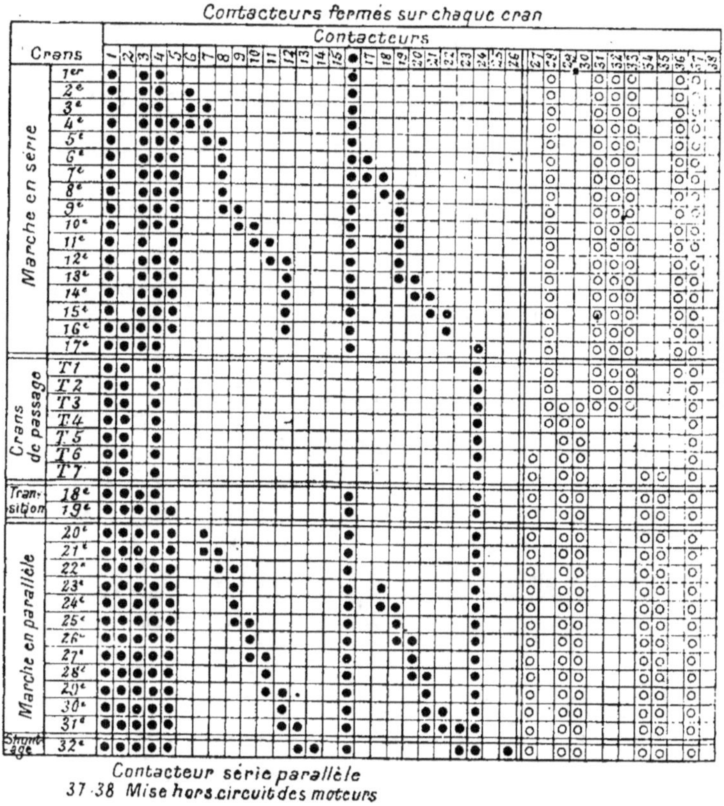

Contacteurs fermés sur chaque cran

Contacteurs

Groupe	Crans	1	2	3	4	5	6	7	8	9	10	11	12	13	14	15	16	17	18	19	20	21	22	23	24	25	26	27	28	29	30	31	32	33	34	35	36	37	38
Marche en série	1er	●		●	●												●											○				○	○	○			○	○	
	2e	●		●	●		●										●											○				○	○	○			○		
	3e	●		●	●		●	●									●											○				○	○	○			○		
	4e	●		●	●	●	●	●									●											○				○	○	○			○		
	5e	●		●	●	●		●	●								●	●										○				○	○	○			○		
	6e	●		●	●	●			●								●	●	●									○				○	○	○			○		
	7e	●		●	●	●			●								●	●	●	●								○				○	○	○			○	○	
	8e	●		●	●	●				●							●		●	●								○				○	○	○			○	○	
	9e	●		●	●	●				●	●						●			●								○				○	○				○	○	
	10e	●		●	●	●					●	●					●			●	●							○				○	○	○			○	○	
	11e	●		●		●						●	●				●				●							○				○	○	○			○	○	
	12e	●		●	●	●							●	●			●				●	●						○				○	○	○			○	○	
	13e	●		●	●	●								●			●					●			●	●		○				○	○				○	○	
	14e	●		●	●	●								●			●						●			●	●	○				○	○	○			○	○	
	15e	●		●	●	●								●			●							●			●	○				○	○	○			○	○	
	16e	●	●	●	●	●								●			●								●			○				○	○				○	○	
	17e	●	●	●	●												●										●	○				○	○	○			○	○	
Crans de passage	T1	●	●		●																				●			○				○	○	○			○		
	T2	●	●		●																				●			○				○	○	○				○	
	T3	●	●		●																				●			○	○	○	○	○	○					○	
	T4	●	●		●																				●			○	○	○								○	
	T5	●	●		●																				●							○	○					○	
	T6	●	●		●																				●			○				○	○					○	
	T7	●	●		●																				●			○				○	○			○		○	
Transition	18e	●	●	●	●																				●			○				○	○			○	○		
	19e	●	●	●	●	●											●								●			○				○	○			○	○		
Marche en parallèle	20e	●	●	●	●	●	●										●								●			○				○	○			○			
	21e	●	●	●	●	●	●	●									●								●			○				○	○			○	○		
	22e	●	●	●	●	●		●	●								●								●			○				○	○			○	○		
	23e	●	●	●	●	●			●								●		●						●			○				○	○			○	○		
	24e	●	●	●	●	●			●								●		●	●					●			○				○	○			○			
	25e	●	●	●	●	●			●	●							●			●					●			○				○	○			○	○		
	26e	●	●	●	●	●				●	●						●			●					●			○				○	○			○	○		
	27e	●	●	●	●	●					●	●					●				●				●			○				○	○			○	○		
	28e	●	●	●	●	●						●	●				●				●	●			●			○				○	○			○	○		
	29e	●	●	●	●	●							●	●			●				●	●	●		●			○				○	○			○	○		
	30e	●	●	●	●	●								●			●						●	●	●			○				○	○			○	○		
	31e	●	●	●	●	●								●	●		●							●	●	●	●	○				○	○			○	○		
Shuntage	32e	●	●	●	●	●									●	●	●						●	●	●		●	○				○	○				○		

Contacteur série parallèle
37-38 Mise hors circuit des moteurs

Fig. 307. — Schéma simplifié des circuits de puissance.

de marche sont répartis en quatre groupes ayant chacun les fonctions
suivantes (fig. 307 et 308) :

Groupe 1 : Interrupteur de ligne, démarrage du groupe moteur géné
rateur et du compresseur, circuit de chauffage, connexions pour freinage
par récupération ;

Groupe 2 : Résistances de démarrage ;

Groupe 3 : Relai de surcharge et contacteur correspondant ;

Groupe 4 : Groupement des moteurs, mise hors-circuit d'un moteur
avarié.

Ainsi que cela a été dit, les moteurs sont groupés en deux séries de deux unités.

Le manipulateur comprend dix-sept crans de manche en série, et douze crans de marche en parallèle, en plus un treizième cran de

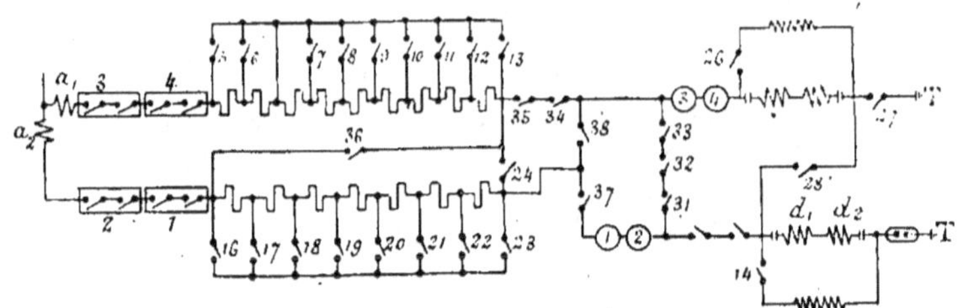

Fig. 308. — Schéma simplifié des circuits de puissance.

37, 38, Mise hors circuit des moteurs , a_1a_2, Bobines des relais de surcharge ; e, Shunt des inducteurs ; 14, 26, Interrupteurs de shuntage ; 1, 2, Induits ; d_1d_2, Inducteurs ; T, Terre.

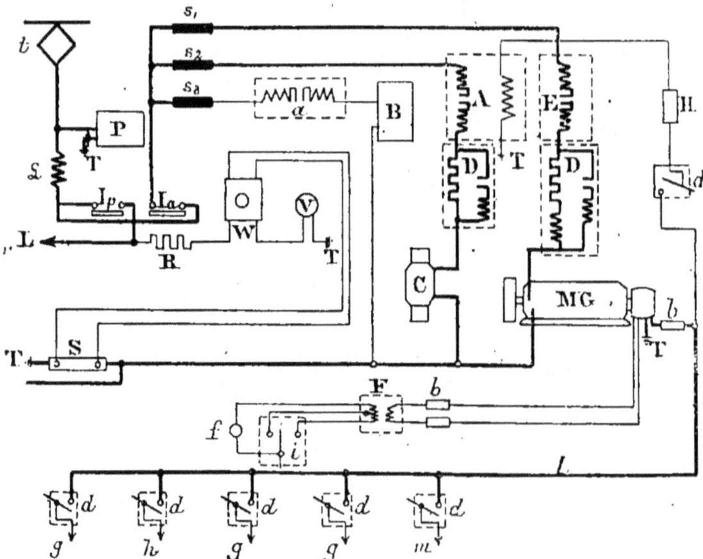

Fig. 309. — Schéma des circuits auxiliaires.

M 1, Groupe moteur générateur ; D, Tableau de démarrage ; A, Contacteur du compresseur ; E, Interrupteur du moteur générateur ; B, Chaufferette à 3.000 v. de la cabine ; C, Compresseur d'air ; F, Transformateur du fanal ; H, Régulateur de pression ; L, Aux circuits principaux ; L, Bobine de self ; P, Parafoudre ; R, Résistance du wattmètre ; S, Shunt du wattmètre ; T, Terre ; V, Voltmètre ; W, Wattmètre ; Ia, Interrupteur des circuits auxiliaires et fusible ; Ip, Interrupteur principal et fusible ; a, Interrupteur des chaufferettes ; b, Fusibles ; d, Interrupteur protégé ; f, Fanal ; g, Aux circuits d'éclairage cabine ; h, Aux bobines de chauffage de l'huile pour graissage des bagues ; i, Interrupteur du fanal ; l, Ligne à 120 volts ; m, Au manipulateur ; s, Sectionneur ; t, Trolley.

marche en parallèle avec shuntage des inducteurs, pour augmenter la vitesse des trains (fig. 307 et 308).

Les figures donnent le schéma général des connexions des circuits de puissance de l'équipement. On remarquera que les moteurs sont reliés

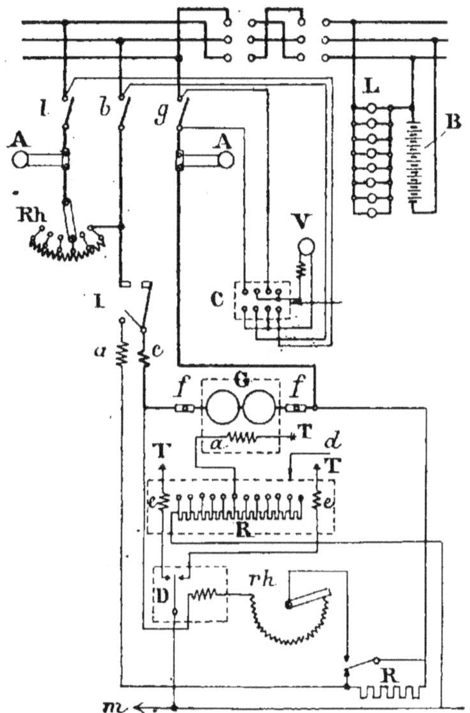

Fig. 310. — Schéma des circuits d'éclairage du train.

G, Groupe de charge ; B, Batterie ; L, Circuit de lampes ; Rh, Rhéostat de réglage des lampes A, Ampèremètre ; V, Voltmètre ; C, Commutateur à fiches du voltmètre ; D, Relai à tension constante ; I, Interrupteur automatique ; R, Résistance ; T. Terre ; l. Lampe ; b, Batterie ; g, Générateur ; a, Bobine shunt ; c, Bobine série ; e, Bobine de mise en circuit ou hors circuit de la résistance ; d, Rhéostat de champ automatique ; rh, Rhéostat réglable ; m, Ligne à 120 v. du générateur de commande ; f, Fusible.

invariablement par deux, en série, chaque paire pouvant, en cas d'avarie, être isolée du circuit au moyen de poignées spéciales.

Le grand nombre de touches du contrôleur permet d'obtenir une accélération constante, un démarrage progressif et un effort de traction à la barre d'attelage pratiquement constant. En outre, le passage série-parallèle se fait sans à-coup de vitesse et sans choc.

Les circuits de commande des divers appareils sont alimentés à 125 volts. Cependant les contacteurs sont isolés pour 3.000. Quant aux inverseurs et shunteurs, ils ne nécessitent qu'un isolement moindre

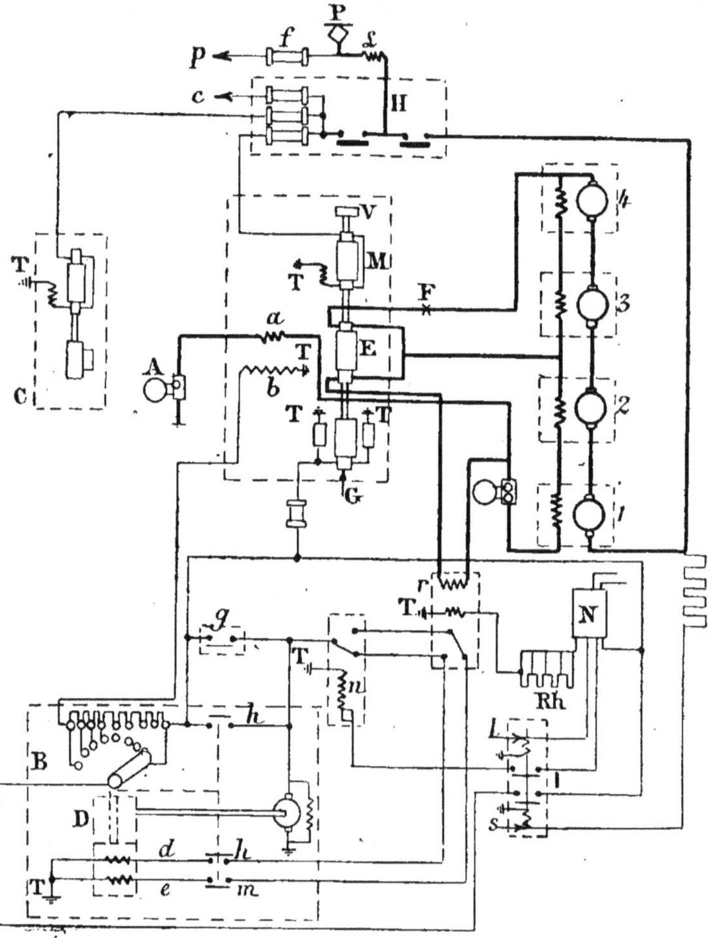

Fig. 311. — Schéma général pour le freinage avec récupération.

P, Prise de courant ; L, Bobine de self ; H, Compartiment à haute tension ; C. Compresseur ; A, Ampèremètre ; B, Régulateur de champ à servo-moteur (position circuit ouvert) ; D. Embrayage double de changement de marche ; d, Ouvert ; e, Fermé ; V, Ventilateur ; M, Moteur ; E, Excitatrice ; F, Contacteur ; G, Générateur ; 1, 2, 3, 4, Moteurs de traction ; f, Fusible ; N, Manipulateur de commande ; Rh, Rhéostat ; I, Relais de tension ; s, Relais ; l, Groupe ; T, Terre ; p, Parafoudre ; c, Chaufferettes ; a, Inducteurs séries ; b, Inducteurs shunt ; g, Contacts fermés pendant le freinage ; h, Contact ouvert dans la position ouvert seulement ; m, Ouvert lorsque toute la résistance est hors circuit ; n, Excité pendant le freinage ; r, Relai de surcharge.

puisque les inducteurs des moteurs sont branchés du côté terre (fig. 309).

L'inverseur et le coupleur série-parallèle sont commandés par un même servo-moteur au moyen d'un arbre à cames.

Tous les circuits auxiliaires sont alimentés à 125 volts par un groupe moteur générateur. Ces circuits n'offrent rien de spécial ; nous n'insisterons pas sur leur composition. Signalons cependant que l'éclairage du train est assuré par batteries d'accumulateurs, chargées par l'excitatrice du groupe moteur-générateur (fig. 310).

L'air comprimé est fourni par un compresseur électrique à 3.000 volts pouvant débiter 4 m³ à la pression de 9 kgs par cm².

Ces locomotives sont prévues pour freinage électrique avec récupération, d'où un accroissement de sécurité puisque le freinage à air comprimé est ainsi doublé (fig. 311).

Pour qu'il y ait renvoi du courant sur la ligne, les moteurs fonctionnant en génératrices, la tension de ceux-ci peut être haussée par l'excitatrice, faisant partie du groupe moteur-générateur mentionné plus haut. Il en résulte la possibilité pour les trains de descendre des pentes même importantes, à une vitesse pratiquement uniforme et presque sans manœuvre de la part du mécanicien.

Le manipulateur commandant le freinage est distinct de celui de marche. Il est monté sur la même carcasse. Trois poignées servent à la commande de l'équipement : l'une à la marche, la deuxième au freinage, la troisième à la marche avant ou arrière.

L'Electrification complète de la ligne des Montagnes Rocheuses (Rocked-Mountains)

La section actuellement en service prolongé sur le Chicago-Saint-Paul s'étend de Harlowton à Avery, avons-nous dit. Elle comprend la division des Montagnes Rocheuses et la division de Missoula, la première de 226 milles, la deuxième de 213 milles. Soit environ 440 milles en tout, ou 710 kilomètres.

La section de Columbia-Othello à Seattle et Tacoma (202 milles) vient d'être mise en service à la fin de l'année 1920.

L'étude de l'électrification de la section intermédiaire dite de Idaho, c'est-à-dire d'Avery à Othello (211 milles) se poursuit. En résumé, l'électrification portera sur 1400 kilomètres ou 873,7 milles, sur la longueur totale de 2.200 milles ou 3.590 kilomètres qui séparent Chicago de l'Océan Pacifique.

Au point de vue technique, il n'y a rien de particulièrement remarquable à signaler, sauf sur les points suivants : la première section exploitée comportait uniquement du matériel tracteur G. E. Co ; la deuxième section, Othello-Seattle-Tacoma comporte à la fois du matériel de la G. E. Co (locomotives ci-dessous décrites) et du matériel de la Westinghouse.

Les nouveaux locomoteurs G.E.Co sont du type Gearless (sans engrenages). Les locomoteurs Westinghouse sont, au contraire, à engrenages.

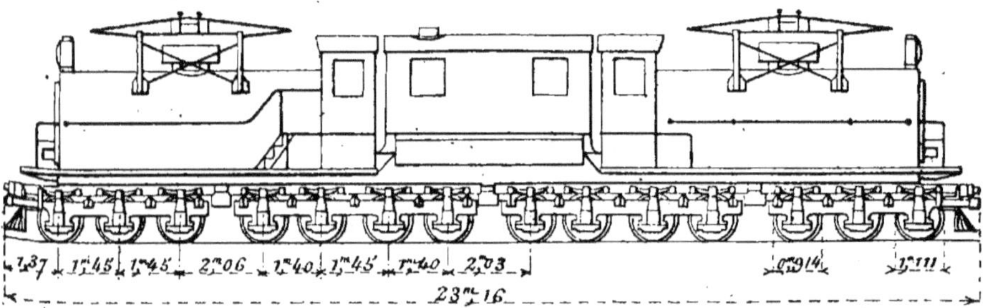

Fig. 312. — Locomotive G.E.Co, dernier modèle du Chicago-Milwaukee-Saint-Paul-Rwy. Tronçon Columbia-Othello à Seattle et Tacoma.

Nouvelles locomotives de la deuxième section, Seattle et Tacoma à Othello.

Locomoteurs G. E. Co. — Le parc fourni par la G. E. Co, comprend : 12 locomotives à marchandises, 5 à voyageurs et 2 de manœuvre (1).

Les locomotives à marchandises et de manœuvre sont à engrenages, comme celles de la première section, mais celle à voyageurs sont à accouplement direct. Elles peuvent remorquer des trains de voyageurs de 960 tonnes à 95 kilomètres par heure et au delà. Fonctionnement très satisfaisant de la récupération (fig. 312, 313 et 314).

Chaque unité comprend 4 trucks, dont 2 extrêmes à 3 essieux, et

---

(1) Voir pour plus de détails *L'Industrie Électrique*, No 686, 25 juillet 1921.

2 centraux à 4 essieux, soit 14 essieux. Seuls les deux essieux extrêmes sont porteurs. La locomotive se compose ainsi de 4 parties
articulées. Les induits des moteurs sont montés directement sur les
essieux et les inducteurs sont fixés sur les châssis des trucks. La
caisse est répartie en trois parties distinctes, deux extrêmes avec

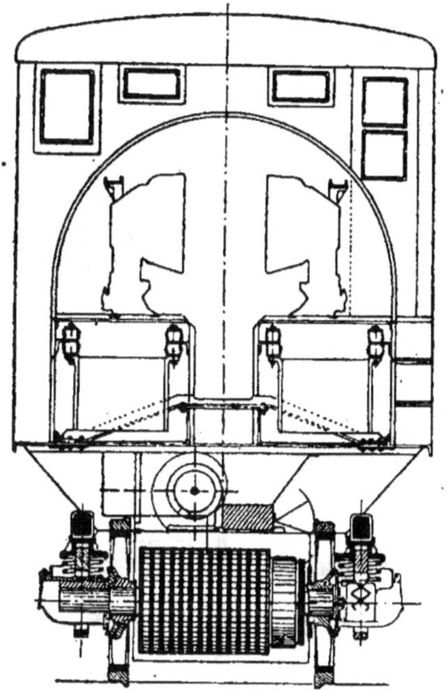

Fig. 313. — Moteur à accouplement direct d'une locomotive G.E.C° du
Chicago-Milwaukee-Saint-Paul-Rwy. Tronçon Columbia-Othello à Seattle
et Tacoma.

les postes de commande, et une centrale rassemblant les services
communs, générateurs de vapeur pour chauffage, etc... Cette caisse
centrale est montée sur les deux trucks médians, la régulation a
lieu par contacteurs, chacun des postes extrêmes portant un combinateur principal qui permet de commander ces contacteurs. Les moteurs
sont bipolaires sans engrenage, du même type que ceux adoptés il y a
15 ans par la New-York Central Railroad Company. Ils sont bobinés
pour 1.000 volts. Leur capacité est de 266 kilowatts. Réfrigération par

ventilation forcée, le noyau de l'armature étant percé de canaux pour le passage de l'air. Sur chaque moteur est placé un souffleur qui refoule de l'air sur le moteur, du côté du collecteur et le chasse, d'une part, à travers l'armature, et de l'autre, autour des bobines inductrices. L'air à la sortie est utilisé pour refroidir les résistances de démarrage.

On sait que dans les locomotives de ce type, les trucks, spécialement étudiés à cet effet, font partie du circuit magnétique et que les pièces polaires sont plates. L'entrefer est d'environ 3 millimètres.

Signalons encore la disposition suivante pour adoucir le passage en courbe : les essieux extrêmes, non moteurs, présentent un jeu de 12 à 13 millimètres de part et d'autre de la position normale par rapport au châssis. Ce mouvement est amorti par l'effet de coins introduits dans les boîtes des tourillons (fig. 314). En outre, les extrémités de la superstructure s'appuient sur des galets portant sur des surfaces extérieures inclinées des châssis du truck correspondant, tandis que

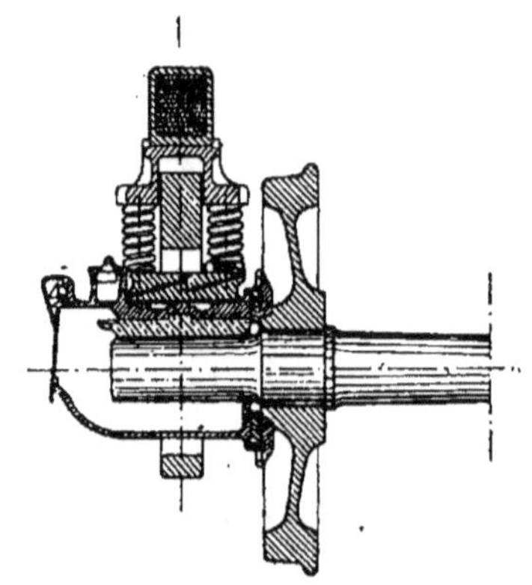

Fig. 314. — Dispositif de centrage pour accouplement direct des locomotives G.E.Cᵒ du Chicago-Milwaukee-Saint-Paul-Rwy. Tronçon Columbia-Othello à Seattle et Tacoma.

du côté intérieur, la superstructure est boulonnée sur le truck médian voisin. Cette disposition tend à maintenir les trucks extrêmes dans leur position centrale.

En ce qui concerne la régulation, quatre groupements : 1° pour les 12 moteurs en série sous 3.000 volts ; 2° les moteurs en deux groupes en parallèle de six moteurs en série ; 3° trois groupes de quatre moteurs en série ; 4° enfin en quatre groupes en parallèle de chacun trois moteurs.

Locomoteurs Westinghouse. — Cette Société a fourni 10 locomoteurs à voyageurs à arbres creux, roues élastiques, engrenages symétriquement attaqués par deux moteurs jumelés.

Deux paires d'essieux porteurs extrêmes, puis deux groupes de trois essieux moteurs séparés par deux essieux porteurs au milieu. Poids total 245 tonnes, dont 25 tonnes par essieu moteur, 12 moteurs de 300 chevaux, puissance unihoraire 3.600 chevaux, puissance continue 3.300 chevaux. Moteurs bobinés pour 750 volts, pouvant être groupés par 4, 6, 12 en série avec deux positions des inducteurs. Récupération faisant l'objet de dispositions spéciales.

TRACTION ÉLECTRIQUE PAR COURANT CONTINU 5.000 VOLTS

La Société Westinghouse a équipé à 5.000 volts continus des automotrices de la Michigan-United Traction Company.

Les moteurs des automotrices sont du type bipolaire, à deux induits,

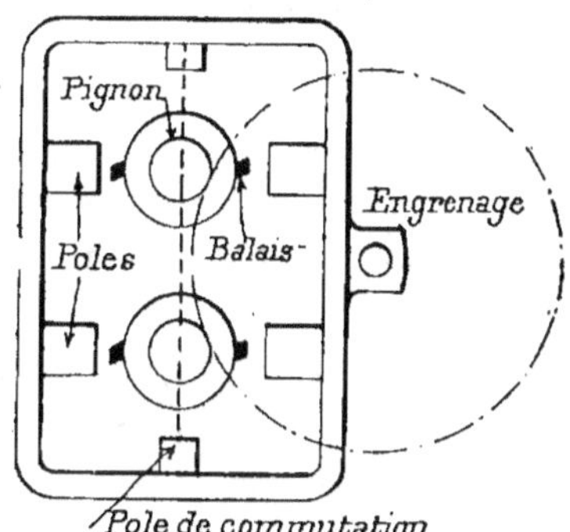

Fig. 315. — Moteurs à deux induits des automotrices à courant continu de la Michigan United Traction Company.

présentant une disposition avantageuse pour le fonctionnement à haute tension.

Les deux induits sont montés dans une même carcasse, et engrènent sur une même roue dentée (fig. 315).

Le contrôle est effectué au moyen de contacteurs à rupture double.

Les circuits auxiliaires sont alimentés par une batterie d'accumulateurs à 150 volts, qui est connectée entre les moteurs et la terre. Ce mode d'exploitation fonctionne depuis 1916 sur la ligne Jackson Mule à Wolf Lake (19 km).

CHAPITRE XVI

L'ÉLECTRIFICATION PARTIELLE DES CHEMINS DE FER FRANÇAIS

I. Aperçu sur la nature du problème de l'électrification des Grands Réseaux

Contrairement à ce que croit l'opinion publique, séduite par le fait de voir circuler sous terre, avec aisance, de puissantes rames de chemins de fer métropolitains, ou sur nos voies urbaines de rapides tramways à la manœuvre très souple, le problème de la technique de l'électrification des chemins de fer est loin d'être résolu. En divers pays d'Europe et d'Amérique, des solutions diverses ont été préconisées, adoptées même sur des réseaux aujourd'hui très étendus, mais l'expérience faite semble encore trop récente pour qu'on puisse en tirer des conclusions nettes en ce qui concerne le succès final de l'électrification, même partielle, des chemins de fer.

Bien que, en apparence, logiquement, un historique doive s'emplacer en tête et non en fin d'ouvrage, maintenant que nous avons étudié assez complètement les éléments capitaux de la traction électrique, il ne semblera pas sans intérêt d'esquisser rapidement l'histoire de l'application de l'énergie électrique à la traction. Cette application s'est développée sous deux formes, celle des tramways ou trains légers, celle des chemins de fer ou trains lourds. Nous insisterons, particulièrement sur cette deuxième phase de la question de l'électrification.

La traction par locomotives électriques sur les grands réseaux suppose la concentration par train, sur une ou deux locomotives électriques, d'une puissance de 2.000 à 3.000 chevaux pour chacune d'elles, c'est-à-dire d'une puissance au moins égale, certainement supérieure, en pratique, à la puissance des locomotives à vapeur européennes les plus modernes. L'infériorité de la traction à vapeur réside dans l'insuffisance de la puissance au démarrage, ce qui prolonge cette période de mise en route pendant une minute ou deux, quelquefois plus, pour un rapide. De même, en rampe, la vitesse baisse dans des proportions importantes, la locomotive étant sa propre station centrale, de puissance limitée, et la conséquence en est que, sur certains parcours accidentés, telle la ligne Lyon-Grenoble (132 kms), il faut, aux express à vapeur trois heures, en pratique, pour couvrir cette faible distance, alors qu'un train électrique l'enlèverait aisément en deux, et même moins.

L'idée de l'application de l'électricité aux grands réseaux est relativement ancienne, car elle date des temps héroïques de la traction électrique. Les solutions véritablement rationnelles sont cependant toutes récentes. C'est un phénomène assez fréquent du reste. Il arrive qu'à l'aurore d'une science, ou d'une application de la Science, de grands esprits mesurent instantanément l'étendue des applications possibles. Certes, les solutions qu'ils apportent ne sont pas toujours définitives, nous dirons même qu'elles ne le sont presque jamais. Le génie industriel cependant peut, croyons-nous, se mesurer à l'importance relative, par rapport au capital des idées existantes, que prend, dans le cerveau de l'inventeur ou de l'initiateur, la valeur d'avenir de sa découverte.

En traction électrique, les noms inoubliables de Raffart et de Maurice Leblanc, en France, de Sprague et de Van de Poële, en Amérique, sont universellement connus comme ceux des pères de cette branche de l'électrotechnique appliquée.

II. Quelques mots sur l'Histoire sur la Traction Electrique

L'histoire de la traction électrique date industriellement d'une quarantaine d'années à peine. Il n'est pas inutile d'en rappeler ici les traits essentiels. D'abord signalons que l'idée de l'adaptation de la motricité électrique à une voiture roulant sur voie ferrée, cependant, est relativement ancienne.

De 1834 à 1838, Davenport et Davidson avaient déjà exécuté quelques essais avec des moteurs magnétos. Dès lors, certains principes nouveaux apparaissent. En 1850, Page en Amérique réalise une machine motrice magnéto avec transmission par bielle et manivelle. Swear et Bessolo proposent et réalisent une transmission d'énergie pour traction par fil aérien. En 1857, Casal préconise l'emploi du moteur à action directe, mais il faut arriver à l'année historique de 1873 (expériences de Vienne, transmission de l'énergie) pour voir la traction électrique faire de réels progrès. En 1879, Siemens et Halske installent le petit chemin de fer électrique de l'Exposition de Berlin. En 1881 Raffart, en France, effectue ses essais célèbres de traction électrique par accumulateurs entre Paris et Versailles. La même année apparaissent les transmissions d'énergie pour la traction par conducteurs aériens creux et navettes (Siemens et Halske, Exposition d'Electricité de Paris).

Dès 1882-1883, une activité considérable se manifeste dans le domaine de la traction électrique, surtout aux Etats-Unis. En 1884, apparaissent les premières lignes, à caniveaux, à la même date, le premier trolley aérien, enfin un peu plus tard, le premier truck d'automotrice réellement adapté au moteur électrique, truck dû à Sprague. Celui-ci, en même temps, que Van de Poële, perfectionne le trolley et substitue le galet au chariot primitif. Le développement de la traction électrique devient alors prodigieux aux Etats-Unis, de 1890 à 1900. En Europe, on constate cependant quelque retard à ce point de vue. Le tramway de Clermont-Ferrand (1891) fonctionne encore à navette.

Avec les installations de Marseille (1892), Lyon et le Havre (1894) apparaissent les premières lignes de tramways à trolley aérien. Depuis 1890, les prises de courant par archet se généralisent en Allemagne. En 1892, apparaît également le trolley latéral, dit Dickinson. Entre temps on avait cherché à obvier aux difficultés soulevées par le trolley aérien par l'emploi des contacts superficiels répartis sur les voies et destinés à distribuer le courant aux voitures. Le nombre de ces systèmes, nous l'avons dit, a été considérable. En 1894, à l'Exposition de Lyon, fonctionnait un tronçon alimenté suivant le système Claret et Wuilleumier. Enfin, en 1895, apparaît la première ligne triphasée de tramways, celle de Lugano.

Toutes ces dernières installations ressortaient plutôt du domaine des tramways. L'électrification des Chemins de fer est un problème qui n'avait cependant cessé de préoccuper depuis longtemps aussi les ingénieurs de traction. Citons, comme dates célèbres dans l'évolution de cette application nouvelle, les essais de Sprague en 1886-

1887 à New-York, l'électrification du vieux Métropolitain de Londres (City and South London Railway), la ligne des Docks de Liverpool (1893), l'Elevated de Chicago ; enfin le tronçon électrifié de Baltimore-Ohio (1895-1897), la première ligne à gros trafic et à grande puissance.

En Europe, on peut également citer divers chemins de fer de montagnes suisses, construits à partir de 1892. et la ligne de Berthoud-Thoune. Dès lors, les essais se multiplient sur diverses Compagnies de Chemins de fer, notamment sur le P.-L.-M. (Essais en 1897 d'une locomotive à accumulateurs à grande vitesse). A peu près à la même époque, les fusées Heilmann, sur les Chemins de fer de l'Ouest, réalisent une solution un peu compliquée de la question. On se souvient que les Fusées (il y en eut deux), étaient de véritables usines roulantes ; l'énergie électrique était engendrée par voie thermique dans une chaudière et une machine à vapeur et de là, transmise aux moteurs d'essieux (1). La vitesse atteinte dépassa 120 kilomètres à l'heure. Plus tard, après 1900, les installations de Milan-Gallarate, de la Valteline (Italie), celles du Fayet-Saint-Gervais à Chamonix et enfin l'électrification des Métropolitains de Paris, de Londres, de New-York, de Berlin et de Budapest, celle des chemins de fer de banlieue, Versailles-Invalides, Paris-Juvisy, etc., constituèrent des applications des plus intéressantes de l'électricité à la traction.

Comme nous le disions tout à l'heure, le problème de la traction électrique des chemins de fer constitue un ordre d'études bien différent de celles relatives aux tramways. Suivant les cas, les solutions adoptées aujourd'hui sont tout à fait différentes et on le comprendra maintenant aisément.

III. Les divers systèmes de traction électrique possibles pour les chemins de fer

Le fait d'employer, sur des réseaux très étendus, des puissances considérables, les dizaines de milliers de kilowatts que réclame la traction, suppose d'abord un problème de transmission de l'énergie hydro-élec-

---

(1) La substitution de l'électricité à la vapeur avait surtout pour objet d'après Heilmann, de supprimer les mouvements de lacet des locomotives thermiques (mouvement alternatif des moteurs).

trique existante ou de celle que l'on veut aménager. On doit transporter, en des points convenablement choisis des réseaux, ces stocks de puissances considérables soit sous forme triphasée à 50 périodes, ce qui est le mode de transmission normal aujourd'hui, soit moins fréquemment, sous forme monophasée, généralement de même périodicité.

Existe-t-il effectivement des systèmes de traction pour les grosses

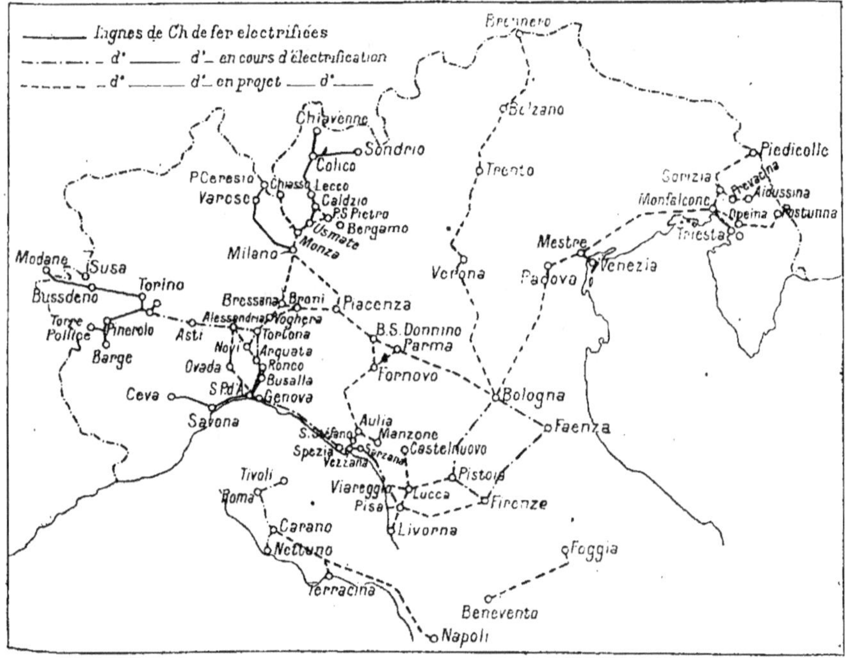

Fig. 316. — Le réseau électrifié italien.

locomotives, actuellement réclamées par nos transports permettant d'utiliser le triphasé ou le monophasé ? Avec l'adjonction d'un transformateur sur la locomotive même, il suffirait d'adapter à celle-ci des moteurs soit monophasés, soit triphasés. C'est là que commence la difficulté.

Les moteurs triphasés sont excellents, nos voisins et amis les Italiens, en font un très large usage sur leurs locomotives, mais ils ont un vice capital, ils ne possèdent qu'une vitesse de régime. À peine, par le jeu d'un artifice, modification du nombre des pôles, peut-on leur donner

une seconde vitesse de régime, sous-multiple de la première. En outre,
le fait d'avoir deux fils de distribution de courant, la troisième phase
étant constituée par les rails, fait que la tension est réduite pratiquement à 3 ou 4.000 volts entre fils, 6.000 au grand maximum. Le réseau
Italien triphasé (1) est certes très intéressant, mais cette double infériorité fait que le rayon d'action d'une usine génératrice n'est pas très considérable et que d'autre part cette usine travaille dans des conditions
très défavorables, puisque, que le train soit chargé ou non, que le profil
soit dur ou doux, la vitesse reste la même. Par suite, grandes inégalités
dans les consommations d'énergie. Enfin, la périodicité à choisir est
nécessairement basse : 17 à 25 périodes par seconde.

Les figures 316 et 317 extraites du compte rendu du Congrès des Grands
Réseaux (Paris 1921), rapport de M. l'Ingénieur Renzo-Norza, donnent
l'une la constitution actuelle ou même imminente du réseau électrifié
italien, l'autre le plexus général des transmissions d'énergie afférentes à
la traction électrique.

On doit signaler cependant qu'en 1901-1902, sur la ligne militaire
allemande de Berlin-Marienfelde-Zossen, sous l'impulsion de l'empereur
Guillaume, des essais de traction à grande vitesse triphasée à 50 périodes
et 10.000 volts directs avaient été exécutés avec un succès réel par les
deux firmes allemandes Siemens et Halske et A. E. G. La vitesse de

---

(1) Le réseau italien triphasé, il y a un an encore, avant certaines exten-
sions en cours, comportait les lignes suivantes :

Réseau de la Valteline.

Lignes Lecco-Sondrio.	39	km
— Colico-Sondrio.	40,6	—
— Colico-Chiavenna	26,6	—

Les Giovi. Comprenant :

Giovi-Vecchio.	28,3	km
Giovi-Succursale	27,5	—

Le Réseau Piémontais.

Ligne du Mont-Cenis (Bussoleno-Bar-donèche-Modane	59,6	km
Savona-Cevo	45,6	—
Monza-Lecco	50,2	—
Torino-Pinerolo.	37,2	—
Genova-Savona.	42,7	—
(Ou San-Pier d'Arena-Savona).	39,7	—

217 kilomètres par heure avait été atteinte. Tout récemment, les Italiens ont effectué entre Rome et Brescia sur 35 kilomètres, des essais particulièrement réussis de traction triphasée à 50 périodes et 10.000 volts

Fig. 317.

Transmissions d'énergie en Italie pour l'électrification des voies ferrées.

directs. Ainsi serait levée la principale objection correspondant à l'emploi du triphasé, de la faiblesse de la périodicité.

Le *monophasé* semble plus intéressant, puisqu'un seul fil suffit pour amener l'énergie à la locomotive, le deuxième conducteur étant constitué par les rails. On peut ainsi atteindre une tension de 15 à 18.000 volts à la prise aérienne. Cependant le moteur monophasé de traction est inférieur à son frère le triphasé. De multiples recherches ont été faites

en vue de doter l'industrie d'un bon moteur monophasé de traction.
Finalement force a été de se rabattre sur un seul type, le *moteur série*
plus ou moins perfectionné, au moins dans le cas des fortes puissances.
Autre inconvénient : ce moteur ne peut non plus fonctionner qu'à des
périodicités basses (celle de 16 3/4 par seconde par exemple avait été
adoptée sur les Chemins de fer du Midi français). Or, avec une fréquence
aussi basse, l'éclairage est impossible, d'où également l'impossibilité
d'utiliser une fraction de la station génératrice pour des emplois autres
que celui de la traction. C'est là un très gros défaut. L'avenir d'un pays
est lié d'abord à la multiplicité des stations génératrices et surtout à
l'aide, au concours que ces stations peuvent se porter les unes aux
autres. Pour cela, il convient évidemment que les couplages des usines
entre elles soient possibles, c'est-à-dire que les fréquences soient les
mêmes (1).

Réserve faite cependant de cette infériorité, le monophasé a été
employé depuis un certain temps en Suisse sur la ligne du Loetschberg.
Il vient en outre d'être mis en service sur le Gothard. En France, il a
fonctionné sur les Chemins de fer du Midi, dans un certain nombre
d'autres pays européens, en Suède, en Allemagne, etc., et surtout en
Amérique. C'est dans ce dernier pays qu'il a vu le jour, sous l'impulsion
d'un ingénieur de premier ordre, Lamme, qui a conçu et réalisé la première et célèbre ligne monophasée, celle d'Annapolis. Même dans le
domaine des tramways, le courant monophasé a été utilisé concurremment avec le courant continu, le moteur série pouvant fonctionner indif-
féremment sous ces deux formes de tension. A Lyon et dans sa banlieue
par exemple, la ligne de Jons-Jonage équipée par la Société Westinghouse
comportait une section urbaine à tension continue 600 volts et un par-

---

(1) C'est là un point longtemps fort négligé et aujourd'hui reconnu comme
très important.

Sur les indications et sur le désir qui lui en a été transmis par la Société
Hydrotechnique de France, le Ministre des Travaux Publics dans sa circulaire du 16 avril 1918 a fixé uniformément à 50 périodes par seconde et à
la forme triphasée les caractéristiques générales des transports d'énergie à
instituer en France.

Il est rappelé que si cette forme est presque généralement celle adoptée,
la région parisienne fonctionne en grande partie à diphasé à 42 périodes
et une partie de la région desservie par l'Energie du Littoral Méditerranéen,
en triphasé à 25 périodes.

cours suburbain, beaucoup plus long, à courant alternatif 6.000 volts, 15 périodes.

Les Suisses sont nettement partisans du système monophasé. Depuis vingt ans, on étudie chez nos voisins la question de l'électrification des chemins de fer, particulièrement importante pour eux, en raison de leur défaut de charbon, de leur abondance de forces hydrauliques et surtout de la concentration de leurs réseaux ferrés en un faisceau remarquablement dense et homogène. Plusieurs rapports successifs, émanant tant de la Direction des Chemins de fer Fédéraux que de la Commission d'Etudes des Forces Hydrauliques et de celle de l'Electrification des Chemins de Fer, préconisent l'emploi du monophasé. Les inconvénients du système n'ont pas cependant échappé aux ingénieurs suisses. Ils reconnaissaient avec nous que la locomotive monophasée est particulièrement lourde, compliquée de manœuvre, fragile, etc... Néanmoins les facilités particulières rencontrées en Suisse en matière de construction électrotechnique ont fait passer sur bien des inconvénients.

Mais, une autre objection grave à l'emploi du monophasé et du triphasé, à peu près dans les mêmes limites de fréquence et de tension, est celle tirée de l'influence néfaste exercée sur les lignes télégraphiques et téléphoniques par les courants alternatifs de traction. On a essayé de nombreux dispositifs, les transformateurs-suceurs, par exemple, les fils de contre tension et de contre courant, procédés qui devaient supprimer ou tout au moins atténuer, cette influence. Le succès ne semble être que limité. Aussi le remède consiste-t-il, dans les cas désespérés, par exemple comme il a été pratiqué sur certains réseaux téléphoniques suisses et italiens, à éloigner les lignes à courant faible du tracé de la voie ferrée, autant que faire se peut.....

L'emploi du *courant continu* supposait, nous l'avons dit dans le chapitre précédent, pour la traction, jusqu'à ces dernières années des tensions relativement faibles, d'où la transformation dans de nombreuses sous-stations rotatives en courant continu de l'énergie transportée sous forme triphasée ou monophasée. Si l'on s'en tient à la tension normale 550 à 750 volts, le problème est presque insoluble, car le nombre des sous-stations de transformation à établir devient prohibitif. Rappelons que sur le premier réseau équipé de la sorte, celui de Milan Gallarate en Italie, il y avait une sous-station tous les 7 kilomètres. L'immobilisation des capitaux est donc considérable. En outre, la fréquence des trains alimentés n'est pas assez forte pour que les sous-stations travaillent dans des conditions de constance convenable. Il aurait fallu pouvoir hausser la tension continue à une valeur 4 ou 5 fois plus forte (2.400 à 3.000 volts au lieu de 550-750).

C'est ce qui a été fait, ou tout au moins ce qui a été tenté, au prix d'admirables efforts depuis une quinzaine d'années. Sous le nom un peu ambitieux de traction à courant *continu à haute tension*, il faut entendre l'emploi de courant continu de tensions comprises entre 1.200 et 3.000 volts, le maximum effectif employé actuellement en traction.

Ce mode de traction est très populaire aujourd'hui en Amérique. Ce pays sert de champ d'études et d'expériences à ce sujet, suivies avec passion par les techniciens européens.

IV. Deux anciennes installations françaises de traction à courant continu

Il est certainement bon d'aller contrôler au loin ce qui se fait de nouveau et de meilleur en matière de traction électrique, comme pour toute autre application de la science à l'industrie. Cependant, il nous sera permis de rappeler qu'en France, dans le Dauphiné, fonctionnent depuis de nombreuses années deux installations extrêmement intéressantes à courant continu.

L'une, la ligne du tramway de Grenoble à Chapareillant sur 45 kilomètres de long, est desservie depuis 1900-1901 par des voitures automotrices établies par le Creusot et fonctionnant sous deux ponts ± 600 volts, avec retour du courant par les rails, mais ceux-ci jouant plutôt le rôle de fil neutre. Pour parer à la chute de tension, la Station Centrale de Lancey desservant le tramway est pourvue de survolteurs qui, pour les sections les plus éloignées, fournissent un supplément de tension qui peut atteindre 150 volts. Ainsi, au départ de l'usine, les ponts correspondant à la section sur laquelle la chute de tension est la plus grande fonctionnent à ± 750 volts (1). Des difficultés d'exploitation sont survenues comme dans tous les cas analogues, au moins au début, moteurs et contrôleurs ont été modifiés, mais le fonctionnement de la distribution à courant continu survolté a été irréprochable.

---

(1) Voir figure 160, page 161, schéma de la distribution.

Dans le domaine des Chemins de fer, la ligne exploitée par l'Etat, de Saint-Georges de Commiers à la Mure (S.-G.-C.-L.-M.), qui est actuellement prolongée jusqu'à Gap par Corps et Saint-Bonnet, fonctionne depuis de nombreuses années également sous deux ponts 1.200 volts. Les locomotives ont quatre moteurs en série. Il y a donc entre les deux fils une tension de 2.400 volts. L'électrification de cette ligne particulièrement dure, puisqu'elle offre, sur une longueur de 25 kilomètres sur les 31 totaux, une rampe continue de 0.m. 0275 par mètre, simplement interrompue aux stations, s'est imposée en raison de l'emboutcillage et de la saturation apportés par le développement de l'exploitation des Mines d'anthracite de la Mure, qui constitue le gros trafic de la ligne. Celle-ci est malheureusement à voie d'un mètre et nécessite un transbordement extrêmement coûteux et pénible, à la gare de Saint-Georges de Commiers, commune au P.-L.-M. et à la ligne S.-G.-C.-L.-M. La traction était assurée par 12 locomotives tenders à 4 essieux dont 3 moteurs et un avant-porteur, pesant de 37 à 41 tonnes et développant de 225 à 275 chevaux.

La première locomotive électrique d'essai a été établie par Thury en 1903. Depuis, toutes les locomotives à vapeur ont été remplacées par des unités électriques. Le tracé de la ligne aérienne, extrêmement sinueux. comme celui de la voie mécanique qui est à flanc de coteau ont donné lieu à de grosses difficultés techniques.

V. **La lutte entre le courant continu et le courant alternatif en Amérique**

Mais c'est surtout en Amérique, où le champ des batailles économiques est incomparablement plus large qu'en Europe, que la lutte entre la traction à courant continu haute tension et la traction monophasée, fut des plus curieuses. Elle dura une quinzaine d'années. La compagnie Westinghouse, la puissante firme américaine, s'était fait une spécialité du monophasé. La G. E. C° (General Electric Company) non moins puissante, préconisait le courant continu à haute tension. Il s'ouvrit entre les deux rivales une âpre concurrence.

Des considérations souvent plus commerciales que techniques ont fait adopter ici ou là tel ou tel mode de traction. Cependant aujourd'hui l'hésitation n'est plus permise. La plupart des installations en courant alternatif ont été en Amérique, translormées par la Westinghouse elle-même qui semble se retourner définitivement vers le courant continu, au moins si l'on s'en tient à sa participation à l'équipement du Chicago Saint-Paul Railway.

Nous empruntons au rapport, si documenté et si lumineux, de notre collègue M. le professeur Mauduit, rapport présenté au nom de la Commission d'Etudes des Travaux Publics, les tableaux suivants (p. 329, 330 et 331) résumant la consistance des principales lignes américaines, soit équipées en monophasé, soit installées autrefois en monophasé et transformées en continu, soit enfin équipées en courant continu 1.200 volts.

VI. Principe de quelques autres systèmes de transformation de courants alternatifs en courants continus de traction

Nous avons à dessein, passé sous silence un certain nombre d'autres systèmes de traction, non qu'ils ne soient intéressants, mais parce que l'insuffisance de leur durée de mise en service, ou même de leur mise au point, interdit d'y songer pour un problème aussi grave que celui qui préoccupe actuellement les divers Etats.

Parmi ces systèmes le *mono-triphasé* (split-phase) a joui d'une certaine faveur en Amérique. L'énergie est transmise en monophasé et transformée en triphasé sur la voiture motrice. Il n'y a encore qu'une ligne équipée avec ce système, la ligne de Bluefield-Vivian du Norfolk and Western Railway. Une deuxième serait en voie d'équipement sur le Pensylvania Railroad.

La transformation de courant alternatif ou triphasé en continu peut aussi s'effectuer par des redresseurs spéciaux, tel que le convertisseur à mercure, qui a donné matière à tant de travaux si intéressants et qui se construit maintenant pour de fortes puissances. Une locomotive, en Amérique, devrait fonctionner bientôt avec ce convertisseur, dont nous ferons une étude plus détaillée ci-après. Il est surtout indiqué pour l'instant, pour les sous-stations seules.

Des essais de traction par convertisseur monté sur la voiture même ont en effet été faits, dans le même ordre d'idées, il y a quelques années. La Westinghouse C° avait équipé une voiture automotrice à 4 moteurs de 200 HP et portant un convertisseur « Cooper Hewitt » à lampes de quartz. Cette voiture a été essayée sur les lignes de New-York-New-

I. — Principales lignes monophasées américaines *(25 périodes)*

	LONGUEUR en KILOMÈTRES	DATE de MISE EN SERVICE	TENSION en VOLTS	OBSERVATIONS
1. Indianopolis-Cincinnati	174	1904	3.330	Voie simple, réseau en palier.
2. Long Island Railroad	300	1905	2.200	Réseau suburbain au voisinage de New-York en bordure de la mer.
3. San-Francisco-Vallejo-Napa Valley (Californie)	54	1905	3.300	
4. Spokane and Island Empire Railroad. . .	210	1906	6.600	
5. Erie Railroad	55	1907	11.000	
6. New-York-New-Haven and Hartford Ry.	140	1907	11.000	Réseau suburbain.
7. Windsor Essey and Lake Shore El Ry. .	60	1907	6.600	
8. Chicago Lake Shore and South-Bend Ry.	125	1908	6.600	Réseau en palier.
9. Colorado and Southern Denver Ry. . . .	87	1908	11.000	
10. Pennsylvania Railroad Philadelphia-Paoli et à Chestnut Hill	50	»	11.000	Service urbain à grand trafic.

II. — Lignes monophasées américaines transformées en continu

	LONGUEUR en KILOMÈTRES	DATE de MISE EN SERVICE	TENSION CONTINUE	OBSERVATIONS
1. Atlanta Northern Railway.	29	»	»	
2. Illinois Traction System	35	»	»	
3. Chicago Toledo Fort Wayne	66	»	600	Contrée agricole bien peuplée.
4. Milwaukee Electric Railway.	121	1910	1.200	
5. Pittsburg and Buttler Street Ry (Pennsylvania).	53	1913	1.200	
6. Baltimore and Annapolis Short Line . .	52	»	»	
7. Washington Baltimore and Annapolis El Ry	83	1910	1.200	Double voie de Washington à Baltimore. Pentes de 15 à 20 mm.

III. — Lignes monophasées américaines (*en monotriphasé*)

	LONGUEUR en KILOMÈTRES	DATE de MISE EN SERVICE	TENSION CONTINUE	OBSERVATIONS
1. Bluefield-Vivian (Norfolk and Western Ry) (en fontionnement)	48	1915	11.000	Trafic considérable de marchandises et grandes déclivités.
2. Altoona-Johnstown (Pennsylvania RR) (en projet).	60	1917 (?)	11.000	

	LONGUEUR en KILOMÈTRES	ANNÉE de MISE EN SERVICE	OBSERVATIONS
Indianopolis et Louisville Traction de Seymour à Sellesbourg (Indiana).	70	1907	
Central California Traction C° (Sacramento à Stockton).	85	1908	1.500 volts avec 3° rail renversé.
Pittsburg-Harmony-Buttler Ry	»	1910	
Arostook Valley Ry C° (presqu'île à Washburn). .	20	1910	
Fort Dodge, des Moines and Southern Ry		1912	Utilise des commutatrices à 1.200 volts.
Oakland Antioch and Eastern Ry (Oakland à Antioch, Californie).	37	1910	
Southern Cambria Ry (Johnstown à Ebensburg, Pennsylvania)	37	1910	
Shore Line El Ry (New-Haven à Ivoryton (Connecticut).	»	1910	
Oregon Electric Ry (Salem à Eugène, Oregon) . . .	112	1912	
Kansas City-Clay County and Saint-Joseph Ry . .	128	1912	
Noshville-Galattin Ry (Tenny)	37	1913	

Haven-Hartford. L'alimentation se faisait par courant monophasé comme pour les autres véhicules du même réseau, et un transformateur monophasé desservait le convertisseur. Le courant, simplement redressé, alimentait des moteurs de traction monophasés qui se trouvaient ainsi opérer en courant, non pas continu, mais du moins ondulé.

Cette automotrice n'a effectué que des essais sommaires sur lesquels malheureusement nous ne possédons aucune autre information.

Parmi les divers autres systèmes, le redresseur électro-mécanique de MM. Auvert et Ferrand, Ingénieurs au P.-L.-M. (transmission de courant monophasé et redressement sur la voiture même), est un système extrêmement intéressant, bien que de débuts difficiles et dont les essais ont été interrompus par la guerre; s'il présente certaines complications par rapport aux systèmes classiques, si le poids de la locomotive est sensiblement plus fort que la normale, par contre les démarrages sont incomparablement plus doux, *la tension continue* ou *mieux redressée*, étant justement égale, à chaque instant, à celle qui est nécessaire pour produire le couple de démarrage. Il n'y a plus d'énergie perdue dans les résistances. On conçoit l'énorme importance de ce résultat, au point de vue de l'utilisation optimum des usines génératrices. Avec ce système, les pointes supprimées en quelque sorte, la puissance moyenne deviendrait ainsi égale à peu près à la puissance maximum nécessaire.

A notre avis, ces essais devraient être repris. A ce sujet, qu'il nous soit permis en passant de redresser ici une sorte d'injustice scientifique. Les essais Auvert et Ferrand représentent une somme de labeur immense. Ce labeur a été fourni dans le sens, qui pour nous représente le seul vrai, le seul définitif, la transmission d'énergie sous forme alternative et sa transformation en courant utilisable, continu, ou pseudo-continu, sur la locomotive même. Les sous-stations même peu nombreuses, même automatiques comme celles du Chicago-Saint-Paul-Railway, constituent assurément une solution ingénieuse, mais au fond provisoire. Elles sont destinées à disparaître, et le train de grande ligne devra acquérir tôt ou tard une indépendance complète, sinon par rapport à l'usine génératrice, du moins par rapport à ces nombreuses et coûteuses sous stations, le véritable point faible de la traction électrique à courant continu.

VII. **Le système Auvert et Ferrand**

Le principe du redresseur à balais est trop connu pour que nous ayons besoin de nous étendre longuement ici à ce sujet. Le système Auvert et Ferrand réside en effet simplement dans l'emploi d'un redresseur. Mais un redresseur à balais simple tel, que celui dont le principe figure dans tous les traités d'électrotechnique serait inapplicable ici.

La suppression intégrale du courant, pendant un temps, même très court, dans les moteurs d'essieu, même établis pour courants ondulés (lamellage convenable), entraînerait des inconvénients graves. Aussi MM. Auvert et Ferrand ont-ils adjoint, à ce collecteur redresseur, *théorique*, un certain nombre de sections actives montées sur un anneau en fer et réunies les unes aux autres, et aussi aux secteurs du redresseur, par des lames de collecteur.

Nous n'entrerons pas dans les détails de ces dispositions, renvoyant aux ouvrages techniques sur la matière. Signalons cependant que le principe essentiel du système consiste *en la création d'une force électromotrice convenable par déplacement de balais sur un collecteur redresseur.*

Essais effectués avec une locomotive du système Auvert et Ferrand

Nous avons donné le principe de ce mode de traction. Les essais de mise au point du système ont été, nous l'avons dit, longs et laborieux en raison même de sa complexité. La ligne électrifiée de Cannes à Grasse a servi de champ d'expériences à la locomotive Auvert et Ferrand. Nous renverrons le lecteur qu'intéresserait le détail de ces essais à l'avant-dernière édition de ce même ouvrage où ces essais sont étudiés et commentés longuement (1).

Le point le plus original de cette disposition réside évidemmment dans le mode de commande des balais redresseurs, ces redresseurs étant commandés par moteurs synchrones. Ce rôle est dévolu à un servo-moteur dont le l'élément principal est un petit moteur électrique qui permet au mécanicien en agissant sur l'intensité d'excitation (circuit fil fin) de ce petit moteur de régler l'intensité du courant redressé

---

(1) On consultera pour plus de détails le fascicule 49 de l'*Encyclopédie Electrotechnique* « Traction Electrique à courant continu », Albin Michel, éditeur, à Paris.

qui traverse les moteurs d'essieux. Il en résulte des démarrages très doux et très rapides, l'effort de démarrage pouvant être maintenu constant.

Résultats d'essais. — Cette locomotive n'était qu'une *locomotive d'essai*, car certaines dispositions qu'elle comportait sont déjà abandonnées dans toutes les installations analogues, notamment la commande des essieux par engrenages coniques, l'emploi de moteurs nombreux, etc...

Telle quelle, sur la ligne précitée (offrant parfois des rampes de 20 millimètres par mètre) et avec des charges remorquées de 118 à 236 tonnes, elle a permis néanmoins d'obtenir un rendement remarquablement élevé (78 à 80 p. 100) en pleine marche, rendement entendu des jantes aux prises haute tension.

La douceur, jointe à la rapidité des démarrages, ainsi que la progression croissante de la puissance demandée à la station par le train au fur et à mesure de sa mise en vitesse, constituent de gros avantages qui peuvent compenser, dans certaines mesures, les complications réelles du système et le poids excessif localisé sur la locomotive.

A une époque où se développent avec une rapidité presque déconcertante, d'abord les tractions monophasées et triphasées, et ensuite surtout celle à courant continu haute tension, par puissantes locomotrices, la lutte sera nécessairement rude pour les systèmes à courant redressé.

On doit du reste insister sur ce fait que la locomotive que nous venons de décrire est de type essentiellement provisoire. Les essais effectués avaient permis de jeter les bases d'un nouveau type dont ci-dessous les caractéristiques :

Puissance normale (une heure). . . . .   2.000 chevaux
Effort à la jante des roues motrices . . . .   12.800 kilogs
Vitesse correspondante . . . .   42 km/heure
Vitesse maximum . . . .   75 km/ heure

La nouvelle machine n'aurait pas eu de bogies, mais deux essieux porteurs extrêmes et quatre essieux moteurs intérieurs avec moteur électrique unique (2.000 chevaux) et commande par faux essieu et bielle d'accouplement (comme dans toutes les locomotives monophasées et triphasées actuelles).

Le poids total de la locomotive aurait été de 95 tonnes, c'est-à-dire tout à fait comparable à ceux des locomotives monophasées qui étaient hier encore en service sur les Chemins de fer du Midi.

VIII. Etudes préliminaires relatives à l'électrification partielle du réseau français

Le problème de l'application de la traction électrique aux réseaux français a préoccupé depuis longtemps, disions-nous, le Gouvernement et les milieux de techniciens. Il y a un peu plus de quatre ans, exactement le 14 novembre 1918, une Commission a été instituée, comme nous l'avons dit, auprès du Ministre des Travaux Publics, pour ouvrir une vaste enquête sur les résultats obtenus en France et surtout à l'Etranger, et faire apparaître la meilleure manière d'appliquer ces enseignements au problème de l'électrification de nos chemins de fer. Des publications officielles ont été faites dans maintes revues techniques par divers membres du Comité. Des rapports définitifs ont été déposés. Il convient de souligner que des controverses se sont élevées à ce sujet. Notamment, les Suisses d'une part, les Italiens de l'autre, ont émis quelques objections et présenté la défense de leurs systèmes favoris respectifs, systèmes un peu combattus, bien que très courtoisement, du reste, dans les rapports de la Commission Française d'Etudes.

Nous renverrons à ces rapports nos lecteurs (1). Le point principal qui découle des travaux de la Commission d'Etudes Françaises est celui-ci : après avoir rendu un juste hommage aux efforts des Américains et à l'excellente organisation du Chicago-Saint-Paul (marche à 3.000 volts continus), la Commission fixe comme désirable l'emploi du courant continu, mais confiné presque général à 1.500 volts, la marche à 3.000 volts ne devant s'effectuer que sur certaines sections, sinon privilégiées, du moins spécialisées. Il est hors de doute que la marche à 1.500 volts continus constitue le système idéal au point de vue sécurité. De nombreux exemples de réseaux à 1.200 et 1.500 volts sont là pour en justifier. Mais financièrement, il semble qu'il y ait une large différence entre la solution à 3.000 volts et la solution à 1.500 volts et 3.000 volts. D'après la Commission, l'écart des prix ne serait qu'insignifiant. Nous nous sentons insuffisamment documentés à cet égard pour prendre parti.

---

(1) Ministère des Travaux Publics. — Conseil supérieur des Travaux Publics. — Electrification des réseaux de chemins de fer d'intérêt général. — Proposition du Comité d'Etudes. — Paris, Imprimerie Lahure, 9, rue de Fleurus.

IX. L'électrification des chemins de fer français et l'utilisation de la houille blanche

Dès 1913, à la veille de la guerre, on manifestait déjà les plus grandes inquiétudes sur le budget houiller de la France. Sur une consommation annuelle d'environ 60 millions de tonnes de houille, 40 millions à peine provenaient des mines nationales et les 20 millions restant constituaient du charbon d'importation. La somme correspondant à l'achat au dehors de ce combustible était considérable. A quelques divergences près, elle était évaluée, avant la guerre, par certains à environ 600 millions de francs, d'aucuns disaient même 800 millions. Heureux temps où la tonne de charbon importée ne coûtait guère, pour le meilleur, que 30 francs !

Il est parfaitement banal aujourd'hui d'attirer l'attention sur l'importance de notre déficit houiller. Parmi toutes les économies de charbon proposées, certaines sont évidemment possibles, bien qu'à échéance assez lointaine, d'autres ne relèvent que du domaine du rêve. Par exemple, de longtemps, le charbon constituera, pour de nombreuses industries, un outil de travail non seulement thermique, mais encore chimiquement actif, qui ne pourra guère être remplacé par un apport d'énergie hydroélectrique.

De même le chauffage domestique, bien que supposé très amélioré, grâce à la construction d'usines centrales distribuant le gaz combustible normal ou même des fluides chauds, constituera de longtemps encore, une source de consommation importante.

Cependant, une économie certaine, aisée à réaliser, bien que supposant le délai de nombreuses années, s'est offerte d'elle-même : c'est celle résultant de l'application de l'électricité à la traction de nos chemins de fer. Cette même conception a guidé l'Italie, les Etats-Unis, la Suisse, l'Espagne et les Etats Scandinaves. Suivant les mêmes statistiques de 1913 (houilles consommées en France en l'année 1912) la consommation des chemins de fer français représentait environ 9 millions de tonnes par an. On admettait en outre que le trafic augmentait régulièrement de 5 p. 100, ce qui faisait qu'en vingt ans, s'il n'y avait pas eu de guerre, la consommation totale des chemins de fer aurait été de 18 millions de tonnes, probablement même 20 millions.....

Les houilles consommées en France, en 1912, se répartissaient en effet ainsi, en interprétant du reste assez largement les statistiques officielles relatives à cette même année :

Chemin de fer. . . . .   9 millions de tonnes.
Industries diverses (envisagées au
   point de vue de la production de
   la force qui leur est nécessaire). $\dfrac{18}{27}$ —

On peut admettre une consommation de 2 kilos de charbon par cheval-heure aux jantes des locomotives, soit 4,5 milliards de chevaux-heure pour les chemins de fer. Quant aux autres industries, leurs moteurs sont moins puissants et moins perfectionnés que ceux des locomotives. On peut envisager une consommation de 4 kilos par cheval-heure, soit en tout, pour ces industries, 4,5 milliards de chevaux-heure.

Récapitulons :

Chemins de fer.   4,5
Industries diverses.   4,5
             Total.   9   milliards de chevaux-heure.

En s'en tenant aux substitutions techniquement possibles et en admettant un rendement global de 50 p. 100 de la chute au point ultime d'utilisation (par exemple la jante des roues), on aurait donc dû demander suivant les chiffres de 1913, 18 milliards de chevaux-heure aux usines de houille blanche pour remplacer 27 millions de tonnes de charbon (1).

Resteraient donc 33 millions de tonnes de houille, qui semblent, *a priori*, irremplaçables, au moins provisoirement, par la houille blanche (lumière, force motrice, industries métallurgiques, etc.). Cependant, il y a encore de grands progrès à réaliser dans le chauffage domestique, qui consomma près de 12 millions de tonnes en 1912. Ce sera aux distributions régionales d'électricité qu'il faudra demander d'intervenir pour parer au gaspillage. Le chauffage électrique est à l'ordre du jour, combiné à un emploi plus judicieux de charbon. Nous ne saurions nous étendre davantage à ce sujet.

Quelques inquiétudes pourraient naître d'une insuffisance possible de

---

(1) On consultera à cet égard avec intérêt, la belle conférence de M. l'Inspecteur Général de Tavernier, à l'Association française pour le Développement des Sciences, 1917.

nos forces hydrauliques, pour réaliser un tel programme. Nous n'avons pas ici le loisir d'exposer, même brièvement, le programme de l'utilisation de nos chutes et il nous sera seulement permis de dire que celles dont l'aménagement est pratiquement possible, constituent une puissance globale qui permettrait de remplacer intégralement par de l'énergie hydraulique, au moins suffisante en toute saison, tout le charbon consommé en France, tant le charbon importé que le charbon national. Mais la question ne se pose pas ainsi. Il ne s'agit pas d'arrêter nos houillères, il suffit pour l'instant et pour de nombreuses années, de parer à l'importation du charbon étranger et de réduire progressivement l'épuisement de nos mines ou tout au moins comme l'industrie nationale se développera encore, de s'arranger de manière à ce que l'accroissement à redouter de la consommation de charbons, matériaux irremplaçables par l nature même des besoins de cette industrie, soit compensé par des augmentations de puissance hydraulique.

Nous pouvons aisément conclure, avec tous les hydrotechniciens qui se sont occupés de la question :

1° Que la puissance hydraulique correspondant aux débits caractéristiques moyens, c'est-à-dire ceux définis comme maintenus au moins six mois de l'année, étant supposée complètement aménagée en France, suffirait à assurer numériquement une puissance égale à celle qui serait déduite de la consommation totale du charbon dans notre pays, consommation même supposée variable, suivant la répartition la plus défavorable, aux divers moments de la journée de 24 heures ;

2° Que la différence des puissances hydrauliques installées effectivement ou qu'on doit installer, et de celles correspondant aux débits caractéristiques moyens, constitue une réserve importante susceptible de favoriser les progrès des industries actuelles et d'aider à l'implantation de nouvelles.

Or, presque toujours et de plus en plus, les puissances hydrauliques installées sont très supérieures à celles des débits caractéristiques moyens. Pour les Alpes notamment, il y a quelques années, elles atteignaient 738.000 chevaux, alors que la puissance qui correspondait aux débits caractéristiques moyens était de 428.000 et la puissance minimum d'étiage de 215.000. On voit par cet exemple combien grande est la marge. Cette marge s'accroît de plus en plus avec l'aménagement des chevaux de trois, de deux mois..... que l'on envisage même aujourd'hui.

X. Nécessité de réseaux d'interconnexion entre les diverses regions productrices d'énergie

Les puissances disponibles et aménageables avec une facilité relative sont donc suffisantes. Néanmoins, il subsistait une lacune importante dans ce système de nos forces hydro-électriques, savoir, jusqu'à l'année dernière encore, l'insuffisance des relations de secours, de couplage, d'interconnexion entre les divers centres de puissance hydro-électrique français. Peu à peu chacune des régions, Alpes, Pyrénées, Plateau Central, etc..... avait bien établi sur ses territoires respectifs d'action, des réseaux d'interconnexion. Mais cette solution était encore insuffisante. De grandes artères réunissent déjà entre elles, et à de puissantes stations thermiquès, les trois groupes d'usines hydrauliques précités. Nous n'entrerons pas dans le détail des projets en cours et même dans l'étude de ce qui est déjà fait. Nous rappellerons quelques points caractéristiques de ce programme.....

Actuellement vient de se constituer un premier et vaste réseau d'interconnexion, dit des régions libérées, dont voici les nœuds principaux (1) :

Pont-à-Vendin, Douai, Valenciennes, Lille, Cambrai, Reïms, Epernay, Saint-Dizier, Verdun, Mohon, Longwy, Briey, Nancy, Vincey, Paris, Saint-Just, Arras.

Le réseau comportera plus de mille kilomètres de ligne à 45.000 volts, 65.000 et 120.000. Il aura pour rôle immédiat de permettre de relier les usines de Vincey et de Mohon à la centrale de la Houve du bassin de la Sarre, afin d'amener au bassin de Briey l'énergie électrique qui lui fait défaut.

Plus tard, de vastes inter-communications sont prévues à établir avec les stations à édifier le long du Rhin.

Dans nos régions du Sud-Est, de même la Société de Transport d'Energie du Centre doit créer un vaste réseau destiné à relier les Centrales d'Auvergne, du Cantal, des Alpes et du Jura, avec la région de la Loire. Ce réseau comportera quatre feeders, Loire-Auvergne, Cantal-Loire, Alpes-Loire et Loire-Jura.

---

(1) Consulter le R. G. E., n° de novembre 1921. Etude de M. Leverrier, auquel nous empruntons les principales données qui vont suivre.

Il est évident que s'il est tenu compte dans cette organisation des intérêts des pays alpestres, centres de production de force, si toutes les dispositions sont prises pour ne pas les laisser manquer d'énergie hydro-électrique, alors qu'on leur demande de diriger vers le centre de la France leurs excédents inutilisés, on ne peut qu'applaudir à de telles entreprises ; mais il convient que les droits des régions de houille blanche soient fixés et maintenus, ne serait-ce que pour les besoins grandissants d'électrification de leurs réseaux ferrés.

Ce n'est du reste là qu'un premier projet d'installations, destinées à servir d'avant-garde et de prise de position, en ce qui concerne l'établissement définitif de notre grand plexus national de réseaux de transmission d'énergie.....

Lorsque celui-ci sera, sinon complet, du moins pourvu de son indispensable squelette, on pourra noter l'existence des divers réseaux de transmission d'énergie ci-après :

D'abord une ligne de Beaumont-Monteux, sur l'Isère, vers son confluent avec le Rhône, à Saint-Etienne, concédée par l'Etat à la Société d'Energie électrique de la Basse-Isère, puis une ligne de Pougny-Chancy au Creusot, utilisant les forces motrices du Rhône à l'entrée de ce fleuve en France, pour l'alimentation des usines du Creusot.

En outre, le réseau de transmission d'énergie des Alpes de la Haute-Isère à Lyon. Citons encore le réseau de transmission d'énergie du Centre, déjà visé précédemment, et destiné à relier entre elles et aux centres de consommation de Saint-Etienne, Roanne, Lyon, Montluçon et Grenoble, les usines hydro-électriques des Alpes, du Massif Central et du Jura...

Notons encore le réseau de transmission d'énergie reliant les usines des Pyrénées à celles du Plateau Central et destiné à fournir le courant nécessaire, aussi bien aux chemins de fer du Midi qu'aux centres de Toulouse, Bordeaux et Béziers. Notons enfin la ligne de Delle à Vincey, destinée à transporter l'énergie hydro-électrique suisse en Lorraine.

Toutes ces lignes constituent les premières artères d'un grand réseau national à 120.000, 150.000 et peut-être même 220.000 volts, qui, dans un avenir plus ou moins prochain desservira, à peu près tout le territoire, générateur de force et de lumière, créateur de mieux-être social.

XI. **Les premières fractions des chemins de fer français à électrifier**

Actuellement, comme on l'a vu, la Commission Technique d'Etudes instituée auprès du Ministère des Travaux Publics, a conclu en faveur du courant continu, dit à *haute tension*. Cette conclusion a du reste provoqué, de divers côtés, nous le rappelons, des réserves assez vives.

Une partie du réseau national français doit être électrifiée d'abord et dans le plus bref délai possible. C'est à cette tâche qu'il convient de s'atteler dès à présent.

Le programme du réseau d'électrification français (première tranche), s'est inspiré de plusieurs considérations. D'abord de la position des sources d'énergie hydro-électrique par rapport aux lignes à électrifier, de la puissance de ces sources, et enfin de la nécessité de ne pas immobiliser un trop gros capital sur des lignes à trafic insuffisant, bien que par leur profil, elles puissent justifier à première vue l'emploi de la traction électrique (fig. 318).

Trois réseaux sont intéressés, savoir :

Paris-Orléans, qui présente un faisceau de lignes à forte pente, à trafic notable et pouvant être desservi par des usines faciles à aménager dans la Haute-Dordogne.

Le P.-L.-M., proposant à la fois l'électrification de lignes de montagnes à trafic suffisant comme Nîmes-Langogne, Marseille-Grenoble, Culoz-Modane, et de lignes de plaines. ou tout au moins accidentées seulement sur une partie de leurs parcours : Lyon-Marseille-Vintimille, Lyon-Genève, Lyon-Grenoble. Certaines lignes, même montagnardes, à trafic insuffisant, sont laissées de côté, telles celles de Veynes à Briançon et de Saint-Pierre-d'Albigny à Bourg-Saint-Maurice.

Enfin, le Midi. qui avait fait une expérience courageuse avant la guerre, bien qu'assez mal récompensée au point de vue du succès d'exploitation, demande à électrifier toutes les lignes sillonnant les vallées des Pyrénées (1).

---

(1) Voir : Tochon, l'Electrification des Chemins de fer (*Annuaire de la Houille Blanche*), 1920, auquel, dans l'exposé ci-dessous, nous faisons de larges emprunts.

Numériquement, sur le P.-O., 3.101 kilomètres, soit environ 40 p. 100 du réseau ; sur le P.-L.-M., 2.913 kilomètres, soit 23 p. 100 du réseau ; sur le Midi, 2.965 kilomètres, soit plus de 76 p. 100 du réseau. En tout 8.200 kilomètres, soit enfin le 1/5 du réseau français, doivent être électrifiés conformément au premier projet.

Un délai de 15 à 20 ans serait nécessaire pour l'achèvement de ce programme, autant que permettent de le prévoir les conditions si instables et si difficiles de l'industrie actuelle.

XII. Evaluation de la consommation d'énergie électrique correspondant à l'électrification

Reste la question de l'évaluation des puissances nécessaires et des énergies consommées annuellement. Les chiffres récoltés à l'étranger, en matière de traction électrique, sont extrêmement différents. On admettait en traction urbaine, sur des lignes moyennes, il y a quelques années, une consommation de 50 wh. par tonne kilométrique aux jantes, mais il faut multiplier cette consommation par l'inverse du rendement total des jantes au départ de l'usine. Ce coefficient de majoration n'est guère inférieur à 1,50, mais les conditions en traction urbaine sont exceptionnellement défavorables (démarrages nombreux, voies médiocres, etc.).

En Amérique, on a relevé des consommations de 25 wh. par tonne kilométrique remorquée, mais aux usines, chiffre extrêmement bas, malgré l'emploi généralisé des bogies, car on connaît le mauvais état des voies américaines. En Italie, on a noté 39 wh. ou 42, suivant les lignes. Enfin, celle du Loetschberg, en Suisse, particulièrement accidentée, 75 wh.

Les chiffres sont donc très différents. Tenant compte des profits également différents des portions de réseaux français à électrifier, la Commission d'études a fixé à 42 wh. pour le P.-L.-M., à 50 pour le P.-O. et à 70 pour le Midi, la consommation à prévoir par tonne kilométrique remorquée.

En tenant compte d'un accroissement de trafic de 5 p. 100 par an, au bout de vingt ans, la consommation serait doublée. Elle correspondrait à peu près à 2.200 millions de wh.

XIII. Consistance des usines nouvelles

Une certaine indécision règne encore en ce qui concerne la consistance des diverses usines destinées à alimenter les réseaux (fig. 318).

Le P.-O. trouvera toute la puissance nécessaire dans les usines qu'il se propose d'aménager dans la Haute-Dordogne et sur la Vézère.

Le P.-L.-M. régularisera le haut cours du Tarn et s'adressera à un certain nombre de sociétés régionales des Alpes françaises pour la fourniture du courant nécessaire. Enfin, les usines projetées sur le Rhône joueront un rôle important pour la production de l'énergie de traction.

La plus avisée certainement à cet égard est la Compagnie du Midi qui s'est assuré, depuis longtemps déjà, la puissance nécessaire pour faire marcher son réseau électrifié. Aux trois puissantes usines déjà en fonctionnement, Soulom, la Cassagne, et Fontpédrouze, la Compagnie s'empresse d'en adjoindre d'autres, savoir :

1° L'usine d'Eget, sur la Neste (puissance moyenne 10.000 kws, puissance de pointe, 27.000 kws), pour les lignes de Tarbes-Toulouse et embranchement, Tarbes à Auch, Tarbes à Castelneau-Lannemezan-Auch ;

2° Trois usines de la vallée d'Ossau (puissance moyenne 25.000 kws, puissance de pointe 54.000 kws), desservant les lignes de Pau à Bayonne, de Puyoo à Mauléon et Autevieille, de Saint-Palais-Puyoo à Dax, de Bordeaux à Hendaye et embranchements, de Bordeaux à Pointe de Grave ;

3° Quant à l'alimentation des lignes de l'est de Toulouse-Montréjeau, elle sera assurée par deux groupes d'usines, dans la vallée de l'Ariège (puissance moyenne 20,000 kws, puissance de pointe 42.000 kws) et dans la vallée de la Têt (puissance moyenne 6.000 kws, puissance de pointe 14.000 kws) ;

4° Enfin le réseau des Cévennes électrifié sera alimenté par une usine à créer à Aumessas, sur la Haute-Dourbie (puissance moyenne 7.200 kws, puissance de pointe de 17.000 kws).

Toutes ces usines cumulées représentent une puissance moyenne de 82,000 kws et une puissance de pointe de 180.500 kws ? En supposant que ces usines ne travaillent pas plus de 6.000 heures par an, la Compa-

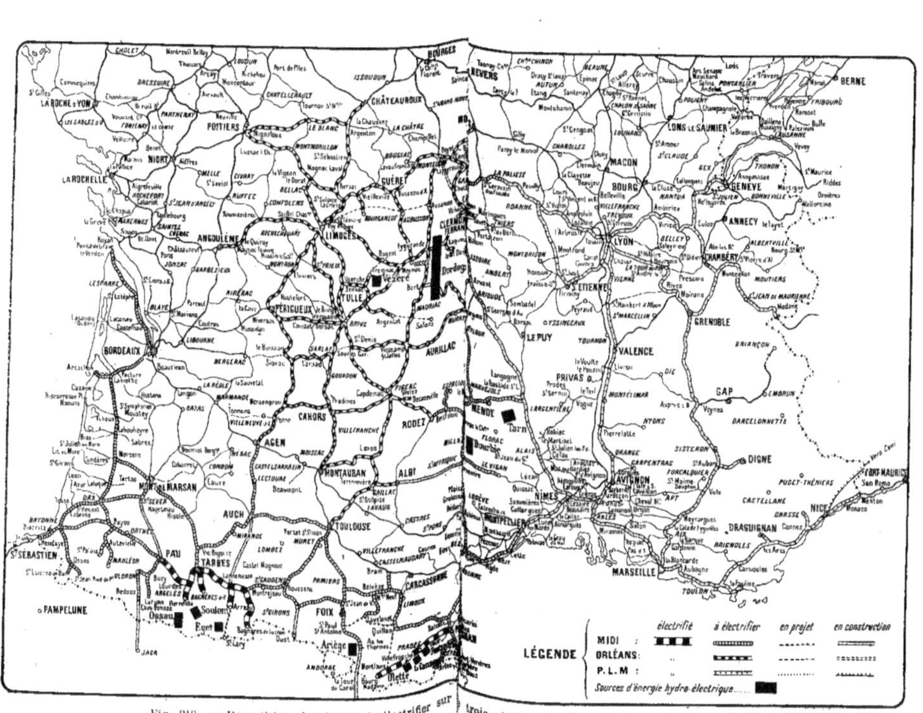

Fig. 318. — Répartition des lignes à électrifier sur les trois réseaux du P.-L.-M., du P.-O. et du Midi.

gnie disposera de près de 500 millions de kwh, c'est-à-dire amplement de quoi satisfaire à ses besoins. Ceci ne l'empêche pas, dès maintenant, de traiter avec les entreprises privées pour la fourniture de courant supplémentaire, par exemple avec les concessionnaires des usines du Gave de Lescun pour l'électrification de la ligne de Bedoux à la frontière espagnole.

D'une manière générale, les usines productives d'énergie pour la traction devront être du type général des usines destinées aux transmissions d'énergie. Elles devront s'insérer dans notre réseau national de distribution, se coupler en parallèle avec leurs voisines, leur céder leurs excédents de courant, s'il y a lieu et leur demander du secours en cas de faiblesse momentanée. Au-dessus de la question du rendement et d'économie, parfois même discutable, de première installation, une question d'intérêt national supérieur se pose : celle de l'utilisation optimum de nos chutes disponibles et l'interchangeabilité, l'intercommunication des réseaux de transmissions d'énergie.

De même que, sur les voies ferrées proprement dites, ces conditions deviendront exécutoires, lors de leur électrification, de même, il convient de les imposer en ce qui concerne l'alimentation en courant de ces mêmes voies ferrées...

XIV. Prévisions financières relatives à l'exploitation électrique d'une partie du Réseau Français

La Sous-Commission administrative de la Commission d'Etudes du Ministère des Travaux Publics, en France, a essayé d'établir des prévisions pour les 8.000 kilomètres de réseaux français à électrifier d'abord. Malheureusement, une grande incertitude plane dans ces calculs. Prévoyant une échelle de vingt ans pour l'exécution des travaux, il lui a été également très difficile de fixer des prix d'établissement pour les usines, les lignes et d'acquisition pour le matériel.

Sous ces réserves, en prenant pour base les prix de 1913 (50.000 frs d'équipement électrique par kilomètre de voie simple, 70.000 francs par kilomètre de voie double, 250.000 francs par locomotive de 85 à 90 tonnes), la Sous-Commission a essayé de fixer les dépenses de premier établissement, en y comprenant la création des usines génératrices et l'achat des locomotives en quantité convenable, pour assurer le trafic à vingt ans de la date de départ, 1918 soit 1938 (1).

Ci-après les prévisions de la Sous-Commission :

1º *Compagnie P.-O.*

Aménagement de la puissance hydraulique et création des usines. . . . . 160.000.000 fr.
Dont 63 millions nécessaires à l'exécution d'ouvrages pour l'emmagasinement de l'eau.

Lignes et sous-stations :
2.360 km. à 50.000 fr. = 118.000.000 fr.)
660 km. à 70.000 fr. = 45.000.000 fr.) 163.000.000 fr.
Locomotives : 600, à 250.000 fr. . . . . 150.000.000 —
Soit total général pour le P. O. . . . 473.000.000 —

2º *Compagnie P.-L.-M.*

Aménagement de la puissance hydraulique et création des usines, environ. 300.000.000 fr.

Lignes et sous-stations :
550 km. à 50.000 fr. = 27.500.000 fr.)
1.650 km. à 70.000 fr. = 115.000.000 fr.) 152.500.000 fr.
Locomotives : 1.200 à 250.000 fr. . . . 300.000.000 —
Soit total général pour le P. L. M. 742.000.000 —

N.-B. — Une partie de cette somme pouvant être à la charge de l'industrie privée pour l'aménagement de la puissance hydraulique et la création d'usines.

3º *Compagnie du Midi.*

Aménagement de la puissance hydraulique et création des usines. . . . . . 150.000.000 fr.

Lignes et sous-stations :
2.250 km. à 50.000 fr. = 112.500.000 fr.)
75 km. à 70.000 fr. = 52.500.000 fr.) 165.000.000 fr.
Locomotives : 600 à 250.000 fr. . . . . 150.000.000 —
Soit total général pour la Compagnie du Midi . . . . 465.000.000 —
Sur lesquels 46 millions environ déjà ont été dépensés.

---

(1) Voir Tochon, l'Électrification des Chemins de fer. *La Houille Blanche* (Annuaire Pawlosky, 1919), auquel nous empruntons cette partie du résumé des travaux de la Commission.

Récapitulation générale.

Soit environ :

Midi.	465.000.000 fr.
P. L. M.	742.500.000 —
P. O.	473.000.000 —
Total.	1.680.500.000 —

La Sous-Commission a cru devoir majorer ces chiffres de 1,6 pour tenir compte des suppléments de prix à prévoir, pour les travaux, pendant la période de réalisation.

Les totaux ressortiront ainsi à :

P. O.	760.000.000 fr.
P. L. M.	1.190.000.000 —
Midi.	740.000.000 —

Soit au total : 2.700.000.000 de francs environ représentant en fin de compte, le coût total de l'opération envisagée.

Il est bon de remarquer, fait observer M. Tochon (1), et la Sous-Commission n'a pas manqué de le faire, que la totalité des dépenses n'est pas imputable à la réalisation du programme d'électrification proposé.

Il y aura lieu, en toute justice, d'en faire sortir la part afférente aux travaux de régularisation des cours d'eaux, dont la navigation, l'agriculture et l'industrie sont appelées à bénéficier, et à l'achat des locomotives électriques, lesquelles remplaceront les locomotives à vapeur. La Sous-Commission estime que la valeur des locomotives électriques sera sensiblement la même que celle des locomotives à vapeur qu'elles remplaceront, étant le prix respectif des locomotives électriques et des locomotives à vapeur. En ce qui concerne les avantages que l'on peut retirer de l'électrification, le rapport établi par la Commission indique que l'économie probable de combustible sera d'environ trois millions de tonnes dans vingt ans. Elle a évalué à 450.000 tonnes la consommation du charbon du P.-O. pour les parties à électrifier, à 650.000 tonnes ou 700.000 celle du P.-L.-M., à 370.000 celle du Midi, avec le trafic de 1913.

On ne pourra donc reprocher à la Sous-Commission administrative

---

(1) *Houille Blanche* (Annuaire Pawlosky, 1919). Tochon, Electrification des grands Réseaux.

d'avoir fait luire aux yeux des profits irréalisables à attendre de l'électrification. Même ainsi, l'opération n'apparaît pas désavantageuse. Une réduction de 3 millions de tonnes dans notre consommation houillère correspondrait, au profit des trois réseaux, à une économie annuelle de 180 millions, en comptant le charbon à 60 francs la tonne. Or, la dépense réelle qui doit être seule équitablement mise au compte de l'électrification, ressortira à environ 1.680 millions, déduction faite des travaux de régularisation des cours d'eau et de l'achat des locomotives, ainsi qu'il est indiqué ci-dessus.

L'intérêt de 5,5 p. 100 et l'amortissement en 50 ans de ces 1.600 millions, correspondrait à une annuité de 94 millions seulement. L'opération se solderait donc par un gain annuel de 86 millions en faveur de la traction électrique. Il n'y aurait perte que si le charbon revenait, sur les locomotives, à moins de 30 francs la tonne, éventualité qui n'est guère à retenir.

Encore n'est-il pas tenu compte des économies autres que celles des combustibles et que la Commission n'a pas osé chiffrer. On peut espérer que, sur les lignes électrifiées, il sera possible de réduire le personnel et d'augmenter la capacité de transport des lignes par l'accroissement de la vitesse des convois. La Compagnie d'Orléans a cherché à calculer quel pourrait être le rapport en 0/0 des économies d'exploitation, à la dépense de premier établissement sur quelques-unes des lignes transformées. Elle a ainsi établi ce qu'elle appelle le rendement économique de la transformation.

En appelant a le coût des locomotives à vapeur, en 1913 (on les majorera de 30 p. 100) ; b celui des locomotives électriques en 1913 (même majoration de 30 p. 100) ; c la dépense d'établissement des installations fixes, D la dépense d'établissement à amortir, on aura :

$$D = c + b - a$$

e les dépenses de charbon à 30 francs la tonne, f, la dépense en énergie électrique à 0,50 le kwh, g l'économie en argent

$$g = e - f$$

h l'économie sur le personnel des trains, i l'économie d'entretien des locomotives, déduction faite de l'entretien des installations fixes, E l'économie totale d'exploitation, on aura :

$$E = g + h + i$$

Le rendement économique sera défini par :

$$100 \, \frac{E}{D}$$

Ce coefficient économique calculé par le P.-O., pour quelques-unes de ses lignes à transformer les premières, aura les valeurs suivantes :

	Longueur en km.	Valeur de $100 \frac{E}{D}$
Brive-Clermont	270	12,6
Périgueux-Gannat.	323	8,1
Brive-Toulouse	250	9,9
Châteauroux-Montauban.	399	7,0
Longueur totale.	1.242	8,9
		Valeur moyenne.

Il n'y a du reste pas d'illusion à se faire sur le caractère de large approximation de ces calculs. Il est certain, cependant que les rendements économiques croîtront pour tous les réseaux, l'augmentation de dépenses, résultant de l'extension des installations fixes, devant être très faible lorsque le trafic montera. Pour ne prendre qu'un exemple, le P.-O. estime qu'une augmentation de trafic de 50 p. 100 porterait le coefficient moyen du groupe étudié ci-dessus de 8,9 à 13,35.

CHAPITRE XVII

LES PREMIERS ESSAIS DE TRACTION A COURANT CONTINU
SUR LES CHEMINS DE FER DU MIDI
L'ÉLECTRIFICATION SUR LE P.-L.-M. ET SUR LE P.-O.

I. LES PREMIÈRES INSTALLATIONS A COURANT CONTINU
DU PROGRAMME GÉNÉRAL SUR LE RÉSEAU DU MIDI

A. — **La nouvelle locomotive électrique à courant continu du Réseau du Midi**

La première locomotive, construite par les Ateliers de Constructions Electriques de France, installés à Tarbes, et destinée à desservir la ligne de Tarbes à Montréjeau, a été mise en service le 30 octobre 1922 en présence de M. le Ministre des Travaux Publics.

Cette locomotive est d'un type, sinon nouveau, du moins très étudié, et qui a bénéficié des nombreuses expériences faites en matière de traction, soit par courant continu, soit par courant alternatif (fig. 319).

Elle fonctionne à 1.500 volts, comporte deux bogies, est à adhérence totale et munie d'un équipement à unités multiples qui lui permettra de participer à une double traction.

Sa puissance nominale est de 1.000 chevaux en service continu, puissance qui correspond à 2.250 chevaux en service intermittent (puissance uni-horaire).

Elle est destinée à la remorque des trains de marchandises et des trains omnibus à arrêts fréquents, et aussi à la traction des express sur les parcours à fortes pentes.

Poids total : 72 tonnes, 18 tonnes par essieu. Effort de traction, 15 tonnes. Puissance uni-horaire de chacun des moteurs : 350 chevaux. Deux moteurs par bogie ; deux bogies, en tout quatre moteurs. Vitesse maximum : 90 kilomètres à l'heure.

Dispositif nouveau et tout à fait remarquable : la caisse est indépen

Fig. 319. — La première locomotive électrique française à courant continu des Chemins de fer du Midi.

dante des châssis des bogies, grâce à des équilibreurs élastiques, d'où une plus grande stabilité.

Les moteurs sont à simple réduction, commandent les essieux par deux trains d'engrenage, dont un train à chaque extrémité de l'arbre du moteur.

On a adopté le shuntage des inducteurs jusqu'à 60 p. 100, la commutation demeurant parfaite.

Les contacteurs sont commandés par un arbre à cames, lui-même actionné par un moteur électrique dépendant du manipulateur ou contrôleur de tête ; c'est un retour très marqué au système Sprague. On a supprimé ainsi les complications extrêmes tenant au verrouillage et à l'enclanchement électrique des contacteurs. Ces inconvénients sont acceptables sur des voitures motrices de puissance restreinte, mais tendent de plus en plus à être éliminés sur les grosses unités, où simplicité et sécurité de manœuvre constituent les qualités essentielles.

L'inversion du servo-moteur de chaque unité motrice s'effectue par le jeu du contrôleur de tête. La commande électrique est effectuée à 120 volts au moyen d'un convertisseur qui transforme sur la locomotive le courant de traction en courant de contrôle.

La récupération fonctionne dans des conditions très satisfaisantes, chose indispensable, en raison de la dureté des profils desservis.

En dehors d'un certain nombre de locomotives de ce type, des automotrices sont également en construction et vont être bientôt mises en service ; la puissance n'est que de 700 chevaux au lieu de 2.250 (puissance uni-horaire de la locomotive). Pour les automotrices, la récupération n'est pas prévue.

A signaler également deux locomotives en construction aux mêmes ateliers, locomotives de type entièrement nouveau et destinées à la remorque d'express pour des vitesses de l'ordre de 120 kilomètres.

B. — **Parties du réseau électrifié à courant continu actuellement en service**

Du programme général de l'électrification du Midi exposé plus haut, ont été extraites les parties à exécuter d'urgence et qui sont les suivantes :

Les deux usines de Soulom et d'Eget ont, nous l'avons dit, des puissances respectives de 21.000 et de 35.000 chevaux ; trois usines dans la vallée d'Ossau fourniront 130.000, trois autres, sur l'Ariège, 100.000 chevaux. Le courant des transmissions d'énergie issues de ces usines sera à 60.000 volts pour les lignes d'alimentation du chemin de fer, mais une partie du courant sera transportée à 150.000 volts à plus grande distance.

Le réseau à 150.000 volts, en cours d'exécution, comporte trois sections :
Laruns-Bordeaux, 249 kilomètres, ligne double ;
Lannemezan-Toulouse, 113 kilomètres, ligne simple ;
Ax-les-Thermes-Toulouse, 110 kilomètres, ligne double.

En outre, une ligne simple d'interconnexion, Pau-Lannemezan, de 71 kilomètres.

Quant à la ligne à 60.000 volts, elle est installée généralement sur les poteaux qui supportent la ligne de contact. Des sous-stations de traction, échelonnées à des distances de 13 à 31 kilomètres, suivant le profil des voies, transforment le courant triphasé 60.000 volts en courant continu 1.500. L'un des moindres intérêts des sous-stations n'est pas d'avoir permis de comparer le fonctionnement de trois systèmes de transformation, constitués respectivement par des commutatrices à 1.500 volts, des groupes de deux commutatrices à 750 volts en série et enfin des redresseurs à mercure à 1.500 volts,

La ligne Toulouse à Bayonne comprend dans le tronçon Pau-Montréjeau, le premier électrifié, sept sous-stations équipées par la Compagnie Electro-Mécanique et constituées très différemment, comme nous allons le voir.

Les commutatrices à 1.500 volts (puissance nominale 750 kilowatts) constituent une nouveauté en France. Les pertes totales rapportées à la puissance de 1.200 kilowatts, qui peut être débitée d'une manière continue par la commutatrice, à grande capacité de surcharge, ne seraient que de 2,75 p. 100. Ces commutatrices se sont conduites particulièrement bien lors des essais très répétés et très durs de court-circuit que l'on a provoqué intentionnellement sur elles.

Les redresseurs à mercure sont particulièrement intéressants. Basés, comme on le sait, sur le principe de fonctionnement des lampes à vapeur de mercure dans le vide, ces convertisseurs ne comportent aucune partie tournante, ont un très faible encombrement, d'où une économie marquée, mais il leur manque encore, malgré leur mérite, la sanction expérimentale d'un long fonctionnement et d'une résistance suffisante aux à-coups.

Si leur endurance à cet égard était suffisamment démontrée, il faudrait aller plus loin et faire ce que nous avons déjà indiqué comme désirable, installer le convertisseur sur la locomotive elle-même et supprimer les sous-stations de transformation réparties le long des voies.

C. — Les convertisseurs à vapeur de mercure

La question de la transformation du courant alternatif en courant continu par redresseurs statiques est en effet à l'ordre du jour, du reste, après avoir stagné pendant quelque vingt ans. Les partisans de ce mode de transformation citent avec avantage plusieurs installations faites notamment pour des chemins de fer, installations qui ont fonctionné jusqu'ici dans des conditions d'endurance très remarquables.

De ce type sont un certain nombre de sous-stations des Chemins de Fer du Midi, dans lesquelles la transformation du courant alternatif s'effectue au moyen de convertisseurs à vapeur de mercure, de forte capacité. Cinq sous-stations réparties sur le tronçon Toulouse-Bayonne (1), comportent globalement 16 groupes d'une puissance unitaire de 1.200 kilowatts, côté continu, transformant du courant triphasé 60.000 volts, 50 périodes en courant continu à la tension de 1.575 volts. Le fonctionnement a été jusqu'ici très satisfaisant.

On sait qu'une lampe à vapeur de mercure, dont l'anode est constituée par du fer ou du graphite, et la cathode par du mercure, ne se laisse traverser par le courant électrique que dans un seul sens : de l'anode à la cathode. Il y a là une véritable répugnance, à établir l'arc, manifestée par la cathode. Alors qu'il suffit d'une vingtaine de volts pour amorcer l'arc de l'anode à la cathode, il en faut plusieurs milliers pour l'établir en sens contraire.

Mais, en utilisant cette propriété, on peut alors alimenter la lampe en courants alternatifs et à l'aide de dispositifs spéciaux redresser ces courants alternatifs pour obtenir du courant continu.

Redresseurs à petit débit, à ampoule de verre (2). — Le redresseur en verre de Cooper Hewitt est connu déjà depuis 1902. Il consiste en une ampoule de verre, avec une cathode de mercure à la base et deux ou trois anodes en fer ou en graphite. Le vide est fait à l'intérieur de l'ampoule et doit rester constant pendant un service de plusieurs milliers d'heures.

En Amérique, ces petits redresseurs sont construits par la General Electric C° et la Westinghouse C° et employés couramment jusqu'à

---

(1) Pau, Lourdes, Tarbes, Lannemezan, Montréjeau.

(2) Voir la *Houille Blanche*, juillet-août 1922, l'article de M.-V. Sylvestre, Transformation des courants alternatifs en courants continus, article auquel nous empruntons la plus grande partie des renseignements qui suivent.

50 kw. En France, l'Hewittic Electric C°, à Suresnes, en construit pouvant donner 200 ampères sous 250 volts.

La grande difficulté qu'il y a eu à vaincre dans la construction des redresseurs en verre, comme nous le verrons aussi par la suite pour les grands redresseurs métalliques, est celle des entrées d'anodes.

La chute de tension dans le redresseur est égale à la somme des chutes de tension dans l'anode, dans la cathode qui sont pratiquement constantes, et de la chute de tension dans l'arc ; celle-ci est fonction de la longueur de l'arc, de l'intensité du courant et de la pression intérieure de l'ampoule.

La chute de tension totale est assez faible, de 15 à 18 volts. Comme cette chute de tension est pratiquement constante, les pertes étant le produit de cette chute de tension par l'intensité du courant, il en résulte que le rendement reste sensiblement constant en fonction de la charge. Le rendement sera d'autant plus élevé que la tension du courant continu sera elle-même plus élevée (98 p. 100 à 700 volts).

Le rapport existant entre la tension alternative et la tension continue est approximativement à vide :

$$U_A = (2{,}35\ Uc) + 35 \text{ en monophasé}$$
$$U_A = (1{,}6\ Uc) + 28 \text{ en triphasé}$$

Il faut donc ajuster la tension alternative d'alimentation à la tension continue d'utilisation et souvent un transformateur statique est nécessaire.

Des milliers d'appareils fonctionnent aujourd'hui dans les applications les plus diverses. Leur avantage est de n'avoir aucune pièce en mouvement, de marcher sans bruit et de ne nécessiter aucune surveillance. Leur mise en marche est très simple, la fermeture d'un interrupteur suffit. Leur poids et leurs dimensions sont à puissance égale 4 à 5 fois moindres que ceux de groupes rotatifs. Ils ne nécessitent aucune fondation, l'appareil forme un ensemble complet monté derrière son tableau.

Au point de vue électrique, leur grand avantage est celui du rendement qui est très élevé. Ce rendement est d'autant meilleur que la tension continue est plus élevée. Il varie, pour le redresseur seul, de 85 p. 100 à 110 volts à 98 p. 100 à 750 volts continus, et comme ce rendement est sensiblement constant en fonction de la charge, le redresseur permet de réaliser une grande économie dans la consommation de courant.

Les redresseurs métalliques à grand débit. — Ces appareils ont été mis au point par la Société Brown-Boveri. Les difficultés de construction pour les puissances élevées furent considérables. Le remplacement du récipient de verre par un récipient en acier permit pour de forts courants la construction d'amenées étanches et isolées (fig. 320, 321 et 322). Le problème de l'amenée de courant dans un récipient où l'on fait le vide a été résolu par l'emploi d'un joint étanche constitué par de l'amiante et une garniture de mercure. Le redresseur a la forme d'un cylindre. La grande chambre principale inférieure porte au milieu de sa plaque de base la cathode de mercure isolé ; cette chambre est fermée à sa partie supérieure par une plaque annulaire massive, portant les anodes. Cette plaque, grâce au joint avec la garniture de mercure, peut être enlevée et permet ainsi d'atteindre facilement, pour toute réparation, l'intérieur du cylindre et les 6 anodes principales.

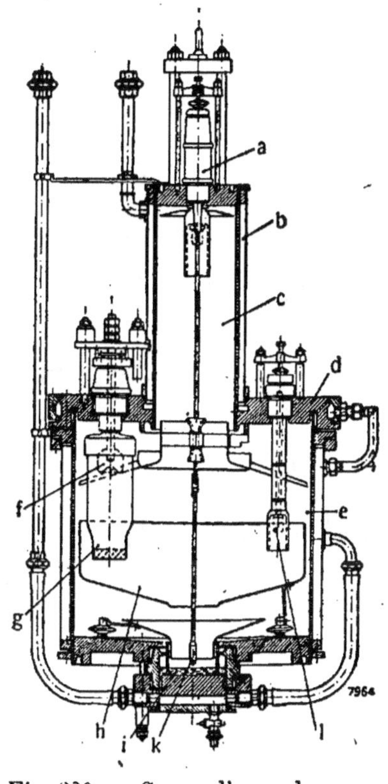

Fig. 320. — Coupe d'un redresseur métallique à grand débit de construction Brown-Boveri.

A côté des anodes principales, se trouvent encore deux anodes d'excitation qui, indépendamment du courant principal, maintiennent l'excitation de la cathode constante au moyen d'un courant alternatif monophasé.

La plaque porte-anodes est surmontée par le cylindre de condensation dont le couvercle porte le solénoïde d'allumage.

Le cylindre de condensation et le cylindre principal sont entourés

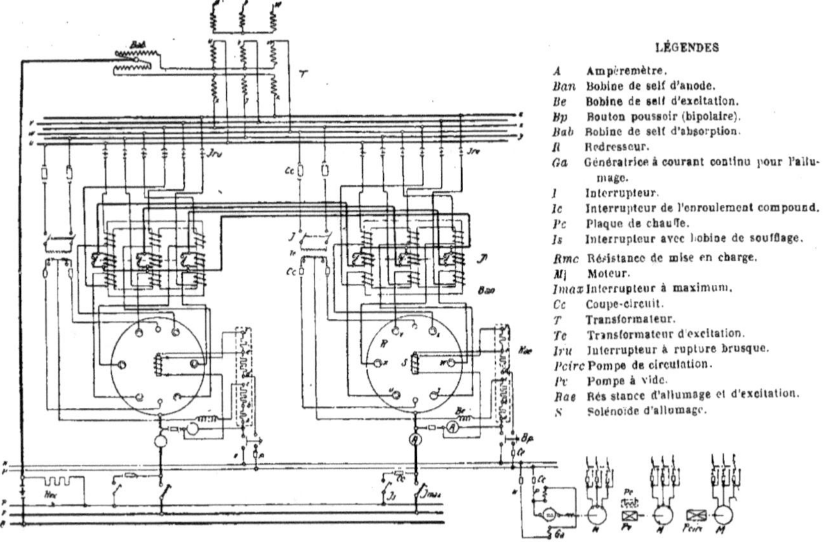

Fig. 321. — Schéma général des connexions de 2 cylindres redresseurs à vapeur de mercure à 6 anodes (avec bobines de self d'anodes).

d'une chambre en tôle de fer, dans laquelle une circulation d'eau permanente refroidit les parois du redresseur.

Les anodes sont formées de cylindres de fer de 70 à 110 mm. de

Fig. 332. — Trois types normaux de redresseurs à vapeur de mercure, de respectivement 300, 600 et 1.000 ampères côté continu, tension jusqu'à 800 volts.

diamètre et d'une hauteur de 70 à 110 mm. à bords arrondis pour rendre plus difficile la formation d'un arc de retour.

Une pompe à vide spéciale permet de maintenir à l'intérieur du cylindre un vide de 0,01 mm. de mercure.

Remarque. — On notera cependant que la récupération n'est pas possible avec des convertisseurs à mercure. Aussi a-t-on doublé dans certaines sous-stations le convertisseur par une commutatrice fonctionnant en parallèle et qui permet, elle, de faire de la récupération. Solution comme on le voit, discutable.

Il n'y a du reste pas, à notre avis, une importance excessive à attacher à la récupération d'énergie électrique en matière de traction par courant continu. L'expérience des tramways a montré à quel point cette récupération est faible. Peut-être, sauf dans le cas d'énergie thermique particulièrement coûteuse, y aurait-il intérêt à supprimer purement et simplement la récupération et à ne demander au freinage électrique que le seul avantage que vraiment il comporte, celui de ménager le matériel en déchargeant les sabots et les organes de frein. Ce sera toujours là une économie formidable, qui compenserait facilement les petites pertes d'énergie électrique dans des résistances lorsqu'on fait abstraction de la récupération.

La plupart des détails qui figurent dans notre texte, sur l'électrification des Chemins de Fer du Midi, ont été empruntés à la communication de M. Bachellery, Ingénieur en Chef de cette Compagnie, au Congrès de l'Aménagement hydraulique du Sud-Ouest (Bordeaux, juin 1922). On pourra se reporter à la très intéressante communication de cet ingénieur, pour tous renseignements supplémentaires (1).

II. — ÉLECTRIFICATION PARTIELLE DU RÉSEAU DE LA COMPAGNIE DES CHEMINS DE FER D'ORLÉANS

Nous avons donné plus haut la conception générale qui a présidé aux projets de la Compagnie d'Orléans en ce qui concerne l'électrification d'une grande partie de ce réseau, environ 2.500 kilomètres (fig. 323).

---

(1) Voir aussi *L'Électricien*, numéro du 1er décembre 1922.

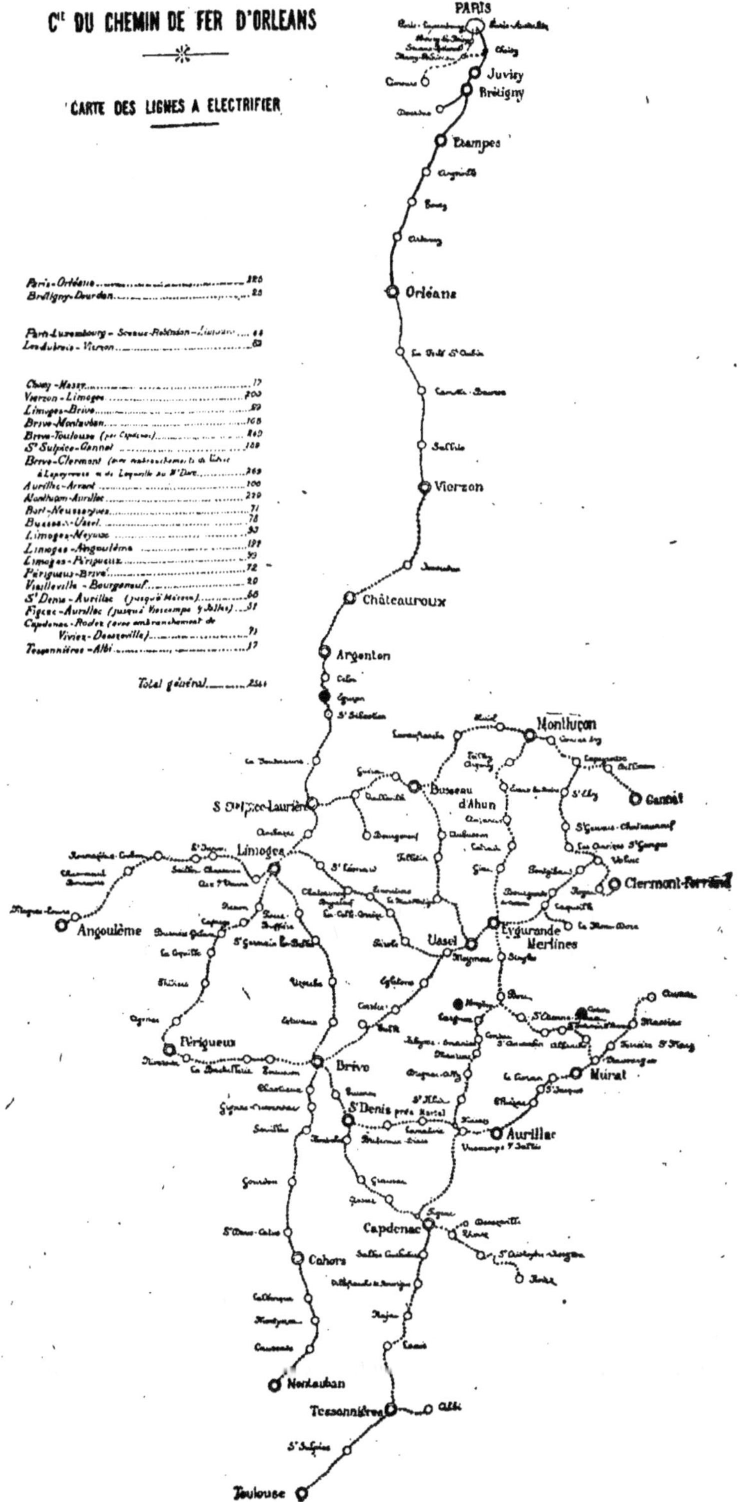

Fig. 323. — Électrification partielle du P.-O. Plan général.

Le graphique ci-contre (fig. 321) dans lequel on a représenté sous forme de rectangles les consommations relatives de charbon des diverses sections, montre que ce ne sont pas seulement les lignes de montagnes, telles que les sections de Saint-Sulpice à Gannat ou de Brive à Clermont, qui consomment le plus de charbon. Au contraire, des sections telles que Paris-Vierzon, avec prolongement ultérieur jusqu'à Limoges et à Brive, sections à faibles déclivités, sont de grosses consommatrices, en raison du service intense qui s'y effectue.

La section de Paris à Vierzon sera alimentée par l'usine d'Eguzon construite sur la Creuse, et par des usines thermiques de la région parisienne.

Quant aux sections de Vierzon à Brive, de Saint-Sulpice à Gannat et de Brive à Clermont, elles seront alimentées par les groupes de centrales d'énergie du Massif Central. Deux de ces usines, celle de Coindre et de la Cellette sont déjà en construction. Il y aura naturellement interconnexion entre les centrales hydrauliques et les centrales thermiques, par lignes à haute tension à 150.000 volts, permettant le transport éventuel jusqu'à la région parisienne de grosses quantités d'énergie, qui ne seront pas consommées par la traction proprement dite.

Tout le service de banlieue de la Compagnie d'Orléans, déjà électrifié, sera très accru. De la gare d'Orsay à Brétigny et à Etampes ou Dourdan, ce service sera assuré par des rames automotrices réversibles comprenant deux ou trois motrices de 1.000 chevaux par train.

Les trains de marchandises, de voyageurs omnibus ou express, seront remorqués par des locomotives analogues à celles de la ligne Paris-Juvisy, mais plus puissantes. Quant aux trains rapides, ils seront entraînés par des locomotives électriques spéciales de grande puissance, dont le type est encore à l'étude.

Il convient de compter sur quatre ou cinq ans au minimum, sauf retards exceptionnels, pour l'électrification de cette première tranche. Quant au programme complet, il demandera au moins une vingtaine d'années.

Nous n'insisterons pas sur les détails de cet intéressant projet, qu'on pourra trouver exposé très complètement dans la communication de M. Parodi au Congrès de l'Aménagement Hydraulique du Sud-Ouest à Bordeaux, juin 1922. C'est du reste à cette communication que nous empruntons la plus grande part des renseignements qui précèdent.

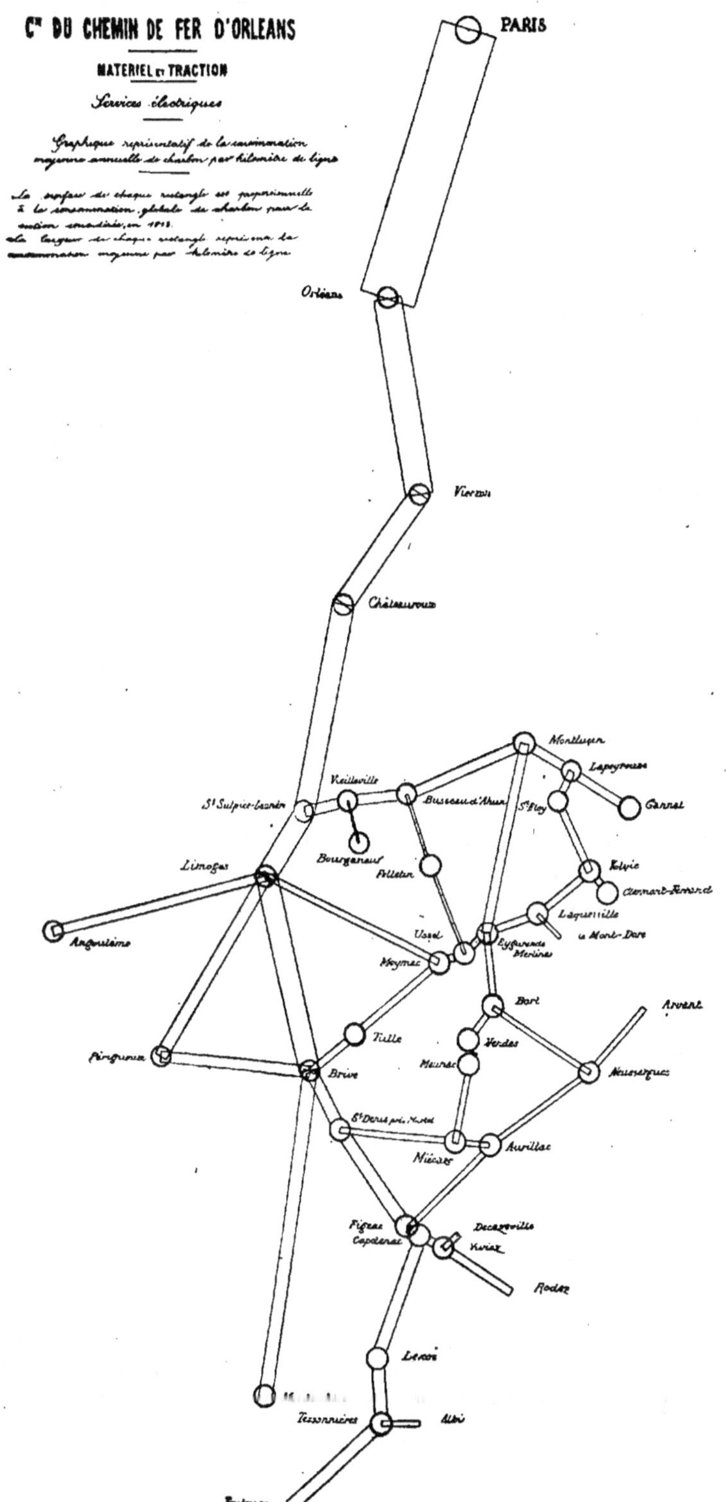

Fig. 324. — Graphique des consommations de charbons des lignes
à électrifier du P.-O.

III. — PREMIÈRES ÉLECTRIFICATIONS DE SECTIONS
SUR LA COMPAGNIE P.-L.-M.

Nous avons exposé plus haut les principes directeurs de cette électrification et notamment comment cette Compagnie entendra s'alimenter, au moins provisoirement, en énergie électrique, en faisant appel à des usines de houille blanche, déjà installées ou à installer par l'industrie privée.

La première ligne à électrifier, celle de Culoz-Modane, est éminemment intéressante par son caractère de grande ligne internationale, sillonnée de lourds express et de nombreux convois de marchandise. Elle est au moins aussi intéressante par la diversité de son profil, en plaine d'abord, puis en rampe, atteignant jusqu'à 30 millimètres par mètre, au voisinage de la frontière d'Italie. L'énergie sera fournie par les usines des Forges et Aciéries Electriques Paul Girod, aujourd'hui entrées dans le Consortium Electrométallurgique [Société d'Electrochimie, d'Electrométallurgie et des Aciéries d'Ugine], les usines intéressées se trouvant dans les vallées du Bonnant, de l'Arly et du Doron de Beaufort. Toutes ces usines, existantes ou à créer, seront reliées par un réseau de concentration à 45.000 volts aboutissant à un poste central situé à Venthon, près d'Albertville, où la Compagnie P.-L.-M. recevra le courant nécessaire et l'acheminera jusqu'à Saint-Pierre-d'Albigny. De là, deux lignes à haute tension, desserviront la voie ferrée l'une sur Culoz et l'autre sur Modane. Des sous-stations intermédiaires produiront le courant continu 1.500 volts nécessaire, par commutatrices.

L'installation sera exécutée par la Thomson-Houston et les Ateliers Schneider, les locomotives utilisant tantôt le troisième rail, tantôt la ligne aérienne. Ces locomotives seront de deux types, les unes pour express et les autres pour marchandises, ces dernières étant prévues de manière à pouvoir en réalité assurer un service très souple, par exemple, servant de renfort de traction pour les trains affrontant la rampe de Saint-Jean-de-Maurienne à Modane. Grâce aux grosses économies de temps ré lisées, notamment dans les stationnements, levages, passage aux dépôts, etc..., on espère pouvoir remplacer deux locomotives à vapeur par une seule unité électrique.

Les locomotives express pourront remorquer des trains de 5oo tonnes à des vitesses variées suivant les profils. Leur puissance unihoraire sera de 2.500 chevaux. Elle pourra atteindre 2.000 en service continu ; le freinage par récupération est également prévu.

Ces locomotives d'express vont faire l'objet d'un concours des plus intéressants. Quatre unités de types différents sont commandés par le P.-L.M. L'une utilisera la transmission par bielles (Cie de Five-Lille), les autres des transmissions par engrenages. L'une d'elles (consortium Thomson-Houston, Creusot, Jeumont) sera du type automotrice élargie, c'est-à-dire construite comme une voiture de tramway. Les deux autres, au contraire, auront des moteurs jumelés attaquant les essieux par arbres creux avec interposition de dispositifs élastiques.

Ces deux dernières locomotives seront très différentes, cependant, malgré leurs caractères généraux communs. L'une sera construite par la Société Alsacienne de Constructions mécaniques, l'autre par la Société des Batignolles en collaboration avec la Société OErlikon. Aussitôt établies, ces locomotives seront mises en essai sur une section des Chemins de Fer du Midi et probablement même, sur la section Chambéry-Saint-Pierre-d'Albigny, qui doit être électrifiée d'urgence. Quant aux locomotives à marchandises, elles seront d'un type aujourd'hui plus banal.

Signalons que le P.-L.-M. électrifiera peut-être assez rapidement, après Culoz-Modane, la ligne Lyon-Genève et plus rapidement encore la section du réseau de la Côte d'Azur, des environs de Nice, en combinant le système d'exploitation par locomotives avec le service par automotrice.

TABLE DES MATIÈRES

PRÉLIMINAIRES

Détermination du tracé des lignes. — Établissement d'un dossier de concession.

CHAPITRE PREMIER

CHAPITRE DEUXIÈME

CHAPITRE TROISIÈME

CHAPITRE QUATRIÈME

CHAPITRE CINQUIÈME

CHAPITRE SIXIÈME

CHAPITRE SEPTIÈME

CHAPITRE HUITIÈME

CHAPITRE NEUVIÈME

CHAPITRE DIXIÈME

CHAPITRE ONZIÈME

CHAPITRE DOUZIÈME

CHAPITRE TREIZIÈME

CHAPITRE QUATORZIÈME

CHAPITRE QUINZIÈME

CHAPITRE SEIZIÈME